江西省"十四五"普通高等教育本科省级规划教材
第六届江西省普通高等学校优秀教材
大学工科教学、实践通用教材

工 程 训 练

主编 朱 民

西南交通大学出版社

·成 都·

图书在版编目（CIP）数据

工程训练 / 朱民主编. —成都：西南交通大学出版社，2019.7（2025.7 重印）
ISBN 978-7-5643-6953-8

Ⅰ. ①工… Ⅱ. ①朱… Ⅲ. ①机械制造工艺 – 高等学校 – 教材 Ⅳ. ①TH16

中国版本图书馆 CIP 数据核字（2019）第 128716 号

工程训练

主编	朱 民
责任编辑	黄淑文
封面设计	何东琳设计工作室
出版发行	西南交通大学出版社 （四川省成都市金牛区二环路北一段 111 号 西南交通大学创新大厦 21 楼）
邮政编码	610031
发行部电话	028-87600564　　028-87600533
网址	https://www.xnjdcbs.com
印刷	成都蜀通印务有限责任公司
成品尺寸	185 mm×260 mm
印张	20.5
字数	531 千
版次	2019 年 7 月第 1 版
印次	2025 年 7 月第 10 次
书号	ISBN 978-7-5643-6953-8
定价	58.00 元

课件咨询电话：028-81435775
图书如有印装质量问题　本社负责退换
版权所有　盗版必究　举报电话：028-87600562

序一

朱民老师根据教育部工程材料及机械制造基础课程教学指导小组制定的《工程材料及机械制造基础系列课程教学基本要求》，结合我国高等教育新工科建设发展的需要，特别是他本人长期在机械制造企业担任工艺技术人员、国有企业负责人（厂长），以及在高校工程训练中心担任教师和负责人，拥有丰富的教学、生产和管理经验，组织有丰富实践教学经验的师资队伍，顺应国内外科技发展的新趋势和制造企业生产中采用的主流设备，借鉴兄弟院校本领域教材编写的经验，主编了该《工程训练》教材。

该教材内容丰富，逻辑清晰，在首先介绍工程认知的基础上，接着比较系统地介绍了各种机械制造工艺技术，编排了包括机械制造经济性和管理、环境保护，模具测试及制造综合训练在内的有关内容，最后以"创新能力培养"收笔。

通过主编和参编的共同努力，使该教材具有下列特点：

1. 内容丰富，语言简练，通俗易懂；
2. 在工程训练教学中的可操作性比较强；
3. 增加了新技术新工艺、综合训练和创新实践训练的内容；
4. 注重知识的交叉融合，学用结合，有助于学生的能力培养；
5. 贯彻了教育部机械基础教学指导委员会的教学基本要求和教材改革方向；
6. 强化素质教育，注重提高学生的审美情趣和人文素养，引导学生崇尚劳动、尊重劳动、热爱劳动和劳动人民。

该教材强调理论与实践的高度结合，知识的学习与具体应用高度结合，实践能力、工程素质与创新思维的培养高度结合，使学生在工程实践中得到知识、能力、素养、创新思维和创新能力培养的全面提升，为学生进入更高阶段的专业学习或进入社会工作奠定良好的基础。

国家级教学名师、
教育部原机械基础课程教学指导委员会副主任委员
及工程材料及机械制造基础课指组组长、
清华大学教授

傅水根

2019-4-19

序二

进入新时代，党和国家事业发展对高等教育的需要，对科学知识和优秀人才的需要，比以往任何时候都更为迫切；人们对接受高质量高等教育的渴望越来越强烈、需求越来越多样、要求也越来越高。党和国家高度重视教育工作，党中央去年召开了新时代第一次全国教育大会，开启了加快教育现代化、建设教育强国、办好人民满意教育的新征程。教育部召开了新时代高等学校本科教育工作会议，确定了本科教育基本方针、发展路径和一系列重要举措，强化狠抓本科教育是当前和今后高等学校的重中之重的工作。

教材建设是高等学校人才培养的重要组成部分，特别是实践教材的建设。优秀的实践教材是集知识、工艺技术、创新实践为一体的经过长期实践总结、提炼、行之有效的知识集合，是培养实践操作能力、学用结合能力、团队合作意识、创新思维素养等的教学素材和标准，更是强化素质教育、促进学生身心健康、提高学生审美和人文素养并引导学生崇尚劳动、尊重劳动、热爱劳动的树人"云梯"。

朱民老师长期在机械制造企业担任工艺技术人员和企业负责人，在高校工程训练中心担任教师和负责人，并且担任了教育部高等学校工程训练教学指导委员会委员。朱老师在编写该《工程训练》教材时，结合新工科建设发展需要，将自己丰富的技术经验、管理经验和教学经验融入其中，增加了新技术、综合训练和创新培育等内容。同时该教材注重知识的交叉融合，把企业工程技术人员必须掌握的基础工程技术知识融入其中，使学生在工程实践中能够较快地掌握关键和重要知识，为学生进入社会工作或进入更高阶段的专业学习奠定较为扎实和全面的基础。

国家级教学名师、
教育部原工程训练教学指导委员会秘书长、
国家级高等学校工程训练示范中心学科组组长、
大连理工大学教授

梁延德

2019-5-30

前 言

随着新工科研究与实践的不断推进，长期以来与工程教育理论课程紧密伴生的工程实践教育教学如何在人才培养上更好地融合发展，促进学生在夯实基础实践知识的条件下具备不断掌握新经济、新产业和新技术所需的综合工程能力，成为高等学校工程实践教育教学重要的研究环节。

本科高校工程训练中心经过近二十年的快速建设和发展，从原本校办工厂式的传统制造技术和工艺的实习教学基地，逐步发展为拥有数万平方米场地、实习设备数千台乃至上万台/套的大型综合性工程教学实习基地。实习教学内容也逐步扩展到数控加工、机电一体化、3D打印及许许多多新技术新工艺，近年来又拓展了虚拟仿真、智能制造和创新创业等实训项目。

各高校在保证人才培养基本要求的前提下，正在围绕本校特色和地方经济建设的要求，建设适合本校人才培养的工程教育特别是工程实训新体系。应当看到，原有的高校工程实践通常围绕着"金属工艺学"这门课程以及相关的机床设计、切削原理及刀具设计、互换性与技术测量等专业知识来设置实习项目，为数不多的冷热加工项目实习在具有很强的实践技术指导师傅的指导下，给当时的学生留下了难忘的记忆，学生在学习工艺技术知识的同时，实践教师优秀的品德和作风也映在了他们的脑海里。在新技术、新工艺不断涌现的今天，科学地设置实习项目和内容尤显重要。

学生工程能力的培养，应该是使学生通过学习和掌握工业生产过程中的人机料法环（5M1E），具有对工艺技术、经济分析（成本核算）、生产组织、团队意识和安全保障等综合运用的能力。我们对学生工程能力的培养（训练），通常是工艺技术和技能的认知传授，是单一的、分割式的流水作业教学模式；而让学生系统地、关联地、综合地认识和掌握相关知识，是学校培养具有科学创新能力的学生的关键所在。不同的实践方式会出不同的认识效果，即使采用同样的教学方法，学生的基础不同收效也会不一样。在"批生产"教学模式下，保证必要的实习时间，设置好典型性和发展性的实践项目内容，教会学生认识问题、分析问题和解决问题的方法，使学生拥有综合运用所学知识解决实际工程问题的能力和进一步再学习的能力，决定着人才培养的最终效果。

本书在本人编写的《金工实习（第3版）》的基础上，增加了智能制造、综合训练（经济管理、环境保护、模具测绘与制造综合训练等）和创新能力培育与训练等内容，融入了本人从事十多年的企业工业制造工艺技术工作和多年的企业经营管理工作的经验以及长期的高校工程实践教育教学管理经验，结合了本人组织参加的教育部本科质量工程——国家级实验教学示范中心建设的整个过程和部分地方高校工程实践教学的调查和研究成果。本书力求通过精练的语言，使学生在掌握一定的基本制造工艺的基础上，培养综合分析问题和解决问题的工程能力，为进一步深入专业研究和创新实践打下良好的基础。

  本书编写期间，得到了高等学校工程训练教学指导委员会多位专家的关心和帮助，得到了南昌航空大学的资助，同时也得到了国家级实验教学示范中心——南昌航空大学工程训练中心部分老师的支持，编者在此表示感谢！

编 者

2019 年 5 月

目　　录

第 1 篇　工程认知

第 1 章　金属材料 ··· 2
1.1　金属材料的分类 ··· 2
1.2　金属材料的力学性能和硬度测定方法 ······················· 5
1.3　铁碳合金的基本组织 ·· 7
1.4　铁碳合金的显微组织观察 ·· 8
1.5　金属材料的现场鉴别 ·· 9
1.6　金属材料的选用 ··· 11

第 2 章　拆　装 ··· 16
2.1　2B10D 型气扳机拆装 ··· 16
2.2　电动自行车拆装 ··· 20
2.3　汽车发动机拆装 ··· 25

第 2 篇　机械制造工艺技术

第 3 章　铸　造 ··· 34
3.1　砂型铸造的一般工艺流程 ·· 34
3.2　分型面与分模面的选择 ·· 35
3.3　浇注系统及其选择 ·· 35
3.4　冒口及其选择 ··· 35
3.5　造　型 ·· 36
3.6　造　芯 ·· 43
3.7　合金的熔炼和浇注 ·· 44
3.8　落砂、清理和检验 ·· 47
3.9　铸件缺陷与质量分析 ·· 48
3.10　铸造安全操作规程 ·· 49

第 4 章　锻　压 ··· 52
4.1　锻　造 ·· 52
4.2　冲　压 ·· 59

第 5 章　焊　接 ··· 69
5.1　概　述 ·· 69
5.2　手工电弧焊 ··· 70
5.3　气焊（氧－乙炔焊）··· 79

第6章 车削 … 86
6.1 车床结构与传动 … 86
6.2 车刀 … 90
6.3 车外圆 … 94
6.4 车端面 … 99
6.5 车螺纹 … 100
6.6 车内孔 … 105
6.7 车削加工考核 … 107
6.8 普通车床安全操作规程 … 108

第7章 铣削 … 110
7.1 概述 … 110
7.2 铣床 … 110
7.3 铣刀及其安装 … 114
7.4 铣削方法 … 116
7.5 各类表面的铣削加工 … 116
7.6 铣床实习安全操作规程 … 118

第8章 磨工 … 120
8.1 磨削加工的特点 … 120
8.2 砂轮的组成、特性及选用 … 121
8.3 砂轮的检查、安装、平衡和修整 … 125
8.4 磨削运动与磨削用量 … 126
8.5 外圆磨床的主要组成及功用 … 126
8.6 外圆磨削方法 … 127
8.7 其他磨床类机床的结构特点及适用场合 … 129

第9章 钳工 … 133
9.1 概述 … 133
9.2 锉削 … 133
9.3 钻孔 … 137
9.4 划线 … 141
9.5 锯割 … 142
9.6 钳工实习安全操作规程 … 145

第10章 数控车和数控铣 … 146
10.1 数控机床概述 … 146
10.2 数控编程 … 149
10.3 数控车编程与操作 … 153
10.4 数控铣编程与操作 … 156

第11章 数控电火花线切割 … 161
11.1 数控电火花线切割加工原理 … 161
11.2 数控电火花线切割机床 … 161

11.3 数控电火花线切割 3B 格式程序编制 ………………………………… 162
11.4 YH 线切割控制系统操作 ……………………………………………… 165

第 12 章 钢的热处理 …………………………………………………………… 168
12.1 概 述 …………………………………………………………………… 168
12.2 钢的组织转变 …………………………………………………………… 169
12.3 钢的退火与正火 ………………………………………………………… 170
12.4 钢的淬火 ………………………………………………………………… 173
12.5 钢的回火 ………………………………………………………………… 177
12.6 表面淬火 ………………………………………………………………… 179
12.7 钢的化学热处理 ………………………………………………………… 180
12.8 淬火缺陷——变形与开裂 ……………………………………………… 182
12.9 热处理安全操作规程 …………………………………………………… 185

第 13 章 表面处理 ……………………………………………………………… 186
13.1 表面处理的概念及作用 ………………………………………………… 186
13.2 黑色金属的氧化——发蓝 ……………………………………………… 186
13.3 铝阳极氧化 ……………………………………………………………… 188

第 14 章 快速成型 ……………………………………………………………… 192
14.1 快速成型原理 …………………………………………………………… 192
14.2 快速成型种类 …………………………………………………………… 192
14.3 快速成型应用 …………………………………………………………… 195
14.4 FDM 快速成型设备的制造工艺及操作 ………………………………… 196
14.5 操作规范及要求 ………………………………………………………… 210

第 15 章 三坐标测量 …………………………………………………………… 211
15.1 三坐标测量机概述 ……………………………………………………… 211
15.2 三坐标测量机的组成及工作原理 ……………………………………… 211
15.3 三坐标测量机的结构类型 ……………………………………………… 213
15.4 测头及其工作原理 ……………………………………………………… 216
15.5 BQC 拟 R 系列测量机简介 …………………………………………… 221
15.6 测量示例 ………………………………………………………………… 223
15.7 三坐标测量机安全操作注意事项 ……………………………………… 224

第 16 章 智能制造 ……………………………………………………………… 225
16.1 系统介绍 ………………………………………………………………… 225
16.2 DNC ……………………………………………………………………… 226
16.3 CIMS ……………………………………………………………………… 226
16.4 智能制造系统的基本原理 ……………………………………………… 227
16.5 智能制造系统综合特征 ………………………………………………… 228
16.6 智能技术 ………………………………………………………………… 229
16.7 测控装置 ………………………………………………………………… 230
16.8 运作过程（实践操作）………………………………………………… 230

第3篇　综合训练

- 第17章　机械制造经济性与管理 ································ 234
  - 17.1　现代企业的基本知识 ······································ 234
  - 17.2　成本管理及方法 ·· 236
  - 17.3　质量管理及方法 ·· 239
  - 17.4　新产品生产可行性分析的方法及内容 ············ 245
- 第18章　机械制造业的环境保护 ································ 254
  - 18.1　机械制造业的环境污染 ································· 254
  - 18.2　机械制造业的环境保护措施 ·························· 256
  - 18.3　清洁生产是企业可持续发展的重要保障 ········ 266
- 第19章　模具测绘与制造综合训练 ··························· 270
  - 19.1　模具概述 ·· 270
  - 19.2　模具的设计 ·· 270
  - 19.3　模具的测绘及制造训练 ································· 272

第4篇　创新能力培育与训练

- 第20章　创新概述 ·· 276
  - 20.1　创新的基本概念 ·· 276
  - 20.2　创新的原理和特性 ··· 278
  - 20.3　创新的原则 ·· 281
- 第21章　创新思维的培育 ··· 284
  - 21.1　思维障碍案例及点评 ····································· 284
  - 21.2　拓展思维视角 ·· 285
  - 21.3　学会超越 ·· 286
  - 21.4　发现并寻找创新点 ··· 288
- 第22章　创新方法训练 ··· 291
  - 22.1　创新方法概述 ·· 291
  - 22.2　常用的创新方法 ·· 291
  - 22.3　常用的创新技巧 ·· 296
- 附录1　常见工矿企业安全标志 ································· 300
- 附录2　第六届全国大学生工程训练综合能力竞赛命题 ···· 307
  - 一、无碳小车类竞赛项目 ·· 307
  - 二、智能装备类竞赛项目 ·· 311
  - 三、竞赛安排 ·· 316
- 参考文献 ·· 317
- 郑重声明 ·· 318

第1篇 工程认知

第1章 金属材料

【实习目的及要求】
① 了解金属材料的分类及硬度的检测方法。
② 了解高中低碳钢的火花特征及金属材料选用的基本原则。

1.1 金属材料的分类

机械工程常用材料可分为金属材料和非金属材料两大类,此外在现代机械制造工程中也愈来愈多地使用复合材料。常用的机械工程材料可归纳如图1.1所示。金属又可分为黑色金属和有色金属,下面分别讲述。

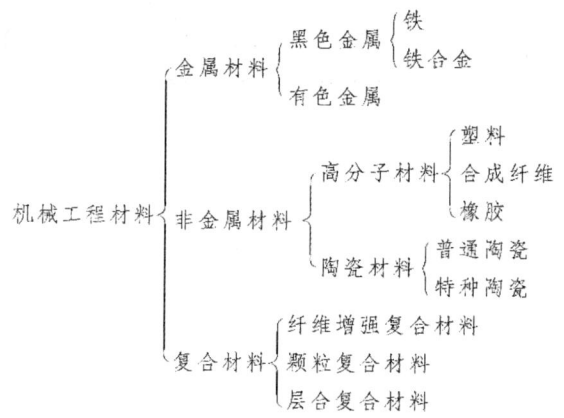

图1.1 常用机械工程材料

1.1.1 黑色金属

黑色金属是指铁和铁与其他元素形成的铁基合金,即一般所称的钢铁材料。合金是以一种基体金属为主(其含量超过50%),加入其他金属或非金属(合金元素),经熔炼、烧结或其他工艺方法冶炼成的金属材料。由于金属材料具有制造机械产品及零件所需要的各种性能,容易生产和加工,所以成为制造机械产品的主要材料,约占机械产品总重量的80%以上。合金材料可以通过调节其不同的成分和进行不同的加工处理获得比纯金属更多样化和更好的综合性能,是机械工程中用途最广泛、用量最大的金属材料。钢铁材料是最常用和最廉价的金属材料。

碳钢和铸铁是工业中应用范围最广的金属材料,它们都是以铁和碳为基本组成元素的合金,通常称之为铁碳合金。铁是铁碳合金的基本成分,碳是影响铁碳合金性能的主要成分。一般含碳量为0.021 8%~2.11%的铁碳合金称为钢,含碳量大于2.11%的铁碳合金称为铸铁。

1．钢

钢根据其成分的不同常分为碳素钢和合金钢两大类，如图1.2所示。

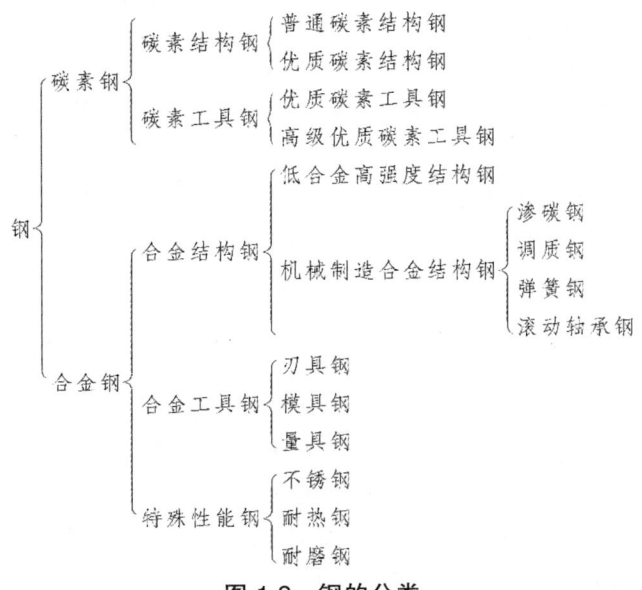

图1.2 钢的分类

1) 碳素钢

碳素钢是以铁和碳为主要组成元素的铁碳合金。通常将含碳量低于0.25%的钢称为低碳钢；含碳量为0.25%~0.60%的钢称为中碳钢；含碳量大于0.60%的钢称为高碳钢。

工业中按用途将碳素钢分为碳素结构钢、碳素工具钢等。

碳素结构钢按含磷、硫量的不同分为碳素结构钢和优质碳素结构钢，如表1.1所示。

表1.1 碳素结构钢分类及用途

名　称	常用钢种	牌号意义	应用举例
碳素结构钢	Q195，Q235，Q235A，Q255，Q255B	数字表示最小屈服点。数字越大，含碳量越高。A、B表示质量等级	螺栓、连杆、法兰盘、键、轴等
优质碳素结构钢	08F，08，15，20，35，40，45，50，45Mn，60，60Mn	数字表示含碳量万分之几。F表示为沸腾钢。当含锰量在0.8%~1.2%时加Mn表示	冲压件、焊接件、轴类件、齿轮类、蜗杆、弹簧等

碳素工具钢牌号有T8、T10、T10A、T12、T13等，牌号后面的数字表示含碳量的千分之几，A表示高级优质钢。碳素工具钢主要用于制造硬度高、耐磨的工具、量具和模具，如锯条、手锤、刮刀、锉刀、丝锥、量规、冷切边模等。

2) 合金钢

合金钢是在碳素钢中加入一种或数种合金元素的钢。常用的合金元素有Mn、Si、Cr、Ni、Mo、W、V、Ti等。

合金钢种类繁多，工业上常按合金钢的用途将其分为合金结构钢、合金工具钢、特殊性能钢等。

合金结构钢用来制造各种机械结构零件，如 40Cr、40CrNiMoA、45CrNi 等可用来制造齿轮、曲轴、连杆、车床主轴等。

合金工具钢用于制造各种刀具、模具、量具，如 Cr12、Cr4W2MoV 等可用来制造冷作模具；9SiCr、CrWMn 可用来制造量具；W18Cr4V、W6Mo5Cr4V2、W9Mo3Cr4V 等可用来制造刀具。

特殊性能钢是指具有特殊的化学和物理性能的钢，如不锈钢 1Cr17Mo 可用来制造酸输送管道；耐热钢 1Cr13Mo 可用来制造散热器；耐磨钢 ZGMn13－1 等可用来制造挖掘机履带。

2．铸　铁

铸铁含硅、锰、硫、磷等杂质比钢多，抗拉强度、塑性和韧性不如钢好，但容易铸造，减振性好，易切削加工，且价格便宜，所以在工业中仍然得到广泛的应用。

根据铸铁中碳的存在形式不同，铸铁可分成以下四种：

① 白口铸铁。其中的碳以化合状态（Fe_3C）存在，其断口呈银白色，故称白口铸铁。其性能硬而脆，很难切削加工，很少用来铸造机件。

② 灰口铸铁。其中的碳主要以片状石墨形式存在，其断口呈灰色，故称灰口铸铁。这种铸铁的硬度和强度较低，但抗震性能好，易切削，它是铸造中用得最多的铸铁。牌号由"HT"（灰、铁两字的汉语拼音首字母）和一组数字组成。如 HT200，其中数字 200 表示抗拉强度不小于 200 MPa。灰口铸铁多用于铸造受力要求一般的零件，如床身、机座等。

③ 可锻铸铁。其中的碳以团絮状石墨形式存在。这种铸铁有较高的强度和塑性，但实际上并不能锻造，用于铸造强度要求较高的铸件，牌号如 KTH350－10。

④ 球墨铸铁。其中的碳以球状石墨形式存在。这种铸铁的强度较高，塑性和韧性较好，用于制造受力复杂、载荷大的机件，牌号如 QT600－02。

可锻铸铁和球墨铸铁的牌号中，后一组数字表示伸长率。

1.1.2　有色金属

通常把钢和铸铁称为黑色金属，除黑色金属以外的其他金属称为有色金属。有色金属的种类很多，由于冶炼较为困难、成本较高，故其产量和使用量远不如黑色金属多。但是，由于有色金属具有某些特殊的物理、化学性能（如镁、铝、钛合金密度小，铜、银合金导电性好，钨、钼、铌合金耐高温性好等），是黑色金属所不具备的，因而使其成为现代工业中不可缺少的重要的机械工程材料。常用的有色金属有铝及铝合金、铜及铜合金、滑动轴承合金等。

1．铝及铝合金

在有色金属中，铝及铝合金是应用最广的金属材料，也是航空工业的主要结构件。

纯铝是银白色的金属，是自然界中含量最丰富的金属元素。纯铝主要用于熔炼铝合金，制造电线、电缆以及要求耐热、耐腐蚀性好但强度要求不高的构件和器皿等。

纯铝的强度很低（$\delta_b = 80 \sim 100$ MPa），不能用作承受载荷的机械零件。在纯铝中加入适量硅、铜、镁、锌、锰等合金元素，则可得到具有较高强度的合金。再经过冷变形和热处理，其强度可以明显提高（$500 \sim 600$ N/mm^2），并可大大提高比强度、耐腐蚀性和加工性。

根据铝合金的成分和加工成型特点，铝合金可以分为变形铝合金和铸造铝合金两类。

2．铜及铜合金

铜及铜合金是历史上应用最早的有色金属。目前工业生产中使用的铜及铜合金主要有工业纯铜、黄铜和青铜。

纯铜的强度低，一般不用做结构零件，主要用于制造电线、电缆、铜管以及作为冶炼铜合金的原料。

黄铜是以锌为主要合金元素的铜合金。黄铜按照化学成分的不同，可以分为普通黄铜和特殊黄铜；按照生产方法不同，可以分为压力加工黄铜和铸造黄铜。

除了黄铜和白铜（铜和镍的合金）外，其余所有的铜基合金都称为青铜。青铜按主要添加元素不同可分为锡青铜、铝青铜、硅青铜和铍青铜。和黄铜一样，青铜也可以分为压力加工青铜和铸造青铜两类。

3．滑动轴承合金

轴承合金是用来制造滑动轴承轴瓦及其内衬的合金。滑动轴承具有制造、修理和更换方便，与轴颈接触面积大，承受载荷均匀，工作平稳，无噪声等优点，所以应用很广。例如，磨床的主轴承、连杆轴承、发动机轴承等大多使用滑动轴承。

常用的滑动轴承合金有锡基轴承合金、铅基轴承合金、铜基轴承合金和铝基轴承合金。

1.2 金属材料的力学性能和硬度测定方法

1.2.1 金属材料的力学性能

金属材料的力学性能是指金属材料在外力作用下表现出来的特性，如强度、塑性、硬度、冲击韧度等。

强度是指材料在外力作用下抵抗变形和破坏的能力。以屈服强度 σ_s 和抗拉强度 σ_b 最为常用。

塑性是指金属材料在外力作用下产生塑性变形而不破坏的能力，常用延伸率（δ）和断面收缩率（φ）作为材料的塑性指标。

冲击韧度是指材料抵抗冲击载荷的能力。金属材料韧性的好坏用冲击韧度值衡量。

硬度是指金属材料抵抗硬物压入其表面的能力。工程上常用的有布氏硬度和洛氏硬度。

1.2.2 金属材料的硬度测定方法

1．布氏硬度测定方法

布氏硬度试验是用一定的载荷 P，将直径为 D 的淬火钢球，在一定压力作用下，压入被测金属的表面（见图 1.3），保持一定的时间后卸去载荷，以载荷与压痕表面积的比值作为布氏硬度值，用 HB 表示。HB 值愈大，材料愈硬。

用布氏硬度试验测材料的硬度值，其测试数据比较准确，但不能测太薄的试样和硬度较高的材料。

图 1.4 所示为 HB-3000 布氏硬度计。

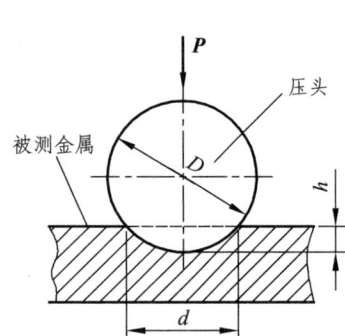

图 1.3 布氏硬度试验原理图

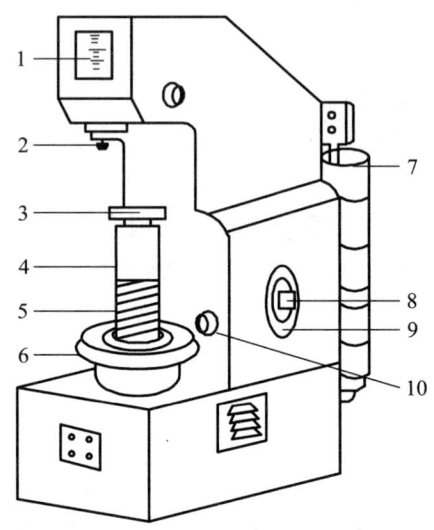

1—指示灯；2—压头；3—工作台；4、5—立柱；6—手轮；7—载荷砝码；
8—压紧螺钉；9—时间定位器；10—加载按钮。

图 1.4 HB-3000 布氏硬度计

测定布氏硬度时其基本操作和程序如下：

① 将试样平稳地放在工作台上，转动手轮使工作台徐徐上升到试样与压头接触（应注意压头固定是否可靠），到手轮打滑为止，此时初载荷已加上。

② 按下加载按钮，加荷指示灯亮，自动加载并卸载指示灯灭。

③ 逆时针转动手轮，使工作台下降，取下试样。

④ 用读数放大镜测量压痕直径，测得压痕直径后从表中查出布氏硬度值。

2. 洛氏硬度测定方法

洛氏硬度试验是用一定的载荷将顶角为 120°的金刚石圆锥体或直径为 1.588 mm 的淬火钢球压入测试样表面，然后根据压痕的深度来确定它的硬度值。

用洛氏硬度计可以测量从软到硬的各种不同材料，这是因为它采用了不同的压头和载荷，组成各种不同的洛氏硬度标度，如 HRA、HRB、HRC。

以 HRC 测试为例，测定原理如图 1.5 所示。它是采用顶角为 120°的金刚石圆锥压头，总载荷为 1 500 N。测试时先加预载荷 100 N，压头从起始位置 0—0 到 1—1 位置，压入试件深度为 h_1；后加总载荷 1 500 N（实为主载荷 1 400 N 加上预载荷 100 N），压头位置为 2—2，压入深度为 h_2，停留数秒后，将主载荷 1400 N 卸

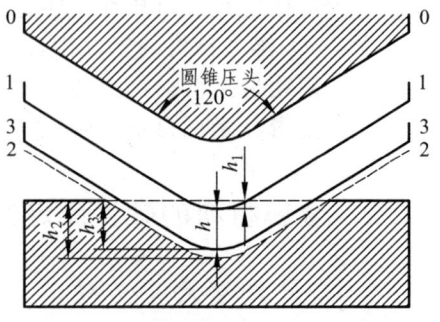

图 1.5 洛氏硬度测定原理示意图

除，保留预载荷 100 N。由于被测试件弹性变形恢复，压头略为提高，位置为 3—3，实际压入试件深度为 h_3。因此，在主载荷作用下，压头压入试件的深度 $h = h_3 - h_1$。为了便于从硬度计表盘上直接读出硬度值，一是规定表盘上每一格相当于 0.002 mm 压深，二是将 HRC 值用 HRC = 100 − h/0.002 的公式表示，从而符合人们的习惯概念，即材料越硬，硬度值（HRC）越高。

1.3 铁碳合金的基本组织

这里主要介绍铁碳合金的平衡组织。平衡组织是指铁碳合金在极为缓慢的冷却条件下所得到的组织。由于铁碳合金的含碳量不同，其平衡组织的结构和特点也不同，因此铁碳合金也可分为工业纯铁、钢和铸铁三大类。其中，钢又可分为亚共析钢（含碳量低于 0.77%）、共析钢（含碳量等于 0.77%）和过共析钢（含碳量高于 0.77%）三种；铸铁又可分为亚共晶白口铁（含碳量介于 2.06% ~ 4.3%）、共晶白口铁（含碳量等于 4.3%）和过共晶白口铁（含碳量介于 4.3% ~ 6.67%）三种。

铁碳合金的平衡组织在金相显微镜下具有以下四种基本组织。

① 铁素体。铁素体用代号"F"表示，是碳在 α – Fe 内的间隙固溶体，其强度和硬度低，塑性、韧性很好，所以具有铁素体组织多的低碳钢能进行冷变形、锻造和焊接。图 1.6 是亚共析钢的显微组织，图中呈块状分布的白亮部分即是铁素体。

② 渗碳体。渗碳体是铁与碳金属间形成的稳定化合物（Fe_3C），其含碳量为 6.69%，质硬而脆，耐蚀性强。经 4%硝酸酒精浸蚀后，渗碳体仍呈亮白色，而铁素体呈灰白色，由此可区别铁素体和渗碳体。

③ 珠光体。珠光体用代号"P"表示。珠光体是铁素体和渗碳体层片状交替排列的机械混合物。根据其冷却速度不同，所得到的片层间距不同，又可分为珠光体、屈氏体、索氏体。片层间距越小，则珠光体的强度和硬度越高。在不同放大倍数的显微镜下可以看到具有不同特征的珠光体组织。当放大倍数较低时，珠光体片层因不能分辨而呈黑色，如图 1.6 中的黑色部分为珠光体组织。

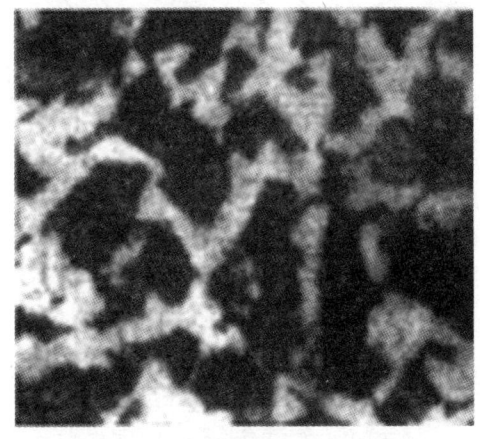
图 1.6 亚共析钢的显微组织（400×）

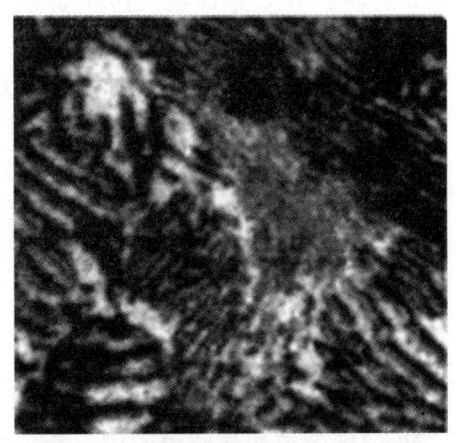
图 1.7 共析钢的显微组织（400×）

图 1.7 所示为共析钢的显微组织，其组织全部为珠光体。图 1.8 为过共析钢的显微组织，

其组织由珠光体晶粒及其周边的网状渗碳体组成。

④ 莱氏体。莱氏体用代号"Le"表示。莱氏体在室温时是珠光体和渗碳体所组成的机械混合物。其组织特征是在亮白色渗碳体基底上相间地分布着暗黑色斑点及细条状珠光体，如图1.9所示。

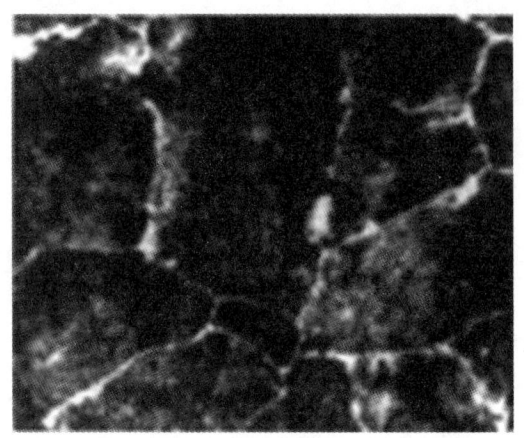
图1.8 过共析钢的显微组织（400×）

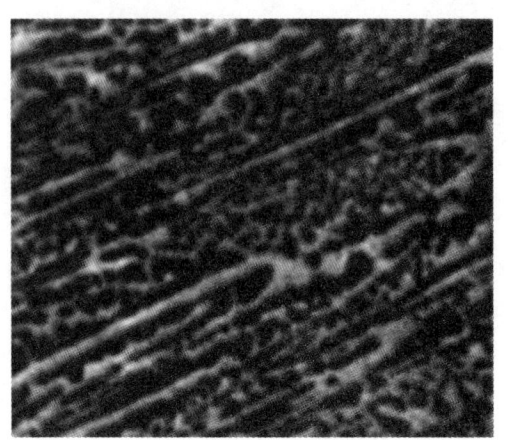
图1.9 莱氏体的显微组织（400×）

1.4 铁碳合金的显微组织观察

用光学显微镜将专门制备的试样放大50～1 500倍，可观察和分析铁碳合金的显微组织形态，可研究成分、热处理工艺与显微组织之间的关系。这种金相分析是研究金属材料内部组织和缺陷的主要方法之一。

1. 金相试样的制备

金相试样的制备是一项细致的工作，要逐步用多种不同颗粒度的专用砂纸细心磨制，然后用抛光机将试样观察面抛光成平整镜面，选择合适的腐蚀剂腐蚀抛光镜面（一般为4%的硝酸酒精溶液）。由于晶界、晶面和不同相、不同组织接受腐蚀的情况不一，因此经腐蚀并清洗、干燥后，试样观察面的显微组织在显微镜下就清晰可见。生产中有时也直接在机件某个部位制备出一个观察区域，用便携式光学显微镜进行观察和分析。

2. 金相显微镜的结构及其使用方法

以XJ-16型金相显微镜为例，其结构如图1.10所示。

使用方法如下：

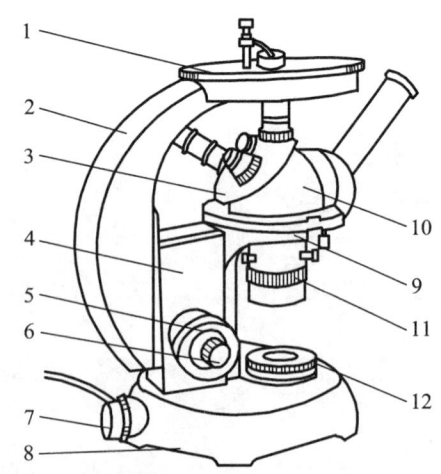

1—载物台；2—镜臂；3—物镜转换器；4—微动座；
5—粗动调焦手轮；6—微动调焦手轮；7—照明装置；
8—底座；9—平台托架；10—碗头组；
11—视场光阑；12—孔径光阑。

图1.10 XJ-16型金相显微镜结构

① 根据所需的放大倍数,将选好的物镜和目镜分别装在物镜座上和目镜筒内。
② 将试样放在载物台中心,试样要清洁、干燥,以免玷污、侵蚀镜头。
③ 转动粗调旋钮,使载物台渐渐上升,以调节焦距,边调节边观察,当观察到视野亮度增强时,改用微调旋钮调节,直至视场中出现清晰的物像为止。转动粗调或微调旋钮时动作要慢,感到阻碍时不得用力强行转动以免损坏机件。
④ 观察时一般先用低倍以便观察全貌,当需要观察局部组织的详细形貌时,可改用高倍观察。

1.5 金属材料的现场鉴别

现场鉴别钢铁材料最简易的方法是火花鉴别法和涂色标志法等。

1.5.1 火花鉴别法

1. 火花的构成

钢材在砂轮上磨削时所射出的火花由根部火花、中部火花和尾部火花构成火花束,如图 1.11 所示。

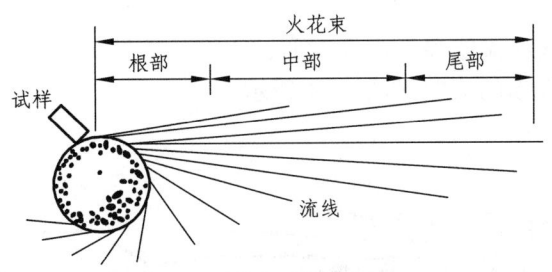

图 1.11 火花束示意图

磨削时由灼热粉末形成的线条状火花称为流线。流线在飞行途中爆炸而发出稍粗而明亮的点称为节点。火花在爆裂时所射出的线条称为芒线。芒线所组成的火花称为节花。节花分一次花、二次花、三次花等。芒线附近呈现明亮的小点称为花粉。火花束的构成如图 1.12 所示。

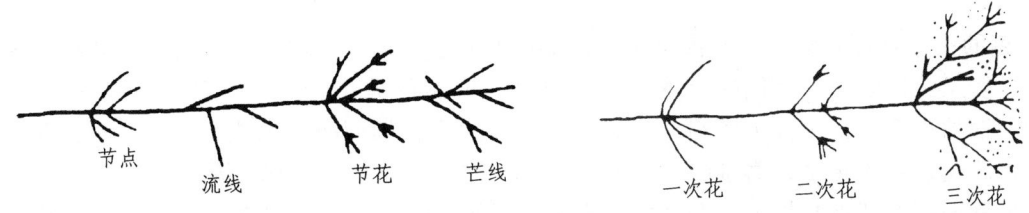

图 1.12 火花束的组成

由于钢材的化学成分不同,流线尾部会出现不同的尾部火花,称为尾花。尾花有苞状尾花、菊状尾花、狐尾花、羽状尾花等,如图 1.13 所示。

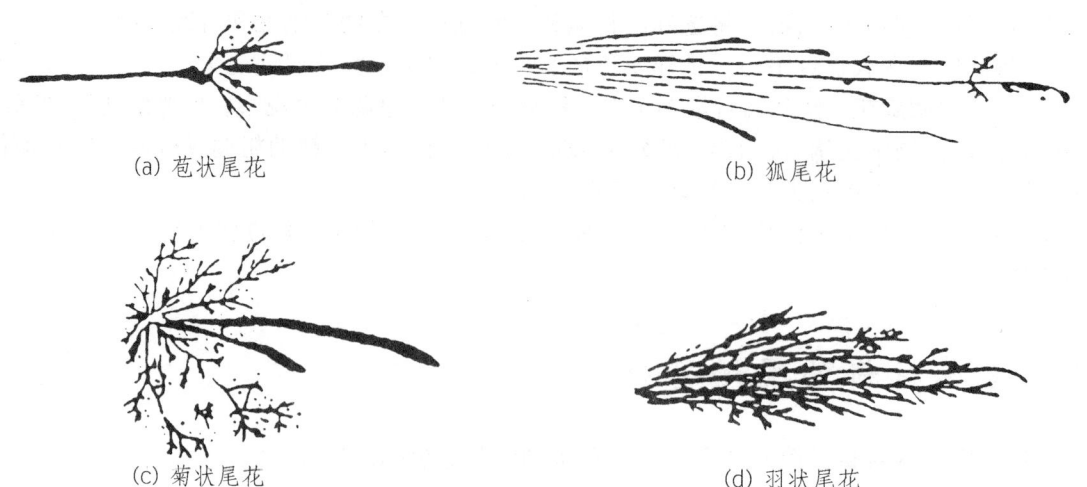

(a) 苞状尾花　　　　　　　　(b) 狐尾花

(c) 菊状尾花　　　　　　　　(d) 羽状尾花

图1.13　各种尾花形状

2. 常用钢的火花特征

碳素钢随着含碳量的增加，流线形式由挺直转向抛物线，流线逐渐增多，火花束长度逐渐缩短，粗流线变细，芒线逐渐细而短，由一次爆花转向多次爆花，花的数量和花粉也逐渐增多，光辉度随着含碳量的升高而增加，砂轮附近的晦暗面积增大。在砂轮磨削时，手感也由软而渐渐变硬。

20钢的火花特征：火花流线多，略呈弧形；火束长，呈草黄色，带红；芒线稍粗；爆花呈多分叉，一次爆花。20钢的火花如图1.14所示。

图1.14　20钢的火花特征

40钢的火花特征：整个火花束呈黄色而略明亮；流线较细，多分叉而长；爆花接近流线尾端，呈多叉二次爆裂；磨削时手感反抗力较弱。40钢的火花如图1.15所示。

T13钢的火花特征：火束短粗，中暗红色；流线多，细而密；爆花为多次爆裂，花量多并重叠，碎花、花粉量多；磨削时手感较硬。T13钢的火花如图1.16所示。

合金钢火花的特征与加入的合金元素有关。例如Ni、Si、Mo、W等有抑制爆裂的作用，而Mn、V、Cr却可以助长爆裂，所以对合金钢火花的鉴别较难掌握。图1.17是高速钢W18Cr4V的火花特征。W18Cr4V的火花束细长，流线数量少，无火花爆裂，色泽是暗红色，根部和中部为断续流线，尾花呈狐尾状。

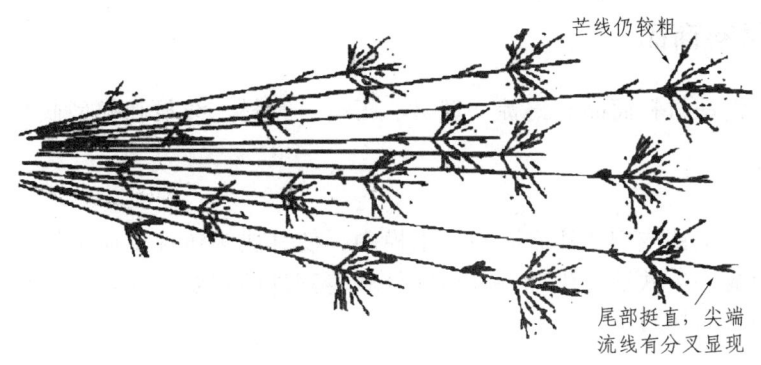

图 1.15　40 钢的火花特征

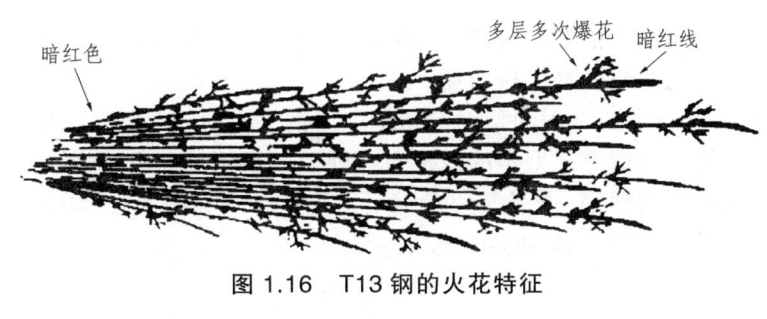

图 1.16　T13 钢的火花特征

图 1.17　W18Cr4V 火花特征

1.5.2　涂色标记法

在管理钢材和使用钢材时，为了避免出差错，常按标准（GB、YB）在钢材的两端面涂上不同颜色的油漆作为标记，以便于钢材的分类。表 1.2 为部分钢号的图色标记。

表 1.2　部分钢号的图色标记

材料种类	牌号	标记	材料种类	牌号	标记
碳素结构钢	Q235	红色	合金结构钢	20CrMnTi	黄色+黑色
优质碳素结构钢	45	白色+棕色		42CrMo	绿色+紫色
	60Mn	绿色三条	铬轴承钢	GCr15	蓝色一条
高速钢	W18Cr4V	棕色一条+蓝色一条	不锈钢	0Cr19Ni9	蓝色+绿色

1.6　金属材料的选用

在机械制造工程中，不仅要选用适宜制作机械零件的材料牌号，还要合理选用商品材料的形状和规格。

1.6.1 钢铁材料商品

市场供应的钢铁材料商品有铸锭、型材、板材、管材、线材和异型截面材等钢材。

1. 铸 锭

通常将冶炼的生铁或钢浇注到砂模或钢模中，使其成为铸锭供应市场。生铁是由铁矿石在高炉中冶炼而成。生铁锭是生产各种铸铁件和铸钢件的主要原材料，铸钢锭则是生产大型锻压件和各种型材的坯料。

2. 型 材

冶金企业生产的钢锭除小部分直接作为商品供应市场以外，绝大部分被轧制成各种型材、板材、管材、线材和异型截面材供应市场。

① 型钢。机械制造企业常用的型钢有圆钢、方钢、扁钢、六角钢、八角钢、工字钢、槽钢、等边角钢、不等边角钢等。型钢的规格以反映其断面形状特征的主要尺寸表示，如圆钢20 表示直径 $d = 20$ mm 的圆钢，2 号等边角钢尺寸规格 $20 \times 20 \times 3$ 表示边宽 $b = 20$ mm、边厚 $d = 3$ mm 的等边角钢，如图 1.18 和图 1.19 所示。

图 1.18　圆钢　　　　　　　　图 1.19　等边角钢

② 钢板。公称厚度 $\delta \leqslant 4$ mm 的钢板为薄钢板，$\delta > 4$ mm 的钢板为厚钢板。钢带是厚度一般为 0.05～7 mm、宽度一般为 4～520 mm 的长钢板。市场以"张"供应的商品钢板规格以"厚度×宽度×长度"表示，以"卷"供应的商品钢板和钢带规格以"厚度×宽度"表示。

③ 钢管。钢管按质量分为无缝钢管和有缝钢管两类，无缝钢管是用钢锭或钢坯进行冷轧或热轧连续轧制而成，管子轴向无连接缝；有缝钢管是用板材卷压成管焊接而成，管子轴向有焊接缝，因而强度不如无缝钢管。钢管截面形状以圆形为多，还有扇形、方形或其他异型截面。圆形截面无缝钢管的规格以"截面圆的外径×管壁厚"表示。低压流体输送用焊接有缝钢管的规格以近似截面圆的内径的名义尺寸表示，称为公称口径。

④ 钢丝。钢丝的规格以公称直径的毫米数或相应的线号表示，线号越大，直径越细。

1.6.2 金属材料选用的基本原则

在进行新产品开发时，必须对零部件所用的金属材料进行选用。在改进老产品或老产品的零部件发生早期失效时，也必须重新选用金属材料。所谓早期失效，是指机械产品未达到预期寿命而发生零部件完全破坏，不能再继续工作；或者严重损伤，不能保证继续工作的安全性；或者继续工作时不能保证实现预期的功能。导致早期失效的原因有设计不合理、材料选用不当、加工工艺不当和安装使用不当等。只有按照一定的原则合理正确地选用金属材料，才能保证机械产品的功能和质量。

选用金属材料时，主要应考虑零件的工作条件对材料使用性能的要求，零件的制造对材料工艺性能的要求，以及材料的经济成本。

所选材料应能满足零件的工作条件对材料使用性能的要求，这是选材的基本出发点。零件的工作条件对使用性能的要求主要考虑以下几点：

① 零件的工作环境和服役情况，特别是承受载荷的情况和磨耗情况；
② 零件的形状、尺寸和重量所受的限制；
③ 零件的重要性。

考虑零件的制造对材料工艺性能要求的同时，还要考虑材料的经济成本，所选材料既要能用现有的工艺技术和装备条件进行加工制造，又要考虑材料本身的价格及加工工艺的成本费用。毛坯材料的相对价格见表1.3。

表1.3 毛坯材料相对价格表

材　料	种类规格	相对价格
铸造金属	灰铸铁件	1
	碳素钢铸件	2
	铝合金铸件	8～10
圆钢（mm）	Q235（ϕ33～42）	1
	优质碳素结构钢（ϕ29～50）	1.5～1.8
	合金结构钢（ϕ29～50）	1.7～2.5
	弹簧钢（ϕ29～50）	1.7～3
	滚动轴承钢（ϕ29～50）	3
	合金工具钢（ϕ29～50）	3～20
	耐热合金钢（ϕ29～50）	5

加工工艺的成本费用与零件生产的工艺路线有关。

一般钢铁材料零件的工艺路线大体可以归纳为三类。对于性能要求不高的零件：毛坯（铸造/锻压）→预备热处理（退火/正火）→切削加工→零件成品。对于性能要求较高的零件：毛坯（铸造/锻压）→预备热处理（退火/正火）→切削粗加工→最终热处理（淬火、回火）→切削精加工→零件成品。对于性能要求较高的精密零件：毛坯（铸造/锻压）→热处理（退火/正火）→切削粗加工→热处理（淬火、回火）→切削半精加工→表面化学热处理（氮化）/稳定化热处理（时效）→切削精加工→稳定化热处理→零件成品。

热处理工艺相对加工价格参见表1.4。在权衡工艺性能和经济成本时，要视零件的重量、工艺路线和加工量的大小而论。

在具体选材时，应根据机械零件的功能用途、工作环境、受力情况，查阅材料标准和手册，初步选择能满足要求的材料。再从选材的角度进行产品和零件的结构分析，考察能否用更廉价、更通用的材料或经热处理强化后部分或全部代替初选的材料。有时甚至还可在不影响产品和零件功能的前提下修改结构设计，以满足选材的基本原则。

表1.4 热处理工艺相对加工价格

热处理工艺	相对价格	热处理工艺	相对价格
火（电炉）	1	高频感应加热表面淬火	3~5
球化退火（电炉）	1.8	渗碳淬火－回火	6
正火（电炉）	0.8~1	氮化	40
调质	2.5	软氮化	10
淬火（盐浴炉）－回火	3~8	冷处理	3

1.6.3 机械零件毛坯

选定机械零件的金属材料后，先要将所选用的金属材料使用不同的工艺方法制成与成品机械零件形状尺寸相近似的毛坯，再将毛坯进行切削加工等工艺过程，使之成为形状、尺寸和性能符合质量要求的成品机械零件。机械制造工程中的毛坯主要有铸造毛坯件、锻压毛坯件、焊接毛坯件和型材毛坯件四种。

1. 铸造毛坯件

铸造毛坯件使用的金属材料主要是铸铁、铸钢（含碳量0.15%~0.55%）和有色金属。铸造毛坯件是使用量最大的毛坯，它不受机械零件的形状和尺寸的限制，制造成本低，生产率高，铸造及切削加工工艺性能好。但是由于铸造毛坯件是金属材料从液态高温浇铸而成，温度变化梯度大，应力及变形大，金属内部组织结构变化复杂，缺陷多，机械性能较差，所以一般用于机械性能要求不高的机械零件。

2. 锻压毛坯件

锻压毛坯件主要用碳素钢、合金钢制造，有自由锻毛坯件和模锻毛坯件两类。锻压件组织结构细密，内部缺陷少，可以获得符合机械零件载荷分布的合理的纤维组织，具有比铸造件毛坯高的机械性能，特别是模锻毛坯件还具有生产率高、加工余量小、质量好的优点。但是，锻压毛坯件生产成本高，一般用于制造机械性能要求高的机械零件。

3. 焊接毛坯件

焊接毛坯件主要用于制造由低碳钢钢板、角钢、槽钢等型材焊接的罩壳、容器、机架、箱体等金属结构件。焊缝性能好坏对焊接毛坯件机械性能影响很大。

4. 型材毛坯件

型材毛坯件是直接选用与机械零件形状和尺寸相近的方钢、圆钢等型材备料而成。型材经轧钢厂轧制而成，组织结构细密均匀，机械性能好，使用方便，适宜于没有成型要求的钢件和有色金属件。

1.6.4 典型零件选材举例

1. 轴

轴是机械产品的主要零件和基础零件之一。在工作状态下,轴受到往复循环的应力作用,有时还有冲击载荷的作用,其失效形式主要是疲劳裂纹和断裂。同时在轴颈与轴承配合处还会有相互摩擦和磨损。因此,轴类零件的材料应具有较高的强度、塑性、韧性、疲劳强度等综合机械性能,承受摩擦和磨损处还应有高的硬度和耐磨性。

在轴类零件选材时,形状简单、尺寸不大、承载较小和转动速度较低的轴,可选用45号钢、球墨铸铁等碳素钢或铸铁材料,不经热处理或经热处理制成;形状复杂、尺寸较大、承载较大和转动速度较高的轴,可选用45、40Cr、35CrMo、42CrMo、40CrNi、38CrMoAl等碳素钢或合金钢经热处理制成,或者选用20、20Cr、20CrMnTi等合金渗碳钢经渗碳淬火和回火热处理制成;对于承受较大交变载荷、转速高、摩擦大、精度高的重要轴类,可选用38CrMoAl等氮化合金钢经调质和氮化热处理制成。例如,C6132车床的主轴就是选用45钢锻造毛坯按以下工艺路线制造的:

下料→锻造→正火→粗加工→调质→精加工→局部表面淬火→低温回火→精磨→成品

2. 齿轮

齿轮也是机械产品的主要零件和基础零件之一。齿轮的失效形式主要是齿面的疲劳裂纹、磨损和折断。齿轮的工作条件和失效形式要求其材料应具有高的弯曲疲劳强度和接触疲劳强度,齿面应有高的硬度和耐磨性,心部则要有足够的强度和韧性。

对于工作较平稳、无强烈的冲击、负荷不大、转速不太高、形状不太复杂、尺寸不太大的齿轮,可选用20、45、40Cr、40MnB等低碳钢、中碳结构钢、中碳低合金钢等经调质、表面淬火或渗碳淬火制成。工作条件较恶劣、负荷较大、转速较高、频繁受到强烈冲击、形状复杂、尺寸大的齿轮,对材料性能和热处理质量的要求高,可选用20CrMo、20CrMnTi、18Cr2Ni4W、40Cr、42CrMo等合金钢,经调质、表面淬火或渗碳淬火等热处理制成。例如,用20CrMnTi钢锻造毛坯按以下工艺路线制造汽车齿轮:

下料→锻造→正火→机加工(制齿)→渗碳→淬火→低温回火→喷丸→精磨→成品

习 题

1.1 钢的火花由哪几部分组成?20钢与T12钢的火花有何区别?

第 2 章 拆 装

【实习目的及要求】
① 了解气动工具的结构特点和工作原理；
② 了解电动自行车的结构特点、工作原理和装配过程；
③ 了解四缸发动机的工作原理、构造和装配的工艺知识；
④ 掌握基本的发动机拆卸和装配操作要领、方法以及相关工具的使用；
⑤ 掌握工具、量具的正确选择和使用方法；
⑥ 建立产品装配的基本概念；
⑦ 培养按照装配图纸和技术要求进行产品的分解、装配、调试的基本能力；
⑧ 能熟练掌握和运用各种工具对产品进行分解与装配；
⑨ 能严格按照装配图纸和技术要求对产品进行正确地分解、装配、调试与故障排除。

拆装实习是一门以实践及动手能力为主的技术基础课程，通过对气动工具和电动自行车的分析与拆装训练，可使学生初步了解气动工具和电动自行车的工作原理、结构设计、制造工艺及装配工艺等，有利于机械、材料专业类学生将已学过的机械制图、公差配合、金属材料、机械设计、装配工艺等知识融会贯通、综合运用，建立起基本的工程背景知识，拓宽知识面。

2.1 2B10D 型气扳机拆装

2.1.1 概 述

气扳机型号 2B10D 的含义如下：

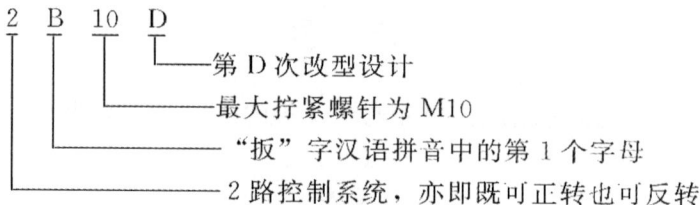

2B10D 型气扳机等风动工具的发明和发展为我们提供了一种高效、安全的以压缩空气为动力的手工作业工具。使用风动工具，可以使繁重的手工操作实现机械化，从而减轻劳动强度，大幅度提高劳动效率及作业质量。

在现代工业生产中，机器的组装、设备的安装等都大量采用螺纹连接，因此 2B10D 型气扳机等风动工具在汽车、摩托车、航空航天、家电、造船、机车、维修等行业得到了广泛应用。

2B10D 型气扳机等风动工具与电动工具相比具有如下四大特点：
① 可以在爆炸性、腐蚀性、高温及潮湿的工作环境中使用。

② 可超负荷操作而不致使马达烧毁。
③ 结构简单，坚固耐用，维护相对容易。
④ 输出扭矩大，重量轻，效率高。

近年来，我国气动工具如雨后春笋般迅速蓬勃发展，但高端专业级气动工具的研制开发与国外尚有较大差距，今后的发展方向是研制外形美观漂亮、质量较轻、又能显示扭矩的高端专业级气动工具。

2.1.2 2B10D 型气扳机拆装实习的重点

1. 培养识图的基本能力

通过看 2B10D 型气扳机的总装备图，培养识图的基本能力。要求了解总成图主要由 6 大部件和 45 个零件组成，掌握 6 部件的主要功能和作用。

1）外 壳

外壳主要由手把组合和前壳体两部分组成，主要用来安装和固定实现气扳机功能的内部零件，要求在满足功能要求的前提下外形美观漂亮，便于操作。

2）换向机构

换向机构主要由换向按钮和气路组成。按下"上按钮"，按钮内端面顶开密封塑料球，压缩空气经按钮进入气动马达右进气口（见图 2.1），扳轴逆时针方向旋转，可松开螺母；反之，按下"下按钮"，扳轴顺时针方向旋转，可拧紧螺母。

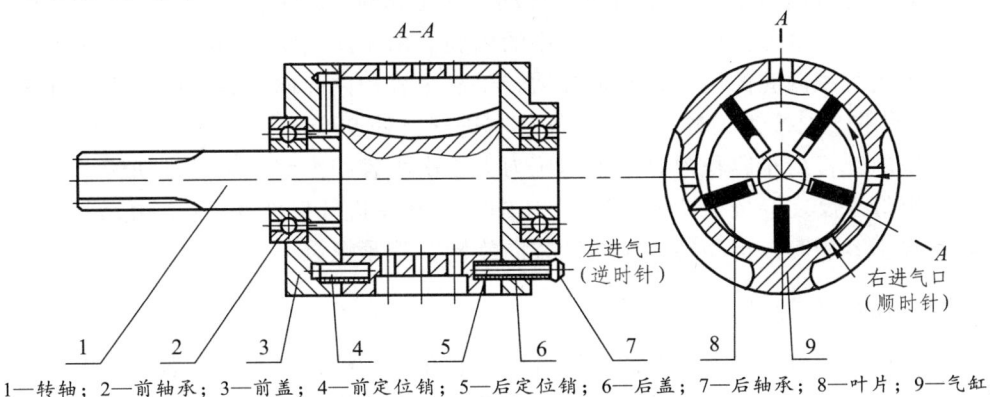

1—转轴；2—前轴承；3—前盖；4—前定位销；5—后定位销；6—后盖；7—后轴承；8—叶片；9—气缸。

图 2.1 气动马达工作原理图

3）气动马达

气动马达主要由气缸、转子、叶片和前后轴承组成，主要功能是将压缩空气的气动力矩转换为转子的机械旋转力矩。

4）冲击锤

冲击锤主要由行星齿轮架、冲击锤、2 只行星齿轮、大弹簧、小弹簧和 2 只 $\phi 6$ 钢球组成，如图 2.2 所示。其主要作用是将气动马达和扳轴弹性连接成一体，传递和调节旋转力矩。

5）扳 轴

扳轴的主要作用是直接传递正反转扭矩，实现气扳机的功能。

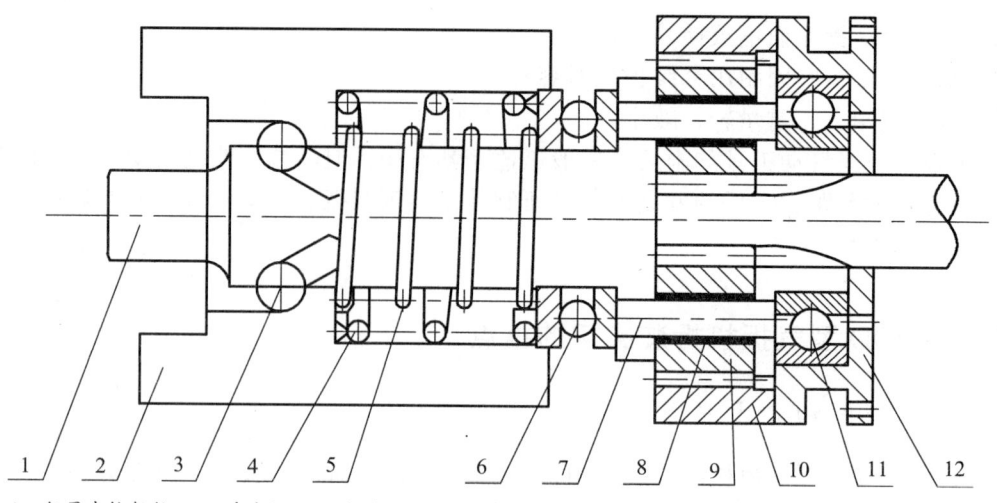

1—行星齿轮架轴；2—冲击锤；3—钢球；4—小弹簧；5—大弹簧；6—推力轴承；7—销轴；8—滚针；9—行星齿轮；10—内齿轮；11—轴承；12—轴承座。

图 2.2　冲击锤工作原理图

6）排气消声系统

排气消声器安装在前壳体的最下方，通过内部消声孔和吸声材料，降低排气噪声。

2. 掌握各主要部件的工作原理

1）气动马达的工作原理

由于气缸中心偏离转子中心 2.5 mm，气动马达工作时，转子上安装的 5 片叶片甩出与气缸壁紧密接触，将气缸分割成 5 个不同大小的内腔。由于压缩空气压强一致，小容积内腔产生的压力大于大容积内腔的压力，于是推动转子从小容积内腔向大容积内腔方向旋转。如图 2.1 所示，当按下"上按钮"时，压缩空气从右进气口处 9 个 $\phi 3$ 孔分别进入右侧最小容积内腔和次小容积内腔，最小容积内腔产生的压力大于次小容积内腔，于是推动转子逆时钟方向旋转，松开螺母。反之，按下"下按钮"，压缩空气从左进气口处 9 个 $\phi 3$ 孔分别进入左侧最小容积腔和次小容积腔，推动转子顺时针方向旋转，拧紧螺母。

2）冲击锤的工作原理

当气动马达工作时，转子轴上的花键带动安装在行星齿轮架上与之啮合的 2 只行星齿轮运转，由于行星齿轮在固定不动的内齿轮上旋转，从而迫使行星齿轮架与之同步旋转；而冲击锤通过 2 只 $\phi 6$ 钢球与行星齿轮架轴相连，当 2 只 $\phi 6$ 钢球处于最前方时，冲击锤与行星齿轮架轴结合成一体，传递气动马达的转矩。冲击锤与扳轴的连接，通过大、小弹簧的弹力作用使二者外端面紧贴，并通过齿爪传递扭矩。当扳轴的工作扭矩大于规定的压力（0.49～0.63 MPa）时，冲击锤压缩大小弹簧，沿轴向后退，2 只 $\phi 6$ 钢球从齿轮架 V 形槽中滑出，冲击锤外端面齿爪与扳轴齿爪脱开，此时风扳机处于过载保护状态，不工作。

3. 掌握结构装配的先后顺序、合理的装配工艺以及调试方法

1）拆卸步骤

2B10D 型气扳机的拆卸分为 7 步，详见拆卸工艺流程卡。

2）装配步骤

2B10D 型气扳机的装配同样分为 7 步，与拆卸步骤完全相反，亦即最后拆卸的部件最先装配。

2.1.3 2B10D 型气扳机拆装实习的难点

1. 零件间的相互配合及空间关系

根据总装配图，了解各部件的安装位置和相互配合关系。

2. 零部件的装配顺序和装配方法

2B10D 型气扳机的装配必须严格按照装配工艺流程卡规定的步骤进行，实验前必须仔细阅读工艺流程卡，按工艺卡规定的先后顺序和装配方向操作。不得漏装、错装或少装，否则将导致气扳机不工作或工作效率降低。例如，起密封作用的 O 形密封圈漏装后，气路系统不密封，气扳机不工作。

1）气动马达的装配

气动马达的装配必须使用专用工装，叶片的圆弧面必须向内，否则气缸将不可能分割成 5 个大小不等的内腔，从而导致气动马达不工作。

气缸上的后定位销（长销端）必须对准手把壳体内的定位孔，气缸上的前定位销（短销端）必须对准前端盖上的定位孔。

2）行星齿轮架组合的装配

安装行星齿轮轴内的 30 根滚针（每只齿轮 15 根）时，必须使用塑料托板和专用定位销，不能少装滚针，否则会导致行星齿轮运转不灵活，工作不稳定。

3）冲击锤组合的装配

冲击锤组合的装配必须使用专用工装，专用工装旋转至极限位置时不可再继续用力，以免损坏零部件。

2.1.4 常见故障与排除方法

气扳机常见故障与排除方法如表 2.1 所示。

表 2.1 气扳机常见故障与排除方法

序号	常见故障	排除方法
1	气动马达运转时有明显响声	气动马达内 5 块叶片装反（弧面应向内）
2	轴承盖压不到位	气动马达上 $\phi 3$ 弹性圆柱销没有插进手柄中的定位孔
3	行星齿轮在内齿圈内转不动	$\phi 1$ 钢针装入行星齿轮内孔后被销轴折断
4	转子在气缸内转不动	与转子轴颈配合的轴承前端盖、轴承后端盖压得太死
5	前壳体与手柄拧不拢	轴承座装配方向不对，重新装配

2.1.5 2B10D型气扳机拆装实习安全操作规程

① 拆装实验前必须仔细阅读工艺流程卡。
② 必须严格按照工艺卡要求的步骤、顺序和方向进行操作，不得少装、漏装和错装。
③ 严禁野蛮装配，避免零部件损坏。

2.1.6 评分标准

① 不按规定进行实习者，一律以旷课论处，实习时间少于2/3不计成绩。
② 独立操作能力：强10分，弱6分，差3分。
③ 拆装作业质量：正确80分；基本正确60分；不正确40分；凡是漏装、少装或者错装零件，视情况适当扣分。
④ 实习态度：占成绩的10%，实际评定时按百分制进行。考核项目如下：实习纪律40分；安全实习30分；文明实习30分。

2.2 电动自行车拆装

电动自行车是在普通自行车的基础上，加装一套电动机驱动机构（包括电动机、控制器、蓄电池、转把、刹车等操纵部件和显示仪表系统）组成的，是机电一体化的个人交通工具。电动自行车既可人力驱动，也可电力驱动。人力驱动时同操作普通自行车一样；电力驱动时是以蓄电池为能源，通过控制器控制电动机转速，从而驱动电动自行车行驶。电动自行车集安全、舒适、便捷、无污染于一身，是人们出行、健身的理想工具。

2.2.1 电动自行车的主要技术性能指标（国家标准）

① 最高车速不超过20 km/h；
② 自重不超过40 kg；
③ 必须具有良好的脚踏行驶能力，在30 min内最少行程应不少于7 km；
④ 充一次电后的续行里程不少于25 km；
⑤ 以15～18 km/h的车速匀速前进时，噪声不能大于62 dB；
⑥ 以电驱动方式骑行100 km，所消耗的电能不大于1.2 kW·h；
⑦ 电动机额定输出功率不大于240 W。

2.2.2 我国电动自行车的发展历史及发展方向

我国是自行车大国，但电动自行车的发展却很晚。我国电动自行车的发展始于1998年，当年的产量还只有5.4万辆。近年来，电动自行车呈爆炸式的增长，2005年突破1 200万辆，2006年猛增至1 950万辆。

电动自行车目前尚存在许多难以克服的缺点，如续驶里程短（一般为30～40 km），需要频繁充电；电池使用寿命短（一般为1～2年），更换电池成本高；充电时间长（一般为6～8 h），使用不方便；报废的电池回收处理难，容易造成二次污染等。

因此，今后要开发使用寿命长的镍氢电池车、无须充电的高性能燃料电池车、太阳能电池车以及智能化电动自行车等。

2.2.3 电动自行车拆装实习的重点

1. 各部件的主要功能和作用

通过看电动自行车总装配图,培养识图的基本能力。要求了解电动自行车主要由以下 7 大部件组成(见图 2.3),掌握各部件的主要功能和作用。

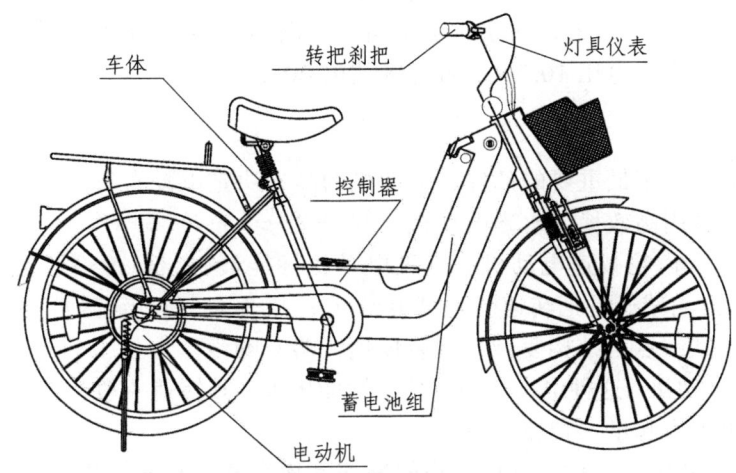

图 2.3 电动自行车总体图

① 车体。车体与普通自行车的结构相同,按国标规定最高车速不超过 20 km/h。

② 电动机。电动机是完成起步和加速等功能的关键部件,它将蓄电池的电能转换成机械能,使车轮转动。

③ 蓄电池。蓄电池是电动自行车的"心脏",是动力的来源、能源的载体,主要用于驱动电动机。目前使用的主要产品有小型密封式免维护铅酸蓄电池、镍镉电池和镍氢电池 3 种。

④ 充电器。充电器是给蓄电池补充电能的装置,充电电流随电池电压的上升而逐渐减小,待电池电量补充到一定程度以后,此时充电器转换为涓流(将大电流转换为小电流)充电,即浮充,这样可有效地保护蓄电池,延长蓄电池的使用寿命。

⑤ 控制器。控制器是电动自行车电气系统的核心,也是控制电动机转速及能量管理和各种控制信号处理的核心部件,具有欠电压保护、限流保护和过电流保护等功能。智能型控制器还具有多种骑行模式和整车电气部件自检功能。

⑥ 调速转把、刹把。调速转把是对电动自行车进行速度控制的部件;刹把是电动自行车的制动部件。当电动自行车制动时,刹把内部的电子电路输出一个电信号给控制器,控制器接收到这个信号后,就会切断对电动机的供电,从而实现制动断电功能。

⑦ 灯具、仪表。仪表是显示蓄电池电压、骑行状态、车速、灯具状态以及整车各电气部件等是否存在故障(智能型仪表具有)的设备;灯具是起照明作用并指示电动自行车状态的部件。

2. 电动自行车主要性能指标的含义和主要部件的工作原理

1)续驶里程

续驶里程是指新电池充满电后,在额定负载重量配置及平坦的路面(无强风条件下)骑行，骑至电池电压小于 10.5 V/节后，所行驶过的骑行里程数。实际的行驶里程与续驶里程相比有可能会下降，这主要是由于受行驶速度过快、负载过重、路面不平及上下坡、制动、频繁启动、胎压、风向、风速、充电方式等因素影响所致。

2）蓄电池的额定容量

在 25 ℃时，以恒定电流放电 20 h 至终止电压（1.75 V/单格），该电流的 20 倍即为电池的额定容量，一般用 A·h（安培·小时）来表示。例如，10 A·h/12 V 的电池是指以 0.5 A 的电流恒定放电直至终止电压 10.5 V，可连续放电 20 h。

3）电动机种类

电动机是电动自行车最重要的部件，电动机的品质决定电动自行车的性能和档次。目前的电动自行车大都采用高效稀土永磁电动机，其中又分为：

① 高速有刷 + 齿轮减速电动机。这种电动机性能最好，但价格最贵；其转速一般为 3 000 r/min，通过齿轮减速可把转速降到 200 r/min；扭矩大、起步有劲，过载能力好，效率可达到 80%以上。其缺点是结构复杂，拆装烦琐，略有噪声。

② 低速有刷电动机。这种电动机较便宜，性能较差；其转速一般为 200 r/min，无齿轮减速和离合器，转矩小，起步、爬坡无力。

③ 低速无刷电动机。这种电动机无齿轮减速和离合器，转速一般为 200 r/min，转矩力小，无磨损，效率在 80%左右。其特点是结构简单，噪声低，维修简单。

4）直流有刷电机的工作原理

直流有刷电机通过电刷将直流电转化为模拟交流电。电刷固定在定子上不动，换向片随电枢一起转动，将外界直流电不断地中断和连接，并送入不同的绕组，使电动机绕组得到不断改变方向的类似交流电，从而使电动机工作。

5）直流无刷电机的工作原理

直流无刷电机的工作原理是通过电子线路将直流电转换为模拟交流电，从而使电动机工作的。

6）调速转把的工作原理

调速转把是利用霍尔效应的原理制成霍尔组件作为传感器而进行调速。霍尔效应是一种磁电效应，是德国物理学家霍尔于1879年研究载流导体在磁场中受力的性质时发现的。霍尔集成电路的输出电压大小和磁场强度呈线性关系。转动调速转把形成磁场，霍尔组件发出传感信号，通过控制器，以达到控制电动机转速的目的。

7）电动自行车调速的工作原理

电动自行车是通过控制流过电动机电流的大小来控制转速的。由于电动机的转速与流过电动机的电流有关，控制电流即可控制电动机的转速。

3. 掌握结构装配的先后顺序、合理的装配工艺以及调试方法

1）前轮、后轮和控制器的装配步骤

首先，仔细阅读装配工艺流程卡，认真听取指导老师讲解，然后按照装配工艺流程规定的步骤动手装配。装配完毕后，接通电源电路，缓慢旋转调速转把，若后轮旋转轻快，加速性能良好，则说明装配步骤正确。

2）前轮、后轮和控制器的拆卸步骤

首先，仔细阅读拆卸工艺流程卡，按照拆卸工艺流程规定的步骤动手拆卸。拆卸完毕后，按照拆卸工艺流程卡规定的先后顺序，将拆卸下来的零部件摆放整齐。

2.2.4 电动自行车拆装实习的难点

1. 零件间的相互配合及空间关系

根据总装配图，了解各部件的安装位置和相互配合关系。

2. 控制器的接线（见图2.4）

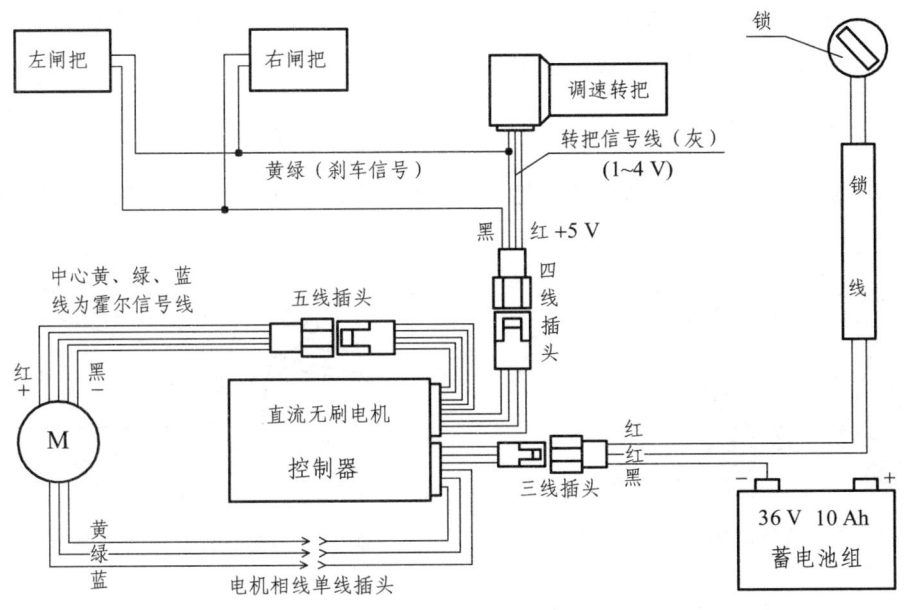

图 2.4 控制器接线图

图 2.4 是控制器的接线图。图中共有 3 个插接器和 3 根单线插头。在拆卸 3 个插接器时，首先必须压下连接器中部的卡子，然后才能顺利拔出插接头。装配时，只需直接插入即可。

在连接 3 根黄、绿、蓝单线插头时，务必要注意颜色相对，亦即只能黄线与黄线相连，绿线与绿线相连，蓝线与蓝线相连。这是因为，此 3 根单线插头为电机相线，一旦接错，将导致电动机不工作。

3. 鞍座及车把高度的调节（见图2.5）

鞍座的高度以所骑人单脚能够着地为适宜；车把的高度以所骑人小臂平放，肩部和手臂放松为适宜。

如需调整车把的高度，应先将车把芯调紧螺钉松开，将车把调整到所需高度，并将车把横管调整成90°，但把立管的插入深度不得低于最小深度线（安全线），以确保安全。车把调整完毕后，锁紧车把调紧螺钉，车把芯调紧螺钉的锁紧力矩不得小于 18 N·m。

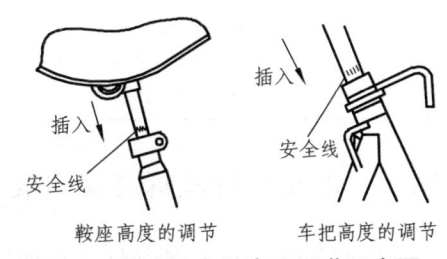

图 2.5 鞍座及车把高度调节示意图

如需调整鞍座高度，首先应旋松鞍管夹紧螺钉，根据需要调整鞍管高度位置，注意不能超出鞍管的安全线位置，然后旋紧鞍座夹紧螺钉和鞍管夹紧螺钉。推荐夹紧力矩不小于 18 N·m。

4. 悬臂闸的调整（见图 2.6）

当悬臂闸与前轮轮辋接触不良时，应对悬臂闸进行调整，其调整方法如下：

① 旋松制动皮紧固螺母，使两个制动皮能同时紧贴车圈，并与车圈边对正，然后拧紧制动皮紧固螺母。

② 旋松吊线紧固螺母，使两个制动皮与车圈间隙保持 1.5～3 mm，拉直吊线，使吊线成 90°，并拧紧吊线紧固螺母。

③ 操作刹把时，制动皮应平稳可靠地紧贴在车圈左右上，调整一下刹臂位置，使制动皮相对车圈左右对称，以便制动时均衡受力。

5. 制动把手行程调节

刹把的松紧度应适当，当制动把手的行程达到如图 2.7 所示的 $x/2$ 时，应完全制动。

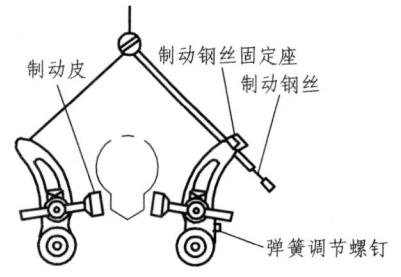

图 2.6 悬臂闸的调整示意图

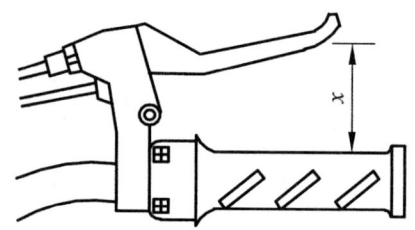

图 2.7 制动把手行程的调节示意图

2.2.5 常见故障与排除方法

电动自行车的常见故障及排除方法如表 2.2 所示。

表 2.2 电动自行车的常见故障及排除方法

序号	常见故障	排除方法
1	电动机不转动	控制器内 3 根电机相线颜色不相对应
2	电动机加速性能差	抱闸调节得过紧
3	前轮转动不灵活	悬臂刹调节得过紧，或制动皮相对车圈左右不对称
4	捏紧左刹把或右刹把时，电动机不能立即停止工作	左、右刹把的行程过大，不是图 2.7 所示的 $x/2$

2.2.6 电动自行车拆装实习安全操作规程

① 拆装实习前必须仔细阅读前轮、后轮及控制器装配、拆卸工艺流程卡，并严格按照工艺流程卡要求的步骤、顺序进行操作。

② 装配完成后，必须请指导老师检查无误后方能接通电源，缓慢旋转调速转把，检查电动机是否运转正常。经指导老师检查认定合格后装配任务即告完成，否则按不合格处理。

③ 对于试运转后认定为装配不合格者，必须要在实习教师指导下找出故障原因，重新装配，直至合格为止。

④ 装拆过程中，严禁野蛮拆卸和装配，导致零部件损坏者，要视情况扣分。

⑤ 按清单逐项检查拆卸下来的零部件，并整齐地摆放在规定的地方。打扫卫生，清理场地。

2.3 汽车发动机拆装

2.3.1 概述

汽车发动机是汽车的心脏，为汽车提供动力。根据消耗能源的不同，汽车发动机一般可分为柴油发动机、汽油发动机、电动汽车电动机以及混合动力发动机等。

常见的汽油机和柴油机都属于往复活塞式内燃机，是将燃料的化学能转化为活塞运动的机械能并对外输出动力。汽油机转速高，质量小，噪声小，启动容易，制造成本低；柴油机压缩比大，热效率高，经济性能和排放性能好。

1876年，德国人奥托（Nicolaus A. Otto）在大气压力式发动机的基础上发明了往复活塞式四冲程汽油机。由于采用了进气、压缩、做功和排气四个冲程，发动机的热效率显著提升。1892年，德国工程师狄塞尔（Rudolf Diesel）发明了压燃式发动机（即柴油机），实现了内燃机历史上的第二次重大突破。1926年，瑞士人布希（A. Buchi）提出了废气涡轮增压理论，利用发动机排出的废气能量来驱动压气机，给发动机增压。20世纪50年代后，废气涡轮增压技术开始在车用内燃机上逐渐得到应用，使发动机性能有很大提升，成为内燃机发展史上的第三次重大突破。1967年，德国博世（Bosch）公司首次推出由电子计算机控制的汽油喷射系统（Electronic Fuel Injection，EFI），开创了电控技术在汽车发动机上应用的历史。经过30年的发展，以电子计算机为核心的发动机管理系统（Engine Management System，EMS）已逐渐成为汽车（特别是轿车发动机）上的标准配置。由于电控技术的应用，发动机的污染物排放、噪声和燃油消耗大幅度地降低，动力性能大为改善，因此电控系统的应用成为内燃机发展史上第四次重大突破。

2.3.2 发动机的分类

① 按进气系统的工作方式不同可分为自然吸气、涡轮增压、机械增压和双增压四个类型。

② 按活塞运动方式不同可分为往复活塞式内燃机和旋转活塞式发动机两种。

③ 按气缸排列形式不同分为直列发动机、V型发动机、W型发动机和水平对置发动机等。

④ 按气缸数目不同可以分为单缸发动机和多缸发动机。

⑤ 按冷却方式不同可以分为水冷发动机和风冷发动机。水冷发动机冷却均匀，工作可靠，冷却效果好，被广泛应用于现代车用发动机。

⑥ 按冲程数不同可分为四冲程内燃机和二冲程内燃机。汽车发动机广泛使用四冲程内燃机。

⑦ 按燃油供应方式不同可分为化油器发动机、电喷发动机以及缸内直喷发动机。

2.3.3 汽油发动机的工作原理

四冲程汽油机将空气与汽油按一定的比例混合成良好的混合气，在吸气冲程将其吸入气缸，混合气经压缩点火燃烧而产生热能，高温高压的气体作用于活塞顶部，推动活塞做往复直线运动，通过连杆、曲轴飞轮机构对外输出机械能。四冲程汽油机在进气冲程、压缩冲程、做功冲程和排气冲程内完成一个工作循环，如图 2.8（a）所示。

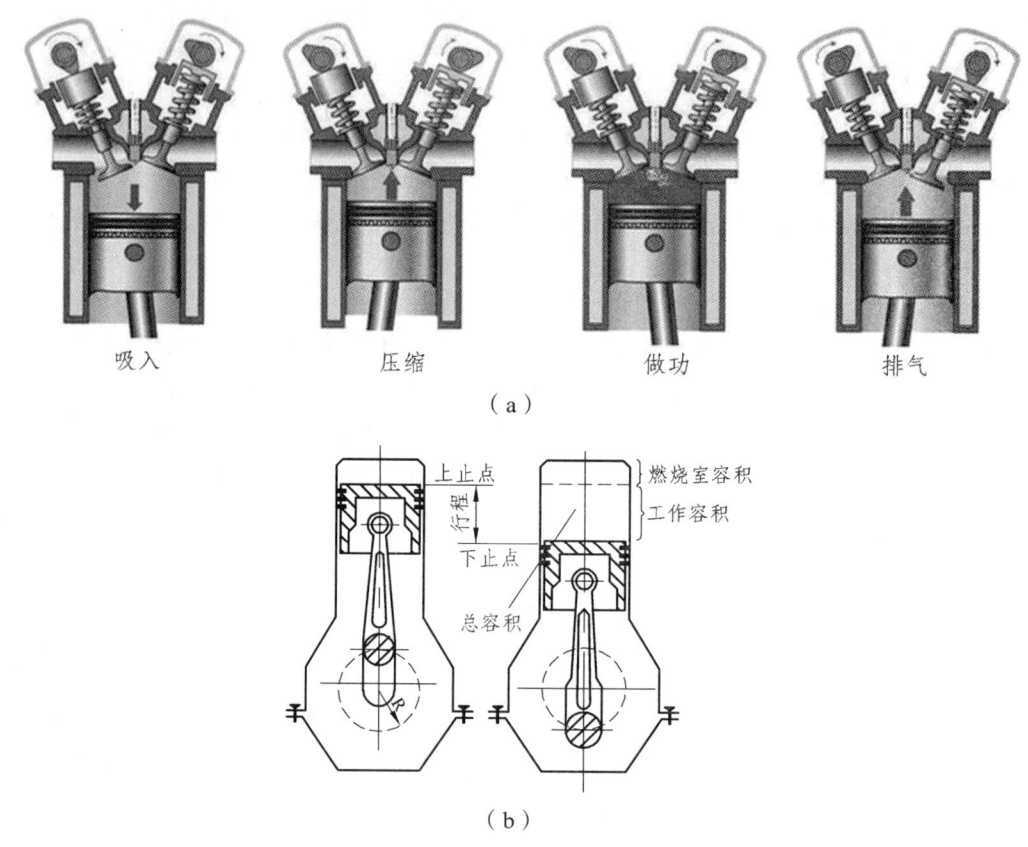

图 2.8 发动机工作原理

1. 进气冲程（intake stroke）

在进气冲程中，活塞在曲轴的带动下由上止点向下止点运动，此时排气门关闭，进气门开启。随着活塞由上止点向下止点运动，气缸内容积逐渐增大而形成一定的真空度，空气和汽油的混合气通过进气门被吸入气缸。当活塞到达下止点时，整个气缸内充满了混合气。

2. 压缩冲程（compression stroke）

进气冲程结束后，活塞在曲轴的带动下由下止点向上止点运动，此时排气门仍处于关闭状态，而进气门开始逐渐关闭。随着活塞向上运动，气缸内容积逐渐减小，进入气缸内的混合气被压缩，温度和压力不断升高，活塞到达上止点时压缩冲程结束。

3. 做功冲程（power stroke）

当活塞接近上止点时，火花塞跳火点燃气缸内的可燃混合气，此时进气门和排气门均处于关闭状态，气缸内气体的温度和压力迅速升高，从而推动活塞从上止点向下止点运动，并通过连杆推动曲轴旋转，输出机械能。

4. 排气冲程（exhaust stroke）

做功冲程接近终了时，进气门关闭，排气门开启，活塞在曲轴的带动下从下止点向上止点运动，气缸内的废气在自身残余压力和活塞的推力作用下经排气门排出，直至活塞到达上止点，排气行程结束。

依此往复，实现发动机的动力输出。

2.3.4 发动机的基本结构

发动机是由曲柄连杆机构和配气机构两大机构以及冷却、润滑、点火、燃料供给、启动系统等五大系统组成，主要部件有气缸体、气缸盖、活塞、活塞销、连杆、曲轴、飞轮等，如图2.9所示。往复活塞式内燃机的工作腔称为气缸，气缸内表面为圆柱形。在气缸内做往复运动的活塞通过活塞销与连杆的一端铰接，连杆的另一端则与曲轴相连，曲轴由气缸体上的轴承支承，可在轴承内转动，构成曲柄连杆机构。活塞在气缸内做往复运动时，连杆推动曲轴旋转。反之，曲轴转动时，连杆轴颈在曲轴箱内做圆周运动，并通过连杆带动活塞在气缸内上下移动。曲轴每转一周，活塞上、下运行一次，气缸的容积在不断的由小变大，再由大变小，如此循环不已。气缸的顶端用气缸盖封闭，气缸盖上装有进气门和排气门。通过进气门、排气门的开闭实现向气缸内充气和向气缸外排气。进气门、排气门的开闭由凸轮轴驱动。凸轮轴由曲轴通过齿形带或齿轮驱动。在做功冲程，燃料燃烧以后产生的气体压力，经曲柄连杆机构的活塞、连杆转变为曲轴旋转的转矩，然后利用飞轮的惯性完成进气、压缩、排气3个辅助冲程。

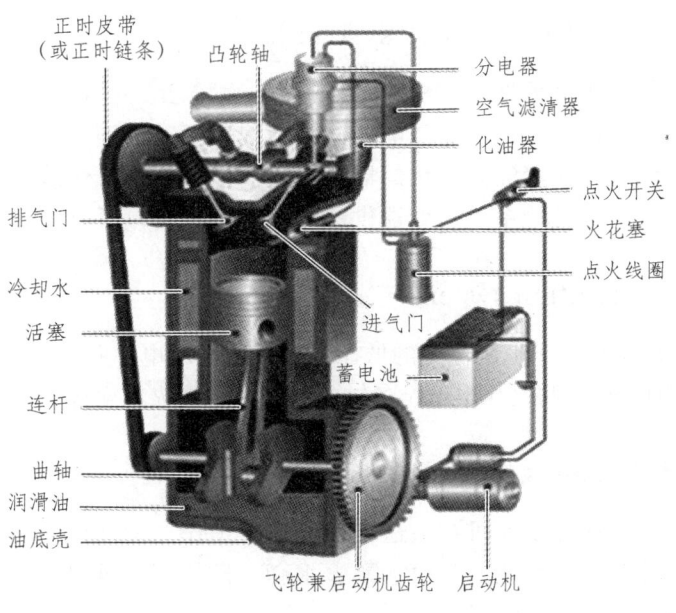

(a)

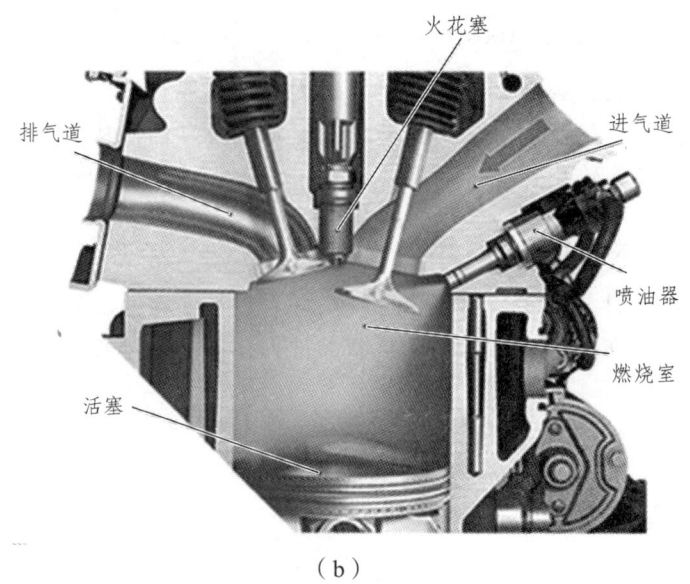

(b)

图 2.9 发动机的基本结构

1. 曲柄连杆机构（crank connecting rod mechanism）

曲柄连杆机构的功用是将燃料燃烧的热能通过活塞、连杆、曲轴等转变成机械能对外输出做功。曲柄连杆机构主要由气缸体、气缸盖、活塞、连杆、曲轴和飞轮等机件组成。

2. 配气机构（valve mechanism）

配气机构的功用是根据发动机的工作需要，适时地打开进气通道或排气通道，实现向气缸内充气和向气缸外排气。配气机构主要由气门、气门弹簧、挺杆、凸轮轴、传动机构等零部件组成。

3. 燃料供给系统（fuel supply system）

燃料供给系统的功用是根据发动机的工作需要，配制出一定数量和浓度的可燃混合气并送入气缸。燃料供给系统有化油器式和电控燃油喷射式两种类型。化油器式燃料供给系统一般由汽油箱、汽油滤清器、汽油泵、化油器、空气滤清器、进排气装置等组成；电控燃油喷射式燃料供给系统由空气供给系统、燃油供给系统和电子控制系统组成。

4. 点火系统（ignition system）

点火系统的功用是将汽车电源供给的低压电转变为高压电，并按照发动机的做功顺序与点火时刻的要求，适时准确地将高压电送至各缸的火花塞，使火花塞跳火，点燃气缸内的混合气。

5. 冷却系统（cooling system）

冷却系统的功用是保证发动机在最适宜的温度下工作。发动机的冷却系统可分为水冷式和风冷式两种。水冷式冷却系统通常由水泵、水套、散热器、风扇、节温器等组成；风冷式冷却系统主要由风扇和散热片组成。

6. 润滑系统(lubrication system)

润滑系统的功用是将清洁的润滑油输送到有相对运动的零件表面,并对摩擦表面进行清洗和冷却。润滑系统一般由机油泵、集滤器、限压阀、油道、机油滤清器等组成。

7. 启动系统(starting system)

启动系统的功用是使发动机由静止状态进入到正常工作状态。启动系统主要由蓄电池、启动机、启动继电器、点火开关等组成。

本实习选用的是昌河铃木汽车有限公司生产的 K14B 型汽车发动机总成,如图 2.10 所示,其参数如表 2.1 所示。

图 2.10 汽车发动机总成

表 2.1 K14B 型发动机参数

	型号	K14B
发动机参数	形式	双顶置凸轮轴、4 缸 16 气门
	燃油供应方式	多点喷射、顺序点火(MPI)
	排量/mL	1372
	压缩比	9.5∶1
	最大功率/kW	67(6000 r/min)
	最大扭矩/(N·m)	112(4000 r/min)
	排放标准	欧Ⅲ
	发动机净质量/kg	90
	外形尺寸(长×宽×高)(mm)	477×530×670

2.3.5 发动机分解与装配

1. 工艺要求及注意事项

(1)分解发动机,是将发动机总成上的各零部件按照工艺规程的要求和顺序进行拆卸。发动机解体后的零、部件应按照要求摆放在指定的位置。

(2)装配发动机总成,是将合格的零、部件,按照工艺规程和技术条件的要求进行装配,装配后的发动机应符合技术要求。

(3)装配操作前应读懂工艺文件,即正确理解工艺文件中的要求和规范,并严格按照工艺文件的要求进行规范操作;

(4)在实训过程中应掌握通用和专用工具的选择和使用,尽量使用专用工具进行分解和装配。

(5)发动机分解过程中,要做到工件及量具不落地,放在规定容器内或工作台上,并保持工作台(架)和工、量具的整洁。

（6）装配的零、部件应保持润滑油道清洁，装配前应在零件的配合表面和摩擦表面（如凸轮轴、曲轴、齿轮、摇臂头部、螺纹等）涂上机油，做好预润滑。

（7）发动机分解和装配过程中，应严格按照工艺规程规定的顺序进行操作，各部位的配合性质均应符合技术要求的规定。

（8）装配过程中各部位紧固螺栓、螺母应按规定的紧固力矩、拧紧顺序和方法拧紧，严禁随意增大拧紧扭矩。装配过程中禁止直接用手锤击打零件。

（9）对于气门、曲轴轴承盖、连杆轴承盖等零部件，应按顺序摆放或做好装配标记，以防错装。

（10）一些零部件的装配有着严格的方向性（如发动机气缸衬垫、发动机活塞、活塞环、止推轴承、止推垫片、挡油圈、离合器摩擦片盘毂等），只有正确安装，才能保证发动机正常工作，如有疏忽极易装反装错，将导致机械故障的发生，装配时应按技术要求仔细确认。

（11）分解和装配作业中应保持环境卫生、整洁，严禁用污棉纱、污手套接触零件，避免灰尘、污物等黏附零件的装配表面，影响装配质量。

（12）严格执行安全操作规程，分组拆装时明确每个学生的操作要领，文明安全操作。

2. 紧固螺栓的拆卸和拧紧操作要领

在发动机装配工艺规程中，对各部位固定或连接螺栓螺母大多有拧紧力矩要求，如喷油器固定螺栓、缸盖螺栓、连杆螺栓、飞轮螺栓等，有些规定了拧紧力矩，有些规定了拧紧角度，同时还规定了拧紧顺序，这样做的目的是保证发动机的装配质量，防止零件在装配和拆卸时发生变形损坏。因此在发动机拆装过程中应严格按照工艺规程的要求正确进行操作。

一般人认为拧紧螺栓和螺母谁都会做，无关紧要，因此不按规定力矩及顺序拧紧（有的根本不了解有拧紧力矩和顺序要求），不使用扭力（公斤）扳手，或随意使用加力杆，凭感觉拧紧，结果导致拧紧力矩相差很大。

若不按规定的顺序和拧紧力矩进行操作，会直接影响发动机的装配质量，严重时甚至会损坏发动机。当拧紧力矩不足时螺栓和螺母易发生松脱，导致零部件松动、漏油、漏气等故障；力矩过大时，螺栓易拉伸变形甚至断裂，有时还会损坏机体和螺纹孔；拧紧顺序和拧紧次数不对，会引起零件平面翘曲变形，影响密封效果。

因此在拧紧气缸盖、机油盘、正时前罩、曲轴轴承盖、连杆轴承盖等连接螺栓时，应严格按照工艺规程的具体要求分 2~3 次逐步拧紧到规定的力矩，并按先中间、后两边、对角交叉的原则进行。拆卸时也应按规定顺序分 2~3 次逐步拧松。

注意：在装配工序中，所有螺栓的拧紧扭矩都有标定（此标定为实际生产的数值），但在实习中，为延长实习教具的使用寿命，拧紧力矩应控制在标定数值的 60% 以内。拧紧螺栓时请严格按此要求操作！

3. 发动机翻转支架的使用

在实习现场拆装发动机与工厂的装配流水线存在较大的不同，主要体现在装配专用的工具、专机、检测设备、装配顺序和装配流程上。

在拆装实训中，为了尽可能符合拆装工艺规程的要求，规范地进行操作并保证操作者的安全，我们自制了与之配套的发动机翻转支架作为工作支架。发动机安装在翻转支架上，利用支架上的蜗轮减速器，可以将发动机旋转到任意合适的角度进行拆装操作。由于蜗轮减速器具有自锁功能，所以只要摇动旋转手柄，就可以方便地使发动机停在所需的角度，并且不会反转回去，非常方便实用。

注意：不允许在支架上敲打零件或将支架与发动机连接的螺栓螺母随意拧松，以免发生危险！

4. 零件摆放工作台

零件摆放工作台是用来摆放拆卸下来的零部件的，实训过程中应严格按照工艺规程的要求，将拆卸下来的零部件按顺序摆放在规定的位置，以防止装配时错装或漏装，同时实训中应注意保持零件摆放工作台的清洁。

5. 工具箱（盒）

发动机拆装过程中需要使用各种类型和规格的常用工具和专用工具，为了方便选择和使用，工作现场设置有工具箱（盒）。工具箱（盒）放置在工具架上，根据拆装需要可以方便地取用。在使用过程中，应将暂时不用的工/量具随时放回工具箱，以免遗失和损坏。

6. 部分分解示意图

分解发动机时，应严格按照分解工艺卡的要求并在指导老师的示范下按先后顺序进行。同样，装配时也应按照装配工艺的要求循序装配。这里仅列举部分操作示意图供参考（见图2.11~图2.16）。

图2.11 拆卸皮带和皮带张紧轮

图2.12 拆卸进水管组件

图2.13 拆卸水泵

图2.14 拆卸发电机和安装支架

图 2.15 拆卸飞轮组件

图 2.16 拆卸进排气凸轮轴

习 题

2.1 气动工具常用于哪些工作环境？
2.2 2B10D 型气扳机由哪几大部件组成？
2.3 简述气动马达的工作原理。
2.4 简述冲击锤的工作原理。
2.5 气动工具与电动工具相比具有哪些优点？
2.6 同一产品的装配与拆卸工艺有何关系？
2.7 装配与拆卸产品时应注意哪些事项？
2.8 电动自行车主要由哪几大部分组成？
2.9 电动自行车"续驶里程"的含义是什么？
2.10 电动自行车的主要技术性能指标有哪些？
2.11 目前电动自行车使用的电动机主要有哪 3 类？
2.12 蓄电池的"额定容量"的含义是什么？
2.13 简述直流有刷电机的工作原理。
2.14 简述直流无刷电机的工作原理。
2.15 简述调速转把的工作原理。
2.16 简述电动自行车调速的工作原理。
2.17 简述发动机的工作原理。
2.18 发动机由哪些主要机构和系统组成？主要部件有哪些？
2.19 分解和装配发动机时应严格执行哪些要求和事项？

第2篇 机械制造工艺技术

第3章 铸 造

【实习目的及要求】
① 了解砂型铸造的工艺过程和适用范围；
② 了解造型材料的基本性能和成分；
③ 了解砂型的结构；
④ 熟悉模样的分型面、分模面和浇冒系统的组成及作用；
⑤ 能独立完成皮带轮的整模造型和手柄或叶片的挖砂造型并浇注；
⑥ 了解常见铸件的缺陷及其产生原因；
⑦ 了解先进的铸造生产方法及其特点。

3.1 砂型铸造的一般工艺流程

铸造是将熔融金属浇入铸型的空腔内，等其冷却凝固后获得特定形状与性能铸件的成型方法。铸造的工艺方法很多，一般将铸造分成砂型铸造和特种铸造两大类。用型砂和型芯砂制造铸型的方法称为砂型铸造；凡不同于砂型铸造的所有铸造方法，统称为特种铸造。

砂型铸造的造型材料来源广泛，价格低廉，因此砂型铸造目前仍然是国内外应用最广泛的铸造方法，也是最基本的铸造方法。例如，通过砂型铸造生产的金属切削机床床身、重型机器壳体等，通常占所有铸件总重量的 70%～90%；通过砂型铸造生产的汽车零部件占汽车零部件总量的 30%～70%。

砂型铸造的工艺流程如图3.1所示。

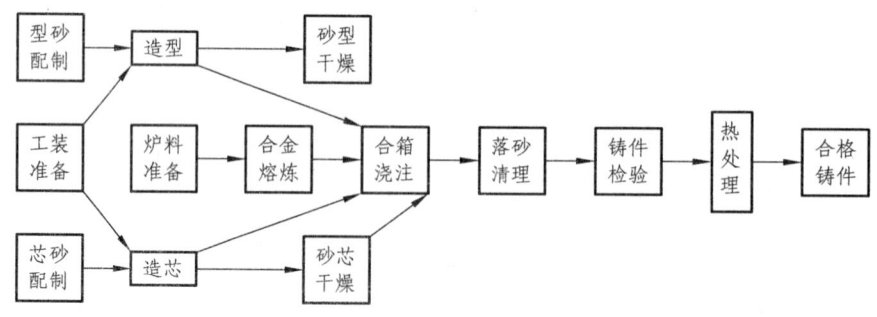

图 3.1 砂型铸造的工艺流程

铸件的形状和尺寸主要取决于造型和造芯，而铸件的化学成分则取决于熔炼。因此，造型、造芯和熔炼是铸造生产中的重要工序。

3.2 分型面与分模面的选择

分型面是指上、下两半铸件的接触面;分模面是指模样各组元之间的面。

分型面的选择原则如下:

① 分型面应选择在模型的最大截面处,使铸件的全部或大部分位于下砂型内,以便尽可能采用整模两箱造型,有芯时下芯方便,也易于检查壁厚是否均匀。

② 应尽量使铸件上的加工基准面和大部分加工面位于同一砂箱内,以保证铸件有较好的加工精度。

③ 应尽量选取平直的分型面,并使铸模容易从铸件中取出,尽量省掉挖砂或活块造型。

④ 应尽量减少分型面的数目,以降低劳动强度,提高劳动生产效率。

3.3 浇注系统及其选择

浇注系统是将液态金属引入铸型型腔的通道,由外浇口(浇口杯)、直浇道、横浇道、内浇道和缓冲包组成。典型的浇注系统如图 3.2 所示。

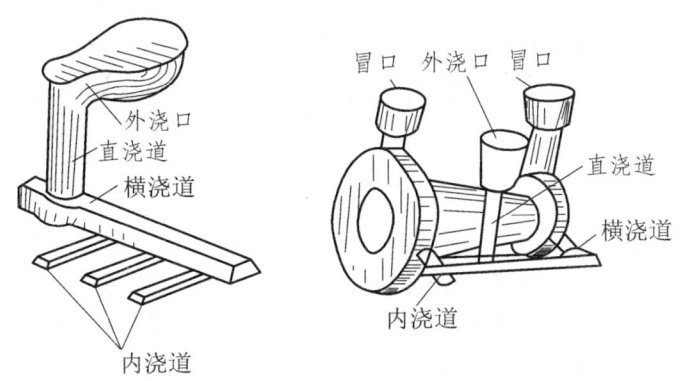

图 3.2 典型的浇注系统

浇注系统可以起到引流、缓冲、挡渣、补缩的作用,并能控制铸件的凝固顺序。

浇口位置的选择原则如下:

① 要求同时凝固的铸件,浇口应开在薄壁处;要求顺序凝固的铸件,浇口应开在厚壁上。

② 浇口不应开在铸件的重要部分和靠近型芯的地方,并且不能阻碍铸件的收缩。

③ 浇口位置的选择,应使金属液体顺着型壁注入型腔,而不应正面冲击铸型、型芯或其薄弱的部分。对于旋转体铸件如圆形,应从切线方向将金属液引入。

④ 浇口位置的选择应使扣模清理工作容易进行,并要注意节约金属液。

3.4 冒口及其选择

冒口是在铸型内储存供补缩铸件用的金属液的空腔。冒口除了可以通过补缩来有效消除铸件中的缩孔、缩松等缺陷外,还有排气、集渣和观察铸型是否浇满的作用。冒口的形状多为圆柱形、方形或腰形，其大小、数量和位置视具体情况而定。冒口设置的原则如下：

① 冒口的凝固时间应大于或等于铸件被补缩部分的凝固时间，应尽量放在铸件被补缩部位的上部或是最后凝固的地方。

② 冒口内应有足够的金属液补充铸件的收缩，应尽量放在铸件最高而又较厚的部位，以便利金属液的自重来进行补缩。

③ 冒口应与铸件上被补缩的部位之间存在补缩通道，尽可能不妨碍铸件的收缩。

④ 冒口最好布置在铸件需要机械加工的表面上，以减少铸件精整时的工时。

3.5 造型

用型砂和模样等工艺装备制造铸型的过程，称为造型。

3.5.1 造型材料的基本性能要求、组成及配制

1. 造型材料的基本性能要求

造型材料分为型砂和芯砂两种，用于制造铸型、形成铸件外部轮廓的材料称为型砂；用于制造型芯、形成铸件内部孔腔的材料称为芯砂。型砂和芯砂的性能对铸件的质量有很大的影响，如砂眼、夹砂、气孔、裂纹等铸造缺陷都与其性能有关，其性能包括强度、可塑性、透气性、耐火性和退让性等。

1）强　度

强度是指型砂在外力的作用下，不易变形、不易破坏的能力。如果强度不足，在造型搬运、合箱过程中易形成塌箱；在液态金属的冲刷下，易使铸型表面破损，造成铸件砂眼、夹砂等缺陷。若强度太高，又会使铸型太硬阻碍铸件的收缩，使铸件产生内应力甚至开裂，还使透气性变差，从而导致铸件产生气孔、气窝、裂纹等铸造缺陷。

2）可塑性

可塑性是指型砂在外力作用下变形，去除外力后能完整保持所赋予的形状的能力。可塑性好，容易获得轮廓清晰、尺寸精确的铸件。

3）透气性

透气性是指气体通过型（芯）砂内孔间隙的能力。如果透气性不好，高温液态金属浇入铸型中产生的气体不能顺利排出，就会使铸件产生气孔、气窝等铸造缺陷。

4）耐火性

耐火性是指型砂抵抗高温液态金属热作用的能力。耐火性好，在高温液态金属的作用下不易被烧结黏砂。耐火性的好坏与型砂中 SiO_2 含量有关，SiO_2 含量越高耐火性能越好；型砂颗粒度越大，耐火性也越好。

5）退让性

退让性是指铸件在冷凝时，型砂可被压缩的能力。如果型砂退让性不好，在铸件由液态

到固态体积缩小时，就会阻碍铸件的收缩，容易导致铸件产生内应力，从而使铸件产生裂纹甚至开裂。

除此之外，型砂还应具备良好的复用性。

芯砂是用于制造型芯、形成铸件内部孔腔的，在浇注时它被高温金属液所包围，受到的热作用力要比型砂强。因此，要求芯砂的耐火性、强度、透气性要比型砂高，退让性要比型砂好。另外还要求芯砂吸湿性和发气性要小，溃散性要好。

型（芯）砂性能的好坏对铸件质量有很大的影响，因此，在大量生产的铸造车间，设有专门的型砂试验室，用仪器设备及时检测型砂的性能，合格后才可用于生产。在我们金工实习时，可用一种经验手测法检测型（芯）砂的性能，其方法是：用手抓一把型（芯）砂，将其捏紧后松开，若砂团既不粘手，也不松散，且手印清晰，把它折断后断面平整均匀，则表示其强度、可塑性较好。

2. 造型（芯）材料的组成

为了满足型（芯）砂的性能要求，型（芯）砂一般由原砂、黏结剂、附加物和水按一定的比例混制而成。常用的湿型砂（以铸铁件为例）中，新砂占 10%~20%，旧砂占 80%~90%，膨润土占 2%~3%，水占 4%~5%。

1）原　砂

原砂是型砂的主体，按主要成分不同可分为三大类：① 石英砂，其 SiO_2 含量在 90%~97% 之间，一般用于浇注铸钢件（铸钢件的浇注温度为 1 570 ℃ 左右）；② 石英-长石砂，其 SiO_2 含量在 85%~90% 之间，一般用于浇注铸铁件；③ 黏土性砂，其黏土的含量在 2%~5% 之间，一般用于浇注有色合金，如镁合金、铝合金等，其中铝合金的浇注温度为 700 ℃ 左右。

原砂按形状不同可分为圆形（○）、尖角形（△）、多角形（□）。

2）黏结剂

黏结剂的作用是使砂粒黏结成具有一定可塑性及强度的型砂。型砂铸造所用黏结剂大多为黏土，分普通黏土和膨润土。除黏土外，常用的黏结剂还有水玻璃、桐油、树脂等，相应的型砂分别称为水玻璃砂、油砂、树脂砂等，芯砂也常采用这些黏结剂。

3）附加物

为了改善型（芯）砂的性能而加入的其他物质称为附加物。型砂中常用的附加物有煤粉和木屑。加入煤粉能提高型砂的耐火性，防止铸件表面黏砂，使铸件表面光洁；加入木屑能改善型砂的退让性和透气性，防止铸件产生裂纹、气孔、气窝等铸造缺陷。

4）水

水能使原砂与黏土混成一体，并保持一定的强度和透气性。但水分含量要适当，过多或过少都会给铸件质量带来不利的影响。常用湿型砂（以铸铁件型砂为例）水的含量占 4%~5%。

3. 型（芯）砂的配制

型砂的组成和制配工艺对型砂的性能有很大影响。将新砂、旧砂、黏土、煤粉、水等处理后,根据铸造合金种类的不同,按一定配比放入混砂机中进行混合称为混制。由于浇注时砂型表面受高温金属液的作用,砂粒粉碎变细,煤粉燃烧分解,使型砂性能变坏。因此,旧砂不能直接使用,必须经磁选(选出砂中的铁块、铁豆和铁钉等)并过筛去除铁块及砂团,再掺入适量的新砂、黏土和水,经过混制恢复良好性能后才能使用。

型砂混制在混砂机中进行,其混制过程是:先按比例加入新砂、旧砂、膨润土和煤粉等干混 2~3 min,再加水湿混 5~12 min,性能符合要求后卸砂,堆放 4~5 h,使黏土膜中的水分均匀,称为调匀。使用前还要过筛并使新砂松散好用。

3.5.2 造型方法

1. 手工造型方法

手工造型是用手工来完成紧砂、起模和合箱等造型过程。其优点是:模型成本低,工艺装备简单,造型操作灵活,不适合用机器造型的单件、小批量生产或特别复杂的铸件都可采用手工造型。手工造型至今仍然是铸造生产的基本方法之一。其不足之处是要求工人有较高技术,工人劳动强度大,生产效率低,铸件精度较差。一个完整的手工造型工艺过程包括工装准备、放置模样、填砂、紧实、开设浇冒口、起模、修型、放置型芯、合型等主要工序,如图 3.3 所示。

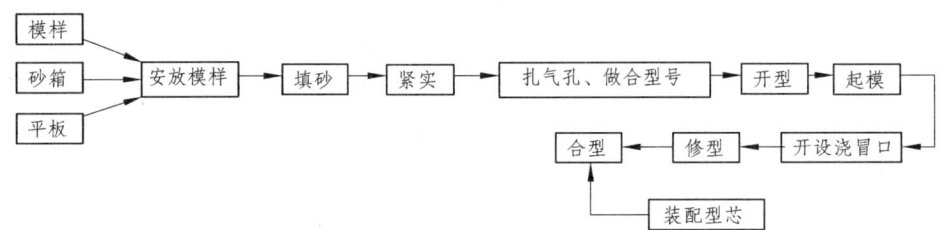

图 3.3 手工造型的主要工序流程图

手工造型的方法很多,按砂箱特征可分为两箱造型、三箱造型、脱箱造型、地坑造型等;按模样特征可分为整模造型、分模造型、活块造型、挖砂造型、假箱造型和刮板造型等。表 3.1 列出了常用手工造型方法的特点及应用范围。

表 3.1 常用手工造型方法的特点及应用范围

造型方法	造型简图	特点及操作要点	应用范围
整模造型		模样是一个整体,分型面为平面,造型操作简单,所得型腔形状和尺寸精度较好	适用于外形轮廓的顶端截面最大、形状简单的铸件,如齿轮坯、轴承

续表

造型方法	造型简图	特点及操作要点	应用范围
分模造型	(木模分成两半 浇道棒)	模样是沿最大截面分成两半的分开模，造型是模样分别在上、下型内，分型面为平面，造型操作简单	适用于某些没有平整表面、最大截面在模样中部的铸件，如套筒、管子以及形状较复杂的铸件
挖砂造型		模样是一个整体，但分型面为曲面，为了便于起模，造型时用手工挖出阻碍起模的型砂至模样最大截面处。造型费时费工，生产率低	只适用单件小批生产
假箱造型	(分型面是曲面 木模 假箱)	为克服挖砂造型的缺点，在造型前先预先做个假箱，然后再在假箱上制下箱，假箱不参加浇注。当生产数量更多时，可用成型底板来代替假箱	用于批量生产时代替挖砂造型，生产数量更多时，可用成型底板来代替假箱
活块造型		将模样的外表面上局部有妨碍起模的凸起部分做成活块，起模时，先取出模样主体，然后从型腔侧壁取出活块，但活块的厚度应小于该处模样厚度的二分之一	只适于单件小批生产，产量较大时，可用外型芯取代活块
刮板造型	(1—刮板；2—法兰；3—基准；4—铸件)	用与零件截面形状相适应的特制刮板代替木模造型，省木料和降低模型成本，投产快，但要求工人技术水平高	适用于等截面的或回转体大、中型铸件的单件、小批量生产，如齿轮、飞轮、弯头等零件

续表

造型方法	造型简图	特点及操作要点	应用范围
地坑造型	1—地坑；2—气体；3—上型；4—定位铁楔；5—通气管；6—焦炭	造型时利用车间地坑代替下砂箱，坑底用焦炭垫底，再插入管子，以便浇注时所产生的气体排出。减少砂箱投资，砂箱与地面采用定位销定位	主要用于大、中型铸件的单件小批生产
组芯造型		铸型内、外形都用砂芯做出，再组合夹紧，可在砂型或地坑中组芯	适用于外形及内腔都复杂的大批量铸件生产
两箱造型		铸型由上、下两个砂箱构成，模样可以是整模，也可以是分模。先造下型，再造上型；下砂芯，合箱，待浇注	两箱造型是最基本的造型方法，适用于各种大、小铸件及批量生产
三箱造型		铸型由上、中、下三个砂箱构成，中箱的上、下两面都是分型面，中箱高度应与中箱中的模样高度相近，必须采用分模	适用于有两个分型面的铸件，单件小批量生产
脱箱造型	压铁；套槽	造型方法与两箱造型相同，用活动砂箱进行造型，铸型合箱后，将砂箱脱出，重新用于造型。一个砂箱可造多个铸型，节约砂箱成本。金属浇注时，为防止错箱，需用型砂将铸型周围填紧	多用于形状不复杂的小铸件大批量生产，手工造型、机器造型均可采用

2. 机器造型方法

机器造型把造型过程中的主要操作——紧砂和起模——机械化。其主要优点是：改善劳动条件，减轻工人的劳动强度，对工人操作技术要求不高；提高了生产率，适应批量生产；保证了铸件质量及其稳定性，提高了铸件精度和表面质量，降低了铸件的废品率。其缺点是：设备和工装费用高，生产准备时间长，只适用于一个分型面的两箱造型。

机器造型按照机器成型机理和铸型特征可分为振击、压实、振压、射压、抛砂、气流紧实等各种造型方法。

3.5.3 手工整模造型实例

当模型的最大截面位于其端部，并选它作为分型面，将模样做成整体的造型过程，称为整模造型。整模造型的型腔在一个砂箱里，能避免错箱等缺陷，铸件形状、尺寸精度较高。

下面以皮带轮的整模造型和手柄或叶片整模造型为例进行介绍。

1. 整模造型工具的介绍

造型工具包括砂冲、铁锹、筛子，另外还有砂箱、平板、平锤、刮板、定位销等；修型工具包括刮刀、砂钩、竹片、秋叶、法兰梗、圆头梗等。

2. 整模造型过程

皮带轮的整模造型和手柄或叶片整模造型过程如图3.4所示。

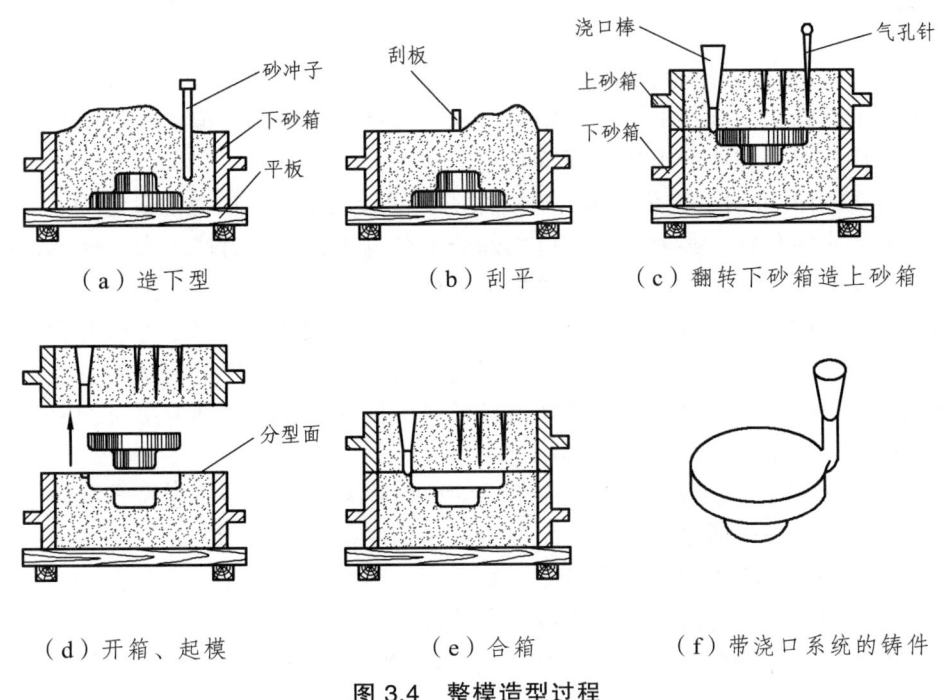

图 3.4 整模造型过程

3.5.4 造型操作要领

① 造型前须检查模样是否符合工艺要求。

② 安放铸模时应考虑铸模易从砂型中取出，一般最大截面朝下放在平板上；要注意留出吃砂量的位置，吃砂量是指模样与箱壁之间的厚度，吃砂量一般最少保持在 20~30 mm；要考虑好留出浇冒系统安放的位置。

③ 添砂：应分三次添砂，依次舂紧。第一次添砂应加到砂箱高度的 2/3 并用手按住模样，随即用指尖将模样周围的砂按紧，以固定模样的位置，然后用砂冲舂砂；第二次添砂应加满至砂箱高度并舂砂；第三次添砂应加到高出砂箱约 30 mm，然后用平锤打紧。

④ 舂砂：舂砂是一项技术性较强的工作，因涉及紧实度，舂砂过松，浇注时铸型会涨大，使铸件尺寸增大，也易发生黏砂，有时甚至会产生垮箱；舂砂过紧，又会使铸型的退让性、透气性不好，故舂砂时要由外向内呈"回形"舂砂，应做到箱壁挡处的型砂硬度要比模样处紧实度高些，下型要比上型紧实度高些。

⑤ 造型：一般先造下型，再造上型，为了防止上、下两半铸型黏合在一起，中间要撒上一层分型砂（实习时采用的分型砂是石英砂）。

⑥ 定位：常用的定位方法有划线定位和定位销定位两种（实习时采用的是划线定位的方法）。

⑦ 安放浇冒系统：一般直浇道开设在距离模样 20~30 mm 处，如果开设得离模样太近，在浇注时易冲塌型砂，产生夹砂；如果开得太远，在浇注液态金属时不易充满型腔，铸件易产生冷隔或浇不足的现象。

⑧ 排气：常用的排气方法有两种，即扎通气孔和安置出气冒口。扎通气孔时，通气针要与型面垂直。操作时应注意：通气孔的大小一般为 2~3 mm，通气孔的深度应保持通气针尖距离模样有一定的距离，通常扎到砂箱 2/3 的高度。通气孔的数目一般应不少于每平方分米内 5 个。

⑨ 开箱：进行开箱操作时，一定要仔细、认真，否则会加大修型的工作量。开箱前，要用撬棒在上、下砂箱搭手间将上、下砂箱稍微左右撬动，使型壁与模样间产生微小间隙，然后方可开箱；操作时，应注意上型必须垂直向上水平提起。

⑩ 松模：松模前可用水笔蘸些水，把模样四周的砂润湿一下以增加黏结力；刷水时应一刷而过，不要让水单独留在某处，以免造成部分水分过多，浇注时产生大量气体，使铸件易产生气孔；松模时要左右对称地松，不要损坏模样。

⑪ 起模：松模操作完成后，便可起模，起模操作一定要小心细致，起模起得好，可大大减少修型时间。其方法是：先用木槌向下敲击起模钉，使粘在模样上的型砂脱落，然后慢慢地将其向上垂直提起，并同时用木槌轻轻敲打模样，待模样即将全部取出时，要快速上提且不能偏斜或摆动，这是非常关键的一步。

⑫ 修型：修型是一项技术性很强的工作，它可以弥补由于舂砂或起模等操作不当而引起的不足；修型操作时应遵循先内后外、先上后下的顺序。

⑬ 合箱（合型）：将铸型的各个组元（如上型、下型、型芯等）组合成一个完整铸型的操作过程称为合型。合型是造型过程中最重要的操作工序之一，合型前应仔细检查壁厚、气眼，以及有无压坏或碰坏型芯和铸型，型腔中是否有浮砂；检查上箱有无局部型砂脱落、型砂上有无裂缝。检查无误方可合型。

3.6 造芯

型芯的主要作用是用来获得铸件的内腔,有时也可部分或全部用型芯形成铸件的外形。砂芯的四面被高温金属液包围,受到的冲刷及烘烤比砂型厉害,因此砂芯必须具有比砂型更好的使用性能,在制造型芯时还有一些特殊的工艺要求。

3.6.1 造芯工艺要求

① 安放芯骨。为增强型芯的强度和刚度,在型芯中要安置与型芯形状相适宜的芯骨。小件的芯骨一般用铁钉或铁丝制成;大件及形状复杂的芯骨用铸铁铸成。较大的芯骨上要做出吊环,以便吊运、安放,如图 3.5 所示。

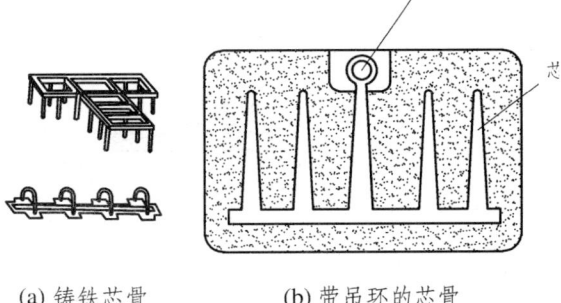

(a) 铸铁芯骨　　(b) 带吊环的芯骨

图 3.5　芯骨

② 开通气孔。为了顺利排出型芯中的气体,要开出通气道。通气道与铸型出气孔连通。形状简单的型芯,用气孔针扎出通气孔;形状复杂的型芯,在其中埋入蜡线;对大型型芯,内部填以焦炭。常用的几种通气道开出方式如图 3.6 所示。

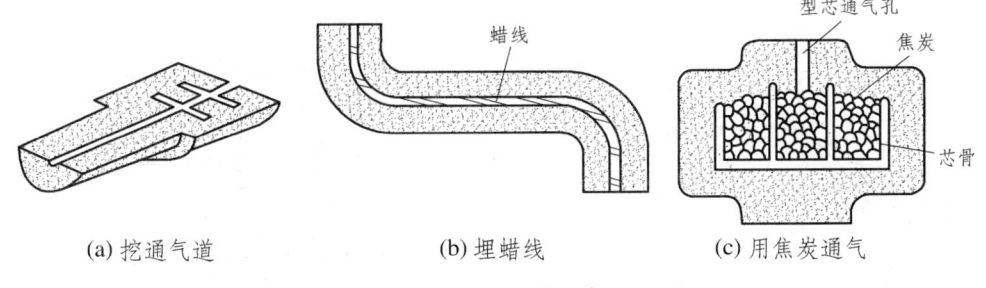

(a) 挖通气道　　　(b) 埋蜡线　　　(c) 用焦炭通气

图 3.6　型芯的通气

③ 刷涂料。刷涂料的作用是防止铸件黏砂,改善铸件内腔表面的粗糙度。铸铁件型芯常用石墨涂料,铸钢件型芯则用石英粉涂料。

④ 烘干。烘干的目的是提高型芯的强度和透气性。烘干温度与造芯材料有关,通常黏土芯为 250～350 ℃,油砂芯为 180～240 ℃。

3.6.2 造芯方法

单件、小批量生产时,大多采用手工型芯盒造芯。根据型芯结构的复杂程度不同,型芯盒可分为整体式芯盒、对开式芯盒和可拆式芯盒,造芯过程如图 3.7 所示。

整体式芯盒制芯用于形状简单的中、小砂芯。对开式芯盒制芯适用于圆形截面的较复杂砂芯。可拆式芯盒制芯对于形状复杂的大、中型砂芯,当用整体式和对开式芯盒无法取芯时,可将芯盒分成几块,分别拆去芯盒取出砂芯。芯盒的某些部分还可以做成活块。

对于直径较大的回转体型芯,为降低造芯成本,有时可采用刮板造芯,如图 3.8 所示,待两个制好的半芯经烘干后再胶合成整体。

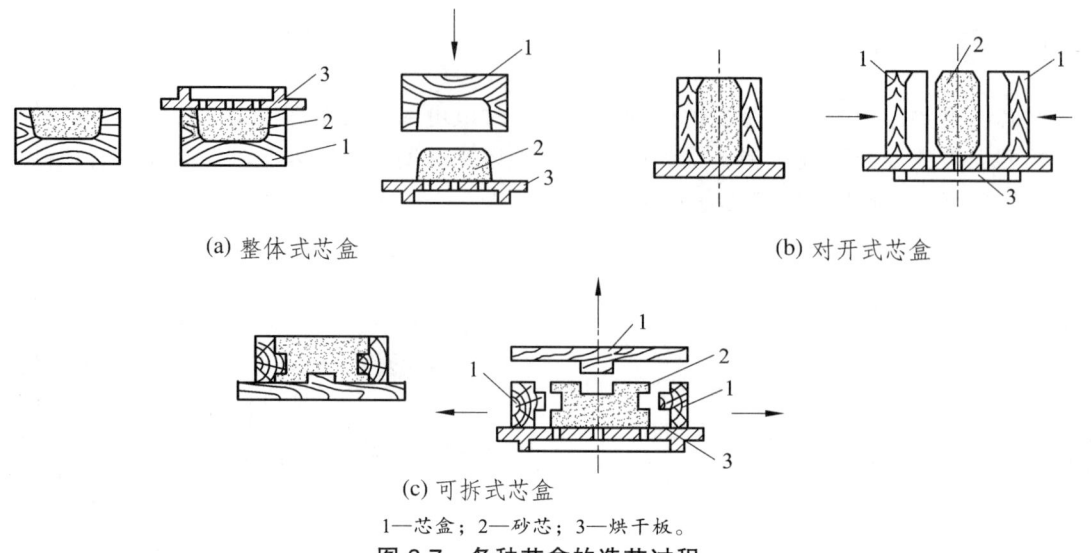

(a) 整体式芯盒　　　　(b) 对开式芯盒

(c) 可拆式芯盒

1—芯盒；2—砂芯；3—烘干板。

图 3.7　各种芯盒的造芯过程

批量生产的砂芯可用机器制出。射芯机是目前应用最多的一种造芯机械，其工作原理如图 3.9 所示。首先打开砂闸板，芯砂由砂斗落入射砂筒内，装完定量的芯砂后合上砂闸板；然后由汽缸动作打开射砂阀，使储气包中的压缩空气迅速进入射砂筒，将筒内的芯砂经射砂孔射入型芯盒而制得型芯，压缩空气则经射砂板上的排气孔排出，完成制芯操作。

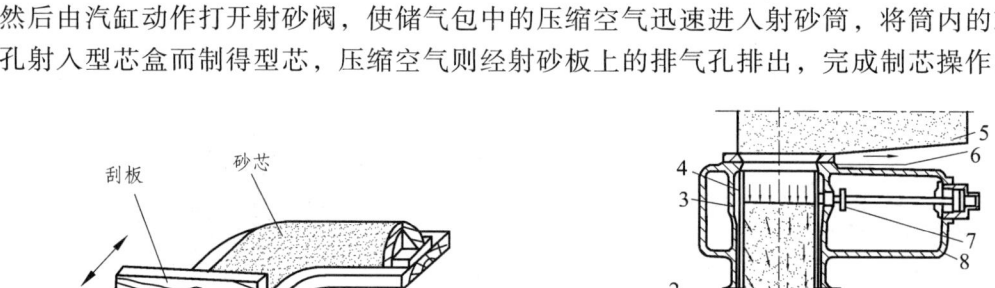

图 3.8　刮板造芯

1—排气孔；2—射砂孔；3—射腔；4—射砂筒；5—砂斗；
6—砂闸板；7—射砂阀；8—储气包；9—射砂头；
10—射砂板；11—型芯盒；12—工作台。

图 3.9　射芯机工作原理

3.7　合金的熔炼和浇注

3.7.1　合金的熔炼

合金的熔炼是铸造的必要过程之一。熔炼对铸件质量有很大的影响，操作不当会使铸件因成分和机械性能不合格而报废。

1. 铸铁的熔炼

对铸铁熔炼的基本要求是：铁水温度高、化学成分合格、非金属夹杂物和气体含量少；

燃料、电力、原材料消耗少；熔化速度快，金属烧损少。

熔炼铸铁的炉子有冲天炉、电弧炉和感应炉等。目前仍常用冲天炉进行熔炼。用冲天炉熔化的铁水质量虽然不及电炉好，但冲天炉结构简单，操作方便，熔炼效率高，成本低，能连续生产。

冲天炉的熔炼操作过程大致如下：每次开炉前，用耐火材料将炉体损坏部分修好，并烘干；然后在炉底分批装入底焦并预先燃烧；而后在底焦上面交替（呈层状）装入金属炉料和层焦，随后送风。送风后不久，金属炉料开始熔化，同时形成熔渣，炉底开始积存铁水，铁水上面为炉渣口，打开出铁口，间隙地放出储存的铁水。在放铁水前，由出渣口排出炉渣，待最后一批铁水出炉后，即可停止鼓风并打开炉底放出剩余炉料。

2. 铸钢的熔炼

熔炼铸钢可以用电弧炉，也可以用感应电炉，目前使用较多的是感应电炉。为提高钢水的质量，还采用与炉外精炼技术相结合的工艺，如 AOD（氩氧脱碳精炼法）、VOD（真空氩氧脱碳精炼法）、VODC（真空氩氧脱碳转炉精炼法）等精炼方法。

中频无芯感应电炉的熔炼过程大致如下：在筑好并烘干的坩埚内按比例放入计算好的各种金属炉料（生铁、废钢、回炉料、部分铁合金等），先低功率（40%~60%）预热，待电流冲击停止后，再逐渐上升功率至最大值，以使金属炉料熔化；随着坩埚下部炉料熔化，经常注意捣料，防止"搭桥"，并陆续添加炉料；大部分炉料熔化后，加入造渣材料（一般用碎玻璃）造渣；炉料基本熔化完毕时，取钢样进行分析，并将其余炉料加入炉内；炉料全熔后，减小功率，扒渣，再另造新渣；然后再加入铁合金以脱氧和调整钢液化学成分；而后测量钢液温度（要求不低于 1 550 ℃），并检查钢液脱氧情况；待钢液化学成分及温度符合要求、脱氧情况良好时，再插入适量的铝进行终脱氧；停电，倾炉出钢。

3. 铸造非铁合金的熔炼

铸造非铁合金是指除铸铁、铸钢以外的铸造铝合金、铸造铜合金、铸造镁合金及铸造锌合金等。铸造非铁合金的熔炼炉的分类及用途如表 3.2 所示，熔炼操作要点如表 3.3 所示。

表 3.2 铸造非铁合金熔炼炉的分类与用途

类型		特点	用途
电炉	电阻炉	坩埚炉	熔炼铝合金、镁合金、低熔点轴承合金
		反射炉	
	感应炉	有芯工频感应炉	熔炼铜、铝、锌及其合金
		无芯工频感应炉	熔炼铜、铝、镁及其合金
		中频无芯感应炉	
		真空感应炉	熔炼铁、镍基高温合金
	电弧炉	真空电弧炉	
		真空电弧凝壳炉	熔炼钛、锆及其合金
熔炼燃料炉（固、液、气体）	坩埚炉	固定式、可倾式	熔炼铜、铝、镁及其合金
	反射炉		熔炼铜、铝合金

表 3.3 铸造非铁合金熔炼操作要点

合金类别	代表合金	熔炼工艺要点	备注
铝合金	ZL101 基本成分（%） Si：6.5～7.5 Mg：0.25～0.4	·装料顺序：铝锭、铝硅中间合金、回炉料。升温熔化，搅拌，以钟罩压入镁锭； ·除气精炼：六氯乙烷用量为 0.5%～0.6%，处理温度为 730～750 ℃。六氯乙烷压成饼，分数次以钟罩压入； ·变质处理：2%的三元或四元变质剂，处理温度为 730 ℃左右； ·扒渣、浇注。浇注温度为 690～740 ℃	·金属型铸件和薄壁铸件可以不进行变质处理； ·镁的烧损因除气精炼而增大，配料时应适当增加用量
铜合金	锡青铜	·熔化铜； ·熔清后升温至 1 200 ℃，加磷铜预脱氧（2/3 磷铜）； ·依次加入回炉料、锌锭、锡块、铅； ·调整温度，加剩余磷铜； ·除气	可用氧化形熔剂除气或氮气除气
镁合金	镁铝系合金	·加入预热的回炉料、镁锭、铝锭，升温熔化； ·升温至 700～720 ℃，加入中间合金和锌，熔化后搅拌均匀； ·升温至变质处理温度进行变质处理； ·除渣后调整温度至 710～740 ℃，精炼 5～8 min； ·合金液升温至 760～780 ℃，静止 10～20 min； ·降至浇注温度进行浇注	除镁铝合金外，其他镁合金不用变质处理
锌合金	ZZnAl4Cu1Y	·加部分回炉料于坩埚底部，再依次加入锌、铜、铝、中间合金和部分回炉料。余下约 1/3～1/4 回炉料； ·升温熔化； ·炉料熔清后升温至 600 ℃左右，搅拌扒渣； ·待金属液温度达 650 ℃时，用钟罩压入所需的镁； ·用钟罩压入脱水的 $ZnCl_2$ 进行精炼，精炼温度不超过 450 ℃，$ZnCl_2$ 加入量为质量分数 0.05%～0.1%； ·用 $ZnCl_2$ 处理后，静止 5～7 min，扒渣； ·出炉浇注，出炉温度为 400～450 ℃ 熔炼锌合金与熔炼铜合金的坩埚应严格分开	

3.7.2 合金的浇注

将盛在浇包内的金属液浇入已准备好的铸型中的工艺过程称为浇注。浇注时应注意：金属液应平稳注入，不断流，浇注后压铁和紧固工具不能取得过早。在浇注过程中最关键的问题是控制浇注温度和浇注速度。

1. 浇注温度的控制

浇注温度的高低对金属液充满型的能力和铸件的质量影响很大。温度过低，金属液流动性变差，容易产生冷隔和浇不足等缺陷。温度过高，会使铸件的金相组织增大，晶粒变粗，缩孔体积增大，而且容易产生气孔和氧化。合适的浇注温度应根据铸件结构和不同的铸造合金来确定，一般在各种合金浇注范围内，薄壁铸件需要流动性好，浇注温度高一些；而有色合金的金相组织对机械性能影响很大，晶粒粗大会使性能降低，还容易形成裂纹和气孔，所以有色金属的浇注温度不能太高。

2. 浇注速度的控制

较高的浇注速度，可使金属液更快地充满铸型，减少金属的氧化，对要求同时凝固的铸件有利于减小铸件各部分的温差；但浇注速度过高，金属液对铸型的冲刷力增大，容易产生冲砂。较低的浇注速度，能增大铸件各部分的温差，使铸件的缩孔集中而有利于补缩；但浇注速度过低，金属液浇入铸型后，型砂因受热时间长而易脱落，同时还会产生皱纹、冷隔、夹渣、砂眼等缺陷。浇注速度应根据铸件的具体情况而定，速度的快慢用浇注时间长短来衡量，浇注速度和浇注温度是相互影响的，浇注温度高时，浇注速度可小些，浇注温度低时，浇注速度应当大些；浇注薄件、小件时，浇注速度应大些。铸钢件浇注速度要比铸铁件大，有色合金铸件的浇注速度要求更大些。

3. 浇注的注意事项

① 浇注前，必须清理浇注时行走的通道，预防意外跌撞、烫伤。
② 在浇注前，必须预热浇注工具，烘干烘透浇包，检查合型是否紧固。
③ 浇注是高温操作，必须穿戴好劳保用品，必须注意安全。
④ 浇注时，浇包中金属液不能盛装太满，吊包液面应低于包口100 mm左右，抬包和端包液面应低于包口60 mm左右。
⑤ 在浇注时若发现跑火现象，应立即采取措施，同时还要保持细流浇注，不能中断。
⑥ 当铸件凝固后进入固态收缩阶段时，应及时卸去压铁，使铸件自由收缩，防止铸件产生变形或裂纹等缺陷。

3.8 落砂、清理和检验

落砂、清理和检验的内容包括：落砂、清除泥芯、去除浇冒口、铸件表面清理及进行检验、修补缺陷等工作。

1. 铸件的落砂

从砂型中取出凝固的铸件的过程称为落砂，落砂的方法有手工落砂和机械落砂两种。落砂是最繁重的工作。落砂时尘土飞扬，而且花费工时，为了改善落砂条件，可采用水爆清砂的方法。

2. 泥芯的清除

清除泥芯有手工清除和机械清除两种。清除泥芯采用的设备和新工艺，有气动落芯机、水力清砂以及水爆清砂等。

3. 浇冒口的去除

对于脆性材料的中小型铸铁件的浇冒口，可采用手锤或大锤等工具敲击去除；对于一些韧性材料（如钢、有色合金）的铸件及有些铸铁件的浇冒口，则必须采用割据、氧气切割、电弧切割、等离子体切割等方法去除。

4. 铸件的表面清理

铸件表面清理是去除铸件内外表面的黏砂，分型面和芯头处的披缝、毛刺、浇冒口的痕迹等。目前在实习时，还使用手工清理，清理使用的工具有凿子、锉刀、榔头等。

5. 铸件的检验

铸件清理后应进行质量检验。可通过眼睛观察（或借助尖嘴锤）找出铸件表面的缺陷，如气孔、砂眼、黏砂、浇不足、冷隔等。对铸件内部的缺陷，可进行磁力探伤、压力试验、射线探伤、化学分析、金相组织检查、机械性能试验等。

3.9 铸件缺陷与质量分析

常见铸件缺陷的特征及产生原因见表3.4。

表 3.4 常见铸件缺陷的特征及产生原因

名称	缺陷简图	缺陷特征	产生的主要原因
气孔		铸件表面或内部出现的孔洞，孔的内壁光滑，常为梨形、圆形	·型砂紧实度过高，透气性太差； ·型砂太湿，起模、修型时刷水过多； ·砂芯通气孔堵塞或型芯未烘干； ·浇注系统不正确，气体排不出
缩孔		铸件最后凝固处有形状不规则的明的或暗的孔洞，孔壁粗糙	·冒口和冷铁设置不当，补缩不足； ·浇注温度过高，金属液收缩过大； ·铸件壁厚不均匀，无法有效补偿； ·金属液含气及含磷量太高
砂眼		铸件内部或表面有充满砂粒的孔眼，孔形不规则	·型砂强度不够或局部没紧实，掉砂； ·型腔、浇口内散沙未吹净； ·合箱操作不当，引起掉砂； ·浇注系统不合理，冲坏砂型（芯）
渣眼		孔眼内充满熔渣，孔形不规则	·浇注时没有挡渣； ·浇注温度太低，渣子不易上浮； ·浇注系统设置不合理，挡渣作用差
黏砂		铸件表面黏着一层难以除掉的砂粒，使表面粗糙	·砂型春得太松； ·浇注温度过高； ·型砂耐火性差

续表

名称	缺陷简图	缺陷特征	产生的主要原因
夹砂		铸件表面有一层凸起的金属片状物，表面粗糙，边缘锐利，在金属片和铸件之间夹有一层型砂	·型砂受热膨胀，表层鼓起或开裂； ·型砂湿态强度较低； ·砂型局部过紧，水分过多； ·砂型局部烘烤严重； ·浇注温度过高，浇注速度过慢
冷隔		铸件上有未完全融合的缝隙，边缘呈圆角	·浇注温度过低； ·浇注速度过慢或断流； ·浇道位置不当或尺寸过小
浇不足		铸件残缺，形状不完整	·浇注温度太低； ·浇注时金属液量不够； ·浇道太小； ·未开出气口，金属液的流动受型内气体阻碍
错箱		铸件的一部分与另一部分在分型面处相互错开	·合箱时，上、下砂型未对准； ·上、下砂型未夹紧； ·造型时，上、下模有错动
偏芯		铸件上孔偏斜或轴心线偏移	·型芯变形或放置偏斜； ·浇道位置不对，金属液冲歪了型芯； ·合箱时，碰歪了型芯； ·制模样时，型芯头偏心
裂纹		铸件裂开热裂：裂纹断面严重氧化，呈暗蓝色，外形曲折而不规则 冷裂：裂纹断面不氧化，并发亮，有时有轻微氧化，呈连续直线状	·铸件厚薄不均匀，冷却不一致； ·型砂、芯砂退让性差，阻碍铸件收缩而引起过大的内应力； ·浇注系统开设不当，妨碍铸件收缩； ·合金化学成分不当，收缩大

3.10 铸造安全操作规程

3.10.1 造型工（打芯）安全操作规程

① 工作前必须整理好工作地点，检查所使用的工具设备等。砂箱不得有裂纹，其吊挂用的耳环必须安全可靠。

② 抬取砂箱时，手应握在砂箱柄上；放砂箱时手指和脚应离开砂箱底部，防止压伤。

③ 吊动砂箱时应检查起重吊具，操作时要平衡牢固，防止偏坠、脱落或碰到其他砂箱。

④ 堆送砂箱时必须放牢，其高度不应超过 1.5 m，并将大箱放在底部、小箱放在上面。

⑤ 禁止在吊起的砂型下面进行修理工作，需要时应在固定的架子上或在地坑内修理。

⑥ 翻箱、扣箱时要有专人指挥吊车，起落动作要缓慢，如发生芯子压坏和掉浮砂，必要时应将上箱吊到旁边再进行修理或清理。

⑦ 造好的砂型应有足够的气孔，以排除浇注时产生的气体，防止爆炸伤人。

⑧ 放砂型使用的垫铁应是专用的，不得乱用木头、砖块等物垫箱，以防压碎倾倒。

⑨ 上、下箱对合后必须用足够重量的压铁压牢，以免炸箱，其周围应用砂子铺好。

⑩ 造好了的砂型应排列整齐且彼此间应留有间距，砂型与墙壁间也应有适当的距离，以保证浇注时能自由通行。

3.10.2 型砂配制工安全操作规程

① 配制型砂用的碾砂机、筛砂机、松砂机等应有坚固的防护罩和可靠的接地装置。工作前必须进行检查，确定正常后方可启动。

② 碾砂机开动前必须检查机内和机下有无人员或其他多余物，确认没有时方可开动。开动后，禁止伸手到机内取砂样或其他物品，需要拿时，必须停车进行。

③ 松砂机、筛砂机等流动设备应用回芯胶皮软线作电源线，绝缘应良好，其插销开关必须合乎要求。

④ 移动设备位置时，应先切断电源，收拢电线并放在设备上后再移动。

⑤ 收、放电线时，不得用力过猛，以免使绝缘破损造成触电事故。

⑥ 使用吊车运动砂箱、筛砂机等物件时，应用绳索等吊具并应吊挂牢固后才可起吊，且不得超负荷运行。

3.10.3 浇注工安全操作规程

① 浇注前应整理好浇注场所和通道，以保证其畅通、干燥；同时应检查使用的工具如浇包、抬杠、链条等，应保证其安全可靠。

② 使用的浇包、打桩勺以及孕育剂等必须事先预热至规定的温度。

③ 浇包内盛装的金属液体不得太满，一般应为浇包的 7/8，以免金属溢出。

④ 人力抬包时每人负重不得超过 20 kg，单人端包应将包放在侧面；多人抬包时，应有主从，步调一致，但在任何情况下都不得独自将浇包扔下，以防止金属液溅出伤人。

⑤ 浇注时应尽可能保持浇包靠近浇口圈，防止金属液浇在压铁或地上。

⑥ 浇注高的砂箱时，要站在稳定的踏脚板上，防止跌伤、烫伤。

⑦ 未放压铁或木棍的砂箱不得浇注。

⑧ 浇注的路线，即浇注金属液体时去浇注砂型的路线和回头至炉前取金属液的路线不应在同一条路上，应呈环形。

⑨ 在地面上尤其是通道上的金属液，必须立即铲除，不得采用在其上面覆盖撒沙的方法来处理。

⑩ 浇注后剩余的金属液体应倒在预热了的锭模中或干燥的型砂上，但不得用砂子埋上。

⑪ 进行钢模浇注时，钢模应先预热到规定的温度，其对面不准站人。

⑫ 在钢模中取铸件时，必须等铸件全部硬化后才能进行。

⑬ 浇注镁合金时，为防止浇冒口燃烧，应撒上适当的干粉。对于从型砂中喷溅出来的金属液，可用型砂来熄灭，禁止用水或化学灭火器来扑灭。

习 题

3.1 铸造生产有哪些优、缺点？试简述砂型铸造的工艺过程。

3.2 什么叫分型面？选择分型面时必须注意什么问题？

3.3 铸件、零件、模样和型腔四者在形状和尺寸上有何区别？

3.4 型砂主要由哪些材料组成？它应具备哪些性能？

3.5 设计一件有创意的铸件并用铸造方法制造出来。

第4章 锻 压

【实习目的及要求】

① 了解金属压力加工分类及锻造与板料冲压概念；
② 了解碳钢的加热与锻件的冷却；
③ 了解金属的锻造性与锻件的纤维组织概念；
④ 了解锻压主要设备的种类及适用场合；
⑤ 熟悉机器自由锻与板料冲压的主要工序；
⑥ 掌握机器自由锻典型零件的锻制与简单冲压件的工艺过程；
⑦ 熟悉自由锻件与模锻件的结构差异，掌握这两种锻造方式的选择原则；
⑧ 了解锻压生产的发展趋势及部分锻压新技术、新工艺。

4.1 锻 造

4.1.1 金属压力加工及锻压生产概述

用一定的设备或工具，对金属材料施加外力使其产生塑性变形，从而生产出型材、毛坯或零件的加工方法总称为金属压力加工。锻造和板料冲压（简称锻压）是其中的两类加工方式。金属压力加工的分类如表4.1所示。

表4.1 金属压力加工的分类

类型	简 图	特 点	适用场合及发展趋势
轧制	板材轧制	用轧机和轧辊在加热或常温状态下减小坯料截面尺寸或改变截面形状	批量生产钢管、钢轨、角钢、工字钢与各种板料等型材。 发展趋势：高速轧制，线材达120 m/s，板材30 m/s，精密轧制可提高尺寸精度及板形精度；轧锻组合可生产钢球、齿轮、轴类、环类零件毛坯，尽量达到少或无切削
拉拔	拉丝	用拉拔机和拉拔模在常温或低温加热状态下减小坯料截面尺寸或改变坯料截面形状	批量生产钢丝、铜、铝电线，铜、铝电排等丝、带、条状型材。 发展趋势：高尺寸精度、高表面光洁度

续表

类 型		简 图	特 点	适用场合及发展趋势
挤压		正挤 反挤（冲头、挤压模、坯料、逆向冲头）	用挤压机和挤压模，在常温或加热状态下，主要改变坯料截面形状	批量生产塑性较好材料的复杂截面型材（如铝合金门窗构条、铝散热片等），或生产毛坯（如齿轮）及零件（如螺栓、铆钉等），现我国已可生产千余种冷挤压零件。 发展趋势：高速精密成型，挤锻结合，如用挤锻机可自动、快速将棒料连续挤成锥齿轮坯，每分钟可达近百件、近百公斤；常温挤45钢汽车后轴管重达 9 kg
锻造	自由锻	拔长 冲孔（上砧铁、冲子、坯料、下砧铁）	用自由锻锤或压力机和简单工具，一般在加热状态下使坯料成型	单件、小批生产外形简单的各种规格毛坯（如轧辊、大电机主轴等）以及钳工、锻工用的简单工具。 发展趋势：锻件大型化，提高内在质量，国内已可以生产5万吨级船用轴系锻件，全纤维船用曲轴锻件已达国际水平；操作机械化；液压机替代大锻锤
	模锻	开式模锻（上模、坯料、下模）	用模锻锤或压力机和锻模，一般在加热状态下使坯料成型	批量生产中、小型毛坯（如汽车的曲轴、连杆、齿轮等）和日用五金工具（如手锤、扳手等）。 发展趋势：少、无切削精密化，如精密模锻叶片、齿轮，锻件公差可达 0.05～0.2 mm，还可直接锻出 8～9 级的齿形精度

经过锻造加工后的金属材料，其内部缺陷（裂纹、疏松等）在锻压力的作用下被压合，且形成细小晶粒与有利的纤维组织，因此锻件组织致密，力学性能（尤其是抗拉强度和冲击韧度）较同材料的铸件大大提高。机器上一些重要零件（特别是承受重载和冲击载荷的零件）通常用锻造方式来生产。此外，锻造生产（除自由锻外）还有较高的生产率与锻件的成型精度，因此被广泛应用于零件及毛坯的生产中。

在锻造中，手工自由锻是传统的、原始的生产方式，在现实生产中已基本为机器锻造所取代，故本章只介绍机器锻造。

4.1.2 碳钢的加热与锻件的冷却

用于压力加工的金属必须具有可锻造性，即具有一定的塑性和较小的变形抗力、可用较小的功实现较大的变形。一般情况下金属加热后其塑性增强，变形抗力减小，也提高了锻造性。如碳钢的加热就是为了达到这个目的。

1. 加热设备

目前常用工业锻造炉对碳钢进行加热，常用的工业锻造炉如表 4.2 所示。

表 4.2 常用工业锻造炉

炉 形		图 简	特点及适用场合
燃料炉	箱式炉 煤气炉	（喷嘴、烟道示意图）	加热较迅速，加热质量一般，适于大型单件坯料或成批中、小坯料。根据不同情况，还可以间歇或连续加热
	重油炉		
电炉	电阻炉	（炉口、炉门、电热体、加热室示意图）	加热温度、炉气成分易控制，加热质量较好，结构简单，适于加热中、小型单件或成批且加热质量要求较高的坯料

2. 锻造温度范围

坯料开始锻造的温度（始锻温度）和终止锻造的温度（终锻温度）之间的范围，称为锻造温度范围。在保证不出现加热缺陷的前提下，始锻温度应取高一些，在保证坯料还有足够塑性的前提下，终锻温度应定低一些，这样既能从容锻造、减少坯料加热次数，又能提高锻件质量。常用钢材的锻造温度范围如表 4.3 所示。

表 4.3 常用钢材的锻造温度范围

钢 类	始锻温度/℃	终锻温度/℃	钢 类	始锻温度/℃	终锻温度/℃
碳素结构钢	1200~1250	800	高速工具钢	1100~1150	900
合金结构钢	1150~1200	800~850	耐热钢	1100~1150	800~850
碳素工具钢	1050~1150	750~800	弹簧钢	1100~1150	800~850
合金工具钢	1050~1150	800~850	轴承钢	1080	800

3. 锻造温度的控制

对于始锻温度，工业上采用调节出炉间隔、连续加热，或自动检测炉温等方法来控制。在实习中可根据坯料加热后的颜色和明亮度不同来判别温度，即用火色鉴别法。对于终锻温度，也可用火色鉴别法或调节工序过程的节奏来控制。

4. 碳钢常见的加热缺陷

由于加热不当，碳钢可能产生加热缺陷，常见的加热缺陷如表 4.4 所示。

表 4.4 碳钢常见的加热缺陷

名 称	实 质	危 害	防止（减少）措施
氧 化	坯料表面铁元素氧化	烧损材料，降低锻件精度和表面质量，缩短模具寿命	在高温区减少加热时间，采用控制炉气成分的少氧化或无氧化加热或电加热等
脱 碳	坯料表面碳分氧化	降低锻件表面硬度，表层易产生龟裂	
过 热	加热温度过高，停留时间长，造成晶粒粗大	锻件力学性能降低，须再经过锻造或热处理才能改善	控制加热温度，缩短高温加热时间
过 烧	加热温度接近材料熔化温度，造成晶粒界面杂质氧化	坯料一锻即碎，只得报废	
裂 纹	坯料内、外温差太大，组织变化不均，造成材料内应力过大	坯料产生内部裂纹，报废	某些高碳或大型坯料，开始加热时应缓慢升温

5. 锻件的冷却

为了获得一定力学性能的合格锻件，应注意采取不同的冷却方式，其基本形式如表 4.5 所示。

表 4.5　锻件的冷却方式

方　式	特　点	适用场合
空　冷	锻后置空气中散放，冷速快，晶粒细化	低碳钢或低合金钢中、小件，或锻后不直接切削加工
坑冷（堆冷）	锻后置于沙坑内或箱内堆在一起，冷速稍慢	一般锻件，锻后可直接切削
炉　冷	锻后置原加热炉中，随炉冷却，冷速极慢	含碳或含合金成分较高的中、大件，锻后可切削

4.1.3　自由锻造

1. 自由锻设备

1）空气锤

空气锤一般用于单件、小批量生产中、小型锻件或制坯、修理场合。其工作原理和外形如图 4.1 所示，其规格是由落下部分（锤杆、上砧等）的质量来表示的，如 75 kg、560 kg 等。

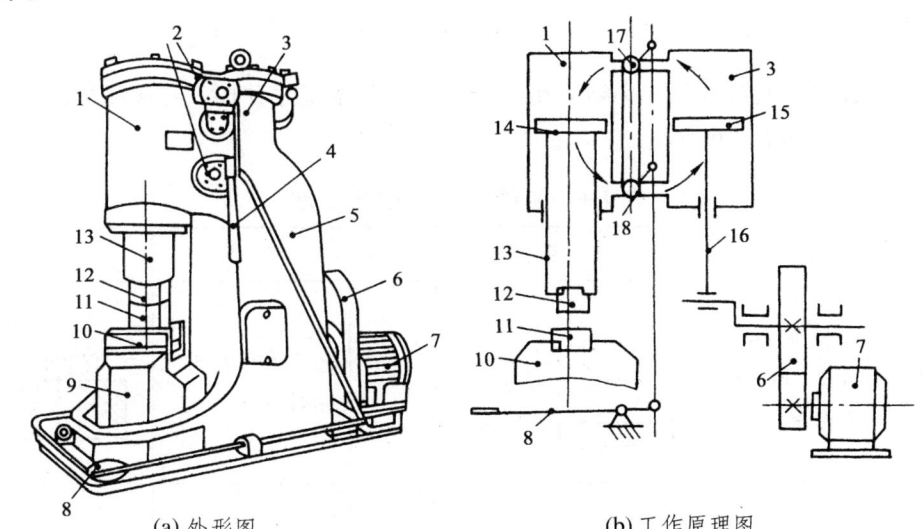

(a) 外形图　　(b) 工作原理图

1—工作缸；2—旋阀；3—压缩缸；4—手柄；5—锤身；6—减速机构；7—电动机；8—脚踏杆；9—砧座；
10—砧垫；11—下砧块；12—上砧块；13—锤杆；14—工作活塞；15—压缩活塞；
16—连杆；17—上旋阀；18—下旋阀。

图 4.1　空气锤工作原理图及外形图

2）水压机

水压机一般用于单件、小批量生产中、大型锻件，其外形如图 4.2 所示。其规格是由标称压力的大小来表示的，如 8 000 kN（800 t）、125 000 kN（12 500 t）。其原理是利用 20～40 MPa 的高压水在工作缸中产生高达 5～125 MN 的静压力，使坯料受挤压产生塑性形变。

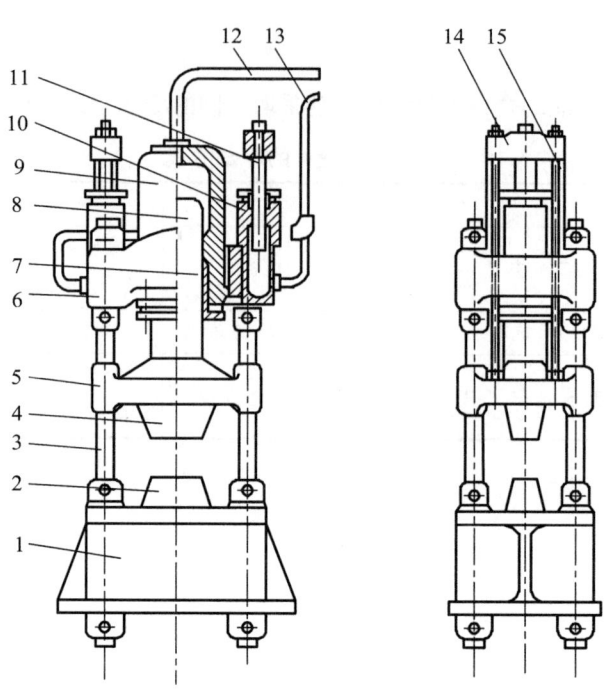

1—下横梁；2—下砧；3—立柱；4—上砧；5—活动横梁；6—上横梁；7—密封圈；8—柱塞；9—工作缸；10—回程缸；11—回程柱塞；12，13—管道；14—回程横梁；15—回程拉杆。

图 4.2 水压机本体的典型结构

2. 机器自由锻的主要工序

要完成某锻件的锻造过程，必须采用一个或几个基本工序并按一定顺序加以组合。机器自由锻的主要工序如表 4.6 所示。

表 4.6 机器自由锻的主要工序

名称		定义	简图	名称	定义	简图
镦粗	完全镦粗	降低坯料高度，增加截面面积	上砧铁/坯料/下砧铁	扩孔	将已有孔扩大（用冲头）	扩张冲头/坯料/漏盘
	局部镦粗	局部减少坯料高度，增加截面面积	上砧铁/坯料/漏盘/下砧铁		将已有孔扩大（用马架）	挡铁/芯棒/坯料/马架
拔长（延伸）		减少坯料截面面积，增加长度	上砧铁/坯料/下砧铁	切割	用切刀等将坯料上的一部分，局部分离或全部切离	三角刀/坯料/下砧铁

名称	定 义	简 图	名称	定 义	简 图
冲孔	在坯料上锻制出通孔		弯曲	改变坯料轴线形态	

3. 自由锻件缺陷与质量分析

在自由锻生产过程中，常见的锻件主要缺陷有以下方面：

① 横向裂纹。内部横向裂纹产生的原因有：冷锭的低温加热速度过快引起较大的热应力，或在拔长低塑性坯料时的相对送进量太小。较深的表面横向裂纹主要是由于原材料质量差，坯料冶金缺陷较多而引起的。较浅的表面横向裂纹可能是在拔长时采用的相对送进量过大所引起的。

② 纵向裂纹。表面纵向裂纹是由于坯料冶金质量不佳，或倒棱时压下量过大引起的。内部纵向裂纹出现在冒口端时，是由于坯料缩管或二次缩孔在锻造时切头不足而引起。裂纹如果出现在锻件中心区，则是由于加热未能烧透，中心温度过低，或采用上、下平砧拔长圆形坯料变形量过大所造成的。

③ 表面龟裂。当坯料含铜、锡、砷、硫较多且始锻温度过高时，在锻件表面会出现龟甲状浅裂纹。

④ 内部微裂。又称为夹杂性裂纹，是由于中心疏松组织未能锻合而引起，常与非金属夹杂并存。

⑤ 局部粗晶。表现为锻件的表面或内部局部区域晶粒粗大。这是由于加热温度高、变形不均匀，并且局部变形程度（锻造比）太小所导致的。

⑥ 表面折叠。这是由于拔长时砧子圆角过小，送进量小于压下量而造成的。

⑦ 中心偏移。这是由于坯料加热时温度不均，或锻造操作时压下不均所导致的钢锭中心与锻件中心不重合。

⑧ 机械性能不能满足要求。锻件强度指标不合格，与冶炼、锻压和热处理有关。横向机械性能（塑性、韧性）不合格，则是由于冶炼杂质太多或镦粗比不够所引起的。

分析研究锻件产生缺陷的原因，提出有效的预防和改进措施，是提高和保证锻件质量的重要途径。从锻件各种形成的原因可以看出，影响锻件质量的因素是多方面的，除了原材料质量的优劣具有重要影响之外，还与锻造工艺以及热处理工艺密切相关。

4.1.4 胎模锻造

在自由锻设备上使用可移动的模具（胎模）生产锻件的方法称为胎模锻。所用模具称为胎模。胎模锻时，金属最终在胎模中成型，与自由锻相比可以获得形状较复杂、尺寸较准确的锻件，锻件的质量和生产率比较高。胎模锻使用的设备和工具比较简单，可以使用自由锻设备，胎模无须固定在锤头或砧座上，工艺灵活多变，模具的制造也比较简单。但胎模锻劳动强度较大，一般只适合于小型简单锻件的生产。对于形状较为复杂的锻件，通常是先用自由锻的方法使坯料初步成型，然后在胎模中终锻成型。

常用的胎模有摔子、弯模、套模、合模和扣模等，其结构和应用如表 4.7 所示。

表 4.7 常用胎模的种类、结构和应用

名称	简图	应用范围	名称	简图	应用范围
摔子		轴类锻件的成型或精整，或为合模制坯	扣模		非回转体锻件的局部或整体成型，或为合模锻造制坯
弯模		弯曲类锻件的成型，或为合模锻造制坯			
套模		回转体类锻件的成型	合模		形状较为复杂的非回转体类锻件的终锻成型

4.1.5 胎模锻件与自由锻件的主要区别

由于生产批量和生产条件的不同，同种零件的毛坯应各选自由锻件或胎模锻件。胎模锻件与自由锻件两者在结构上有较大不同，现以齿轮坯为例来介绍它们间的主要区别。自由锻件如图 4.3（a）所示，开式胎模锻件如图 4.3（b）所示。胎模锻件在结构上的特点如下：

① 形状复杂，可锻出不加工表面。
② 加工余量小，且批量越大设计余量就越小。
③ 与分模面垂直的面上有脱模斜度，该斜度的存在便于锻件从锻模中脱出。

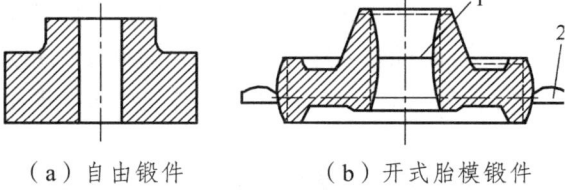

（a）自由锻件　　（b）开式胎模锻件

图 4.3　锻件

④ 锻体的面与面交界处有圆角，该圆角的存在可提高模具寿命。
⑤ 锻件四周有飞边（即多余金属），锻后应切除。有孔锻件还存在有冲孔连皮，锻后应冲穿。
与胎模锻件相比，自由锻件形状力求简单，便于锻造，加工余量也相应增大。

4.1.6 锻件纤维组织

金属材料内部总有一定的脆性或塑性杂质，经压力加工，它们顺着变形方向呈链状或条状排列起来，这就是纤维组织（俗称流线）。锻件有了纤维组织，其各个方向上的力学性能就会不同，其中顺着纤维方向，其抗拉伸的能力强于垂直纤维方向，但抗剪切的能力则差。纤维组织很稳定，一般热处理不能消除它，只有通过锻压等方法来改变。生产重要锻件必须要考虑纤维组织的影响，这可通过选择合适的锻造工序和变形量来控制。典型零件合理的截面流线如图 4.4 所示。

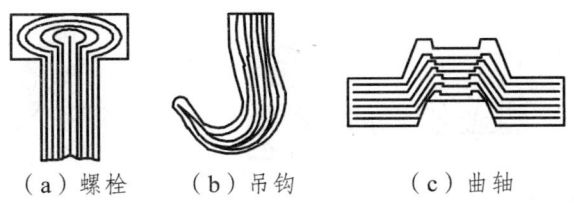

（a）螺栓　　（b）吊钩　　（c）曲轴

图 4.4　典型零件合理的截面流线

4.1.7　锻压实习安全操作技术

1. 机器锻造实习安全技术

① 观察锻机时，站立位置距离锤机应不少于 1.5 m。

② 实习人员进行机锻及实际操作其他机器时，必须得到实习指导人员的允许，并须有实习指导人员在场指导。

③ 不许锻造烧结或冷却了的金属，不许用锻机切断未加热的冷金属。

④ 应随时清除锻机砧面上的氧化皮，不得积存。清除渣皮时，只准用扫帚，绝对禁止用嘴吹或直接用手、脚清除。

⑤ 绝对禁止直接用手移动放置在砧面上的工具及工作物，手与头应绝对避免靠近锻锤的运动区。

⑥ 只准单人操作锻机，禁止其他人从旁帮助，以免动作不一致造成工伤事故。

⑦ 锻机开始锻击时，不可强打，使用时将锤头轻轻提起用木块垫好。

⑧ 实习完毕，应将锻炉熄火，并清理工作场地和检查所用工具。

2. 手工自由锻造实习安全技术

① 在实习指导人员操作示范时，实习人员应站在离开锻打一定距离的安全位置；示范切断锻件时，站的位置应避开金属被切断时的飞出方向。

② 工作开始以前，必须检查所用的工具是否正常、钳口是否能稳固地夹持、铁砧上有无裂痕、炉子的风门是否有堵塞现象等。如发现有不正常的地方，应立即报告实习指导人员，待处理后再进行工作。

③ 在铁砧上和铁砧旁的地面上，都不应放置其他物件。

④ 不得用手锤对着铁砧的工作面猛烈敲击，以免铁锤反跳造成事故；火热金属件不得乱抛乱放。

⑤ 禁止赤手拿金属块，以防金属块未冷却而烫伤。

⑥ 实习结束，清扫设备与周围场地，经指导教师同意方可离开。

4.2　冲　　压

利用冲压设备和冲模使金属或非金属板料产生分离或变形的加工方法称为板料冲压，简称冲压。这种加工方法通常是在常温下进行的。

冲压工艺按加工性质不同可以分为两大类，即分离工序和变形工序，如图 4.5 所示，其中（a）、（b）、（c）为板料冲压分离工序，（d）、（e）、（f）为板料冲压成型工序。这里着重介绍冲裁工艺和弯曲工艺。

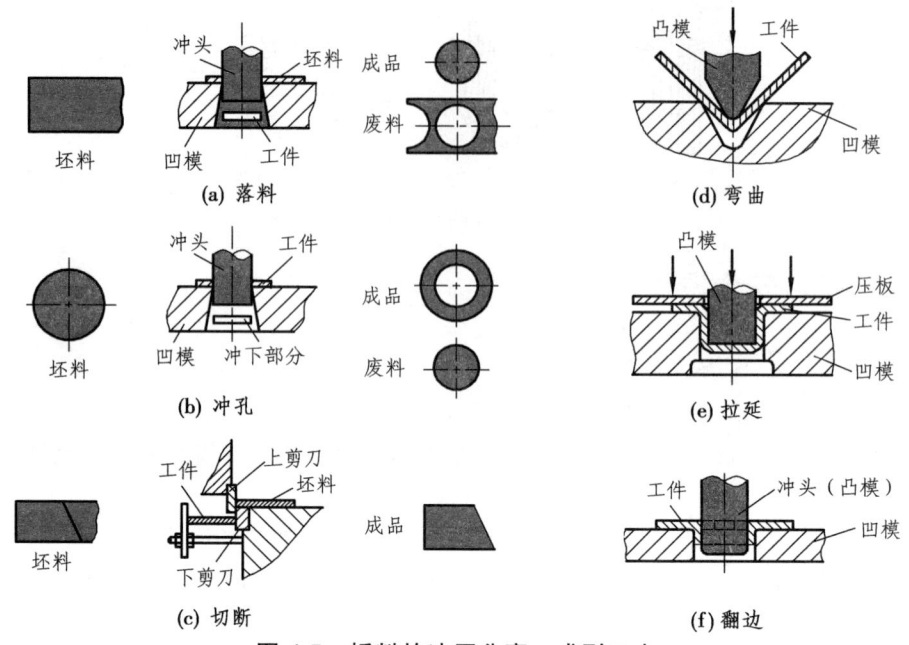

图 4.5 板料的冲压分离、成型工序

4.2.1 冲 裁

冲裁是利用冲模使板料产生分离的冲压工序，是冲压生产中应用最广泛的工序，它可以制成各种形状的平板零件，为弯曲、拉深、成型等工序准备毛坯；也可以对拉深件进行切边和对各种变形工件进行冲孔、切口等。

在具有尖锐刃口及间隙合理的凸、凹模作用下，材料的变形过程可分为弹性变形、塑性变形和剪裂分离三个阶段，如图 4.6 所示。

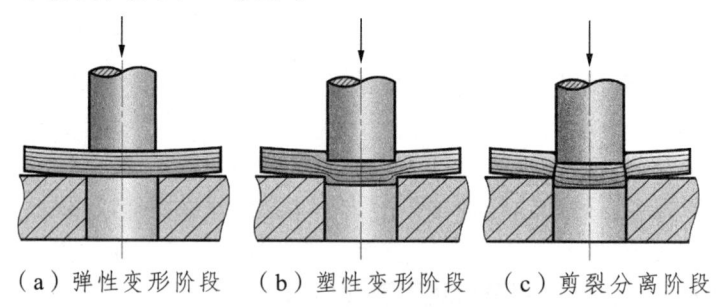

（a）弹性变形阶段　（b）塑性变形阶段　（c）剪裂分离阶段

图 4.6　冲裁时板料变形过程

1. 弹性变形阶段

冲裁开始时，凸模接触材料，将材料压入凹模洞口，在凸、凹模的压力作用下，材料发生弹性压缩。由于凸、凹模之间存在间隙，材料同时受到弯曲和拉深的作用，随着凸模的下压，材料内应力达到弹性极限范围。

2. 塑性变形阶段

凸模继续下压，对板料的压力增加，当板料内应力达到屈服极限时，板料压缩和弯曲变形加剧，凸、凹模刃口分别挤进板料，使其内部产生塑性变形。随着凸模挤入板料的深度增大，板料内部的拉应力和弯矩都增大，同时变形区晶粒破碎和细化使板料产生冷作硬化，在凸模和凹模刃边处板料的应力急剧集中，并有微小的裂纹发生，即板料开始被破坏，使塑性变形趋于结束。

3. 剪裂分离阶段

当凸模再继续压入，板料在刃口附近产生的上下裂纹逐渐发展。如果间隙合理，则两裂纹相遇而重合，这时导致板料完全破裂而分离。

上述冲裁变形过程得到的冲裁件断面并不是光滑垂直的，而是具有明显的区域性特征，即有圆角带、光亮带、断裂带和挤压带，如图4.7所示。

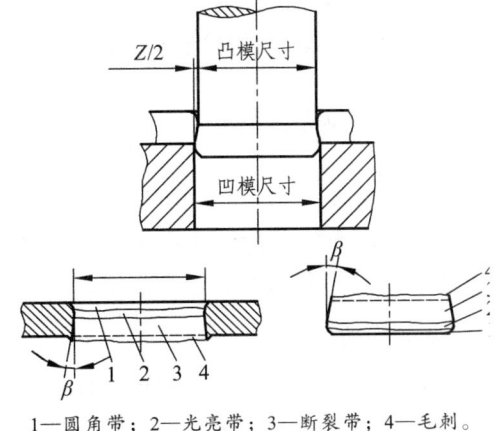

1—圆角带；2—光亮带；3—断裂带；4—毛刺。

图4.7 冲裁件剪切断面特征

冲裁件断面的四个部分（圆角带、光亮带、断裂带和挤压带）在整个断面上所占的大小比例随着材料种类、状态、材料厚度、冲裁条件等不同而发生变化。冲裁件除断面粗糙、有锥度外，还有点弓弯、不平直、端面有毛刺，所以普通冲裁只适用于一般要求的冲裁件。

4.2.2 弯 曲

弯曲是平板坯料在冲模压力作用下或通过专用设备弯折成一定角度、制成各种形状零件的一种冲压工艺方法。弯曲是冲压生产中应用较广泛的一种工序，可用于制造大型结构件，如汽车、拖拉机机架等；也可以加工中、小型零件，如电器插件及仪器仪表板架等。如图4.8所示为"V"形件的弯曲变形过程。

将平板坯料放在凹模上，凸模在压力机滑块作用下逐渐下滑并给板料以下压力，此时板料受压而产生弯曲变形；随着弯曲凸模的不断下压，板料弯曲半径逐渐减小，当压力机滑块到达下极点位置时，板料被紧紧地压在凸、凹模之间，此时其弯曲半径与凸模圆角半径相重合，板料即弯曲成型。

在弯曲过程中，板料的各部分材料发生不同的变化，如图4.9所示。弯曲变形区主要在零件的圆角部分，而平直部分基本没有变形。在变形区内，材料的外层（靠近凹模一边）受

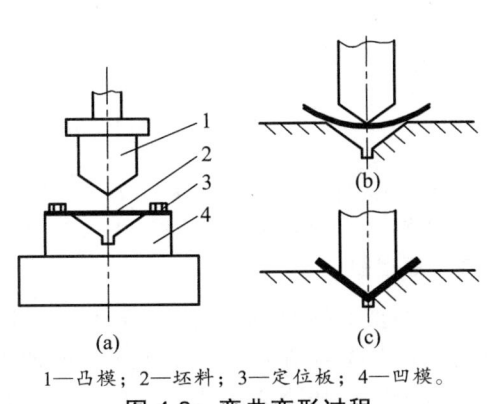

1—凸模；2—坯料；3—定位板；4—凹模。

图4.8 弯曲变形过程

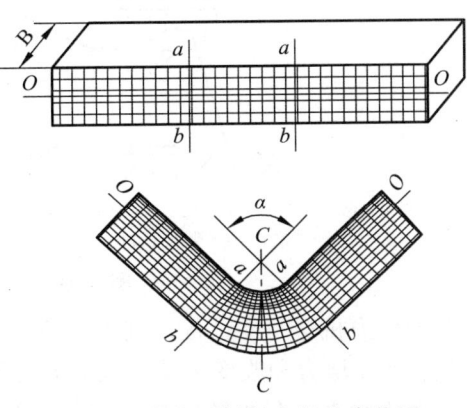

图4.9 弯曲时板料各部分变化图

拉而伸长，材料的内层（靠近凸模一边）受压而收缩。在伸长和收缩两个变形区之间，有一纤维层长度不变，称为中性层。由于外层被拉伸、内层被压缩，而变形区的金属体积基本无变化，因此外层的材料宽度变小、内层的材料宽度变大。

4.2.3　曲柄压力机

1. 曲柄压力机的结构

曲柄压力机是锻压生产中最通用的机械之一。曲柄压力机虽然形状和吨位大小不同，但都是由以下三个基本部分所组成：

1）传动系统

传动系统由电机、皮带轮、齿轮、传动轴等组成。它的作用是将电机的能量和运动传递给工作机构。为了控制压力机的工作，传动系统中装有离合器和制动器。

2）工作机构

工作机构主要由曲柄、连杆、滑块组成。它的作用是将曲柄的旋转运动变为滑块的往复运动，实现曲柄压力机的动作要求。

3）机　身

传动系统和工作机构都安装在机身上，机身把压力机所有部分联结成一个整体。

2. 曲柄压力机的工作原理

曲柄压力机的工作原理如图4.10所示。

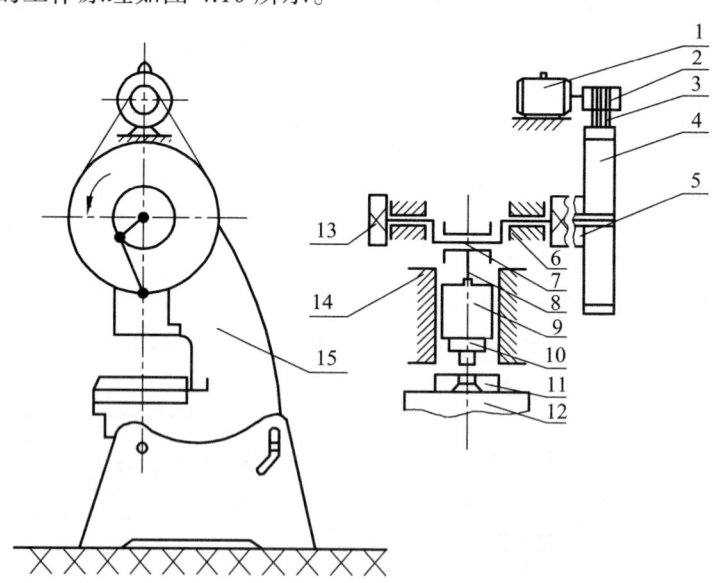

1—电机；2—小皮带轮；3—皮带；4—大皮带轮；5—离合器；6—轴承；7—曲轴；8—连杆；9—滑块；10—上模；11—下模；12—工作台；13—制动器；14—导轨；15—机身。

图 4.10　曲柄压力机传动原理图

曲柄压力机这一类设备，其工作原理简单地说就是通过曲柄机构（曲柄连杆机构、曲柄肘杆机构等）增力和改变运动形式（将旋转运动变成往复直线运动）。此外，大多数曲柄压力机还利用飞轮来储存和释放能量，使曲柄压力机产生大的工作压力来完成冲压作业。它是由曲轴、连杆和滑块所组成。曲轴在机身的轴承上做旋转运动。连杆把曲轴的旋转运动转变为滑块的往复运动，滑块行程等于曲柄半径的 2 倍。在工作时，上模紧固在滑块上，而下模则固定在压力机的工作台上，由于滑块的往复运动而进行冲压工作。压力机在电机开动后，飞轮不停地旋转，工作时有时需要滑块作往复运动，以便完成各种变形工艺；有时则需要滑块停止在上死点（上极点）或行程的某一位置，以便送料、出料或调整模具。为了实现这些要求，必须在传动系统设置离合器和制动器。当滑块需要运动时，离合器结合，制动器脱开，主动部分的飞轮通过离合器使从动部分的曲轴连杆机构得到运动。当滑块需要停止时，离合器脱开，主动部分和从动部分不再发生联系，这时制动器起制动作用，吸收从动部分的剩余动能，使滑块停止在上死点位置。离合器与制动器的控制通过操纵机构来实现。

3. 曲柄压力机的工作特点

① 曲柄压力机属于机械刚性传动，工作时机身形成一个封闭力系，压力机所能承受的负荷（或工作能力）完全取决于所有受力零件的强度。

② 由于曲柄连杆滑块为刚性连接，滑块有严格的运动规律、有固定的下死点。因此，在曲柄压力机上便于实现机械化和自动化。

③ 曲柄压力机的机身刚度较大，滑块导向性好，所以加工的零件精度高，可以完成挤压、精压等精度较高的少切削或无切削工艺。

4. 一般用途曲柄压力机的技术参数

曲柄压力机的主要技术参数反映了一台压力机的工艺能力、所能加工零件的尺寸范围以及有关生产率等指标，是使用压力机和设计模具的主要依据。主要技术参数包括以下几项：

① 公称压力：滑块离下死点前某一个特定距离（称为公称压力行程）或曲柄旋转到离下死点前某一个特定角度（称为公称压力角）时，滑块上所容许的最大作用力。

② 滑块行程：滑块从上死点到下死点所移动的距离，它为曲柄半径的 2 倍。

③ 滑块行程次数（次/分）：行程次数是滑块每分钟从上死点到下死点、然后再回到上死点的次数。

④ 滑块调节高度：滑块与工作台之间的可调节距离。

⑤ 模具空间的最大闭合高度：当连杆（调节到）最短、滑块处在下死点的位置时，滑块底面到工作台之间的距离。

⑥ 工作台尺寸。

⑦ 滑块尺寸。

⑧ 喉口深度：滑块中心线至机身的距离。

4.2.4 冲模的结构

冲模是实现坯料分离或变形必不可少的工艺装备。冲模的种类很多，按冲压工序可分为冲裁模、弯曲模、拉深模、成型模等；按工序组合可分为单工序冲模、复合模、连续模；按模具导向形式可分为无导向冲模、导柱模、导板模；按模具材料可分为金属冲模、非金属冲模等。一副冷冲模，由于用途不同，其结构及复杂程度也不同。有的冲模结构非常简单，只有几个或十几个零件，也有的模具由上百个零件组成。但无论其复杂程度如何，一副模具不外乎包括以下几个主要零件：

1. 工作零件

工作零件包括凸模、凹模、凸凹模。工作零件的作用是完成材料的分离或变形，使之加工成型。

2. 定位零件

定位零件主要包括挡料销、定位销、侧刃等零件。定位零件的作用主要是用来确定条料在冲模中的正确位置。

3. 压料、卸料与顶料零件

压料、卸料与顶料零件包括冲裁模的卸料板、顶出器、拉深模中的压边圈等。工件从条料冲制分离后，由于材料有回弹现象，工件会在凹模内难以取下来，使条料卡在凸模上，只有设法把工件或条料卸下来，才能保证冲压正常进行，卸料板与顶杆就是起这种作用。拉深模中的压边圈主要是起防止失稳和起皱的作用。

4. 导向零件

导向零件包括导柱、导套、导板等。导向零件的作用是保证上、下模正确运动，使上、下模位置不至于产生偏移。

5. 支持零件

支持零件包括上、下模板和凸、凹模固定板等。这类零件主要起连接和固定工作零件，使之成为完整模具结构的作用。

6. 紧固零件

紧固零件包括内六角螺钉、卸料螺钉等。其作用是连接和紧固各类零件，使之成为一体。

7. 缓冲零件

缓冲零件包括卸料弹簧及橡皮等，其作用是利用自身弹力实现卸料、退料。

图 4.11 为冲孔模结构图。冲孔模是单工序模，在冲床的一次冲程中只完成一道冲压工序。单工序模结构简单，效率低，适合于小批量、低精度的冲压件生产。

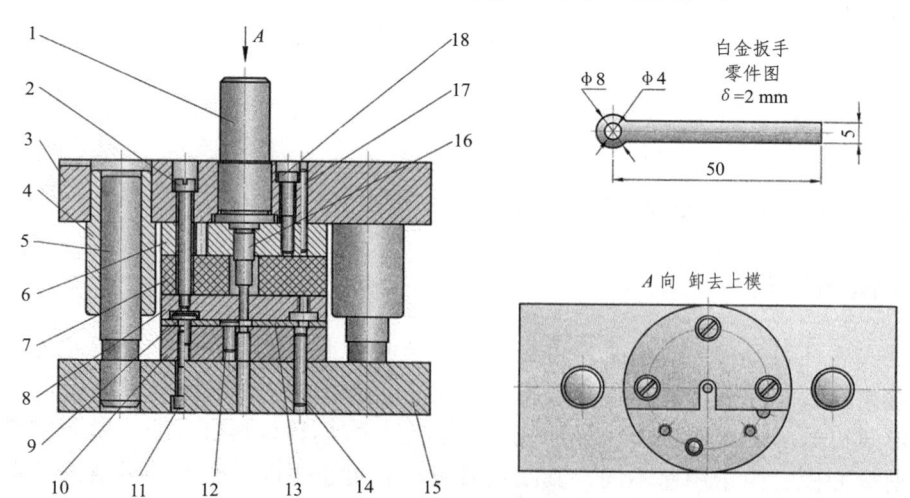

1—模柄；2—卸料螺钉；3—上模板；4—导套；5—导柱；6—夹板；7—橡胶板；8—卸料板；9—定位螺钉；10—凹模；11，18—内六角螺钉；12—导料销；13—定位板；14，17—销子；15—下模板；16—凸模。

图 4.11 冲孔模结构图

图 4.12 所示为连续模结构图。在一副连续模中,有多个工位,依次完成加工工序。连续模效率高且结构相对简单,适合于大批量、一般精度的冲压件生产。

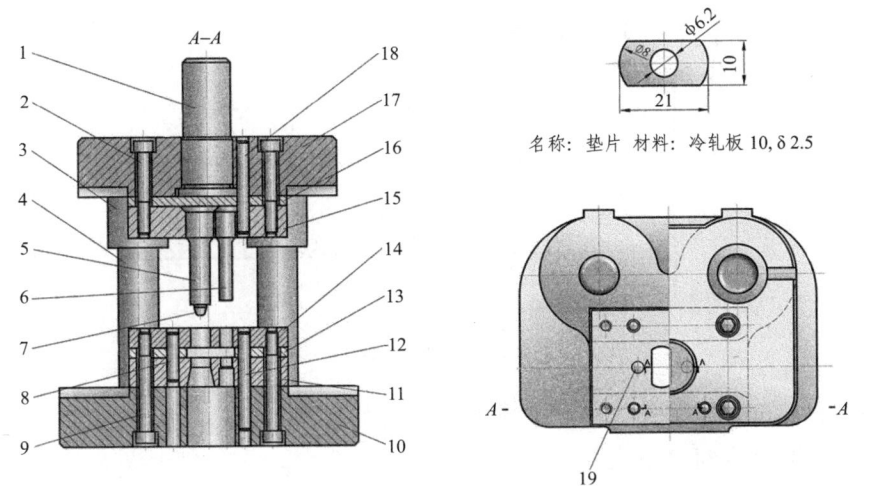

1—模柄;2,9—内六角螺钉;3—导套;4—导柱;5—大凸模;6—小凸模;7—定料销;8,12,18—销子;10—下模板;11—凹模;13—导料板;14—卸料板;15—凸模夹板;16—垫板;17—上模板;19—挡料销。

图 4.12 连续模结构图

图 4.13 所示为复合模结构图。使用复合模时,在冲床的一次冲程中,在模具的同一工位上完成两道或两道以上加工工序。复合模效率高但结构复杂,适合于大批量、高精度的冲压件生产。

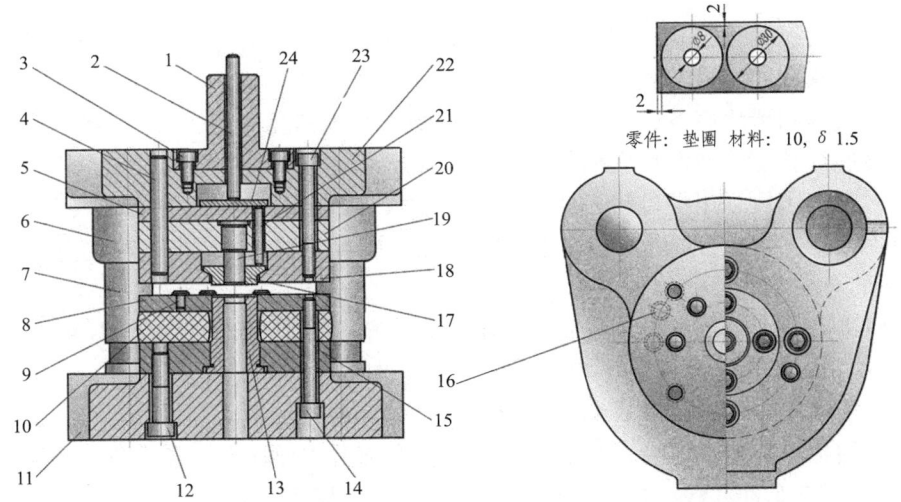

1—模柄;2—顶杆;3,12,14,23—内六角螺钉;4,16—销钉;5—垫板;6—导套;7—导柱;8—卸料板;9—挡料销;10—橡胶板;11—下模板;13—凹凸模;15—凹凸模夹板;17—卸料圈;18—凹模;19—凸模;20—凸模夹板;21—顶销;22—上模板;24—顶块。

图 4.13 复合模结构图

4.2.5 冲模的安装

冲模安装在冲床上时,冲床闭合高度与冲模闭合高度之间的关系如图 4.14 所示。

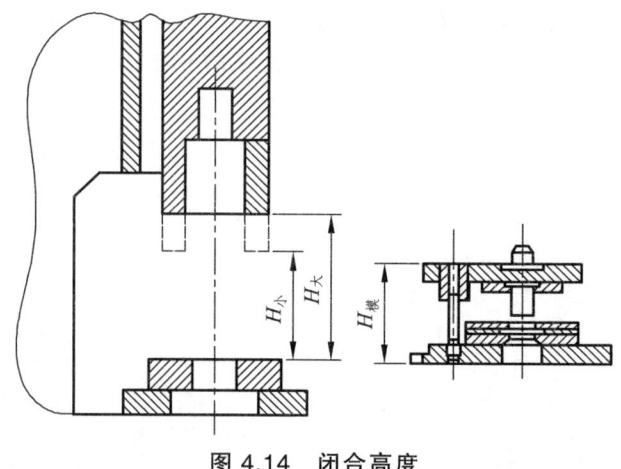

图 4.14　闭合高度

冲床的闭合高度限定了在该冲床上所使用冲模的极限高度。一般情况下，冲模的闭合高度与冲床的闭合高度要符合下列关系：

$$H_大 - 5 > H_模 > H_小 + 10$$

即模具的闭合高度应比冲床的最大闭合高度小 5 mm，比冲床的最小闭合高度大 10 mm。若冲模的闭合高度大于冲床的闭合高度，则此冲模不能在该冲床上工作；若小于冲床最小闭合高度，则需在冲床垫板上再加垫经磨平的垫板。

在安装冲模前，应检查冲床运转是否正常，图纸、工艺文件、材料和模具是否准备好。将模具与冲床的接触面擦拭干净。下面是将带有导向装置的落料模安装到 40 t 的冲床上的过程：

① 首先用手扳动皮带轮，把冲床滑块调到下死点位置，并把滑块上的模柄压块卸下。
② 将闭合状态的冲模放到工作台上。
③ 把冲模推到滑块底下，使模柄进入滑块的半圆模柄孔内。
④ 调整连杆长度，使滑块底面与上模的上平面紧密贴合。
⑤ 装上模柄压块，用螺母将压块上紧，使它紧紧地夹住模柄，这样上模就固定好了。
⑥ 用手扳动皮带轮，使滑块缓慢上移到上死点后再下移，在缓慢下移的过程中仔细地对正上、下模的导向装置，使导柱进入导套。
⑦ 导柱进入导套后继续扳动皮带轮，将滑块调至下死点。此时凸、凹模的对正就依靠导柱与导套的对正，最后用压板将下模固定在冲床工作台上。
⑧ 用手扳动皮带轮，将滑块调至上死点。
⑨ 经仔细检查安装无误后，在上、下模的配合部分（导柱，导套，凸、凹模之间）加上润滑剂，然后开空车冲几次，进一步检查冲模的安装、紧固、调整是否妥当。
⑩ 实物试冲，在试冲过程中逐步调整冲床闭合高度，直至符合要求，然后将螺杆锁紧。

4.2.6　冲压生产中造成废品的原因及预防措施

在冲压生产中，造成废品的原因很多，主要有以下几方面：
① 原材料质量低劣。
② 冲模的安装及调整、使用不当。

③ 操作者没有把条料正确地沿着定位送进，或没有保持条料按一定间隙送进。
④ 冲模由于长期使用而发生间隙变化，或本身工作零件及导向零件磨损。
⑤ 冲模由于受冲击振动时间过长，紧固零件疏松，使冲模各安装位置发生相对变化。
⑥ 操作者疏忽大意，没有按操作规程操作。

冲压生产中的零件一般批量大，所以要及时发现废品，分析其产生原因，并采取各种措施，尽量不出现或少出现废品，以免造成不必要的损失和浪费。生产中，防止废品产生的基本措施主要有以下几方面：

① 冲压所使用的原材料必须要与规定的技术条件相符合。因此，冲压前应严格检查原材料的规格与牌号，在有条件的情况下，对于其各部位尺寸精度及表面质量要求较高的工件，应进行化验检查。

② 对工艺规程中所规定的各个工艺环节应全面严格遵守。在生产过程中，不可遗漏或随便更换各个工序流程和必需的辅助工序。如拉深、冷挤压、弯曲中的中间退火、磷化处理及润滑等工序都不可忽视，这些工序是使工件能完好成型的必要措施。

③ 应保证所使用的压力机及冲模等工艺装备在正常的工作状态下。在冲压过程中，操作者要时常观察冲模磨损和安装状况，以及冲压设备运行完好情况。

④ 在生产中建立严格的检验制度，冲压首件一定要全面检查，检查合格后才能投入生产；同时还应建立对工件及工装巡回检查的制度，当发生意外时应及时迅速地解决处理。

⑤ 坚持文明生产制度。例如，工件及坯件的传送应有合适的工位器具，以避免压伤和擦坏工件表面而影响其表面质量。

⑥ 在冲压时，应始终保持模具内部清洁，工作场地整理应有条理。冲压后的工件要摆放整齐，不可乱扔乱放。

4.2.7　冲床的安全操作规程

① 操作者必须熟悉冲床性能、特点和操作方法，否则不准使用。
② 开机前应加润滑油，并检查各部位螺钉是否松动，离合器、制动器是否正常，确认正常后方可开机。
③ 根据零件合理选用冲床，不得超压使用，丝杆在连杆里的螺纹长度不得小于 80 mm。
④ 安装模具时，选择合理的闭合高度并将滑块调至下死点。先固定上模后，调整凸模进入凹模的深度和间隙，再固定下模，将滑块慢起至上死点。试冲正常后方可使用。
⑤ 只许一人操作离合器踏板，未经允许，他人不得操作。若发现连冲、异声，则应立即停车进行检查。
⑥ 工作台上不准放其他东西，操作者必须思想集中，严禁闲谈和将手伸入工作面（上、下模之间）。
⑦ 工作完毕应放好工具，清理好工件，卸下模具，打扫卫生。

习　题

4.1　锻造毛坯与铸造毛坯相比，其内部组织、力学性能有何不同？举例说明它们的应用场合。

4.2 锻造前坯料加热的目的是什么？
4.3 模锻的基本工序有哪些？
4.4 镦粗的方法有哪些？
4.5 模锻件与自由锻件的主要区别有哪些？
4.6 冲模有哪几类？它们如何区分？
4.7 冲压加工的特点是什么？
4.8 冲压有哪些工序？各有何特点？
4.9 如何安装调试冲模？

第5章 焊 接

【实习目的及要求】
① 了解手工电弧焊的特点及工艺过程；
② 熟悉电焊条的组成及作用；
③ 了解手工电弧焊设备的使用方法；
④ 掌握平铺操作要领，焊出平整的、宽窄较一致的平铺焊缝；
⑤ 能对焊缝质量进行分析，找出缺陷和产生原因；
⑥ 了解二氧化碳保护焊等其他焊接方法；
⑦ 了解气焊原理与应用；
⑧ 了解常用焊丝的种类及作用；
⑨ 熟悉气焊设备和工具的使用方法，熟悉气焊火焰的种类、调节方法和应用；
⑩ 了解氩弧焊等其他的焊接方法。

5.1 概 述

焊接是两件或两件以上金属零件通过加热或加压，或加热和加压并用，使其达到原子间的结合而形成永久连接的一种工艺方法。焊接不仅可以使金属材料永久地连接起来，而且可以用于修补铸件、锻件的缺陷和磨损的机械零件，还可以使塑料、玻璃和陶瓷等某些非金属达到永久连接的目的。

根据焊缝金属在焊接时所处的状态不同，焊接方法一般可分为如图 5.1 所示的若干种。

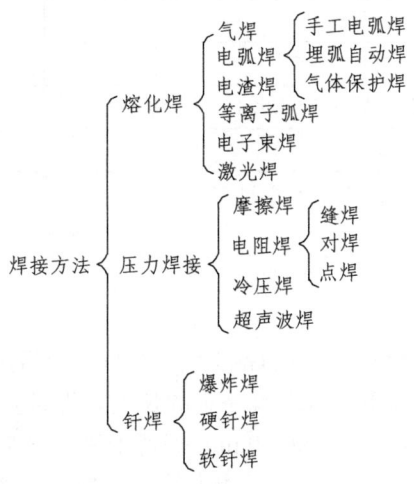

图 5.1 焊接方法分类

5.2 手工电弧焊

手工电弧焊简称手弧焊,是利用焊条与工件之间产生的电弧作为热源来熔化被焊金属的一种手工操作的熔化焊方法,如图 5.2 所示。由于它所需设备简单、操作灵活,可以对各种空间位置、各种接头形式及各种形状的焊缝进行方便地焊接,因此,目前它仍是焊接生产中应用最广泛的一种焊接方法。但它也有一定的缺点。

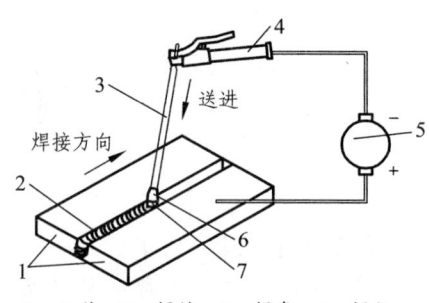

1—工件;2—焊缝;3—焊条;4—焊钳;
5—弧焊机;6—电弧;7—熔池。

图 5.2 手工电弧焊示意图

由于是手工操作,故生产率低,劳动强度大,劳动条件也较差。所以,随着科学技术的进步和发展及新的焊接方法的不断出现和使用,手弧焊将被部分取代。

手弧焊有熔化极手弧焊和非熔化极手弧焊两种。非熔化极手弧焊是用碳棒作电极,也叫碳弧焊,是一种较古老的焊接方法,生产效率低,焊接质量差,所以在生产中应用很少。

熔化极手弧焊是用常见的金属焊条作电极,比碳弧焊生产效率高,焊接质量也好,一般所讲的手弧焊主要指熔化极手弧焊。

5.2.1 手工电弧焊使用的设备、辅助工具和材料

1. 使用设备及辅助工具(见表 5.1)

表 5.1

设备及工具名称	数 量
交流电焊机或直流电焊机	8~10 台
电焊钳及电缆线	每台焊机配 1 套
焊接工作台	每台焊机配 1 个
面罩	操作者配 1 个
敲渣锤、扁錾及钢丝刷	每工作台配 1 套
活扳手、夹钳子	配 1 套备用
工作服、鞋、帽、手套	每人自己配 1 套
$\phi 2.5$ 结 422(E4303)和 $\phi 2.5$ 结 507(E5015)电焊条	若干
焊接用钢板($\sigma \geq 3.5$ mm)	若干

注:钢板为生产用的边角余料,尺寸不宜规定。

2. 电焊条

电焊条是手弧焊时的焊接材料,它由焊芯和药皮两部分组成。焊芯是焊接专用的金属丝,按规定它有一定的直径,并根据不同直径有一定的长度。焊条直径即指其焊芯的直径,常用的有 2.0 mm、2.5 mm、3.2 mm、4.0 mm 和 5.0 mm 等若干种。焊芯在焊接时有两个作用:一是作为电极,传导电流,产生电弧;二是熔化后作为填充金属,与熔化的母材一起成为焊缝金属。

药皮是压涂在焊芯表面的涂料层，它由多种矿石粉、铁合金粉和黏结剂等原料按一定比例配制而成。其主要作用为：① 改善焊条工艺性。如使电弧易于引燃，保持电弧稳定燃烧，有利于焊缝成型，减少飞溅等。② 气—渣联合保护作用，在电弧热作用下药皮分解出保护性气体并形成熔渣，对熔化金属起隔离保护作用。③ 冶金处理作用。通过冶金反应去除有害杂质（如氧、氢、硫、磷等），同时添加有益合金元素（如硅、锰等），提高焊缝质量。

按药皮的性质不同，把焊条分为酸性焊条和碱性焊条两大类。焊接低碳钢和普通低合金结构钢常用的酸性焊条牌号是 J（结）422（E4303）焊条。其中"J（结）"表示结构钢焊条；"42"代表焊缝金属抗拉强度的最小值（单位为 kgf/mm^2）；"2"表示药皮为酸性氧化钛钙型；括号中的 E4303 表示同一种焊条的国家标准型号，其中"E"表示电焊条，"43"表示熔敷金属的抗拉强度最低保证值为 420 MPa（即 43 kgf/mm^2），"0"表示焊条适用于空间各种焊接位置（即全位置焊接），"3"表示为钛钙型药皮，可用交流或直流电焊接。酸性焊条药皮配方中以 TiO_2 和 SiO_2 等酸性氧化物为主，焊缝金属中含氧量和含氢量都远远高于碱性焊条焊缝金属中的含量，焊缝力学性能较差。

碱性焊条最常用的是 J（结）507（E5015）。焊条牌号中的"J"和"50"及国标型号中的"E""50"同前，"7"和"15"的意义表示焊条药皮为碱性低氢型，需用直流焊接。碱性焊条药皮配方中以 CaO、MgO、CaF_2 等碱性物质为主，焊缝中氧、氢含量低而有益的合金元素含量高，焊缝金属的塑性和韧性高，抗裂性好。但从焊接工艺性和毒性方面比较，则酸性焊条优于碱性焊条，因此在一般场合下应尽量采用酸性焊条，碱性焊条往往用于要求较高的重要结构。

5.2.2 实习中的注意事项

1. 保持正确的焊接姿势

操作者在焊接时的姿势是一个不容忽视的问题，如果姿势不正确，不仅易使操作者感到疲劳，而且还很难保证焊接规范参数（如电弧长度、焊接速度和焊条角度等）的稳定，并将直接影响焊缝的质量。因此，保持正确的焊接姿势十分必要。

2. 选择恰当的焊接电流

焊接过程中，焊接电流选择得是否恰当，对保证焊接质量有着极其重要的意义。焊接电流过大，易产生烧穿、咬边、满溢、飞溅过大及外观成形不良等缺陷，使焊条药皮发红、裂开、过早脱落、丧失冶金性而影响焊接质量，使焊接无法顺利进行。电流过小，易产生夹渣、电弧不稳、还会直接影响焊缝熔深，出现未焊接等缺陷，直接影响焊缝强度。

总之，焊接电流的选择应在保证焊件不烧穿的情况下使用较大电流，这样，通过与其他参数的配合，既能保证焊缝质量，又能提高生产率、降低成本。

焊接过程中，一般可从下述几方面的现象来判断电流大小：

① 看飞溅大小。电流过大时，电弧吹力大，大颗粒的铁水向熔池飞溅，并伴随着发出较大的爆炸声；电流过小时，电弧吹力小，很少有铁水向熔池外飞溅，爆炸声很少或基本无爆炸声，此时，熔池中铁水和熔渣难以分清。

② 看焊缝成形。电流过大时，焊出的焊缝扁平、较低、熔深大，易出现咬边甚至烧穿等缺陷；电流过小，则易使焊缝高而窄，两侧与母材熔合不充分。

③ 从焊条情况看。电流过大时，焊条过早发红，药皮成块脱落，熔化速度明显加快；电

流过小时,焊条易粘住工件,电弧不稳;电流合适时,焊完后剩下的焊条头呈暗红色。

电流的选择主要与焊条规格(焊条直径)及所焊零件的厚度有关,但其他因素如被焊金属的材料、焊缝的接头形式、空间位置甚至个人的习惯等也有影响。

一般焊接电流强度与焊条直径的关系为

$$I = (30 \sim 50)d$$

式中,d 为焊条直径。

平焊时焊接电流与焊条直径和钢板厚度的关系参见表 5.2。

表 5.2 平焊时焊接电流与焊条直径和钢板厚度的关系

母材厚度/mm	焊条直径/mm	焊接电流/A
3	2.5	50~75
4	2.5	75~90
4	3.2	80~100
5	3.2	100~120
5	4.0	110~130
6	3.2	110~120
6	4.0	120~140
7	4.0	130~150
7	5.0	160~180
9~10	4.0	150~170
9~10	5.0	180~200
120 以上	5.0	200~220
120 以上	6.0	240~250

3. 保持正确的焊条角度

焊条角度是指焊条与工件之间的夹角。焊条角度不正确易造成焊缝偏移、单边熔合不良、夹渣等缺陷,甚至直接影响焊缝熔深和焊缝的外观成形。

较理想的焊条角度应是焊条与工件两侧成 90°,与焊接方向也成 90°,这样,在保证获得理想的熔深的同时还能获得良好的焊缝成形。但与焊接方向成 90°比较难掌握,一旦出现与焊接方向夹角大于 90°的情况,会出现焊渣越前的现象(即焊渣在电弧吹力的作用下流到还未来得及焊的板与板之间的间隙中),这样就可能使焊缝产生夹渣,尤其是内部夹渣。

若焊条与焊接方向的夹角太小,不仅会影响焊缝熔深,还会使焊缝成形粗糙,甚至出现"奔驰"焊波;若焊条与工件两侧不成 90°,则易出现焊道偏移或单边熔合不良等缺陷。

因此,从既能保证焊缝应有的熔深,又对焊缝成形影响不大,而且又较好掌握的角度出发,焊条应与工件两侧成 90°,而与焊接方向呈 70°~80°为宜。

4. 保持合适的电弧长度

电弧是一种气体导电现象,其构造如图 5.3 所示。电弧长

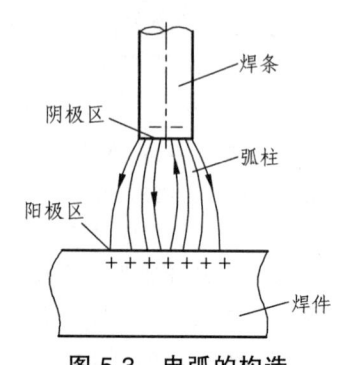

图 5.3 电弧的构造

度取决于焊条末端到工件表面的距离。为保证焊接质量，焊接时，电弧长度应始终保持一致。为此，整个焊接过程中焊条应沿其中心线不断均匀地往下送进，而且送进速度应等于焊条熔化速度。否则，电弧长度的变化会直接影响焊缝的宽度和熔深。

根据电弧的长度不同，电弧分为长弧（电弧长度大于焊条直径）、短弧（电弧长度小于焊条直径）和正常弧（电弧长度等于焊条直径）三种。

电弧过长，会产生较大的飞溅，降低熔深，引起夹渣、咬边及外观成形不良等缺陷。同时，电弧过长还会使气体保护效果减弱，易使有害气体（如氢气、氮气等）溶入焊缝而恶化焊缝金属的质量，降低机械性能，尤其是立焊、横焊、仰焊时，电弧过长还易产生焊瘤等缺陷。

电弧过短，易使焊条末端与熔渣接触，使焊缝外观粗糙而影响成形；电弧过短还会使电弧吹力过大，使熔渣难以上浮而产生夹渣等缺陷。

总之，应根据焊接时的具体情况，选择恰当的电弧长度。一般使用碱性焊条时应尽量选择短弧施焊，一般不用长弧施焊。

5. 采取正确的运条方法

焊接时，焊条的运条方法将直接影响焊缝质量。运条方法不当，可使焊缝外观恶化，还可能产生咬边、焊瘤、未焊透、烧穿、满溢等外部缺陷以及夹渣、气孔、熔合不良等内部缺陷。

电弧引燃后，就进入正常的焊接过程，此时的运动实际上是三个方向的合成，即焊条往下送进、焊条沿焊缝方向移动和为增大焊缝宽度的横向摆动，如图5.4所示。

焊条往下送进是为了保持在整个焊接过程中电弧长度始终不变。因此，焊条送进速度和熔化速度应相等且应匀速送进。

焊接时，焊条沿焊接方向移动是为了形成焊缝。移动速度即焊接速度，应根据焊缝尺寸的要求、焊条直径、焊接电流、工件厚度、空间位置、接头形式及装配情况来决定。移动速度太快，焊缝熔深浅，易出现未焊透、夹渣、气孔、焊缝过窄等

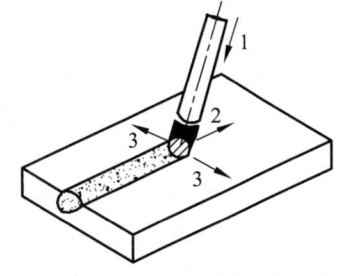

1—往下送进；2—沿焊缝方向移动；
3—横向摆动。

图 5.4 运条基本动作

缺陷；移动速度太慢，则易出现焊缝过高、过宽、工件过热导致烧穿并引起过大的焊接变形等缺陷；正常的焊接速度应以焊出的焊缝宽度相当于焊条直径的2～3倍为宜。

焊条的横向摆动，主要是为了获得一定的焊缝宽度，只作直线移动而不横向摆动很难达到要求。焊条的横向摆动不仅可以增大焊缝的宽度，而且还可以控制电弧对工件各部位的加热程度，以获得合乎要求的焊缝成形，同时还有利于熔池中熔渣和气体的上浮，减少产生气孔和夹渣的可能性。在实际工作中，焊接工作者创造了许多横向摆动的方法，目前生产中常用的几种横向摆动如图5.5所示。

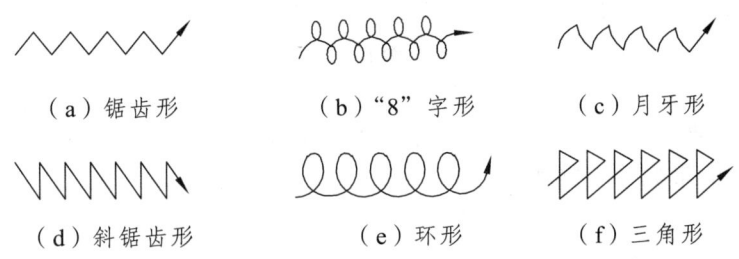

图 5.5 焊条横向摆动的形式

通过实习，正确理解和合理运用上述五个方面并在实践中不断摸索，是获得良好的焊缝成形的关键。

5.2.3 实习中的准备工作和收尾工作

为了保证实习工作安全、正常和有序地进行并有一个良好的实习环境，必须按下述要求文明实习：

① 焊接实习场地不允许堆放易燃易爆物品。
② 焊接实习场地中备用钢板应堆放整齐有序，已焊完的钢板应及时清除出去。
③ 焊接实习场地应经常保持整洁卫生，工作结束后应及时清扫。
④ 焊后应将电缆线、焊钳及其他辅助用具按要求摆放整齐有序。
⑤ 正确使用劳动保护用品。实习期间，学生应按要求穿戴好工作服、工作鞋、帽、手套等，手腕、胳膊、脚等不得裸露在外面，以防止高温烫伤皮肤。
⑥ 正确使用面罩。根据个人的视力状况及焊接时选用电流的大小，准确地选择好护目玻璃。一般视力好的或焊接电流选择得较大时可选用颜色较深的 9~10 号护目玻璃；视力较差的或焊接电流选择较小时可选用颜色较浅的 7~8 号玻璃。
⑦ 认真检查焊接线路，包括：
· 检查焊机是否处于开启状态；
· 检查焊机是否有良好的接地装置；
· 检查熔断器的容量及保险丝是否合格；
· 检查一次和二次电缆是否有破损，连接是否牢靠，有无松动之处；
· 检查焊钳的绝缘部分是否有破损和松动，焊钳的夹持性能是否可靠；
· 检查焊机的电流调节系统是否灵活可调。

5.2.4 直线平铺焊缝的焊接实习

1. 准备工作

① 把 4 mm 厚的练习用钢板水平放在工作台上，将钢板上的油污、铁锈等用钢丝刷清理干净。
② 在钢板上用粉笔画出间隔为 20 mm 左右的平行线。
③ 将准备好的 ϕ2.5 mm 结 422 电焊条（E4303）放在焊条筒内。
④ 焊接电流定在 80 A。

2. 焊接姿势

① 身体面向工作台站稳。
② 左手持面罩，右手握焊钳，身体保持自然状态，身体处于能向任意方向进行焊接的姿势。
③ 手握焊钳要自然，以使手臂能轻松自如地动作。把焊钳线尽量拉到身边来，防止电缆线中途突然下滑而影响稳定操作。

3. 引弧练习

焊接开始时，首先要引弧，引弧时必须将焊条末端与工作表面接触造成短路，然后迅速将焊条向上提起 2～4 mm 距离,电弧即可引燃。引弧的方法有两种:一种是直击法,另一种为划擦法,如图 5.6 所示。

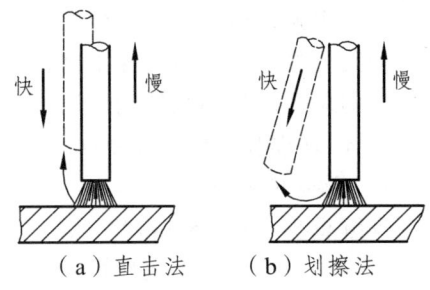

图 5.6　引弧办法

直击法引弧是将焊条垂直地接触工件表面,当形成短路后立即把焊条提起,电弧即可引燃。用此法引弧较难掌握,尤其是使用碱性焊条焊接时,易使焊条粘在工件上,但这种方法可以减少对工件表面的划伤,一般要求较高而且表面不允许划伤的零件宜用直击法引弧。

划擦法引弧与划火柴的动作相似,让焊条末端与工件表面轻轻擦过后迅速提起 2～4 mm 距离,即可引燃电弧。此法引弧容易掌握,但易划伤工件表面,应尽量在坡口内划擦,划擦长度以 15～20 mm 为宜。

不管用什么方法引弧,引弧的动作都应快而小,因为引弧动作太慢焊条易粘住工件,动作太大则刚引燃的电弧又会熄灭。当发生粘条现象时,不要慌张,应迅速左右摆动使焊条与工件脱离;难以摆脱时,应迅速松开焊钳,取下焊条,重新引弧。

引弧的具体步骤如下:

① 将焊条牢靠地夹持在焊钳上,并使焊条与焊钳内侧成 70°左右夹角。
② 使焊条尽量接近工件表面始焊部位,并保持 5～10 mm 的距离。
③ 用面罩遮护好面部。
④ 用直击法或划擦法引弧。
⑤ 断弧:拉断电弧前,将电弧稍微压短,然后迅速拉断电弧。
⑥ 重复上述①～⑤步骤,反复练习,直到完全掌握引弧技巧为止。

4. 引弧与直线运条

① 按引弧练习时的操作要领,在始焊点前面 10～20 mm 处引燃电弧后迅速退回到开始处。
② 将电弧迅速压低到焊接所需的正常弧或短弧,焊条与母材两侧保持 90°、与焊接方向保持 70°～80°夹角。
③ 随着焊条的熔化,将焊条均匀地往熔池中送进并控制好长度,使其始终处于稳定姿态,同时电弧均匀地自左向右移动,移动速度以焊出焊缝的宽度为焊条直径的 2～3 倍为宜。
④ 焊缝的高度以 1～2 mm 为宜。

5. 焊缝终点弧坑的处理

当焊缝焊完时,在焊缝的尾部会留下一个低于焊件表面的坑,称为弧坑。过深的弧坑会降低焊缝收尾处的强度,也易引发弧坑裂纹;若用碱性焊条施焊时,收尾动作不当还易引起气孔。因此,弧坑收好与否将直接影响焊缝质量,丝毫马虎不得。

目前,手工电弧焊时通常采用的收弧坑方法有以下 3 种:

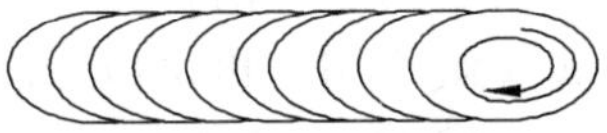

① 画圈收尾法。如图 5.7 所示,这种收尾方法的操作要领是:焊至收尾处时将弧压低,在收尾上作圆周动运 2～3 圈(以填满弧坑为准),然后拉断电弧。薄板不宜采用此法,因为此法加热时间较长,无冷却间隙时间,易烧穿工件。

图 5.7　画圈收尾法

② 反复断弧收尾法。这种收尾方法的要领是:焊至收尾处时将电弧熄灭,停留 1～2 s,

再引燃电弧,再熄灭,再引燃,反复数次直到弧坑填满。这种方法由于有熄弧时间,熔池能得到充分冷却,不易烧穿工件,因而适合于薄板的焊接及大电流焊接和多层焊底层焊缝的焊接。但碱性焊条不宜使用此法,否则弧坑易出现气孔。

③ 回焊收尾法。这种收尾方法的操作要领是:焊到收尾处稍作停留,同时改变焊条方向(与原焊接方向相反70°~80°)再后移10~15 mm(即与前面焊缝重叠10~15 mm),然后慢慢拉断电弧,如图5.8所示。这种方法多用于碱性焊条焊接时收尾。

实习时,要求同学掌握好这三种收弧坑的方法。

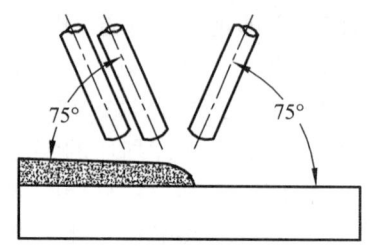

图5.8 回焊收尾法

5.2.5 考　核

通过一段时间的平铺操作训练,在进入对接单元操作训练前,对同学进行考核。

考核办法:每个同学在钢板上用ϕ2.5 mm的结422(E4303)焊条,自选焊接规范焊一条平铺焊缝,按焊缝质量评分。

考核要求如下:

① 焊缝长度150~200 mm、宽度6~8 mm,焊缝高度(1±0.5)mm。
② 焊缝要求平直,鱼鳞片均匀,宽窄、高低一致,弧坑必须收满。

5.2.6 总　结

结合平时训练情况,对平铺训练进行总结、讲评,肯定训练中的成绩,指出存在的问题,对焊缝质量进行评析。

5.2.7 手工电弧焊的安全操作基本常识

手工电弧焊焊接时,工人手持焊钳进行操作,强烈的电弧辐射、电弧的高温、有毒气体和金属烟尘对人体的伤害,较高的电压可能造成的触电事故等都将对操作者构成直接威胁。因此,在焊接过程中必须采取一定的防护措施和制定必要的安全操作规程,以确保工人的安全和健康并保证焊接过程的顺利进行。

1. 预防弧光照射

① 正确使用劳动保护用品。工作时,焊工必须按要求穿戴好工作服,工作手套,工作鞋、帽,有条件的应使用脚盖,不让身体的任何部位裸露在外面,以避免弧光伤害。

② 正确使用电焊面罩及护目玻璃。电焊面罩和护目玻璃是保护焊工面部和眼睛不受弧光伤害的主要防护用品。同时,正确使用电焊面罩和护目玻璃,还可以防止焊工被高温的金属飞溅灼伤,也可以减轻有害气体和金属烟尘对呼吸器官的伤害。

③ 在工作现场采用隔光屏将焊接区与其他工种作业区隔开,以避免强烈的弧光伤害他人的眼睛。

2. 预防触电

① 所有焊接设备的外壳必须有良好的接地装置,以防止电气部分因绝缘损坏而使焊机

外壳、焊钳及焊件带上 380 V 或 220 V 的电压引起触电。

② 电焊钳应有可靠的绝缘。

③ 工作场地应保持干燥。

④ 焊工穿戴的工作服、鞋、帽、手套都应保持干燥。

⑤ 雨天原则上不准在露天作业，必要时，应搭好合格的防雨棚。

⑥ 在金属容器内（上）施焊时，焊工脚下应垫好绝缘垫，容器内使用的工作照明灯其电压不得超过 36 V。

⑦ 在接近高压线或裸导线时，或距离低压线小于 2.5 m 范围距离内作业时，必须停电，并在电闸上挂出"有人作业，不准合闸"的警示牌。

⑧ 焊接电源开关旁应设有监护人，密切注视焊工动态，如有危险征象应立即拉闸停电。

3. 高空作业时应注意的安全事项

① 高空施焊人员须经健康检查，患有高血压、心脏病、精神病及饮酒后的人员不准登高作业。

② 恶劣天气（如遇 6 级以上大风、下雨、下雾、下雪）不准登高作业。

③ 高空作业应设有监护人；登高作业时，不准使用带有高频振荡器的焊接设备。

④ 高空作业者应使用符合安全标准的防火安全带，安全带应紧固牢靠，长度不宜超过 2 m，穿好绝缘鞋，戴好安全帽和手套。

⑤ 登高时使用的梯子要符合安全要求。梯脚要防滑、防倒，放置要牢靠，与地面夹角不应大于 60°。使用"人"字梯时，夹角以 40°±5° 为宜，并用限跨铁钩挂上；不准两人同时在一个梯子上（或人字梯的同一侧）或趴在梯子顶端作业。

⑥ 高空使用的脚手板，单人道不得小于 0.6 m，双人道不得小于 1.2 m，上下坡度不得大于 1∶3，板面应钉有防滑条和安全扶手，板材要经过严格检查并具有足够的强度。

⑦ 高空作业时，焊条、工具及小零件等应放在牢固无洞的工具袋内，以防落下伤人。焊条头不得乱扔，以防烫伤地面工作人员和引起火灾。

⑧ 在火星能及的范围内，必须彻底清除易燃易爆物品，一般要求地面 10 m 范围以内应用栏杆隔离；设专人照看火星，工作结束后，要认真检查工作场地是否留有火种，确认安全后，才可撤离现场。

⑨ 高空作业时，严禁将电源线缠在身上操作，以防漏电；焊接设备应尽量留在地面。

4. 预防烫伤

① 焊工头部应戴帆布工作帽，这在立焊、横焊、仰焊及高空作业时尤为重要。

② 工作服不得敞开衣兜，也不应将工作衣束在裤腰内，以防金属飞溅落入口袋或折缝烧穿衣服导致烫伤。

③ 清渣时要戴好防护眼镜，以防热渣壳烫伤脸部、头部及眼睛。

5. 防火防爆

① 作业区周围应划定安全界线，在醒目处悬挂安全防火、防爆标志。

② 作业区 10 m 范围内不能堆放易燃易爆物品。

③ 在禁火区内作业，必须实行三级审批制度，即：

·在危险性不大的场所作业,由申请作业车间或部门的领导批准并在消防部门登记后,方可作业;

·在危险性较大或重点要害部门作业,由申请作业车间或部门领导批准并经有关技术人员介绍情况、消防安全部门现场审核同意后,方可作业;

·在特别危险区、重点要害部门或影响较大的场所作业,应由作业车间或部门领导提出申请,采取有效防范措施,由消防安全部门审核提出意见,经企事业单位领导批准后,方可作业。

④ 作业区附近应备有足够的灭火工具和设备。

⑤ 严禁在未开孔的密封容器上进行焊接。

⑥ 作业场地应有足够的照明,手提灯应带有护罩并采用12 V的安全电压作为电源。

⑦ 严禁利用油管、船体、缆索等作为焊接回路中的地线。

⑧ 对盛装过易燃易爆及有毒物质的各类容器,未经彻底清理,不得进行焊接作业。

⑨ 用可燃材料作保温的部位及设备,在采取可靠的安全措施前,不得进行焊接作业。

⑩ 在有压力的密封容器及管道上,压力未卸除并经彻底确认前,不得进行焊接作业。

⑪ 作业场地附近有与明火相抵触的工种在作业时,不得进行焊接作业。

6. 预防有害气体和金属烟尘中毒

在焊接高温和紫外线作用下,电弧周围会产生多种有毒气体,主要有臭氧、一氧化碳、氟化物和氮氧化物等。

臭氧具有强烈的刺激作用,浓度较高时有腥臭味,还略带酸味。臭氧对人体呼吸道及肺部有强烈的刺激作用,易引起咳嗽、胸闷、食欲不振、疲劳无力、头晕,严重时还会引发支气管炎。但上述症状一般在脱离与臭氧的接触后均可恢复,恢复期的长短及受害程度与个人的体质有关。

一氧化碳是一种窒息性气体,产生于一切明弧焊焊接过程中,尤其是二氧化碳气体保护焊产生的一氧化碳浓度最高。它的主要危害是易造成人体缺氧,使血液中的碳氧血红蛋白高于正常值。焊接过程中采取通风措施后,可明显降低一氧化碳浓度。

氟化物主要是指氟化氢,主要产生于使用碱性低氢型焊条进行手工电弧焊的焊接过程中。氟化氢刺激性非常明显,它可以通过呼吸道和皮肤对人的机体起毒害作用,但通过加强通风可明显减轻其危害程度。

氮氧化物是由焊接电弧的高温作用,引起空气中的氮、氧分子离解并重新结合而成的。常见的氮氧化物有二氧化氮、一氧化氮和四氧化氮,一般以二氧化氮的浓度来表示氮氧化物的存在。二氧化氮是一种具有刺激性气味的有毒气体,其毒性主要表现在对肺部组织产生强烈的刺激和腐蚀作用,严重时可引起肺脱水。

金属烟尘由金属元素加热蒸发、金属氧化物及焊条药皮熔化后蒸发而形成。其成分和浓度主要取决于焊接材料、焊接规范及焊接工艺。金属烟尘虽然毒性不大,但长时间接触易吸入肺中,引起焊工尘肺、锰中毒及金属热等职业病。

综上所述,在焊接过程中产生的各种有毒气体均直接威胁着焊工的身体健康,因此,在焊接时必须采取一定的行之有效的防护措施,以加强保护。

目前,工厂常见的防护措施主要有:

① 加强通风防护措施。根据焊接场地的具体情况可分别采取全面机械通风和局部机械通风,在工厂除大型焊接车间外,一般均采用局部机械通风措施,这样既可以节省投资,效果也较明显。

② 在不固定的焊接场地可采用移动式排烟罩或随机排烟罩加强通风，这种通风方式尤其适合密封船舱、化工容器、大型管道内和临时施工场所使用。

③ 加强个人防护。当在容器内施焊时，除加强通风外，还应佩戴好通风帽。通风帽使用时应经过处理的压缩空气供气，切不可用氧气，以防发生燃烧而造成火灾。

④ 改革焊接工艺和改进焊接材料，一般可从以下几方面着手：用自动焊代替手工焊，可以有效降低有毒气体和粉尘危害；尽量减少高锰和低氢型焊条的使用量；合理设计焊接容器的结构，尽量减少容器内部焊缝的工作量，多采用单面焊双面成型新工艺，以减少工人在容器内施工的时间。

5.3 气焊（氧-乙炔焊）

气焊是利用可燃气体与助燃气体按一定比例混合燃烧时生成的火焰作为热源来焊接金属的一种熔化焊方法。气焊的火焰温度一般可达 2 000～3 300 ℃，其示意图见图 5.9。气焊是一种较早使用的熔化焊方法，至今已有百余年历史。20 世纪初虽已出现了电弧焊，但由于当时的电弧焊仅是利用光焊条或薄药皮焊条，焊条质量较气焊差，因此气焊被广泛采用。后来，随着厚药皮焊条的出现以及埋弧焊、气体保护焊等优质高效焊接方法的问世，气焊便逐渐退居到次要地位。但由于气焊具有加热均匀、缓慢，火焰随意可调，焊丝与火焰可各自独立等特点，因此在焊接较薄的工件和熔点较低的金属（如铝、铜等）时仍被采用。同时，气焊用于焊接点以及需要预热和缓冷的工具钢和铸铁也比较有利。此外，气焊在钎焊、堆焊及火焰矫正变形方面也有其独到之处。

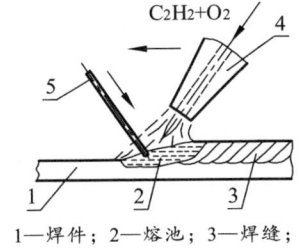

1—焊件；2—熔池；3—焊缝；
4—焊嘴；5—焊丝。

图 5.9 气焊示意图

但气焊火焰温度太低、加热慢、加热范围大，因而易引起较大的焊接变形，合金元素也易氧化，故焊接接头质量较差，所以气焊在工业生产中的应用和发展受到了一定程度的限制。

气焊所用助燃气均为氧气，可燃气体种类较多，如乙炔气、液化石油气、煤气、天然气、氢气等，其中乙炔气燃烧时发热量较大，火焰温度也较高，故一般常用乙炔气作可燃气体，所以气焊也叫"氧-乙炔焊"。

5.3.1 气焊使用的设备、辅助工具和材料

气焊使用的设备、辅助工具和材料如表 5.3 所示。

表 5.3

设备、工具及材料名称	数　　量
溶解乙炔气	若干瓶
氧气	若干瓶
减压器	每瓶备 1 个
回火防止器	每把焊枪备 1 个
射吸式焊炬及焊嘴	每个工作台 1 把（套）
氧气及乙炔气输运软管	每把焊炬 1 套

续表

设备、工具及材料名称	数　　量
护目眼镜（墨镜）	每组1副
帆布或纱手套	每人1副
工作服、鞋帽	每人1套
打火机	每工作台1套
H08A φ1.5～2焊丝	若干
1～2 mm厚的低碳钢板	若干

气焊设备及连接示意见图5.10。

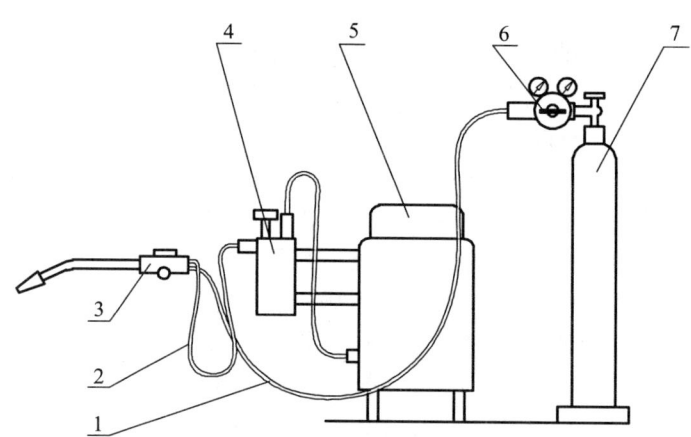

1—氧气管道；2—乙炔管道；3—焊炬；4—回火保险器；5—乙炔发生器；6—减压器；7—氧气瓶。

图5.10　气焊设备及连接示意图

5.3.2　实习中的注意事项

1. 正确的焊接姿势

操作者在焊接时的姿势是一个不容忽视的问题。若姿势不正确，不仅操作者容易感到疲劳，而且还很难保证焊接参数的平稳而直接影响焊缝质量。因此，在焊接时保持正确的焊接姿势是十分必要的。

2. 焊接参数的正确选择

1）火焰种类的选择

气焊火焰按氧和乙炔的不同混合比可分为：

① 中性焰。氧与乙炔的混合比为1.1～1.2时燃烧所得的火焰为中性焰。中性焰由焰心、内焰（微微可见）和外焰三部分组成，最高温度可达3 050～3 150 ℃，主要用来焊接低、中碳钢，普通低合金钢及有色金属，焊缝质量较高。

② 碳化焰。氧与乙炔的混合比小于1.1时燃烧所得的火焰为碳化焰。碳化焰由焰心、内焰和外焰三部分组成，最高温度可达2 700～3 000 ℃，主要用来焊接高碳钢、高速钢、铸铁、硬质合金及火焰钎接。用碳化焰焊接易使焊缝增碳变硬、变脆，产生白点和冷脆。

③ 氧化焰。氧与乙炔的混合比大于 1.2 时燃烧所得的火焰为氧化焰。氧化焰由焰心和外焰（内外焰层次不清）组成，最高温度可达 3 100～3 300 ℃，主要用来焊接黄铜及青铜等材料。氧化焰具有强烈的氧化性，易使合金元素烧损，降低焊缝的机械性能，同时易使焊缝产生气孔、夹渣等缺陷，故一般不采用氧化焰进行焊接。

火焰种类的选择，主要应根据被焊金属的材料来决定，实习用的都是低碳钢板，应选择中性焰施焊。

2) 火焰功率的选择

气焊火焰的功率主要是根据每小时可燃气体（乙炔）的消耗量（L/h）来决定的。火焰功率的选择主要取决于焊件的厚度和金属材料的热物理性能（如熔点和导热性等），焊件厚度愈大、熔点愈高、导热性愈好，焊接时选用的火焰功率就愈大；反之，则愈小。焊接时，火焰功率是根据焊嘴大小来衡量的，焊嘴号数愈大，其功率也愈大。为了提高生产率，降低成本，在保证焊缝质量的前提下，应尽可能选用较大的焊嘴。实习中焊接 1 mm 厚的低碳钢板，可选用 1 号焊嘴。

3) 焊丝的选择

一般焊接中，低碳钢均可选用 H08A 焊丝。而焊丝规格（直径）的选择则要根据被焊金属材料的厚度及坡口形式来决定。厚度在 4 mm 以下的钢板，焊丝直径与钢板厚度相近，一般选用 1～3 mm 粗的焊丝。也可根据公式 $\phi = \delta/2 + 1$ 来选择，其中 ϕ 为焊丝直径、δ 为被焊金属材料的厚度。

焊丝直径若选用过细，焊接时，焊件尚未熔化，而焊丝却很快被熔化，易使焊缝产生熔合不良的缺陷；若焊丝选用过粗，则焊丝加热时间增长，易使焊件过热并使热影响区扩大，导致较大的焊接变形。

实习时，焊接 1 mm 厚的低碳钢板，可选用 ϕ 1.5 mm 左右的焊丝。

4) 焊炬倾角的选择

焊接时，焊炬与焊件之间形成的夹角称为焊炬倾角。焊炬倾角应根据焊件的厚度、焊件材料的熔点及导热性等因素灵活选择。焊件愈厚、熔点愈高、导热性愈好的材料，焊接时焊炬倾角应愈大，这样能使火焰热量集中；反之，则可选用较小的焊炬倾角。焊接碳素钢时，焊炬倾角与材料厚度的关系如图 5.11 所示。

此外，焊炬倾角在焊接过程中，可根据实际情况灵活掌握，随时改变，以适应焊接时不同因素的影响。焊接过程中焊炬倾角的变化情况如图 5.12 所示。

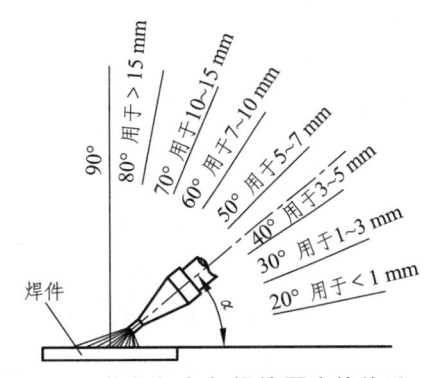

图 5.11 焊炬倾角与焊件厚度的关系

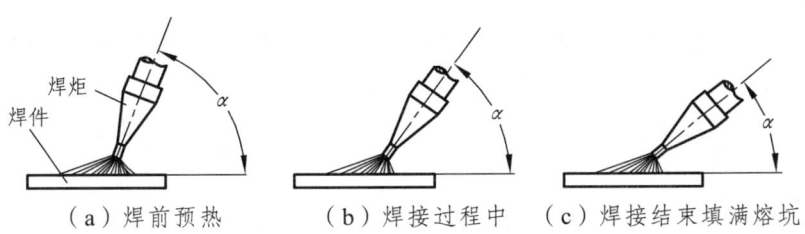

（a）焊前预热　（b）焊接过程中　（c）焊接结束填满熔坑

图 5.12 焊接过程中焊炬倾角变化示意图

焊接开始时，因焊件处于冷态，为迅速加热焊件、尽快形成熔池，可选用较大的焊炬倾角；焊接过程中，应根据熔池的形成情况不断改变焊炬倾角；焊接结束时，因焊件温度较高，为了更好地填满熔坑，防止烧穿，焊炬倾角应减小，并使火焰对准焊丝加热。

实习时，焊接 1mm 厚的低碳钢板，一般可选用 25°～30°的焊炬倾角。

5）焊接速度的选择

焊接速度应根据被焊材料的熔点、厚度、焊缝的空间位置及操作者操作技术的熟练程度来决定。焊接速度通常以每小时完成的焊缝长度（m/h）来表示，它的大小可用下列公式进行大概的计算：

$$v = k/\delta$$

式中，v 为焊接速度（m/h）；δ 为焊件厚度（mm）；k 为系数，见表 5.4。

表 5.4　不同材料气焊时 k 值的大小

材料名称	碳素钢		铜	黄铜	铝	铸铁	不锈钢
	左焊法	右焊法					
k 值	12	15	24	12	30	10	10

实习中，以能获得宽窄、高低均匀一致的焊缝为原则来选择适当的焊接速度。

3．掌握好正确的操作要领

气焊操作时，一般都用左手拿焊丝，右手握焊炬。按焊接方向的不同，气焊操作可分为左焊法和右焊法两种。

左焊法焊接方向自右向左，焊接火焰指向待焊金属，将液态金属吹向前方，使待焊处总有一层液态金属，有利于减小熔池和防止烧穿，而且火焰对待焊金属有预热作用，能提高薄板焊接的生产率。同时，左焊法还有利于看清熔池，操作易掌握，一般薄板焊接多用左焊法。

右焊法焊接方向自左向右，火焰指向已焊好的金属。这种方法热量集中，焊缝熔深较大，火焰对焊缝有保护作用，易避免产生气孔和夹渣等缺陷。但操作较难掌握，一般用于焊接较厚的工件。

① 实习中，焊接 1mm 厚的低碳钢板选用左焊法施焊。

② 在焊接时，若发现熔池变大，说明焊接速度过慢，此时应迅速提起火焰或加快焊速，减小焊炬倾角，多添加焊丝，以防烧穿。

③ 若发现熔池过小，焊丝熔滴不能很好地和焊件熔合，仅敷在工件表面，则应增大焊炬倾角、减慢焊速。

④ 若出现熔池不清晰且有气泡，火花飞溅或熔池内金属沸腾等现象，说明火焰性质（种类）改变了，此时应及时将火焰调回到中性焰后才可继续施焊。

⑤ 熔池中金属被吹出或火焰发出呼呼的响声时，说明气体流量过大或火焰距熔池太近，应立即调整火焰功率及调整好火焰与熔池的距离。

正确理解、掌握好上述要领并在实践中不断摸索、总结，是获得良好焊缝的关键。

5.3.3　焊前准备

① 将 1mm 厚的低碳钢板表面的油污、铁锈等清理干净后，平放在工作台上。

② 将清理干净的 ϕ1.5 mm H08A 焊丝放在焊丝筒内。

③ 保持正确的焊接姿势。身体面向工作台坐稳，左手拿焊丝，右手握焊炬，身体略向前倾斜并保持自然状态；右手握焊炬松紧要适度，以手臂能轻松自如地动作为准。焊炬的氧气及乙炔软管要有较充分的活动余地，不能太短，以免影响焊炬在一定范围内的活动。

5.3.4 平铺焊缝的训练

1. 点　火

点火的方法有两种：一种是先微开氧气阀，再打开乙炔阀，打开火机，将火源移到焊嘴前，火焰即可点燃；另一种是先打开乙炔阀，将火源移到焊嘴前，点燃乙炔并冒烟时，立即打开氧气阀，火焰点着。后一种点火方法的优点是：送氧气后，一旦有现象，便可立即关闭氧气防止回火，同时还可避免点火时的鸣爆现象并容易发现焊炬是否堵塞。从安全操作出发考虑，第二种方法较好，但这种点火方法易产生较大的烟灰，影响卫生。实习时两种方法均可采用。

2. 调整火焰

火焰点燃后，应立即将火焰调成实习中所需要的中性焰。

3. 起　焊

起焊时，因焊件温度较低，所以焊炬倾角应稍大点，一般可到 50°～60°。火焰做往复摆动，待起焊处出现白亮而清晰的熔池时即可开始焊接，此时焊炬倾角应减小到 25°～30°。

4. 焊　接

焊接时，当在焊件始焊点出现一个直径约 4 mm 的熔池时，再将焊丝末端送入熔池，在熔化少量焊丝后，将焊丝末端从熔池中抽出并将其置于火焰中间，此时，焊炬做规则的急速的圆周运动以形成焊波。之后再移到下一个位置，准备形成第二个熔池和焊波。各熔池之间应有 1/3 的直径重叠，这样不断循环，便形成了鱼鳞片状均匀而整齐的焊缝。

5. 焊缝的连接

当一根焊丝用完而焊缝尚未焊完时，势必会有接头。接头时，要先用火焰将原焊缝周围充分加热，待原焊缝熔坑重新熔化并形成新的熔池后，便可加入焊丝。当焊接比较重要的接头时，应与原焊缝重叠 10 mm 左右为宜，接头处应与前面的焊缝宽窄、高低保持一致。接头接好后可按正常的焊速继续施焊。

6. 收　尾

焊缝焊至最后，应收满熔坑。焊缝焊至最后，工件温度较高，收尾时，焊炬倾角应减小至 20°左右，以避免烧穿。收熔坑时，也可用焊丝挡住火焰，加一滴熔融金属抬一下焊炬，直到熔坑填满为止。

7. 训练中应注意的问题

① 当焊丝端部粘在熔池边缘时，可用火焰加热被粘部位至熔化状态，然后将焊丝提起即可。

② 焊丝与焊炬的移动要配合好，若出现配合不协调的情况，严重的会导致产生凹坑、焊瘤、气孔等缺陷，从而影响焊缝质量。

③ 焊缝边缘与母材过渡要圆滑。

5.3.5 训练要求

按平铺训练要求和操作要领反复进行练习，直至掌握好平铺操作要领并能焊出鱼鳞片状较均匀、宽度高低基本一致且接头平整的焊缝为止。

5.3.6 考　核

通过一段时间的平铺操作训练，在进行对接单元训练前，对同学进行平铺训练的考核。

考核方法：每个同学在打有自己学号的钢板上用 ϕ1.5 的 H08A 焊丝，自选焊接规范，焊一条平铺焊缝，按焊缝质量评分。

考核要求如下：

① 焊缝长度 100～150 mm，宽度（4±1）mm，高（1.5±0.5）mm。整条焊缝平直。

② 焊缝鱼鳞片状较均匀，熔坑应填满。

③ 焊缝与基本金属过渡应圆滑，无假焊等明显的外观缺陷。

5.3.7 总　结

结合平时训练和考核情况，对平铺训练进行总结，肯定训练中取得的成绩，指出存在的问题，并对焊缝质量进行评析，以利于对接单元的训练。

5.3.8 实习中的准备和收尾工作

为了确保实习安全、正常有序地进行，并有一个良好的实习环境，必须按下述要求做到文明实习：

① 焊接场地不准堆放易燃易爆物品。

② 焊接场地中备用的钢板及其他焊接材料应堆放整齐有序，已焊完的钢板应及时清除。

③ 焊接场地应保持整洁卫生，每天工作结束后应打扫工作场地；

④ 焊接结束后，应将焊炬和其他辅助用具按要求摆放整齐；

⑤ 正确使用劳动保护用品。实习时，必须按规定穿戴好工作服、鞋、帽、工作手套等，不得将手腕、胳膊、脚等裸露在外，以防火焰烫伤。

⑥ 正确选用护目眼镜。根据个人视力的情况，选用颜色深浅不同的护目眼镜，视力较好的同学选用颜色稍深的，而视力稍差的同学则应选择颜色稍浅的。

⑦ 实际操作训练前，必须按有关安全方面的规定严格检查气路是否畅通，尤其应检查各接头处连接是否安全牢靠，是否有漏气。

习 题

5.1 什么是焊接？常见的焊接方法有哪几种？
5.2 电焊条由哪几部分组成？各起什么作用？
5.3 说明 J422、J507 两种牌号是什么焊条？牌号中数字的含义是什么？
5.4 在进行手工电弧焊时，如何确定焊接电流？
5.5 手工电弧焊在引弧、运条和收尾操作时要注意什么？
5.6 气焊的设备由哪几部分组成？
5.7 试述气焊点火时的正确操作顺序。
5.8 何谓左焊法和右焊法？
5.9 气焊火焰按氧和乙炔的不同混合比可分为几种？各用于什么场合？

第 6 章 车 削

【实习目的及要求】

① 了解普通车床型号、组成、用途和常用的卧式车床传动系统、调整方法；
② 熟悉常用量具的结构和使用方法；
③ 了解车刀的主要几何角度及其作用；
④ 了解外圆、内孔、圆锥度、螺纹等加工过程；
⑤ 掌握车外圆、端面、切断等基本知识和加工方法；
⑥ 了解车削工艺的规程，零件加工精度、切削用量与加工经济性的相互关系；
⑦ 正确使用刀、量、工夹具，按图纸尺寸要求，独立完成台阶轴零件的加工。

6.1 车床结构与传动

6.1.1 概 述

在车床上用车刀对工件进行切削加工，称为车削加工。车工是机械加工中最基本、最常用的工种，车削的主运动是工件的旋转运动，进给运动是刀具的移动。因此，车床可加工各种零件的回转表面，应用十分广泛。车床一般约占各类机床总数的 50%，在生产中具有重要的地位。车床加工范围如图 6.1 所示。

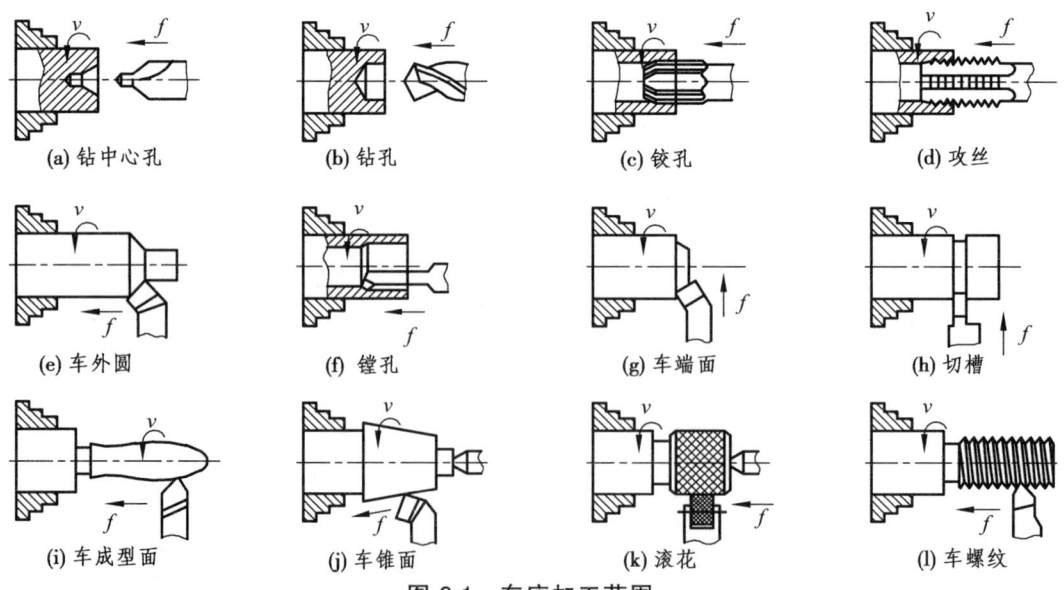

图 6.1 车床加工范围

车床可加工内外圆柱面、内外圆锥面、端面、沟槽、螺纹、成型面及滚花等，此外，还可以在车床上进行钻孔、铰孔和镗孔。

车削加工的尺寸公差等级为 IT11～IT7，表面粗糙度 Ra 值为 12.5～0.8 μm。车床的种类很多，有普通卧式车床、转塔车床、多刀自动和半自动车床、立式车床、仪表车床以及数控车床等。单件小批量生产中多用普通卧式车床。随着电子技术和计算机技术的发展，数控车床为多品种小批量生产及实现高效率、自动化提供了有利的条件。

6.1.2 卧式车床的组成和作用

1．车床的型号

我国目前的机床型号，按 JB1835—85《金属切削机床型号编制方法》编制，它是由汉语拼音字母和阿拉伯数字按一定的规律排列组成，以表示机床的类型和主要规格。如型号 C6132 的含义如下：

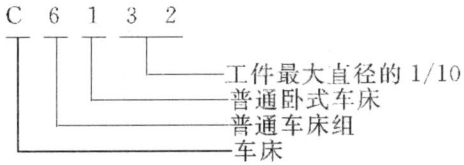

如果是精密车床，则在"C"后面加"M"。

2．C6136 型普通卧式车床的构造及功能

C6136 型常用卧式车床的主要结构如图 6.2 所示。

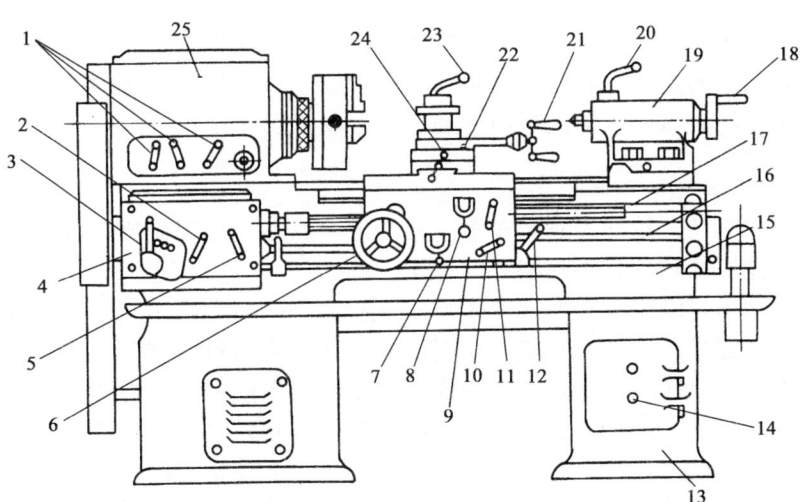

1—主变速手柄；2—倍增手柄；3—诺顿手柄；4—进给箱；5—离合手柄；6—纵向手动手轮；7—纵向自动手柄；
8—横向自动手柄；9—溜板箱；10—自动进给换向手轮；11—对开螺母手柄；12—主轴开关和变向手柄；
13—床腿；14—总电源开关；15—床身；16—光杠；17—丝杠；18—尾座手轮；19—尾座；
20—尾座套筒锁紧手轮；21—小滑板手柄；22—刀架；23—方刀架锁紧手柄；
24—横向手动手柄；25—主轴箱。

图 6.2　C6136 型卧式车床的外形及构造

1）床　身

用来支承和连接各主要部件之间有严格、准确相对位置的基础零件。床身上面有内、外两组平行的导轨，外侧的导轨用以大拖板的运动导向定位；内侧的导轨用以尾座的移动导向定位。床身的左右两端分别支承在左右床脚上，床脚固定在地脚螺栓地基或用可调减振垫铁上。床脚内装有变速箱和电气箱。

2）变速箱（简称床头箱）

主要用于安装主轴和主轴的变速机构。主轴前端安装卡盘以夹紧工件，并带动工件旋转实现主运动。为方便安装长棒料，主轴为空心结构。电机的运动通过变速箱内的变速齿轮，可变化成六种不同的转速从变速箱输出，并传递至主轴箱，这样的传动方式称为分离传动。目的在于减小机械传动中产生的振动及热量对主轴的不良影响，提高切削加工质量。

3）主轴箱

主轴箱安装在床身的左上端，主轴箱内装有一根空心的主轴及部分变速机构。由变速箱传来的六种转速通过变速机构，实现主轴12种不同转速。主轴的通孔中可以放入工件棒料。主轴右端的外锥面用来装夹卡盘等附件，内锥面用来装夹顶尖。

4）进给箱

进给箱内装有进给运动的变速齿轮，主轴的运动通过齿轮传入进给箱，经过变速机构带动光杠或丝杠以不同的转速转动。它的作用是把从主轴经挂轮机构传来的运动传给光杠或丝杠，取得不同的进给量和螺距，经溜板箱而带动刀具实现直线进给运动。

5）光杠和丝杠

光杠和丝杠将进给运动传给溜板箱。车外圆及端面等自动进给时用光杠传动，车螺纹时用丝杠传动，丝杠的传动精度比光杠高。光杠和丝杠不能同时使用。

6）溜板箱

溜板箱与大拖板连在一起，它将光杠或传来的旋转运动通过齿轮齿条机构（或丝杠、螺母机构）带动刀架上的刀具做直线进给运动，是操纵车床实现进给运动的主要部分。通过手柄接通光杠可使刀架做纵向或横向进给运动，接通丝杠可车螺纹。

7）刀　架

刀架用来装夹刀具，带动刀具做多个方向的进给运动。刀架做成多层结构，从上往下分别是大拖板、中拖板、转盘、小拖板和方刀架。

大拖板可带动车刀沿床身上的导轨做纵向移动，是纵向车削用的。中拖板可以带动车刀沿大拖板上的导轨做横向移动，是横向车削用和控制被吃刀量。转盘与中拖板用螺栓相连，松开螺母可在水平面内转动任意角度。小拖板用于纵向车削较短工件或角度工件，可沿转盘上的导轨做短距离移动，当转盘转过一个角度，其上导轨转动一个角度，此时小拖板便可以带动刀具沿相应方向做斜向进给。最上面的方刀架专门夹持车刀，它最多可装4把车刀。逆时针松开锁紧手柄可带动方刀架旋转，选择所用刀具；顺时针旋转时方刀架不动，但可将方刀架锁紧以承受加工中各种力对刀具的作用。

8）尾　座

尾座装在床身内导轨上，可以沿导轨移动到所需位置，由底座、尾座体、套筒等部分组成。套筒在尾座体上，前端有莫氏锥孔，用于安装顶尖支承工件或用来装钻头、铰刀钻夹头；后端有螺母和一轴向固定的丝杠相连接，摇动尾座上的手轮使丝杠旋转，可以带动套筒向前伸或向后退。当套筒退到终点位置时，丝杠的头部可将装在锥孔中的刀具或顶尖顶出，移动尾座及套筒前均须松开各自锁紧手柄，一到位置后再锁紧。松开尾座体与底座的固定螺钉，用调节螺钉调整尾座体的横向位置。可以使尾座顶尖中心与主轴顶尖中心对正，也可以使它们偏离一定距离，用来车削小锥度长锥面。

6.1.3 常用机械传动方式

机床的动力来自电机。不同机床的主运动和进给运动要求不同的运动形式（旋转运动或直线运动）和运动速度，为此，机床上需采用不同的传动形式。最常用的传动形式有以下 5 种：

① 带传动。它是利用胶带与带轮之间的摩擦作用，将主动轴上带轮的转动传到被动轴的带轮上。常用的为三角胶带传动。

② 齿轮传动。齿轮传动是机床中应用最多的一种传动，其中又以圆柱直齿轮传动和圆柱斜齿轮传动用得最多。

③ 齿轮齿条传动。若以齿轮为主动，可将旋转运动变为直线移动，若以齿条为主动，则可以将直线运动变为旋转运动。

④ 蜗轮蜗杆传动。用于垂直交错轴之间的传动，蜗杆必须为主动。

⑤ 丝杆螺母传动。在丝杆螺母传动中丝杠为主动件，可将其旋转变为螺母的直线运动。

6.1.4 C6316 型普通卧式车床的传动系统

图 6.3 和图 6.4 分别是 C6136 型车床的传动框图和传动系统图。

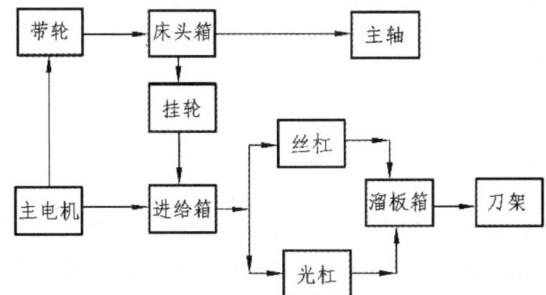

图 6.3 C6136 型车床的传动框图

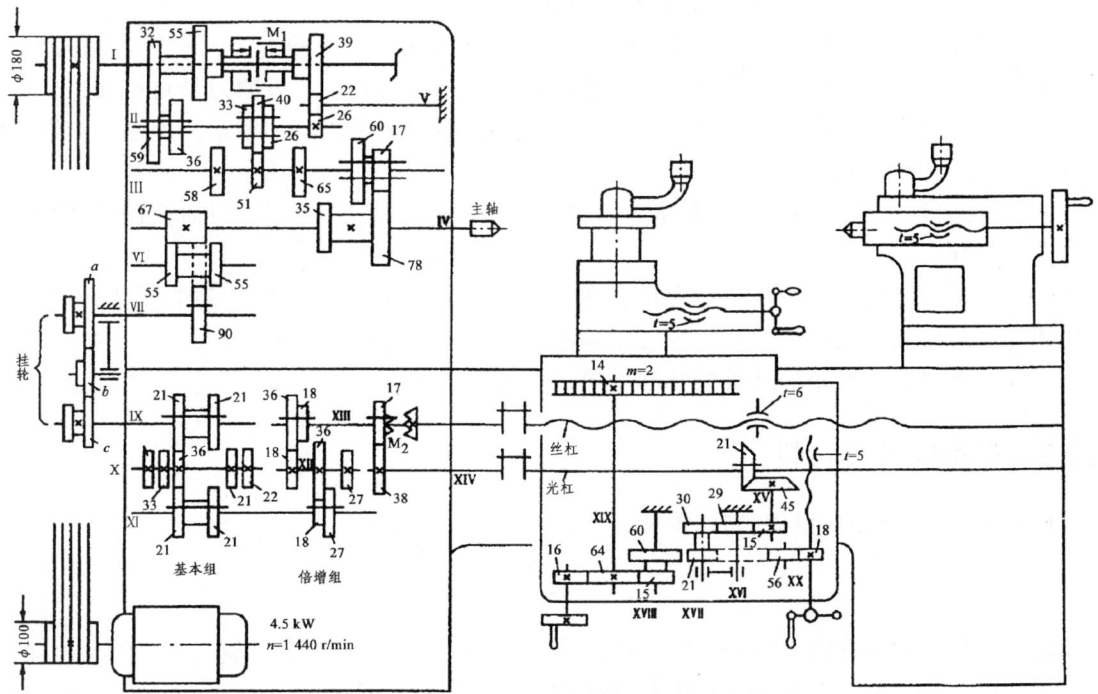

图 6.4 C6136 型车床的传动系统图

从系统图可知，车床的运动路线传递有两条，一条是由主电机经带轮和床头箱使主轴旋转，实现主切削运动，称为主运动传动系统。另一条是从床头箱挂轮到进给箱，再经光杠或丝杠到溜板箱使刀架移动，称为进给运动系统。

6.2 车 刀

6.2.1 车刀的种类

车刀是金属切削加工中应用最为广泛的刀具之一。车刀的种类很多，分类方法也不同。通常车刀是按用途、形状、结构和材料等进行分类的。

按用途分类有内、外圆车刀，端面车刀，切断刀，切槽刀，螺纹车刀，滚花刀，镗孔刀等。

按结构分类有整体式、焊接式和机械夹固式。

按材料分类有金属类和非金属类，金属类又有高速钢车刀或硬质合金钢车刀。常用高速钢制造的车刀有右偏刀、尖刀、切刀、成型刀、螺纹刀、中心钻、麻花钻（钻头和铰刀也是车床上常用的刀具），应用广泛。常用硬质合金制造的车刀有右偏刀、尖刀、车刀，多用于高速车削。

6.2.2 车刀材料的性能

因为车刀在切削过程中要承受很大的切削力和冲击力，并且在很高的切削温度下工作，连续经受强烈的摩擦，因此，车刀切削部分材料必须具备以下基本性能：

① 高硬度。车刀材料应具有较高的硬度，最低硬度必须高于工件材料的硬度；常温硬度一般要求在 HRC60 以上，硬度愈高，耐磨性愈好。

② 足够的强度和韧性。为使刀具承受切削中产生的切削力或冲击力，防止产生振动和冲击，刀具材料应具有足够的强度和韧性，才能防止脆裂和崩刃。一般的刀具材料如果硬度和红硬性好，在高温下必定耐磨，但其韧性往往较差，不宜承受冲击和振动；反之，韧性好的材料往往硬度和红硬温度较低。

③ 高耐磨性。车刀的耐磨性是指车刀材料抵抗磨损的能力，一般刀具材料的硬度愈高，耐磨性也愈好。

④ 高耐热性。高耐热性是指车刀材料在很高的切削温度下，仍能保持高的硬度、耐磨性、强度和韧性的性能，这是车刀材料极为重要的性能，常用红硬温度来表示。

此外，车刀还需要必须具备良好的导热性和刃磨性能等。

6.2.3 常用的刀具材料

目前工厂常用车刀材料有高速钢和硬质合金两大类。

1. 高速钢

高速钢是一种含有高成分钨（W）5%～20%、铬（Cr）3%～5%、钒（V）1%～5%的高合金工具钢。高速钢热处理后的硬度为 HRC63～66，热硬性好，红硬温度在 600 ℃ 左右时仍能基本保持切削性能。它的切削速度可比碳素工具钢高出 2～3 倍，因此称为高速钢。虽然高速钢的硬度、耐热性、耐磨性及所允许的切削速度还不如硬质合金,但由于高速钢的强度和韧性均较好,磨出的切削刀比较锋利,制造、刃磨简单,质量稳定,因此到目前为止,高速钢仍是制造小型车刀(自动车床、仪表车床用刀具,麻花钻、梯形螺纹精车刀和形状复杂的成型刀具)的主要材料。

常用的高速成钢牌号是 W18Cr4V(每个化学元素后面的数字,系指材料中含该元素的百分比),它的化学成分是含钨(W)18%左右、含铬(Cr)4%左右、含钒(V)1%左右、含碳(C)0.7%~0.8%。图 6.5 所示是各种刀具材料的硬度和红硬温度的比较。

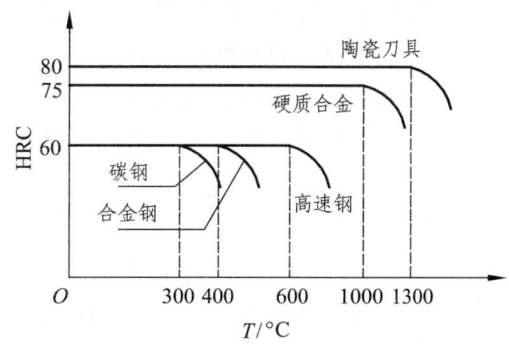

图 6.5 各种刀具材料的硬度和红硬温度的比较

2. 硬质合金

硬质合金是钨(W)和钛(Ti)的碳化物粉末加钴(Co)作为结合剂,经高压压制后再高温烧结而成的。硬质合金的硬度很高(HRA89~91),相当于 HRC70~75,能耐 850~1 000 ℃的高温。硬质合金刀具的切削速度为高速钢刀具的 4~10 倍,可用来加工工具钢和高速钢刀具不能加工的材料(如淬火钢等)。所以硬质合金是目前最广泛应用的一种车刀材料,它大大提高了劳动生产率。硬质合金的缺点是韧性差、性脆、怕冲击,这一缺陷可通过刃磨合理的刀具角度来弥补。

硬质合金按其成分不同,主要有钨钴合金和钨钛钴合金两大类。

① 钨钴类硬质合金由碳化钨(WC)和钴(Co)组成,它的代号以 YG 表示。这类硬质合金的韧性较好,因此适合于加工脆性材料(如铸铁等)或冲击性较大的工件。

钨钴类硬质合金按不同的含钴量,分为 YG3、YG6、YG8 等多种牌号。牌号后面的数字表示含钴量的百分数,其余为碳化钨。YG8 适合于粗加工,YG6 适合于半精加工,YG3 适合于精加工。

② 钨钛钴类硬质合金由碳化钨、碳化钛(TiC)组成,它的代号以 YT 表示。这类硬质合金的耐磨性能较好,能承受较高的切削温度,适合于加工塑性金属(如钢类)或其他韧性较大的塑性材料。

钨钛钴类硬质合金按含碳化钛量的不同,可分为 YT5、YT15 和 YT30 等几种牌号。牌号后面数字表示碳化钛含量的百分数。YT5 适合于粗加工,YT30 适合于精加工。

6.2.4 新型车刀材料

1. 陶 瓷

陶瓷刀具材料被誉为 20 世纪 80 年代取得突破性进展的刀具材料,它的特点是硬度高(HRA91~94)、高温硬度高、耐热性能好(1 200~1 450 ℃)和被加工金属亲和力小,主要用于精加工、半精加工硬度高(如淬火钢)或硬度低而黏结性强(如紫铜)的材料,而且陶瓷刀具材料价格低廉。但陶瓷刀材料抗弯强度低,热导率低,冲击韧性差,刃磨困难,不适合用于冲击力的断续切削和强力切削。

2. 人造金刚石

人造金刚石是在高温、高压和金属触媒作用的条件下，由石墨转化而成的。人造金刚石的特点是具有较高的硬度和耐磨性、切削刃非常锋利、摩擦系数又小，因此加工表面质量很高，加工有色金属时 v_c 可达到 800 ~ 3 800 m/min，Ra 可达 0.04 ~ 0.12，IT5。但人造金刚石强度较低，脆性较小，冲击能力差，不适合加工铁元素钢材。

3. 立方氮化硼（简称 CBN）

立方氮化硼是用六方氮化硼（白石墨）为原料，利用超高温超高压加入催化剂转变而成的，其结构与金刚石类似，是闪锌矿结构。

立方氮化硼是人工合成的又一种高硬度材料，目前一般使用在复合刀片上，可用来加工淬硬钢、冷硬铸铁、有色金属及其他特殊材料。但立方氮化硼脆性大，主要用于连续切削，应尽量避免冲击和振动。

6.2.5 车刀的组成

切削刀具种类很多，形状各异，但无论其结构制造如何复杂，它们的切削部分都可以看作是车刀的演变或组合。

车刀由刀头（或刀片）和刀杆两部分组成，刀头即车刀的切削部分，刀杆用于在刀架上夹持和固定车刀。

车刀及刀头的组成如图 6.6 所示。

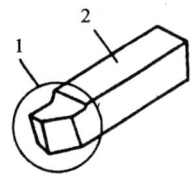 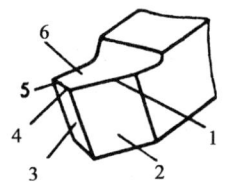

1—主切削刃；2—主后刀面；3—副后刀面；4—刀尖；5—副切削刃；6—前刀面。

图 6.6 车刀的组成

① 前刀面：刀具上切屑流过的表面，也是车刀刀头的上表面。
② 主后刀面：同工件上加工表面互相作用和相对的刀面。
③ 副后刀面：同工件上已加工表面互相作用和相对的刀面。
④ 主切削刃：前刀面和主后刀面的相交部位，又称主刀刃，它担负着主要的切削工作。
⑤ 副切削刃：前刀面和副后刀面的相交部位，又称副刀刃，它配合主切削刃完成切削工作。
⑥ 刀尖：主切削刃和副切削刃的连接部位。为了提高刀尖的强度和车刀耐用度，很多刀具都在刀尖处磨出圆弧形过渡刃，又称为刀尖圆弧。一般硬质合金车刀的刀尖圆弧半径 r = 0.5 ~ 1 mm。
⑦ 修光刃：副切削刃近刀尖处一小段平直的切削刃。装刀时必须使修光刃与进给方向平行，且修光刃长度必须大于工件每转 1 转车刀沿进给方向的移动量，才能起到修光的作用。

任何车刀都有上述组成部分，但数量不完全相同。如典型的外圆车刀由 3 个刀面、2 条切削刃和 1 个刀尖组成。而切断刀有 4 个刀面（2 个副后刀面）、3 条切削刃和 2 个刀尖。此外，所有的切削刃可以是直线的，也可以是曲线的，如成型刀的切削刃就是曲线的。

6.2.6 车刀刀头主要几何角度及其作用

1. 确定刀具角度的辅助平面

为了规定和测量车刀的切削角度,人为设想了三个辅助平面作为基准面,即切削平面、基面和正交平面,这三个平面是相互垂直的,如图 6.7 所示。

① 切削平面(P_s):通过切削刃选定点,与切削刃相切并垂直于基面的平面。

② 基面(P_r):通过切削刃上选定点并垂直于该点切削速度方向的平面。

③ 正交平面(P_o):通过切削刃选定点并同时垂直于基面和切削平面的平面。

2. 刀头上的主要几何角度及选择

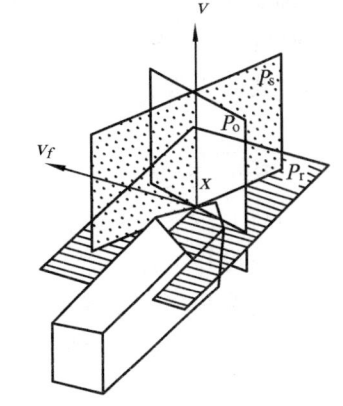

图 6.7 车刀刀头上的三个辅助平面

1)前角 γ_o

前刀面与基面之间的夹角称为前角。前角影响刃口的锋利和强度,影响切削变形和切削力。增大前角能使车刀刃口锋利,减少切削变形,可使切削省力,并使切屑容易排出。

前角的大小与工件材料、加工性质和刀具材料等有关,但影响最大的是工件材料。选择前角主要根据以下几个原则:

① 工件材料较软,可选择较大的前角;工件材料较硬,可选择较小的前角。因为材料越硬,切削时产生的热量和切削力比较大,如果前角选得太大,刀具的强度就会减弱,并使刀具寿命显著降低。

② 粗加工时应取较小的前角,精加工时应取较大的前角。

③ 若车刀材料韧性较差,则前角应取较小值;若车刀材料韧性较好,则前角可取较大值。因此,高速钢车刀的前角可相应比硬质合金车刀前角大 5°～10°。

2)后角 α_o

主后刀面与切削平面之间的夹角称为后角。后角的主要作用是减少车刀主后刀面与工件之间的摩擦。

后角太大,会降低车刀的强度;后角太小,会增加车刀后面跟工件表面的摩擦。选择后角主要根据以下几个原则:

① 粗加工时,应取较小的后角(硬质合金车刀:$\alpha_o = 5° \sim 7°$);精加工时,应取较大的后角(硬质合金车刀:$\alpha_o = 8° \sim 10°$)。

② 工件材料较硬,后角宜取小值;工件材料较软,后角取大值。

3)副后角 α_o'

副后刀面与切削平面之间的夹角称为副后角。副后角的主要作用是减少车刀副后刀面与工件之间的摩擦。

以上是在正交平面内测量的角度。

4）主偏角 κ_r

主切削刃在基面上的投影与进给方向之间的夹角称为主偏角。主偏角的主要作用是改变主切削刃和刀头的受力情况和散热情况。

一般使用的车刀主偏角有 45°、60°、75°和 90°等几种。45°~75°的车刀，随着主偏角的改变，轴向受力逐步增加，径向受力则减小，因而一般用于粗加工或有形状要求的工件，如斜面、倒角等。主偏角为 90°的车刀，轴向受力大，径向受力最小，故一般用于加工细长轴、台阶轴之类的工件。

5）副偏角 κ_r'

副切削刃在基面上的投影与进给反方向之间的夹角称为副偏角。副偏角的主要作用，是减少副切削刃与工件已加工面之间的摩擦。

减小副偏角，可以减小工件的表面粗糙度值；相反，副偏角太大时，刀尖角就减小，影响刀头强度。副偏角一般采用 6°~8°，但当加工中间切入工件时，副偏角应取得较大（45°~60°）。

以上是在基面内测量的角度。

6）刃倾角 λ_s

主切削刃与基面之间的夹角称为刃倾角。刃倾角的主要作用是控制切屑的排出方向，并影响切削性能及刀头强度。

刃倾角有正值、负值和零度三种，当刀尖处于主切削刃的最高点时，刃倾角是正值；切削时，切屑排向工件待加工表面，切屑不易擦毛已加工表面，车出的工件表面粗糙度值小，但刀尖强度较差。当刀尖处于主切削刃的最低点时，刃倾角是负值；切削时，切屑排向工件已加工表面，容易擦毛已加工表面，但刀尖强度好，能承受较大的冲击力。当主切削刃与基面平行时，刃倾角等于零度；切削时，切屑垂直于主切削刃方向排出。

一般车削（指工件圆整、切削厚度均匀）时，选择零度刃倾角；断续切削和强力切削时，为了增加刀头强度，刃倾角应取负值；精车时，为了减小工件表面粗糙度值，刃倾角应取正值。

刃倾角是在切削平面内测量的角度。

6.3 车外圆

将工件装夹在车床卡盘上做旋转运动，车刀装夹在刀架上做纵向进给的加工方法称为车外圆。车外圆是车削中最基本、最常见的加工方法。

6.3.1 外圆车刀及其安装

车外圆及常用的车刀如图 6.8 所示。

尖刀主要用于车外圆；45°弯头刀和右偏刀既可车外圆又可车端面，应用较为普遍；90°右偏刀车外圆时径向力很小，常用来车削细长轴的外圆；圆弧刀的刀尖具有圆弧，可用来车削具有圆弧台阶的外圆。各种车刀一般均可用于倒角。

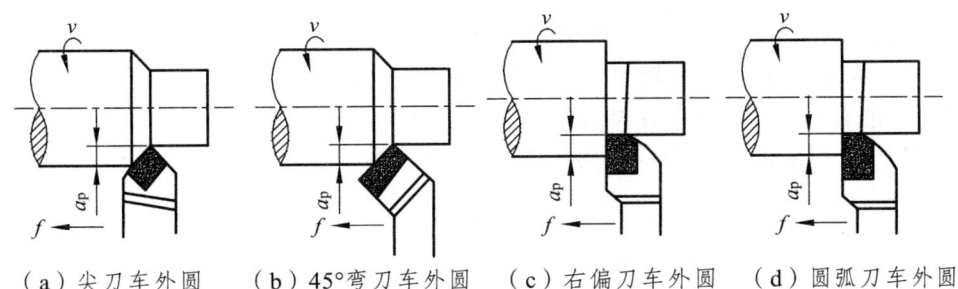

(a) 尖刀车外圆　　(b) 45°弯刀车外圆　　(c) 右偏刀车外圆　　(d) 圆弧刀车外圆

图 6.8　车外圆及常用的车刀

车刀安装在刀架的左侧，如图 6.9 所示。

(a) 伸出太长　　　　(b) 垫刀片不齐　　　　(c) 合适

图 6.9　车刀的安装

安装车刀时应注意以下几点：

① 刀尖应与工件旋转轴心线等高。车刀装得太高，会使车刀的实际后角减小，使车刀的后刀面与工件之间的摩擦力增大；车刀装得太低，会使车刀的实际前角减小，使切削不顺利，一般用尾架顶尖校对。

调整车刀高度采用垫刀片，垫刀片应平整并与刀架对齐，而且尽量以少而厚的垫片为好，防止车削时产生振动。

② 车刀伸出刀架的长度一般以刀体厚度的 1.5~2 倍为宜，伸出太长，切削时刀杆刚性减弱，容易产生振动；伸出太短，刀架碰撞工件，不利切削。

③ 刀杆中心线应跟进给方向垂直，否则会使主偏角和副偏角的大小发生改变。车刀至少要用两个螺钉压紧在刀架上，并逐个轮流旋紧，旋紧时不得用力过大而损坏螺钉。

④ 安装好车刀后，一定要用手动的方式对机械加工极限位置进行检查。

6.3.2　工件的装夹

在车床上安装工件时，应使被加工表面的轴线与车床主轴回转轴线重合，保证工件处于正确的位置，同时要将工件夹紧，以防止在切削力的作用下工件松动或脱落，保证实习安全。

车床上安装工件的附件（即通用夹具）很多，现只向同学们介绍实习中用得最多的三爪卡盘。

1. 三爪卡盘的构造

三爪卡盘的构造如图 6.10 所示。用卡盘扳手插入三爪卡盘上的任何一个方孔，顺时针转动小伞齿轮,与它相啮合的大伞齿轮将随之转动,大伞齿轮背面的方牙平面螺纹即带动三个卡爪同时移向中心,夹紧工件。扳手反转,卡爪即松开。由于三爪卡盘的三个卡爪是同时移动、能自行定心,故适宜夹持圆形和截面工件。反三爪用于夹持直径较大的工件。由于制造误差和卡盘零件的磨损以及铁屑末堵塞等原因,三爪卡盘对中心的准确度约为 0.05～0.15 mm。

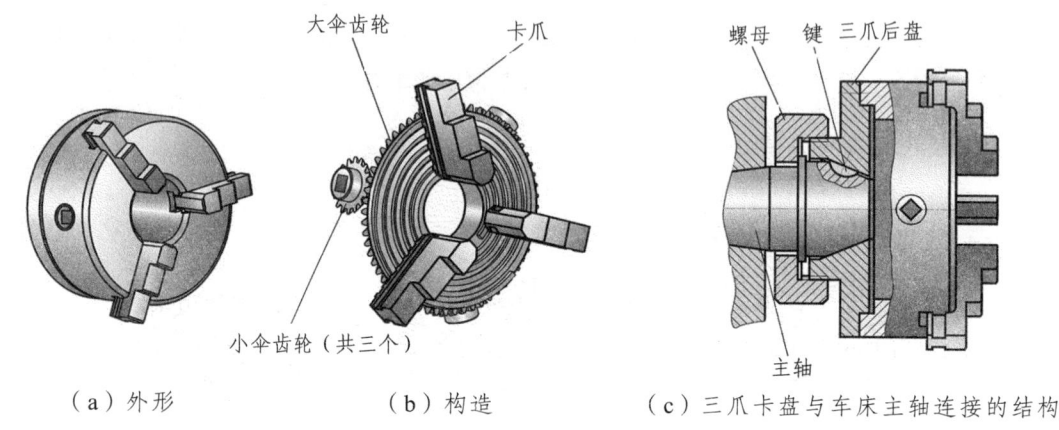

(a) 外形　　　　　(b) 构造　　　　(c) 三爪卡盘与车床主轴连接的结构

图 6.10　三爪卡盘的构造

2. 三爪卡盘安装工件

三爪卡盘安装工件如图 6.11 所示。三爪卡盘夹持圆棒钢料比较稳定牢固,一般也无须找正。利用卡爪反撑内孔以及反爪夹持工件大外圆,一般应使工件端面贴紧卡爪端面;当夹持工件外圆而左端又不能贴紧卡盘时应对工件进行找正,一般先轻轻夹紧工件,用手扳动卡盘靠目测或划针盘找正,用小锤轻击,直到工件径向和端面跳动符合加工要求时,再进一步夹紧。件数较多时,为了减少找正时间,可在工件与卡盘之间加一平行垫块,用小锤轻击,使之贴平即可。

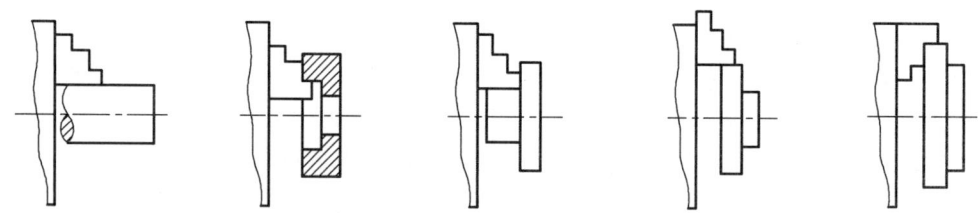

(a) 夹持棒料　(b) 用卡爪反撑内孔　(c) 夹持小外圆　(d) 夹持大外圆　(e) 用反爪夹持大直径工件

图 6.11　三爪卡盘安装工件的举例

3. 卡盘安装工件的注意事项

① 毛坯上的飞边、凸台应避开卡爪位置。

② 卡盘夹持的毛坯外圆长度一般不要小于 10 mm,不宜用卡盘夹持长度较短又有明显锥度的毛坯外圆。

③ 工件找正后必须夹牢,以防切削时飞出。女同学及力气小的同学应加套筒,以增加压紧力。

④ 夹持棒料和圆形工件,悬伸长度一般比技术要求的长度尺寸长 5～10 mm。如遇要求

长度长或直径大的工件,则须加辅助装夹(如顶尖等),以防工件弯曲或被车刀顶弯、顶落,造成打刀或伤人等事故。

6.3.3 切削用量及其选择

1. 切削用量三要素

切削用量三要素是指切削速度 v_c、进给量 f(或进给速度 v_f)和背吃刀量 a_p,如图 6.12 所示。

① 切削速度 v_c(m/min 或 m/s)是指单位时间内工件与刀具沿主运动方向相对移动的距离。

$$v_c = \frac{\pi \cdot D \cdot n}{1000} \text{ (m/min)}$$

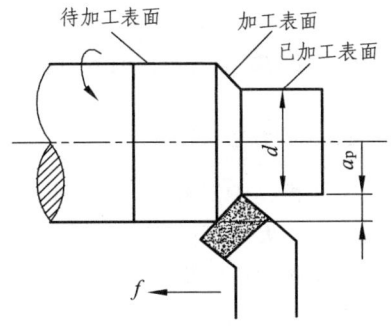

图 6.12 背吃刀量

式中,D 为工件待加工表面直径(mm);n 为工件的转速(r/mm)。

② 进给量 f(mm/r)和进给速度 v_f 是在主运动一个循环内,刀具与工件沿进给运动方向相对移动的距离。

③ 背吃刀量 a_p(mm)是待加工表面与已加工表面之间的垂直距离。

$$a_p = \frac{D-d}{2} \text{ (mm)}$$

式中,d 为工件已加工表面直径(mm)。

2. 切削用量的选择

为了保证加工质量和提高生产率,零件加工应分若干步骤,中等精度的零件,一般按"粗车—精车"的方案进行(实习中常采用此方案);精度较高的零件,一般按"粗车—半精车—精车或粗车—半精车—磨削"的方案进行。

6.3.4 刀架极限位置检查

① 检查的目的:防止车刀切至工件左端极限位置时,卡盘或卡爪碰撞刀架或车刀。如图 6.13 所示,图(a)是车刀切至小外圆根部时,卡爪撞及小刀架导轨的情况,其原因是小刀架向右位移太多;图(b)及图(c)是卡爪撞及车刀的情况,其原因是工件伸出长度不适当。

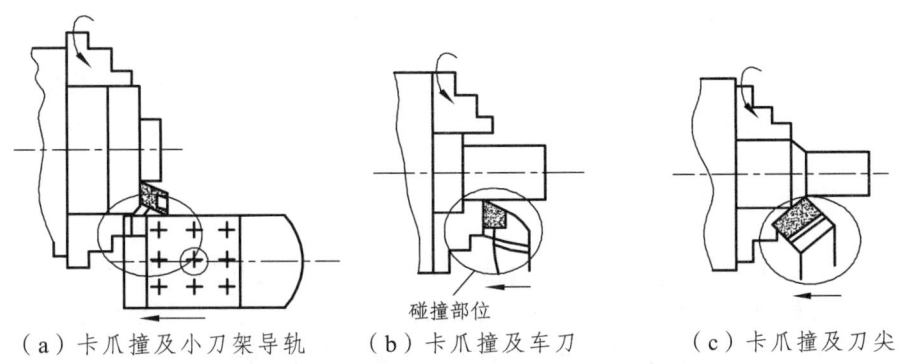

(a)卡爪撞及小刀架导轨　　(b)卡爪撞及车刀　　(c)卡爪撞及刀尖

图 6.13 车刀切至极限位置时的碰撞现象

② 检查的方法：在工件和车刀安装之后，手摇刀架将车刀移至工件左端应切削的极限位置，用手缓慢转动卡盘，检查卡盘或卡爪有无撞及刀架或车刀的可能。若不会撞及，即可开始加工，否则应对工件、小滑板或车刀的位置作适当的调整。

6.3.5 刻度盘的作用及其正确使用

1. 刻度盘的作用

大滑板、中滑板及小滑板均有刻度盘，刻度盘的作用是为了在切削工件时能准确移动车刀，控制尺寸。大滑板的刻度每小格为 0.5 mm；中滑板的刻度盘与横向手柄均装在横丝杠的端部；中滑板和横丝杆的螺母紧固在一起，当横向手柄带动横丝杠和刻度盘转动1周时，螺母即带动中滑板移动1个螺距。因此，刻度盘每转1格，中滑板移动距离=丝杠螺距/刻度盘格数（mm）。

例如：C6132车床中滑板的丝杠螺距为4 mm，其刻度盘等分为80格，故每转1格，中滑板带动车刀在横向所进的切深量为 4 mm ÷ 80 = 0.05 mm，从而使回转表面车削后直径的变动量为 0.10 mm。为方便起见，车削回转表面时通常将每格的读数记为 0.10 mm，10格的读数记为 1 mm。同样道理，小滑板的刻度也是每小格为 0.05 mm，但须注意它所进的是长度，而不是回转表面的尺寸，故每小格实际读数还是 0.05 mm。

加工外圆表面时，车刀向工件中心移动为进刀，手柄和刻度盘是顺时针旋转；车刀由中心向外移动为退刀，手柄和刻度盘是逆时针旋转；加工内圆表面时，情况则相反。

2. 刻度盘的正确使用

由于丝杆与螺母之间有一定间隙，所以如果要求刻度盘多摇过几格时，不能直接退回几格，而必须反向摇回约半圈，待消除全部间隙后再转到所需的位置，如图6.14所示。

（a）要求：多摇过3格　　（b）错误：直接退回3格　　（c）正确：反转半圈，再转至所需位置

图6.14　刻度盘的正确使用

小滑板刻度盘的作用、读数原理及使用方法与中滑板刻度盘相同，所不同的是，小滑板刻度盘一般用来控制工件端面的背吃刀量，利用刻度盘移动小滑板的距离就是工件长度的变动量。

6.3.6 切削方法与步骤

常用"一对、二退、三进刀、四试、五测、六加工"来描述切削方法步骤。具体含义如下：
① 开车对接触点：车刀刀尖轻微地接触旋转工件的最大点，找到横向进给的起始点。
② 向右退出车刀：这是为了防止在进刀过程中刀尖与工件相碰，同时为了找准进刀所需尺寸。
③ 横向进刀：经过计算工件毛坯直径与加工后的实际直径之差，得出进刀时的尺寸，再经刻度盘反映出实际进刀量的大小。

④ 纵向车削 1~2 mm，检查进刀量是否准确，这是非常重要的加工步骤。

⑤ 退刀、停车、测量：检查所车尺寸是否符合所需尺寸，如不符则再调整进刀量，直到符合要求。

⑥ 纵向切削至终点：此时可以用自动走刀进行切削，当车刀离终点 1 mm 左右时，即停止自动走刀，用手均匀的摇至终点，以免造成尺寸误差。

6.3.7 试切的作用与方法

1. 试切的作用

由于刀架丝杠和螺母的螺距及刻度盘的划线均有一定的制造误差，只按刻度盘确定切削深度难以保证精车时所需的尺寸公差，因此，需要通过试切准确控制尺寸。此外，试切也可防止进错刻度而造成废品。

2. 试切的方法

车外圆的试切方法及步骤如图 6.15 所示。图中是试切的一个循环。如果尺寸合格即可开车按背吃刀量 a_p 车削整个外圆；如果未到尺寸，应自第 6 步再次横向进刀定背吃刀量 a_p，重复第 4、第 5 步直到尺寸合格为止，各次所定的背吃刀量 a_{p1}、a_{p2}…均应小于各次直径余量的一半。如果尺寸车小，可按图所示的方法，按刻度将车刀横向退出一定的距离，再行试切直到尺寸合格为止。

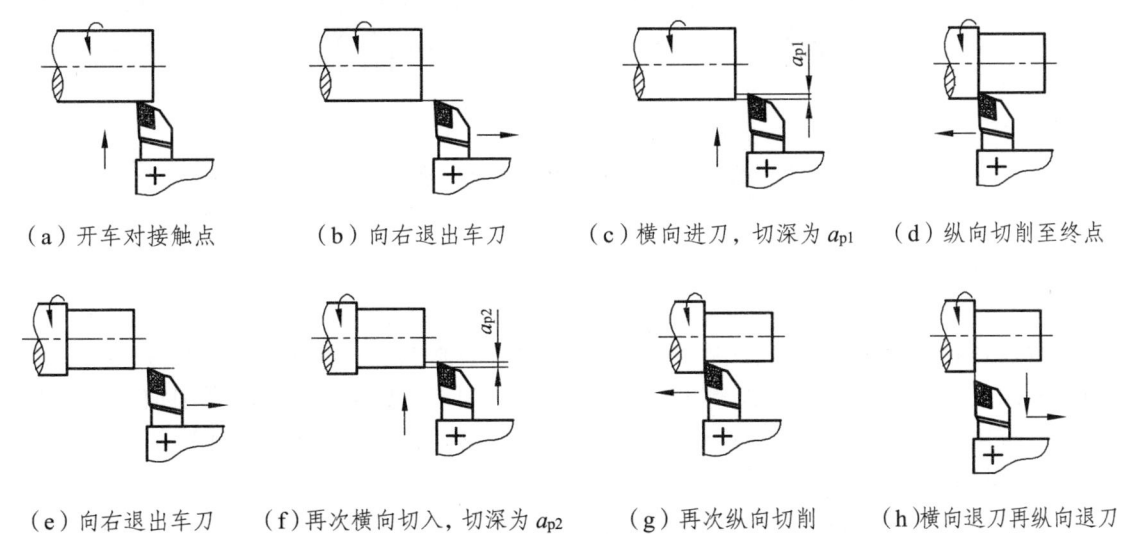

(a) 开车对接触点　　(b) 向右退出车刀　　(c) 横向进刀，切深为 a_{p1}　　(d) 纵向切削至终点

(e) 向右退出车刀　　(f) 再次横向切入，切深为 a_{p2}　　(g) 再次纵向切削　　(h) 横向退刀再纵向退刀

图 6.15　外圆的试切方法与步骤

6.4 车端面

端面车削方法及所用车刀如图 6.16 所示。车端面时刀尖必须准确对准工件的旋转中心，否则会将端面中心处车出凸台，并易崩坏刀尖。车端面时，若切削速度由外向中心逐渐减小，则会影响端面的粗糙度，因此，工件切速应比车外圆时略高。

45°弯头刀车端面如图 6.16（a）所示，中心的凸台是逐步车掉的，不易损坏刀尖。右偏刀由外向中心车端面如图 6.16（b）所示，凸台是瞬时车掉的，这样容易损坏刀尖，因此切近中心时应放慢进给速度。对于有孔的工件，车端面时常用右偏刀由中心向外进给，如图 6.16（c）所示，这样切削厚度较小，刀刃有前角，因而切削顺利，粗糙度 Ra 值较小；零件结构不允许用右偏刀时，可用左偏刀车端刀车端面，如图 6.16（d）所示。

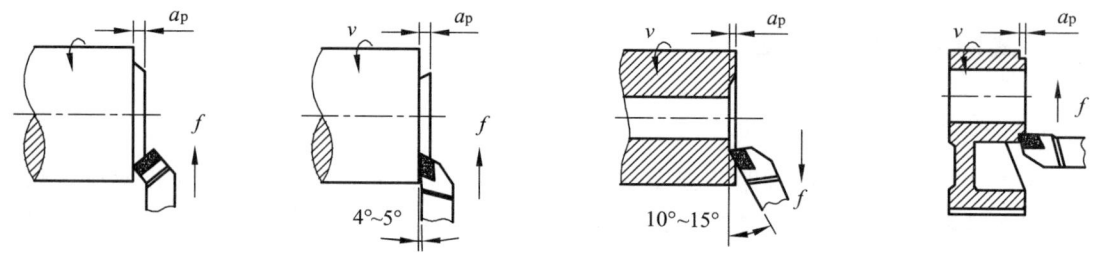

（a）弯头刀车端面　（b）右偏刀车端面（由外向中心）　（c）右偏刀车端面（由中心向外）　（d）左偏刀车端面

图 6.16　车端面

车削大的端面时，为了防止因车刀受力使刀架移动而产生凸凹现象（见图 6.17），应将大拖板紧固在床身上。

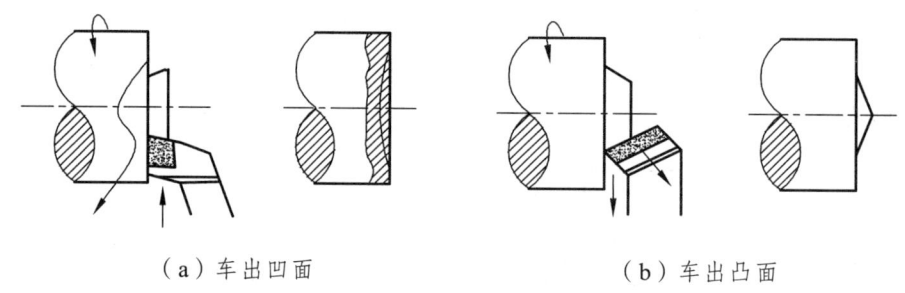

（a）车出凹面　　　　　　　　　（b）车出凸面

图 6.17　车大端面产生凸凹现象

6.5　车螺纹

螺纹连接在工业和日常生活中广泛使用，螺纹有公制螺纹和英制螺纹，又分外螺纹和内螺纹，螺纹的加工方法也有很多，如切削加工、挤压加工和成型加工等，切削加工又可以采用车削、铣削和成型刀具（板牙或丝攻等）方式等。这里，我们着重介绍车削加工外螺纹的方法，以便读者快速掌握并触类旁通。

下面以一个轴类零件的车削加工为例进行介绍，其实物图和零件图如图 6.18 和图 6.19 所示。

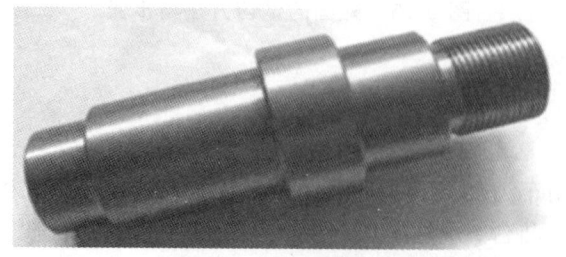

图 6.18　轴类零件

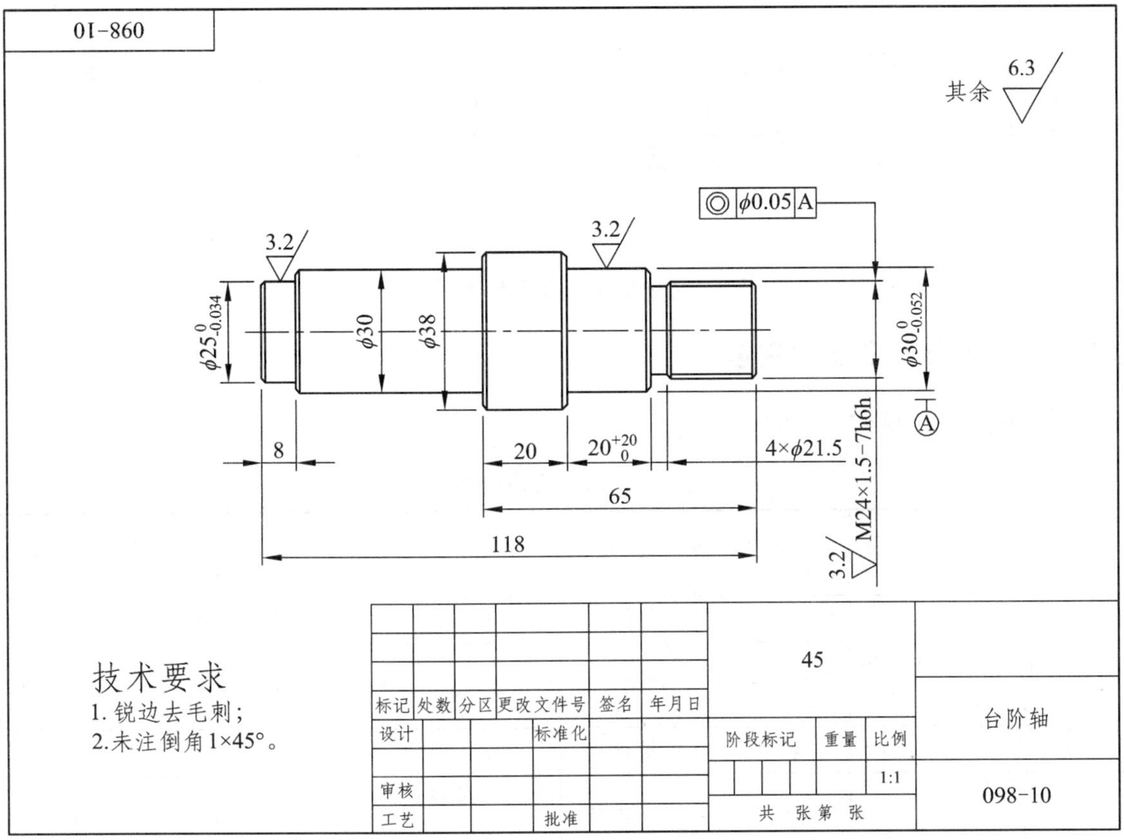

图 6.19 轴类零件图

6.5.1 确定加工步骤

从实物图和零件图可以看出，轴类零件上有一个 M24×1.5-7h6h 的外螺纹需要加工。加工前我们需要分析制订零件的整个工艺规程，即确定加工步骤。前面我们介绍了车外圆的加工方法，在加工螺纹时，为了保证连接的紧密一致性，通常会在螺纹退刀处（根部）设计并加工出长短不一的退刀槽，如图纸上的 4×ϕ21.5 槽（宽 4 mm，底部直径 ϕ21.5 mm），故可以确定零件的加工步骤如图 6.20 所示。

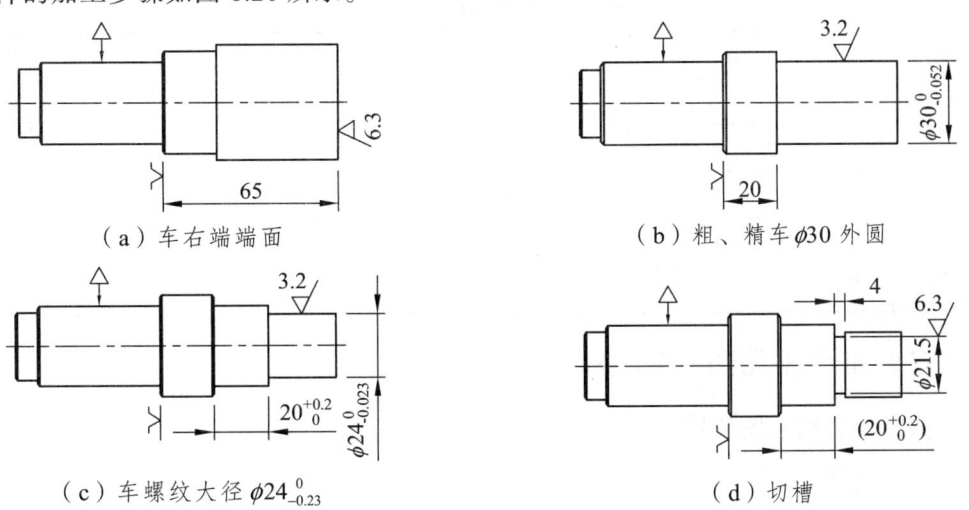

(a) 车右端端面　　　　(b) 粗、精车 ϕ30 外圆

(c) 车螺纹大径 $\phi24_{-0.23}^{0}$　　　　(d) 切槽

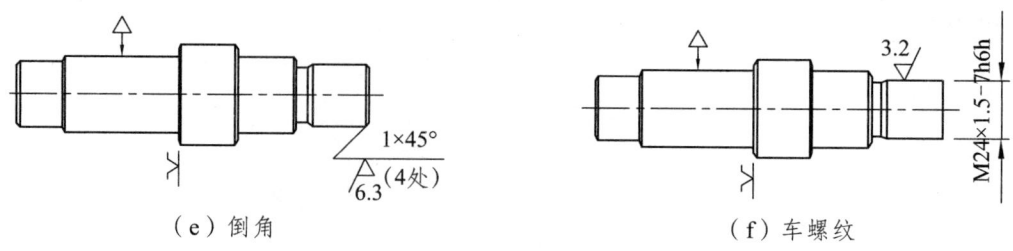

(e)倒角　　　　　　　　　　　(f)车螺纹

图 6.20　加工步骤

6.5.2　选择刀具及切削用量

刀具及切削用量如表 6.1 所示。

表 6.1　刀具及切削用量

序号	加工内容	使用刀具名称	刀具材料	a_p/mm	f/(mm/r)	v_c/(m/min)	n/(r/min)
1	车端面	端面车刀	硬质合金	1	0.2	62	500
2	车 $\phi30$、$\phi24$（M24×1.5 螺纹外径）	外圆车刀	硬质合金	0.5/1.5	0.1/0.25	68/62	700/500
3	切退刀槽 $4\times\phi21.5$	切槽刀	高速钢	1	手动	15	200
4	车螺纹 M24×1.5-7h6h	螺纹车刀	高速钢	多次，最终 0.81	1.5	4.5	60

这里需要注意两点：

（1）理论上，螺纹外径等于公称直径，但根据与螺母的配合它存在有下偏差（-），上偏差为 0；如在加工中，按照螺纹三级精度要求，螺纹外径可以比公称直径小 0~0.1p。

螺纹外径 D = 公称直径 $^{+0}_{-0.1p}$，一般常取下偏差。

（2）螺纹切削总吃刀深度 $a_p = h = 0.54p = 0.81$ mm。为保证精度要求，粗车深度可以略大些，精车深度小一些：粗车 a_p 为 0.1~0.5 mm；精车 a_p 为 0.01~0.1 mm。如表 6.2 所示。

表 6.2　螺纹切削吃刀深度

进刀次数	a_p/mm	加工步骤	加工余量
第一次进刀	0.4	粗加工	0.65
第二次进刀	0.25		
第三次进刀	0.1	精加工	0.16
第四次进刀	0.05		
第五次进刀	0.01		

6.5.3　安装工件（见图 6.21）

（1）选择合适的夹紧位置；

（2）夹紧工件。

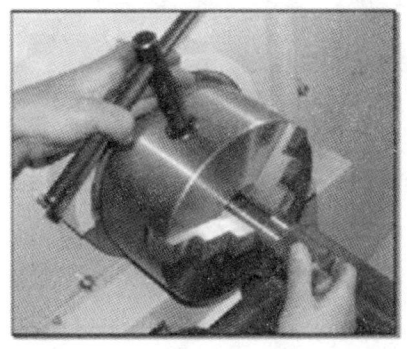 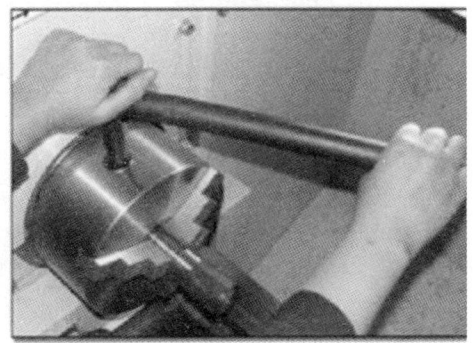

图 6.21 安装工件

6.5.4 安装螺纹加工刀具（见图 6.22）

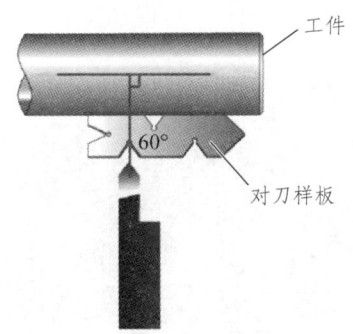

图 6.22 螺纹车刀的安装

6.5.5 机床调整（见图 6.23）

（1）调整主轴的转速；
（2）调整螺距。

  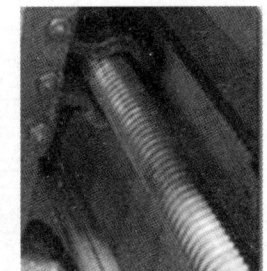

图 6.23 机床的调整

6.5.6 螺纹车削操作方法与步骤

1. 正反车车削法

正反车车削法依靠机床丝杆正反转车削和退刀，如图 6.24 所示。

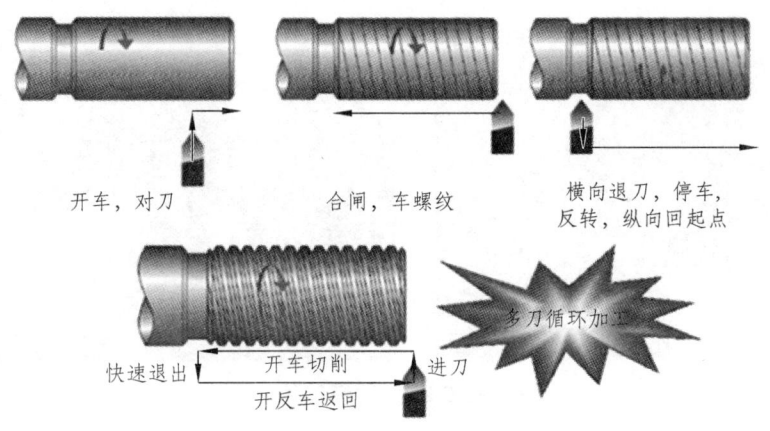

图 6.24 正反车削法

2. 抬闸法

抬闸法依靠机床丝杆控制手柄开闭合实现加工，手动退刀，如图 6.25 所示。

图 6.25 抬闸加工法

3. 正反车车削法与抬闸法的对比（见表 6.3）

表 6.3 正反车车削法与抬闸法的对比

项　目	正反车车削法	抬闸法
退刀方式	利用丝杆的反转纵向返回起点	手动纵向返回起点
适用范围	适用于任何螺距的加工	只适用于车床丝杆螺距是工件螺距整数倍时

6.5.7 螺纹车削进刀方式（见表 6.4）

表 6.4 螺纹车削进刀方式

加工方法	加工示意	加工特点	适用范围
直进法		垂直进刀，多刀刃同时切削	适用于小螺距螺纹的加工

续表

加工方法	加工示意	加工特点	适用范围
左右进法		垂直进刀+小刀架左右移动,只有一条刀刃参与切削	适用于所有螺距螺纹的加工
斜进法		垂直进刀+小刀架只朝一个方向移动	适用于较大螺距螺纹的粗加工

6.5.8 螺纹的测量

螺纹的测量有多种方法,常用的有螺纹环规(内螺纹用螺纹塞规)和螺纹千分尺测量,在此不一一赘述。

6.6 车内孔

工件内表面——孔的加工方法较多,常用的有钻孔、扩孔、铰孔、镗孔、磨孔、拉孔、研磨孔、珩磨孔、滚压孔等,下面主要介绍在车床上车削内孔的方法。

孔一般分为通孔和盲孔两类,根据被加工孔的形状不同,所采用的内孔车刀也不相同。

6.6.1 内孔车刀的分类和几何形状

1. 内孔车刀的分类

内孔车刀分为通孔车刀和盲孔车刀,其俯视加工结构图如图 6.26 所示。

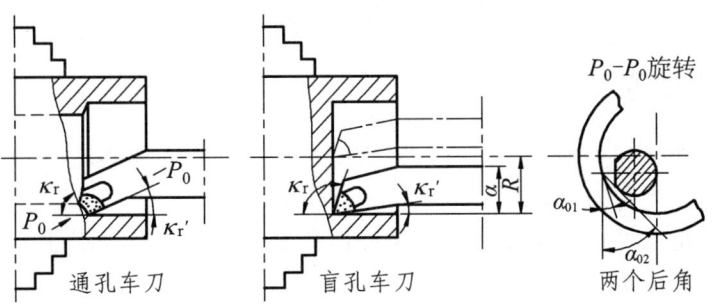

图 6.26 内孔车刀的俯视加工结构图

2. 内孔车刀的形状及参数

通孔车刀形状与外圆车刀相似,主偏角 $\kappa_r = 60° \sim 70°$,副偏角 $\kappa_r' = 15° \sim 30°$。为防止后刀面与孔壁摩擦及保证刀具的强度,一般不使后角磨得太大,一般磨双重后角 $\alpha_{01} = 6° \sim 12°$,$\alpha_{02} = 30°$ 左右。如图 6.27(a)所示。

盲孔车刀主要用于车盲孔或阶梯孔。切削部分几何形状基本上与偏刀相似,主偏角 $\kappa_r =$

92°～95°，副偏角 $\kappa_r' = 6° \sim 10°$。后角要求与通孔车刀一样，刀尖在刀杆的最前端，刀尖到刀杆外端的距离 a 应小于孔半径 R。如图 6.27（b）所示。

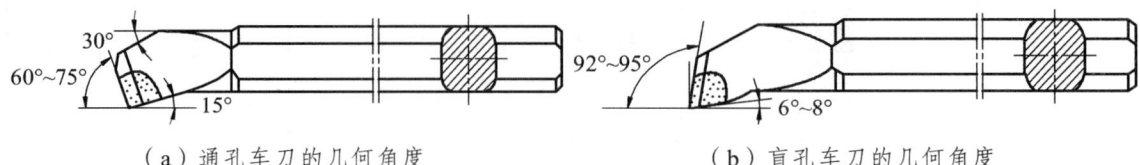

（a）通孔车刀的几何角度　　　　（b）盲孔车刀的几何角度

图 6.27　内孔车刀的角度

3. 内孔车刀在制作使用时的注意事项

内孔车刀在加工时由于刀杆悬臂较长，受力时易产生振动而影响加工质量，且内部切削区操作者不易观察。因此，针对不同的孔径和长度，提高内孔车刀刚性的措施和保证加工质量的办法主要有：内孔车刀的刀杆尽可能粗一些；刀具切削刃锋利一些；吃刀深度适当小一些。

内孔车刀可以做成整体式的，也可以做成装夹式的，如图 6.28 所示。

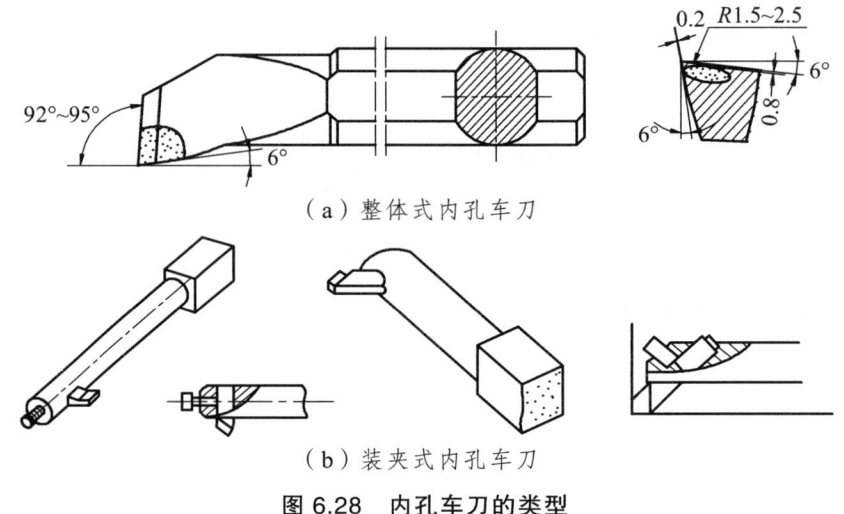

（a）整体式内孔车刀

（b）装夹式内孔车刀

图 6.28　内孔车刀的类型

6.6.2　内孔车刀的装夹

（1）在车床刀架上装夹内孔车刀时，刀尖应对准工件中心或略高一些，这样可以避免刀具在受到切削力时产生扎刀现象。

（2）刀具在满足工件切削长度后，为保证内孔车刀具备足够的刚性，避免产生振动，刀杆伸出的长度应尽可能短一些。

（3）内孔车刀的刀杆应与工件轴心线平行，避免车削时刀杆碰到工件内表面。

6.6.3　车削内孔时的排屑问题

切削内孔时，铁屑不易排出或易刮伤已加工表面。因此，主要是在刀具前刀面排屑槽形状和选择切削用量上加以控制：

（1）通孔精车时采用正值刃倾角，使切屑排向待加工表面。

（2）盲孔加工时采用负值刃倾角，让切屑从孔口排出。

6.7 车削加工考核

6.7.1 台阶轴考核

1. 零件图

请选择合适的刀具和工序，按图 6.29 所示零件图加工台阶轴，其参数见表 6.5。

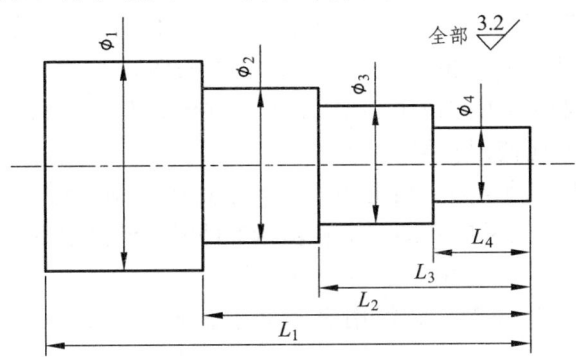

图 6.29 台阶轴零件图

表 6.5 台阶轴参数

ϕ_1	$23_{-0.10}^{0}$	L_1	26 ± 0.20
ϕ_2	$18.5_{-0.08}^{0}$	L_2	20 ± 0.16
ϕ_3	$14.6_{-0.06}^{0}$	L_3	14 ± 0.10
ϕ_4	$10.2_{-0.04}^{0}$	L_4	7 ± 0.06

2. 评分细则（见表 6.6）

表 6.6 评分细则

ϕ_1 $23_{-0.10}^{0}$	2	每超差 0.05 扣 1 分
L_1 26 ± 0.20	2	每超差 0.10 扣 1 分
ϕ_2 $18.5_{-0.08}^{0}$	3	每超差 0.04 扣 1 分
L_2 20 ± 0.16	3	每超差 0.08 扣 1 分
ϕ_3 $14.6_{-0.06}^{0}$	4	每超差 0.04 扣 1 分
L_3 14 ± 0.10	4	每超差 0.06 扣 1 分
ϕ_4 $10.2_{-0.04}^{0}$	5	每超差 0.02 扣 1 分
L_4 7 ± 0.06	5	每超差 0.04 扣 1 分
3.2	2	每超差一级扣 1 分

6.7.2 螺纹轴考核（建议专业实习考核）

（1）零件图（参见图 6.19）。

（2）评分标准：每超差一个表面扣5分，未按安全规程加工计0分。

6.8 普通车床安全操作规程

① 卡盘、花盘必须有保险螺钉，使用前要紧固。

② 使用拨盘、顶针、鸡心夹头装夹工件要采用安全拨盘，以防鸡心夹头伤人。

③ 装、卸卡盘时都必须关闭电门，在床面上垫木块时不得开车借主轴转动，尤其是转卡盘决不允许开车进行。重量较大的卡盘装卸要由2人操作。

④ 车削长零件时要用跟刀架或中心架。长料从主轴后伸出不得超过200 mm并应加上醒目标志，超过200 mm时应使用料架。

⑤ 停车时必须先停自动走刀，后退车刀。严禁用手去刹卡盘。

⑥ 装卸工件后，卡盘扳手应立即放下；装卸工件时，卡盘扳手不得加装套管，扳手应与导轨垂直使用，不得倾斜，以免用力过猛滑脱伤人。

⑦ 零件尚未夹紧和校正时，必须用手搬动卡盘校正，不得开车校正，以防零件飞出伤人。

⑧ 零件在装夹前应去除毛刺，以防割手或由于毛刺影响装夹牢固。

⑨ 使用顶针应经常加油，高速切削必须使用活顶针，不得使用磨损了的顶针。把工件装上顶针时要注意中心孔是否正确。切断工件不得采用两顶针装夹的方法。

⑩ 车刀伸出长度应尽量短，伸出距离一般不得超过刀杆厚度的1~2倍。车刀用的垫铁不要太多，一般只用2~3片，要平整且要与刀架对齐；刀架上螺丝要拧紧，一般要紧固2个螺丝，紧固时应轮换逐个拧紧。

⑪ 使用锉刀时应用左手握柄、右手握头。锉削时，应从右面锉到左面，并且要长而缓慢，压力要均匀一致。锉刀上切屑必须随时清除，以免锉削时打滑。

⑫ 用砂布抛光时，转速应高些，可用手直接握住砂布或把砂布放在锉刀下面进行抛光。但要慢慢移动，最好使用抛光夹抛光。用砂布砂内圆时，必须用木棒缠砂布插进，禁止用手缠砂布或棉纱砂内圆。

⑬ 工件上有凹槽时，不可进行锉削和抛光，应用木塞填补后再进行。

⑭ 车削铸铁、铸铜、铸铝、木材等有大量粉末飞扬的工件时，应戴口罩。

⑮ 镗孔操作中，用塞规测量孔径时，应先把镗刀摇开，拔出塞规时用力不可过猛，以防手撞在刀尖或尾座钻头上受伤。

⑯ 要防止滚花时产生的径向压力把工件顶垮，对薄壁零件要防止变形。

⑰ 车削镁合金零件时，要准备好防火器材（石墨粉、石棉被、砂子和熔剂粉等）。零件起火时不要用水或普通化学剂灭火，以防爆炸。为防止镁合金燃烧，切屑应随时清除，且不要与其他切屑混合；切削深度不宜过小，进给量不应小于0.05 mm；一次走刀后，必须很快退出刀具；清除切屑时，刀具不许与零件表面摩擦；应避免用水或乳状液进行冷却。

⑱ 加工畸形和偏心零件时要加平衡配重，应夹紧牢固，先开慢车，然后再变为需要的转速。

⑲ 高速切削要戴防护眼镜或加设防护罩。

⑳ 装卸、校正、测量、锉削、抛光工件和调换卡盘都必须停车进行，将刀架移至安全处、撤除垫板等物后，方可开车。

习 题

6.1 普通卧式车床可加工哪些表面？车削外圆的尺寸公差等级可达几级？粗糙度 Ra 值为多少？

6.2 光杠和丝杆的作用是什么？

6.3 横向进给手动手柄转过 24 格时，刀具横向移动多少毫米？外径 36 mm，要车 35 mm，对刀后切削时，横向手柄应进多少小格？

6.4 试切的目的是什么？主要应用在什么情况下？试阐述正确的试切方法。

6.5 对粗车和精车应如何选择切削用量？

6.6 如何选择切削刀具的几何角度？不同的几何角度对加工零件的质量有何影响？

6.7 用正、负刃倾角的两把刀车削时，其切屑流动方向如何？

6.8 车螺纹前，螺纹车刀应如何安装？

6.9 公制螺纹的牙尖角是多少？英制螺纹的牙尖角是多少？

6.10 提高内孔车刀的刚性措施和保证加工质量的办法有哪些？

6.11 内孔车刀装夹时要注意哪些？

第 7 章 铣 削

【实习目的及要求】
① 了解铣削加工的基本知识;
② 了解常用铣刀种类及作用;
③ 了解常用立铣和卧铣机床的组成、运动和用途;
④ 了解铣床附件大致结构、用途和简单分度的方法;
⑤ 掌握一般铣削加工的方法;
⑥ 按图纸要求尺寸,在卧铣和立铣上加工出合格的六方体。

7.1 概 述

在铣床上利用铣刀的旋转和工件的移动对工件进行切削加工的过程称为铣削。铣削时铣刀的回转运动是主运动,工件的直线运动或斜线运动是进给运动。在机械加工中,铣削是除了车削加工之外用得较多的一种加工方法。铣削主要用于加工各种平面(如水平面、垂直面和斜面)、沟槽(如直角槽、键槽、V 形槽、T 形槽和燕尾槽)、齿轮(如直齿、斜齿、圆锥齿和齿条)、特形面和螺旋槽,也可以用来切断工件,还可以进行钻孔、镗孔等。

铣削加工的尺寸等级一般可达 IT 11 ~ IT 9,表面粗糙度值为 Ra 6.3 ~ 1.6 μm。

由于铣刀是一种旋转使用的多刃刀具,在铣削时每个刀刃是间歇进行切削的,刀刃的散热条件好,因而可以采用较大的铣削用量。所以铣削是一种高生产效率的加工方法。

7.2 铣 床

铣床的种类很多,常用的有立式铣床、卧式铣床和数控铣床,其他还有龙门铣床、万能工具铣床和各种专用铣床。

7.2.1 卧式万能铣床

卧式万能铣床是铣床中应用最广的一种,它的主轴轴线与工作台平面平行,呈水平位置。工作台可沿纵、横、垂直三个方向移动,并可在水平平面内回转一定的角度,以适应不同铣削的需要。X6132 型卧式万能升降台铣床如图 7.1 所示,其型号含义如下:

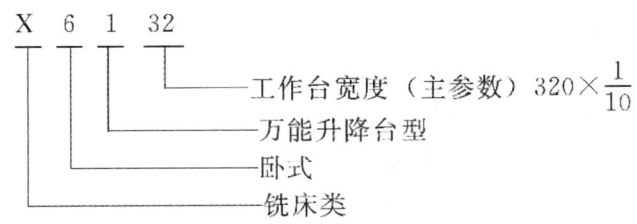

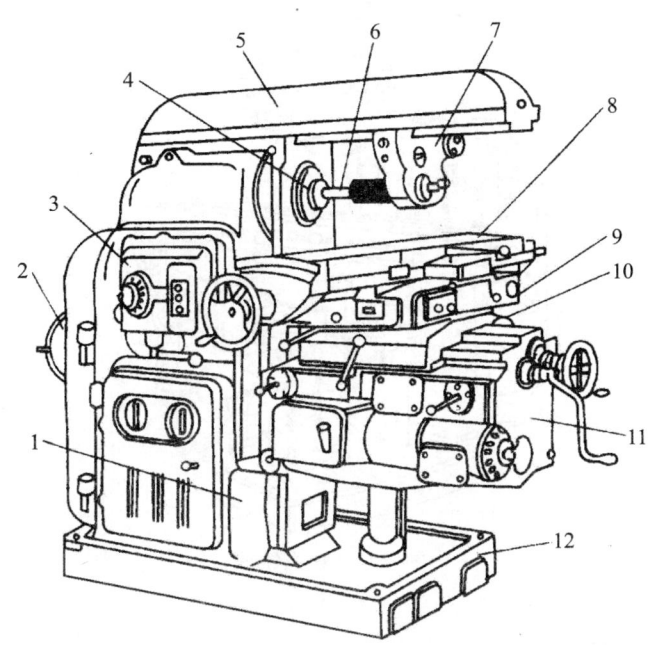

1—床身；2—电动机；3—变速机构；4—主轴；5—横梁；6—刀杆；7—刀杆支架；8—纵向工作台；9—转台；10—横向工作台；11—升降台；12—底座。

图 7.1 X6132 卧式万能升降台铣床

X6132 型卧式万能铣床的主要组成部分及作用如下。

① 床身：用来支承和固定铣床各部件。

② 横梁：一端装有吊架，用以支承铣刀杆外伸，增加刀杆的刚性。横梁的伸出长度可以调整。

③ 主轴：空心轴，前端为锥孔，用来安装铣刀杆并带动铣刀做旋转运动。

④ 纵向工作台：台面有 T 形槽，用以安装工件及夹具；下面通过螺母与丝杆螺纹连接，可在转台的导轨上纵向移动；侧面有固定挡块，以实现机床的机动纵向进给。

⑤ 横向工作台：位于升降台上面的水平导轨上，可以带动纵向工作台一起做横向运动，用以调整工件与铣刀之间的横向位置或获得横向进给。

⑥ 升降工作台：支承纵向工作台和转台，可带动整个工作台沿床身的垂直导轨上下移动，以调整工作台面到铣刀的距离，可做垂直进给。

⑦ 转台：可将纵向工作台在水平面内扳转一定的角度（正反均为 0°~45°），以便铣削螺旋槽工件。

⑧ 底座：用于支承床身和升降台，盛放冷却液。

万能卧式升降台铣床的主轴转动和工作台移动的传动系统是分开的，分别由单独的电动机驱动，使用单手柄操纵机构，工作台在三个方向上均可快速移动。

7.2.2 立式升降台铣床

立式铣床与卧式铣床相比，组成部分及运动基本相同，只是各自主轴所处空间位置不同，并且没有横梁、吊架、转台，但它的主轴可根据需要偏转一定的角度。立式铣床如图7.2所示。

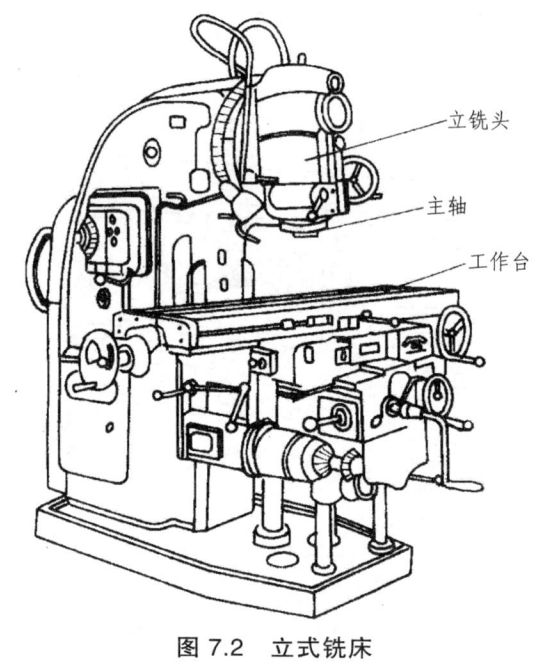

图7.2 立式铣床

7.2.3 铣床的主要附件

1）平口钳

平口钳是一种通用工具，适用于装夹小型或形状较为规则的工件。

2）回转工作台

回转工作台也称为圆形工作台，主要用于铣削圆弧形表面和曲线槽。

3）万能铣头

在卧式铣床上装上万能铣头，不仅能完成各种立铣的工作，还可以根据需要，将铣头扳成任意角度，从而扩大了卧式铣床的加工范围。

4）万能分度头

在铣削过程中，经常会遇到铣四方、六方、齿轮、花键和刻线等工作，这时工件在铣过一个面或槽后，需要转一定的角度再进行铣削，这种转动角度的方法就叫分度。分度头就是能对工件在水平、垂直和倾斜位置进行分度的机床附件。分度头有许多类型，其中最常见的是万能分度头，其结构图及传动系统图分别如图7.3和图7.4所示。

分度头是通过涡轮、蜗杆来传动的，其中涡轮是40个齿，蜗杆是1个头，所以得出传动比为$\frac{40}{1}$；若工件在整个圆周的等分数为Z，则得出分度头手柄所需转的圈数$n=\frac{40}{Z}$。

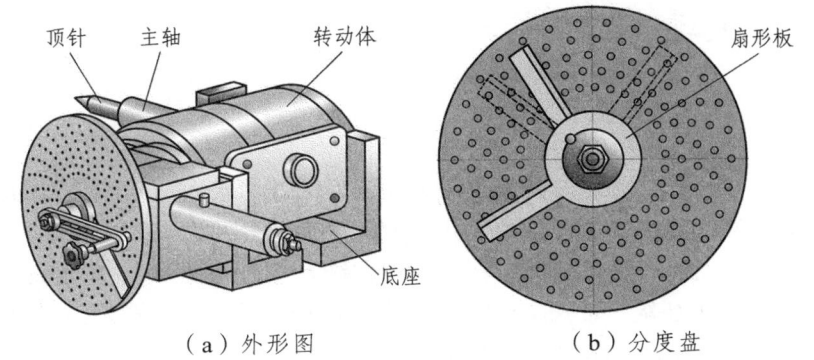

(a)外形图　　　　　　　　　　　(b)分度盘

图 7.3　分度头结构

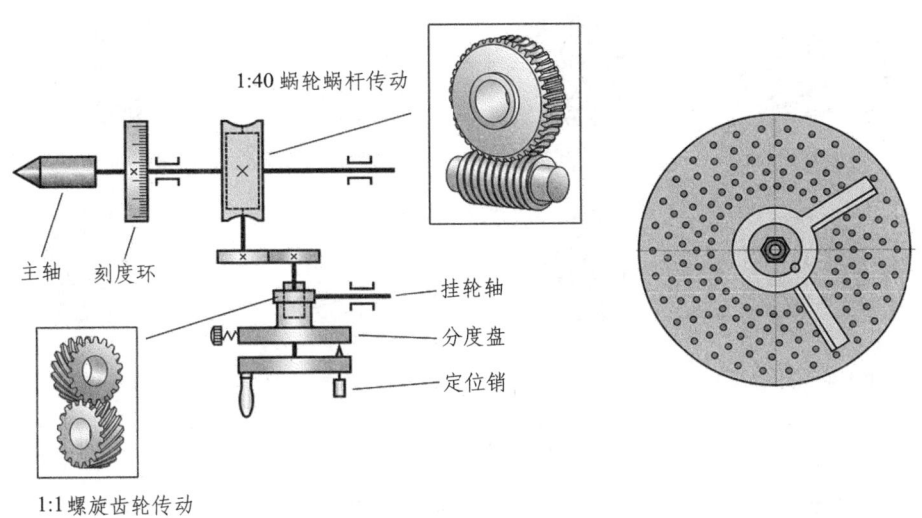

(a)传动系统简图　　　　　　　　　(b)分度盘

图 7.4　分度头传动系统

使用分度头对工件分度的方法很多，有直接分度法、简单分度法、角度分度法等，这里仅介绍最常用的简单分度法。

我们上面了解了 $n=\dfrac{40}{Z}$，若加工螺母为六边形，则 $n=\dfrac{40}{6}=6\dfrac{2}{3}$。也就是说分度头手柄需转过 6 圈后再多摇过 $\dfrac{2}{3}$ 圈，这 $\dfrac{2}{3}$ 圈可以通过分度盘来控制。分度头一般配有 2 块分度盘，分度盘正反两面有许多孔圈，各圈上的孔数都不相同，但同一圈上的孔距是相等的。第一块分度盘正面各圈的孔数依次为：24，25，28，30，34，37；反面各圈的孔数依次为：38，39，41，42，43。第二块分度盘正面各圈的孔数依次为：46，47，49，51，54；反面各圈的孔数依次为：57，58，59，62，66。采用简单分度法时，分度盘固定不动，上面计算的 $\dfrac{2}{3}$ 圈，分母为 3，我们将分度手柄上的定位销拔出，调整到孔数为 3 的倍数的孔圈上，即手柄的定位销可插在孔数为 24 的孔圈上，此时手柄转过 6 圈后，再沿孔数为 24 的孔圈转过 16 个孔距即可 $\left(=6\dfrac{2}{3}=6\dfrac{16}{24}\right)$。

如果要铣的零件的等分数为质数，如铣 71 个齿的齿轮，就不能应用简单分度法，而应采用别的分度法（如差动分度法）。

7.3 铣刀及其安装

7.3.1 铣刀

铣刀是一种多刃刀具，它的刀齿分布在圆柱铣刀的外回转表面或端铣刀的端面上。铣刀的种类很多，按铣刀的安装方法可分为带孔铣刀和带柄铣刀两大类。带孔铣刀一般用于卧式铣床，有圆柱铣刀、三面刃铣刀、锯片铣刀、模数铣刀（齿轮铣刀）、单角铣刀、双角铣刀、凸圆弧铣刀、凹圆弧铣刀等，如图 7.5 所示。带柄铣刀多用于立式铣床，有端面铣刀、立铣刀、键槽铣刀、T 形槽铣刀、燕尾槽铣刀等，如图 7.6 所示。

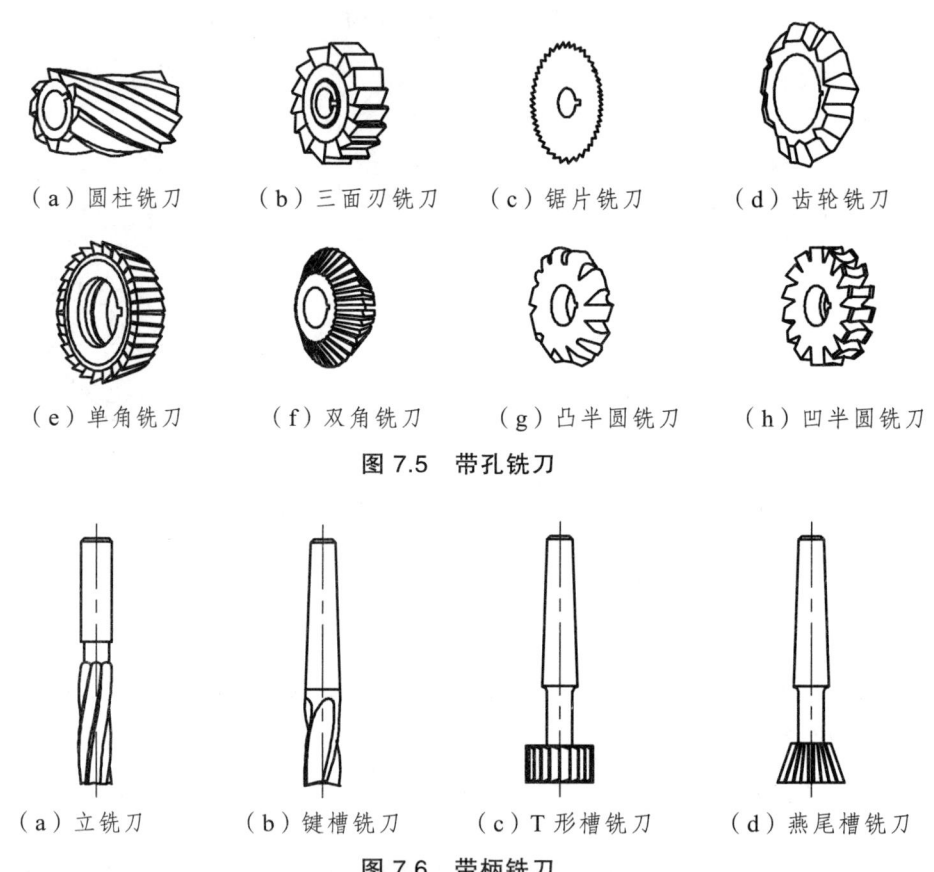

（a）圆柱铣刀　（b）三面刃铣刀　（c）锯片铣刀　（d）齿轮铣刀

（e）单角铣刀　（f）双角铣刀　（g）凸半圆铣刀　（h）凹半圆铣刀

图 7.5　带孔铣刀

（a）立铣刀　（b）键槽铣刀　（c）T 形槽铣刀　（d）燕尾槽铣刀

图 7.6　带柄铣刀

铣刀结构复杂，种类繁多，制造困难，因此铣刀的成本高。

常用的铣刀材料有高速钢和硬质合金钢。一般形状较为复杂的铣刀都采用高速钢制造，如 $W_{18}Cr_4V$，其耐热度可达 600 ℃。采用硬质合金钢制造的铣刀耐热度可达 1 000 ℃，所以可以采用较高的铣削速度，生产效率高，表面质量好。

7.3.2 铣刀的安装

1. 带孔铣刀的安装

带孔铣刀一般安装在刀杆上，如图 7.7 和图 7.8 所示。安装时应注意：

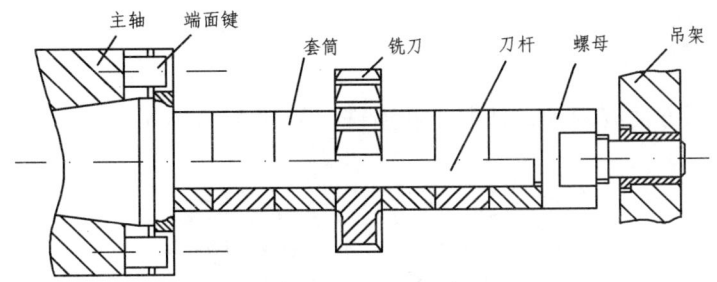

图 7.7 圆盘铣刀的安装

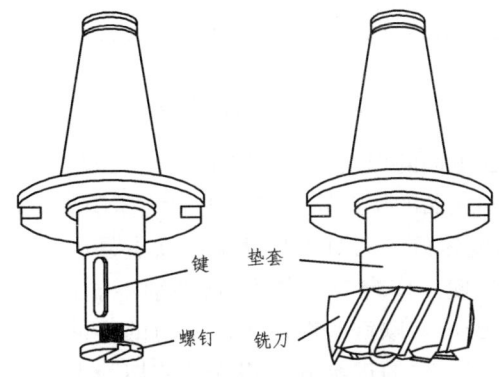

图 7.8 端铣刀的安装

① 铣刀尽可能靠近主轴或吊架,以增加刚性。
② 定位套筒的端面与铣刀的端面必须擦净,以减小铣刀的端面跳动。
③ 在拧紧刀杆上的压紧螺母时,必须先安装上吊架,以防刀杆弯曲变形。

2. 带柄铣刀的安装

① 直柄铣刀的安装。这类铣刀多为小直径铣刀（≤20 mm）,用弹簧夹头安装,如图 7.9 所示。

② 锥柄铣刀的安装。根据铣刀锥柄尺寸选择合适的过渡锥套用拉杆将铣刀及过渡套一起拉紧在主轴端部的锥孔内。

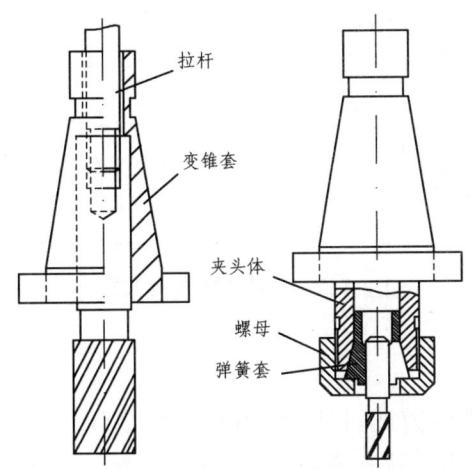

图 7.9 带柄铣刀的安装

7.4 铣削方法

在铣床上，铣削方法有两种，即顺铣和逆铣，如图7.10所示。

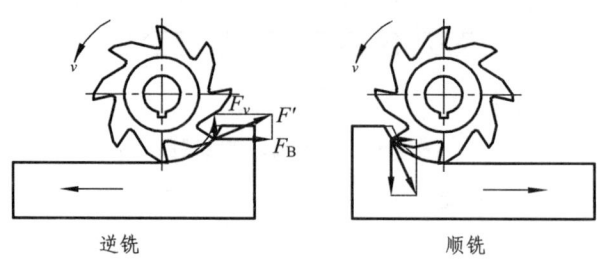

图7.10 逆铣和顺铣

顺铣：在铣刀与工件已加工面的切点处，旋转铣刀切削刃的运动方向与工件进给方向相同。

逆铣：在铣刀与工件已加工面的切点处，旋转铣刀切削刃的运动方向与工件进给方向相反。

顺铣的优点是表面粗糙度较好，刀具不易磨损；缺点是由于顺铣是铣刀的旋转方向与工件的进给方向相同，因而极易使工作台产生窜动，使切削不能正常进行，易损坏机床和刀具，报废工件，出安全事故，故少用。顺铣一般用于加工薄的零件及切削余量小的零件。

逆铣是铣刀的旋转方向与工件的进给方向相反，故切削平稳。在铣削加工中大量采用逆铣，特别是切削余量大的情况下均采用逆铣。

7.5 各类表面的铣削加工

铣床的工作范围很广，这里只介绍常见的平面、斜面、沟槽、成型面等的铣削工作。铣削时，铣刀的旋转运动为主运动，工件的移动为进给运动。主要铣削要素为：铣削速度指铣刀最大直径处切削刃的线速度；进给量指铣刀每转一周时，工件相对于铣刀沿进给方向移动的距离；铣削深度指平行于铣刀轴线方向上切削层的尺寸；铣削宽度指垂直于铣刀轴线方向上切削层的尺寸，如图7.11所示。

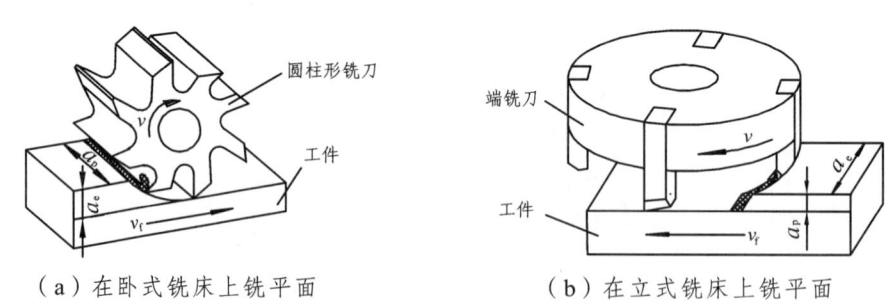

（a）在卧式铣床上铣平面　　　（b）在立式铣床上铣平面

图7.11 铣削运动及铣削要素

1. 铣平面

① 用端铣刀铣平面。端铣刀铣削时，切削厚度变化小，进行切削的刀齿较多，切削比较平稳。而且端铣刀的柱面刃承受着主要的切削工作，端面刃起修光作用，所以加工表面质量好。在目前，铣削平面多采用镶齿端铣刀在立式和卧式铣床上进行，如图7.12所示。

② 用圆柱铣刀铣平面。圆柱铣刀一般用于卧式铣床上铣平面,它分为直齿铣刀和螺旋齿铣刀两种,如图 7.13 所示。由于直齿切削不如螺旋齿切削(用螺旋齿铣刀铣削时,同时参与切削的齿数较多,并且每个齿工作时都是沿螺旋方向逐渐地切入和脱离工件表面)平稳,因而多用螺旋齿圆柱铣刀。

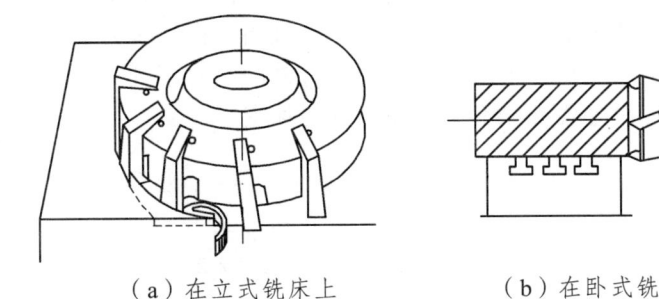

(a) 在立式铣床上　　　(b) 在卧式铣床上

图 7.12　用端铣刀铣平面　　　图 7.13　用圆柱铣刀铣平面

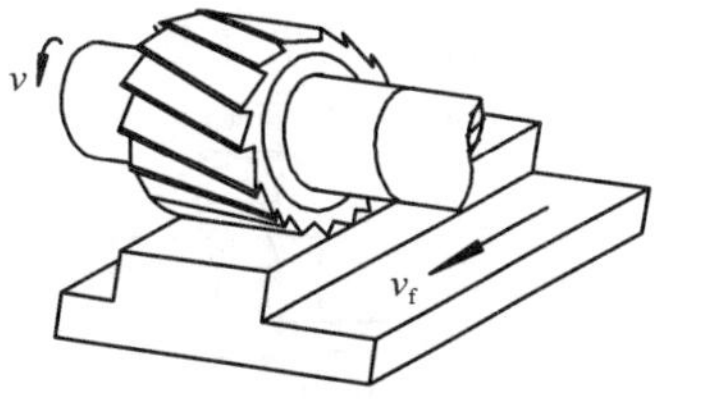

用圆柱铣刀铣削时,铣削方式可分为顺铣和逆铣两种。当工件的进给方向与铣削方向相同时为顺铣,反之则为逆铣。

由于丝杠与螺母传动存在一定的间隙,虽然顺铣质量好,但在顺铣时造成工作台在加工过程中无规则地窜动,严重时甚至会"打刀",因此生产中广泛采用逆铣。

③ 立铣刀铣平面。对于工件上较小平面或台阶面,常用立铣刀加工。

2. 铣斜面

① 用斜垫铁铣斜面。在零件设计基准面下垫一斜块,使工件加工面呈水平状态,即可进行铣削,如图 7.14 所示。

② 利用分度头铣斜面。工件装在分度头上,将分度头主轴转动所需角度后进行铣削。

③ 用万能立铣头铣平面。万能立铣头能方便地改变刀轴的位置,因此可转动铣头使刀具相对工件有相同的倾斜角,再进行铣削,如图 7.15 所示。

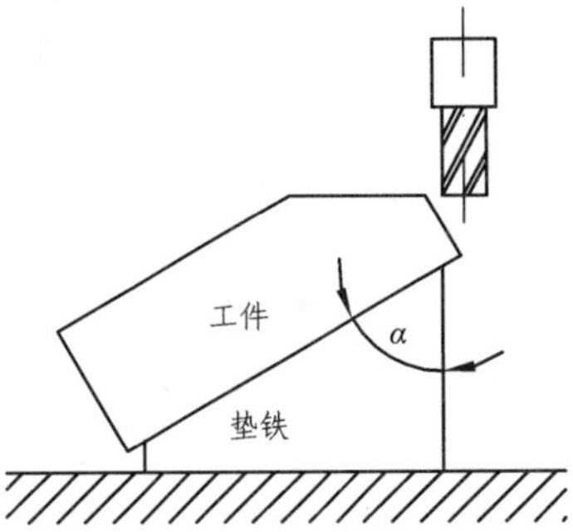

图 7.14　用斜垫铁铣斜面

④ 用角度铣刀铣斜面。用与工件斜面相同角度的角度铣刀直接铣斜面,如图 7.16 所示。

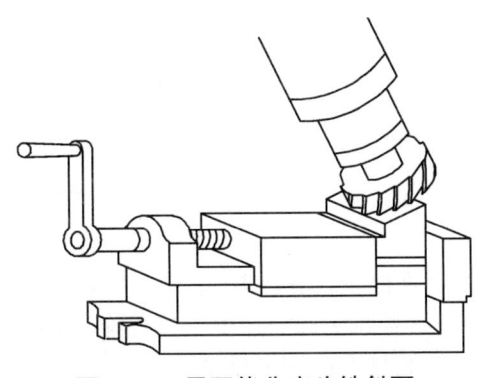

图 7.15　用万能分度头铣斜面

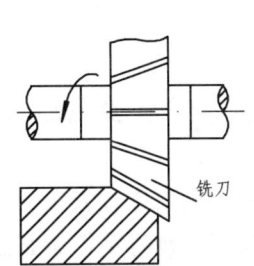

图 7.16　用角度铣刀铣斜面

3. 铣沟槽

铣床上加工沟槽的种类很多，如直槽、角度槽、V形槽、T形槽、燕尾槽和键槽等，如图 7.17~图 7.19 所示，可根据沟槽形状选择相应的沟槽铣刀进行铣削。注意：在铣燕尾槽和T形槽时，应先铣出宽度合适的直槽，然后再用相应的燕尾槽铣刀或T形槽铣刀铣削。铣封闭式键槽时，一般是利用键槽铣刀在立式铣床上进行。如用立铣刀铣键槽，由于铣刀中央无切削刃，不能垂直进刀，必须预先在槽的一端钻一个落刀孔，再进行铣削。对于开式键槽，可在立式铣床上用立铣刀进行铣削，也可在卧式铣床上用三面刃铣刀加工。

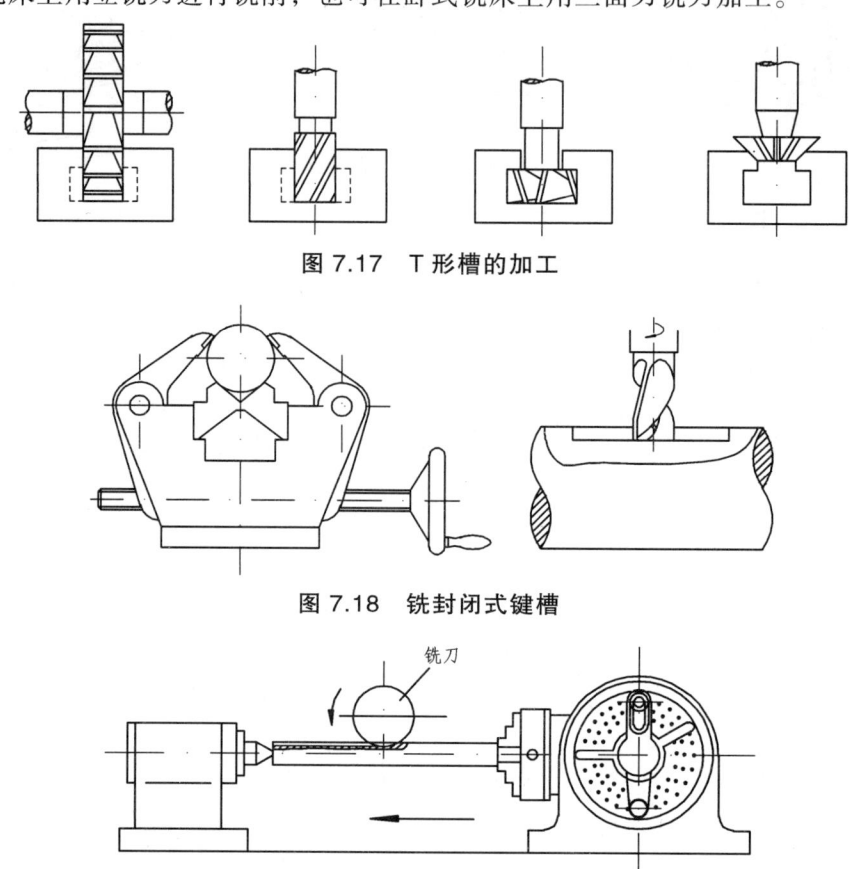

图 7.17　T形槽的加工

图 7.18　铣封闭式键槽

图 7.19　铣敞开式键槽

4. 铣成型面

铣成型面一般是在卧式铣床上用成型铣刀完成。

7.6　铣床实习安全操作规程

① 铣床机构比较复杂，操作前必须熟悉铣床性能及调整方法。
② 铣床运转时不得调整速度（扳动手柄），如需调整铣削速度，应停车后再调整。
③ 注意铣刀转向及工作台运动方向，学生一般只准使用逆铣法。
④ 切削用量要选择得当，不得随意更改。
⑤ 铣削齿轮用分度头分齿时，必须等铣刀完全离开工件后方可转动分度头手柄。

⑥ 实习结束，清扫设备与周围场地，经指导教师同意后方可离开。

习 题

7.1 何谓逆铣和顺铣？如何选择？
7.2 铣削能加工哪些表面？
7.3 试说明分度头的工作原理。
7.4 试说出四种常用铣床附件名称以及其主要作用。
7.5 在 FW250 分度头上加工一个六角螺钉，求每铣一面时，分度手柄应转多少。
7.6 铣床的主轴和车床主轴一样都做旋转运动，试说出两种以上既能在车床上又能在铣床上加工表面的例子，并分析各自的主运动和进给运动。

第8章 磨 工

【实习目的及要求】
① 了解砂轮组成、种类、用途及安装;
② 了解磨床的类型和用途,了解外圆磨床的组成及功用;
③ 熟悉外圆磨床的磨削特点和工艺方法;
④ 将实习件(轮轴)在外圆磨床上磨削至规定尺寸要求。

8.1 磨削加工的特点

磨削加工是在磨床上通过砂轮对工件表面进行切削加工的一种工艺方法,它可以使工件获得高精度及高表面质量,是机器零件精密加工的主要方法之一。磨削加工主要用于加工内外圆柱、圆锥面、平面及各种成型面(如螺纹、齿轮等),如图8.1所示。

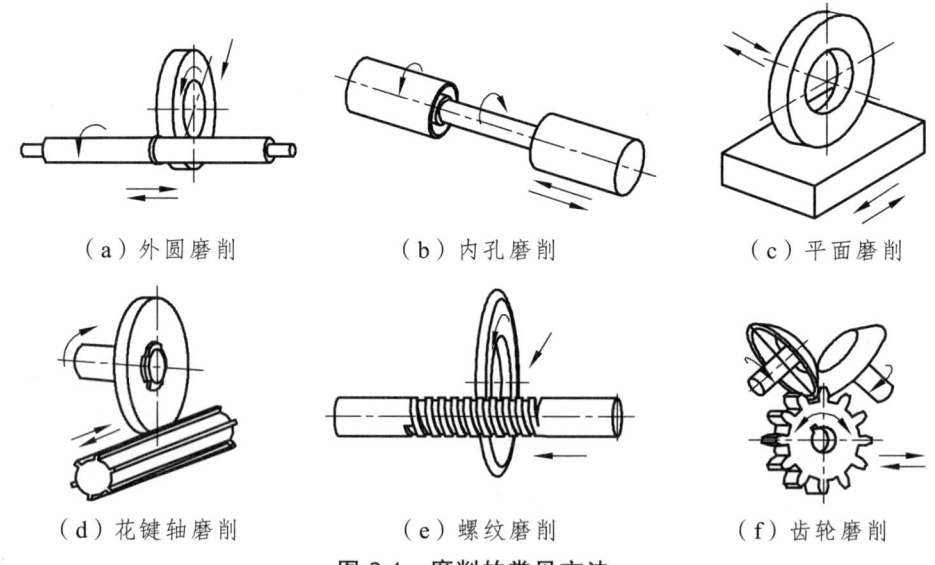

(a)外圆磨削　　(b)内孔磨削　　(c)平面磨削

(d)花键轴磨削　(e)螺纹磨削　　(f)齿轮磨削

图8.1 磨削的常见方法

磨削加工是机械制造中重要的加工工艺,已广泛用于各种表面的精密加工。随着现代机器向高速度、高精度、重负荷和自动化方面发展,机器零件的精度要求越来越高,特别是随着精密铸造、精密锻造等现代成型工艺的发展以及磨削技术自身的不断进步,越来越多的零件用铸坯、锻坯直接磨削就能达到精度要求。因此,磨削在机械制造业中的应用日益广泛,各种磨床在机器厂所占的比例也日益增加。

从本质上来说,磨削加工是一种切削加工,但和通常的车削、铣削、刨削等相比却有以下的特点:

① 磨削属多刃、微刃切削。砂轮上每一磨粒相当于一个切削刃，而且切削刃的形状及分布处于随机状态，每个磨粒的切削角度、切削条件均不相同。图 8.2 为磨粒切削示意图。

② 磨削加工精度高，表面粗糙度值低，加工精度可达 IT6～IT5，表面粗糙度值为 0.8～0.2 μm，这是因为背吃刀量小，磨刃的切削量小。

③ 磨削加工材料广泛。由于砂轮磨粒硬度很高，因此磨削不仅可以加工一般的金属材料，还可以加工淬硬工件及硬质合金等高硬度材料；但磨削不宜加工硬度低而塑性很好的有色金属材料，因为砂轮易被软材料堵塞。

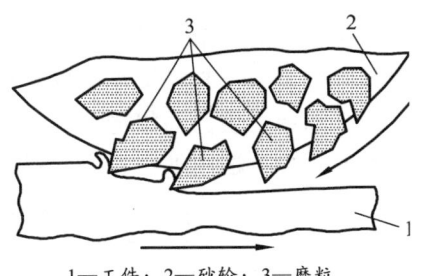

1—工件；2—砂轮；3—磨粒。

图 8.2 磨粒切削示意图

④ 磨削加工径向分力大，切削温度高。砂轮与工件接触面较宽，因此径向分力较大。磨削时，砂轮高速旋转摩擦生热及工件发生弹塑性变形产生的变形热较多，而砂轮导热性差，故磨削时温度高，因此一般都要使用磨削液。

8.2 砂轮的组成、特性及选用

8.2.1 砂轮的组成

砂轮是由磨料和结合剂经压坯、干燥、烧结而成的疏松体，由磨粒、结合剂和气孔三部分组成。图 8.3 为砂轮局部放大示意图。砂轮磨粒暴露在表面部分的尖角即为切削刃。结合剂的作用是将众多磨粒黏结在一起，并使砂轮具有一定的形状和强度；气孔在磨削中主要起容纳切屑和磨削液以及散发磨削液的作用。

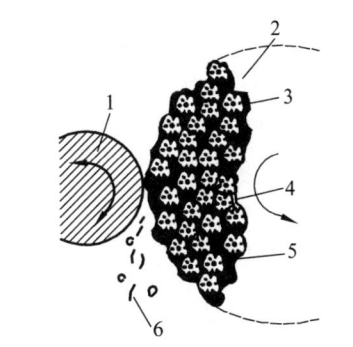

1—工件；2—砂轮；3—磨粒；4—结合剂；5—气孔；6—脱落的磨粒切屑。

图 8.3 砂轮的构造

8.2.2 砂轮的特性

砂轮的特性包括磨料、粒度、结合剂、硬度、组织、形状和尺寸六大要素。

1. 磨　料

磨料是砂轮的主要成分，它直接担负切削工作，应具有很高的硬度和锋利的棱角，并要有良好的耐热性。常用的磨料有氧化物系、碳化物系和高硬磨料系三种，其代号、性能及应用详见表 8.1。

表 8.1 常用磨料的代号、性能及应用

系列	磨料名称	代号	特性	适用范围
氧化物系 Al_2O_3	棕色刚玉	A	硬度较高、韧性较好	磨削碳钢、合金钢、可锻铸铁、硬青铜
	白色刚玉	WA		磨削淬硬钢、高速钢及成型磨
碳化物系 SiC	黑色碳化硅	C	硬度高、韧性差、导热性较好	磨削铸铁、黄铜、铝及非金属等
	绿色碳化硅	GC		磨削硬质合金、玻璃、玉石、陶瓷等
高硬磨料系 C、BN	人造金刚石	SD	硬度很高	磨削硬质合金、宝石、玻璃、硅片等
	立方氮化硼	CBN		磨削高温合金、不锈钢、高速钢等

2. 粒　度

粒度用来表示磨料颗粒的大小。一般直径较大的砂粒称为磨粒，其粒度用磨粒所能通过的筛网号表示；直径极小的砂粒称为微粉，其粒度用磨料自身的实际尺寸表示。粒度对磨削生产率和加工表面的粗糙度有很大的影响。一般粗磨或磨软材料时选用粗磨粒；精磨或磨硬而脆的材料时选用细磨粒。常用磨料的粒度、尺寸及应用范围见表8.2。

表8.2　常用磨料的粒度、尺寸及应用范围（摘自GB2477—1983）

粒度	公称尺寸/μm	应用范围
20#	1180～1000	荒磨钢锭，打磨铸件毛刺，切断钢坯等
24#	850～710	
30#	710～600	
40#	500～425	磨内圆、外圆和平面，无心磨，刀具刃磨等
46#	425～355	
60#	300～250	
70#	250～212	半精磨、精磨内外圆和平面，无心磨和工具磨等
80#	212～180	
90#	180～150	
100#	150～125	半精磨、精磨、珩磨、成型磨、工具磨等
150#	106～75	
240#	75～53	
W40	40～28	精磨、超精磨、珩磨螺纹磨、镜面磨等
W28	28～20	
W20	20～14	
W14～W0.5	14～10～0.5～更细	精磨、超精磨、镜面磨、研磨、抛光等

3. 结合剂

结合剂的作用是将磨粒黏结在一起，并使砂轮具有所需要的形状、强度、耐冲击性、耐热性等。黏结愈牢固，磨削过程中磨粒就愈不易脱落。常用结合剂的名称、代号、性能及应用范围见表8.3。

表8.3　砂轮结合剂的种类、性能及应用

名　称	代　号	性　能	应用范围
陶瓷结合剂	V	耐热、耐水、耐油、耐酸碱，气孔率大、强度高、韧性弹性差	应用范围最广，除切断砂轮外，大多数砂轮都采用
树脂结合剂	B	强度高、弹性好、耐冲击、有抛光作用，耐热性、抗腐蚀性差	制造高速砂轮、薄砂轮
橡胶结合剂	R	强度和弹性更好，有极好的抛光作用，但耐热性更差，不耐酸	制造无心磨床导轮、薄砂轮、抛光砂轮

4. 硬　度

硬度是指砂轮表面上的磨粒在磨削力的作用下脱落的难易程度。磨粒容易脱落，则砂轮的硬度低，称为软砂轮；磨粒难脱落，则砂轮的硬度高，称为硬砂轮。砂轮的硬度主要取决于结合剂的黏结能力及含量，与磨粒本身的硬度无关。砂轮的硬度等级与代号见表8.4。

表8.4 砂轮的硬度等级与代号

硬度等级	大级	超软	软			中软		中		中硬			硬		超硬
	小级	超软	软1	软2	软3	中软1	中软2	中1	中2	中硬1	中硬2	中硬3	硬1	硬2	超硬
代号		D、E、F	G	H	J	K	L	M	N	P	Q	R	S	T	Y

选择砂轮的硬度主要根据工件材料特性和磨削条件来决定。一般磨削软材料时应选用硬砂轮，磨削硬材料时应选用软砂轮，成型磨削和精密磨削也应选用硬砂轮。

5. 组　织

砂轮的组织是指磨粒和结合剂的疏密程度，它反映了磨粒、结合剂、气孔三者之间的比例关系。按照GB/T2484—1994的规定，砂轮组织分为紧密、中等和疏松三大类15级，详见表8.5。

表8.5 常用砂轮的组织与代号

组织号	0	1	2	3	4	5	6	7	8	9	10	11	12	13	14
磨粒率/%	62	60	58	56	54	52	50	48	46	44	42	40	38	36	34
疏密程度	紧密					中等						疏松			

砂轮的组织对磨削生产率和工件表面质量有直接影响。一般的磨削加工广泛使用中等组织的砂轮；成型磨削和精密磨削则采用紧密组织的砂轮；而平面端磨、内圆磨削等接触面积较大的磨削以及磨削薄壁零件、有色金属、树脂等软材料时应选用疏松组织的砂轮。

6. 砂轮的形状和尺寸

为适应各种磨床结构和磨削加工的需要，砂轮可制成各种形状与尺寸。表8.6为常用砂轮的形状、代号及用途。

表8.6 常用砂轮的形状、代号及用途

砂轮名称	代号	简图	主要用途
平行砂轮	P		用于磨外圆、内圆、平面、螺纹及无心磨等
双叙边形砂轮	PSX		用于磨削齿轮和螺纹
双面凹砂轮	PSA		主要用于外圆磨削和刃磨刀具、无心磨砂轮和导轮
薄片砂轮	PB		主要用于切断和开槽等
筒形砂轮	N		用于立轴端面磨
杯形砂轮	B		用于磨平面、内圆及刃磨刀具
碗形砂轮	BW		用于导轨磨及刃磨刀具
碟形砂轮	D		用于磨铣刀、铰刀、拉刀等，大尺寸的用于磨齿轮端面

为了方便使用,在砂轮的非工作面上标有砂轮的特性代号,如图 8.4 所示。按 GB/T2484—1994 规定,其标志顺序及意义如下:

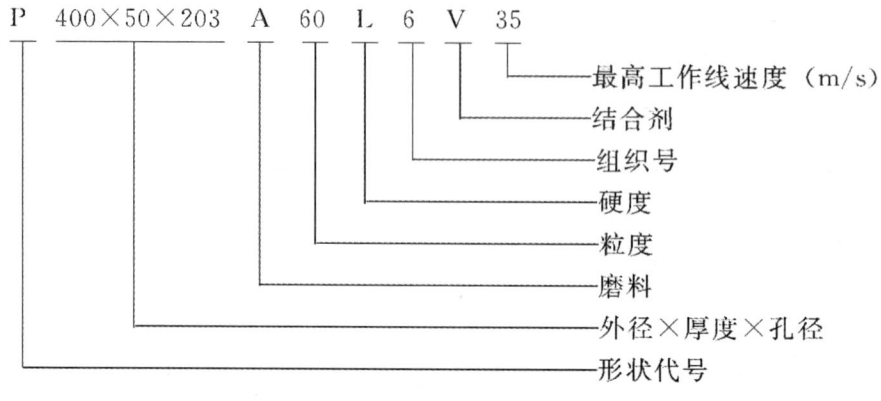

图 8.4 砂轮的标志

8.2.3 砂轮的选用

选用砂轮时,应综合考虑工件的形状、材料性质及磨床条件等各种因素,具体可参照表 8.7 的推荐加以选择。在考虑尺寸大小时,应尽可能把外径选得大些,以提高砂轮的圆周速度,有利于提高磨削生产率、降低表面粗糙度;磨内圆时,砂轮的外径取工件孔径的 2/3 左右,有利于提高磨具的刚度。应特别注意的是,不能使砂轮工作时的线速度超过所标示的数值。

表 8.7 砂轮的选用

磨削条件	粒度		硬度		组织		结合剂			磨削条件	粒度		硬度		组织		结合剂		
	粗	细	软	硬	松	紧	V	B	R		粗	细	软	硬	松	紧	V	B	R
外圆磨削				●			●			磨削软金属	●		●			●	●		
内圆磨削			●			●				磨韧性、延展性大的材料	●			●			●		
平面磨削			●			●				磨硬脆材料		●	●						
无心磨削				●						磨削薄壁工件	●		●						
荒磨、打毛刺	●		●				●	●		干磨	●		●						
精密磨削		●	●		●		●			湿磨		●		●					
高精密磨削		●	●		●		●			成型磨削		●		●		●			
超精密磨削		●								磨热敏性材料									
镜面磨削		●	●			●				刀具刃磨									
高速磨削		●		●						钢材切断									

8.3 砂轮的检查、安装、平衡和修整

8.3.1 砂轮的检查

砂轮安装前一般要进行裂纹检查，严禁使用有裂纹的砂轮。通过外观检查确认无表面裂纹的砂轮，一般还要用木槌轻轻敲击，声音清脆的为没有裂纹的好砂轮。

8.3.2 砂轮的安装

最常用的砂轮安装方法是用法兰盘装夹砂轮，如图 8.5 所示。两法兰盘的直径必须相等，其尺寸一般为砂轮直径的一半。安装时，砂轮和法兰盘之间应垫上 0.5～1 mm 厚的弹性垫板，砂轮与砂轮轴或法兰间应有一定的间隙，以免主轴受热膨胀而将砂轮胀裂。

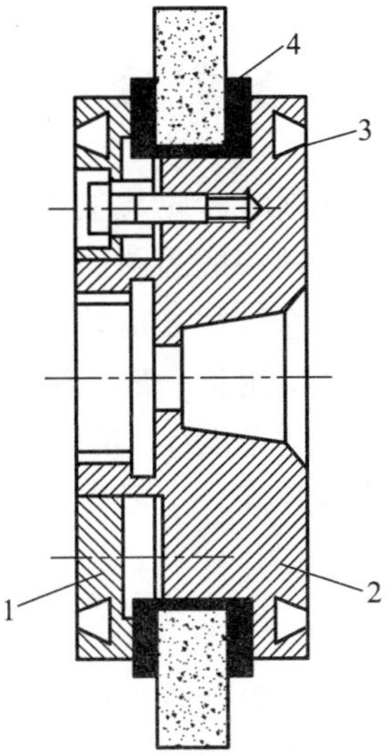

1，2—法兰盘；3—平衡块槽；
4—弹性垫板。

图 8.5 砂轮的安装

8.3.3 砂轮的平衡

由于砂轮各部分密度不均匀、几何形状不对称以及安装偏心等各种原因，往往会造成砂轮重心与其旋转中心不重合，即产生不平衡现象。不平衡的砂轮在高速旋转时会产生振动，影响磨削质量和机床精度，严重时还会造成机床损坏和砂轮碎裂。因此，在安装砂轮前都要进行平衡。砂轮的平衡有静平衡和动平衡两种，一般情况下只需作静平衡，但在高速磨削（线速度大于 50 m/s）和高精度磨削时，必须进行动平衡。

图 8.6 为砂轮静平衡装置。平衡时先将砂轮装在法兰盘上，再将法兰盘套在心轴上，然后放到平衡架的平衡轨道上。平衡的砂轮可以在任意位置都静止不动，而不平衡的砂轮，其较重部分总是转到下面，这时可移动平衡块的位置使其达到平衡。

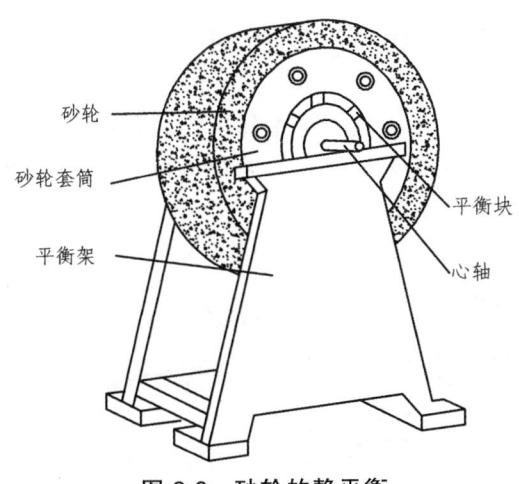

图 8.6 砂轮的静平衡

8.3.4 砂轮的修整

砂轮工作一定时间后，会出现磨粒钝化、表面空隙被磨屑堵塞、外形失真等现象，此时必须除去砂轮表层的磨料，重新修磨出新的刃口，以恢复砂轮的切削能力和外形精度。砂轮

的修整一般利用金刚石工具采用车削法、滚压法或磨削法进行。

8.4 磨削运动与磨削用量

磨削时砂轮与工件的切削运动也分为主运动和进给运动,其中主运动是砂轮的高速旋转,进给运动一般为圆周进给运动(即工件的旋转运动)、纵向进给运动(即工作台带动工件所做的纵向直线往复运动)和径向进给运动(即砂轮沿工件径向的移动)。

磨削用量一般用磨削速度($v_{砂}$)、工件圆周速度($v_{工件}$)和纵向进给量描述。

磨削速度 $v_{砂}$ 是磨削时砂轮外圆的线速度,又称砂轮圆周速度,可用式(8-1)计算。磨削速度较高,一般在 30~35 m/s。

$$v_{砂} = \frac{\pi \cdot D \cdot n}{1\,000 \times 60} \quad (\text{m/s}) \tag{8-1}$$

式中,D 为砂轮直径(mm);n 为砂轮转速(r/min)。

工件圆周速度 $v_{工件}$ 是磨外圆时工件待加工表面外圆的线速度,可用式(8-2)计算。工件圆周速度比磨削速度低得多,一般为 5~30 m/min。

$$v_{工件} = \frac{\pi \cdot d_1 \cdot n_1}{1\,000} \quad (\text{m/min}) \tag{8-2}$$

式中,d_1 为工件外圆直径(mm);n_1 为工件转速(r/min)。

纵向进给量 f 是工件每转 1 周时工件沿其轴向移动的距离(mm/r)。纵向进给量与纵向速度的关系可用式(8-3)计算。一般 $f = (0.3 \sim 0.6)B$,其中 B 为砂轮宽度。

$$v_{纵} = \frac{f \cdot n_1}{1\,000} \tag{8-3}$$

8.5 外圆磨床的主要组成及功用

外圆磨床分为普通外圆磨床和万能外圆磨床。普通外圆磨床可磨削工件的外圆柱面和外台阶端面,并可转动上工作台磨削外圆锥面;万能外圆磨床不仅能磨削工件外圆柱面和外圆锥面,还能磨削内圆柱面、内圆锥面及端面。

外圆磨床由床身、工作台、头架、尾架和砂轮架等组成,如图 8.7 所示。

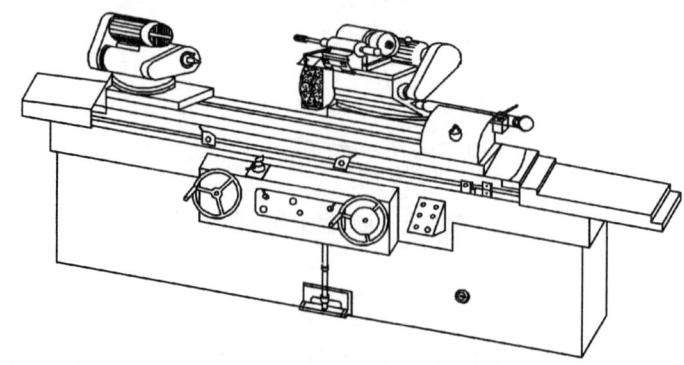

图 8.7 外圆磨床的外形简图

① 床身。床身用于支承和连接磨床各个部件，以提高机床刚度。磨床床身为箱形结构，内部有液压传动装置，上部有纵向和横向两组导轨以安装工作台和砂轮架。

② 工作台。工作台由上、下两层组成，上工作台可相对于下工作台偏转一定角度，以便磨削锥面；下工作台下装有活塞杆活塞，可通过液压机构使工作台作往复运动。图 8.8 为外圆磨床液压传动简图，由活塞、油缸、换向阀、节流阀、油箱、油泵、止通阀等元件所组成。当止通阀处于"通"状态时，压力油通过止通阀流向换向阀再流至油缸的左端或右端，从而推动活塞带动工作台向右或向左运动；油缸另一端的无压力油则通过换向阀、节流阀回到油箱。工作台的往复换向是通过行程挡块改变换向阀的位置实现的，而工作台运动速度的改变是通过调节节流阀改变压力油的流量大小实现的。

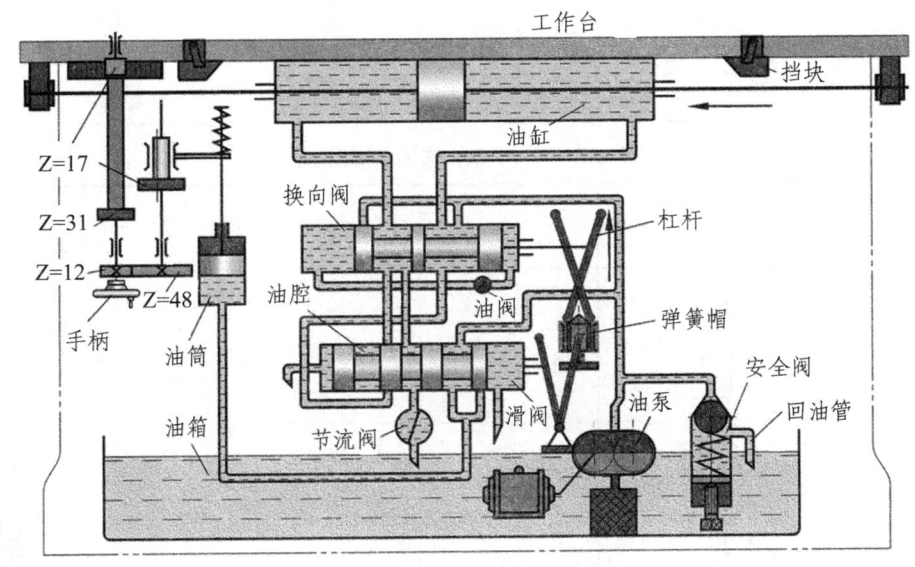

图 8.8　外圆磨床的液压传动图

③ 砂轮架。砂轮架上安装砂轮，由单独电动机带动作高速旋转。砂轮架安装在床身的横向导轨上，可通过手动或液压传动实现横向运动。

④ 头架。头架用于安装工件，其主轴由电动机经变速机构带动做旋转运动，以实现周向进给；主轴前端可安装卡盘或顶尖。

⑤ 尾架。尾架安装在工作台右端，尾架套筒内装有顶尖，可与主轴顶尖一起支承工件。它在工作台上的位置可根据工件长度任意调整。

8.6　外圆磨削方法

外圆磨削是指磨削工件的外圆柱面、外圆锥面等，外圆磨削可以在外圆磨床上进行，也可以在无心磨床上进行。在外圆磨床上磨削外圆时，工件一般用两顶尖安装，但与车削不同的是两顶尖均为死顶尖。磨削方法分为纵向磨削法、横向磨削法、混合磨削法和深磨法等，各自的特点及应用详见表 8.8 ~ 表 8.11。

外圆磨削的精度可达 IT5 ~ IT6，表面粗糙度 Ra 一般为 0.4 ~ 0.2 μm，精磨时 Ra 可达 0.16 ~ 0.01 μm。

表 8.8 纵向磨削法的特点及应用

磨削表面特征	砂轮工作表面	工作简图	砂轮运动	工件运动	特点及应用
光滑外圆面	1		1. 旋转; 2. 横向进给	1. 旋转; 2. 纵向往复	1. 磨削深度小,工件余量需多次走刀才能切除,故生产率低; 2. 砂轮两端面边角担负切除余量,其余部分只担负降低工件表面粗糙度的作用; 3. 磨削力小,磨削温度低,因而工件精度高,表面粗糙度小; 4. 适用于单件小批磨削长轴工件及精磨
带端面及退刀槽的外圆面	1 2		1. 旋转; 2. 横向进给	1. 旋转; 2. 纵向往复,在端面处停靠	
带圆角及端面的外圆面	1 2 3		1. 旋转; 2. 横向进给	1. 旋转; 2. 纵向往复,在端面处停靠	

表 8.9 横向磨削法的特点及应用

磨削表面特征	砂轮工作表面	工作简图	砂轮运动	工件运动	特点及应用
光滑短外圆面	1		1. 旋转; 2. 横向进给	1. 旋转	1. 磨削时,砂轮工作面的磨粒负荷基本一致,一次磨削中即可完成粗、精、光磨,故生产率高; 2. 由于无纵向进给,磨粒在工件上留下重复磨痕,表面粗糙度较大; 3. 径向磨削力大,磨削热高,工件容易变形和烧伤; 4. 适用于成批磨削精度要求不高的短轴工件
带端面的短外圆面	1 2		1. 旋转; 2. 横向进给	1. 旋转; 2. 纵向往复,在端面处停靠	
带端面的短外圆面	1 2		1. 旋转; 2. 横向进给	1. 旋转	

表 8.10 混合磨削法的特点及应用

磨削表面特征	砂轮工作表面	工作简图	砂轮运动	工件运动	特点及应用
带端面的稍短外圆面	1 2		1. 旋转; 2. 分段横向进给	1. 旋转; 2. 纵向间歇运动; 3. 小距离纵向往复	1. 先用横磨法分段粗磨,相邻两段重叠 5~10 mm,留 0.01~0.03 mm 余量用纵磨法精磨,因而磨削精度高,且效率也高; 2. 加工表面长度为砂轮宽度的 2~3 倍时最适宜; 3. 适用磨削余量大、刚度好的工件
曲轴轴颈	1 2		1. 旋转; 2. 分段横向进给	1. 旋转; 2. 纵向间歇运动; 3. 小距离纵向往复	

表 8.11 深磨法的特点及应用

磨削表面特征	砂轮工作表面	工作简图	砂轮运动	工件运动	特点及应用
光滑外圆面	1 2	（图示：b_1、b_2、α、a_p）	1. 旋转； 2. 横向进给	1. 旋转； 2. 纵向往复	1. 粗、精磨削一次完成，加工精度高，生产效率高； 2. 要求磨床功率大、刚度好； 3. 须将砂轮修磨成锥形或阶梯形，阶梯数及台阶深度按工件长度和磨削余量确定，每一台阶深度一般在 0.3 mm 左右； 4. 适用大批量生产
光滑外圆面	1 2 3	（图示：0.1、0.05）	1. 旋转； 2. 横向进给	1. 旋转； 2. 纵向往复	

8.7 其他磨床类机床的结构特点及适用场合

8.7.1 内圆磨床及其工作特点

图 8.9 为内圆磨床外形图，它由床身、头架、砂轮架、拖板和工作台等部分组成。其结构特点是砂轮主轴转速特别高，一般达 10 000 ~ 20 000 r/min，以适应磨削速度的要求。

内圆磨削时，工件常用三爪卡盘或四爪卡盘安装，长工件则用卡盘与中心架配合安装。磨削运动与外圆磨削基本相同，只是砂轮旋转方向与工件旋转方向相反。其磨削方法也分为纵磨法和横磨法，一般纵磨法应用较多。

与外圆磨削相比，内圆磨削的生产率很低，加工精度和表面质量较差，测量也较困难。一般内圆磨削能达到的尺寸精度为 IT6 ~ IT7，表面粗糙度 Ra 值为 0.8 ~ 0.2 μm。

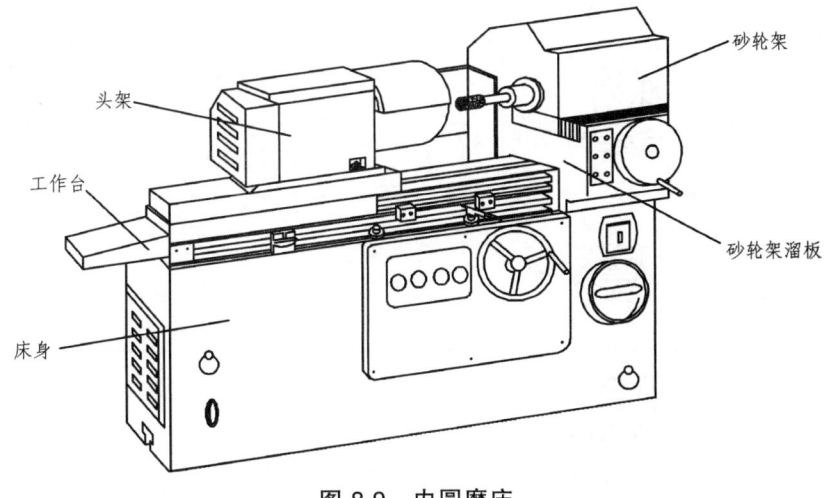

图 8.9 内圆磨床

8.7.2 平面磨床及其工作特点

平面磨床的主轴分为立轴和卧轴两种，工作台也分为矩形和圆形两种。图 8.10、图 8.11 分别为卧轴矩台和立轴圆台平面磨床的外形图，它们由床身、工作台、立柱、拖板、磨头等部件组成。与其他磨床不同的是,平面磨床工作台上装有电磁吸盘,用于直接吸住工件。

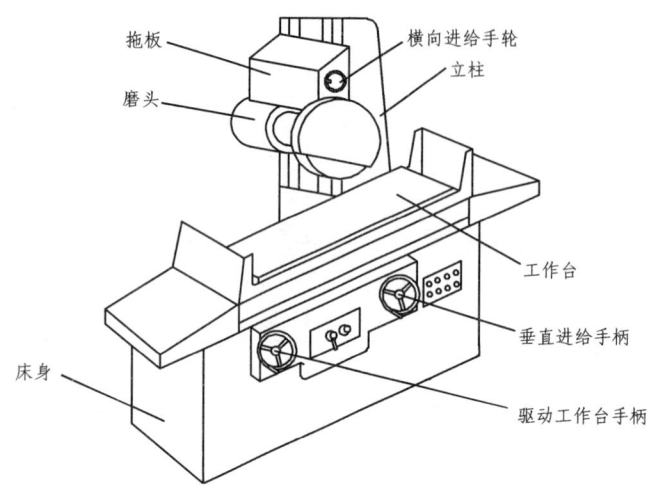

图 8.10 卧轴矩台平面磨床外形

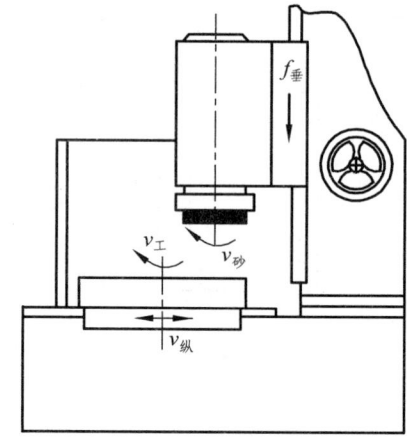

图 8.11 立轴圆台平面磨床外形

平面的磨削方式有周磨法(用砂轮的周边磨削)和端磨法(用砂轮的端面磨削)。磨削时的主运动为砂轮的高速旋转,进给运动为工件随工作台作直线往复运动或圆周运动以及磨头作间隙运动。

平面磨削尺寸精度为 IT5~IT6,两平面平行度误差小于 100:0.1,表面粗糙度 Ra 为 0.4~0.2 μm,精密磨削时 Ra 可达 0.1~0.01 μm。常见平面的磨削方法见表 8.12。

表 8.12 各种平面的磨削方法

磨削方法	平面特征	简图	磨削要点	夹具
卧轴往复工作台式磨床周磨	平面		1. 工件在吸盘上吸牢; 2. 工件台往复一次,砂轮轴向进给 3. 粗、精磨前要修整砂轮	电磁吸盘
卧轴回转工作台式磨床周磨	环形平面		1. 选准基准面; 2. 工作台缓慢转动,砂轮轴向往复运动	圆吸盘
立轴往复工作台式磨床端磨	平面		1. 一般磨削时磨头倾斜一小角度,精磨时磨头必须与工件垂直; 2. 粗、精磨前要修整砂轮	电磁吸盘
立轴回转工作台式磨床端磨	环形平面		1. 圆台中央部分不安装工件; 2. 工件端面一般较小,故磨削深度不宜太大	圆吸盘

8.7.3 无心磨床及其工作特点

无心外圆磨床由砂轮、导轮、修整器、工件支架和床身等部分组成，如图8.12所示。

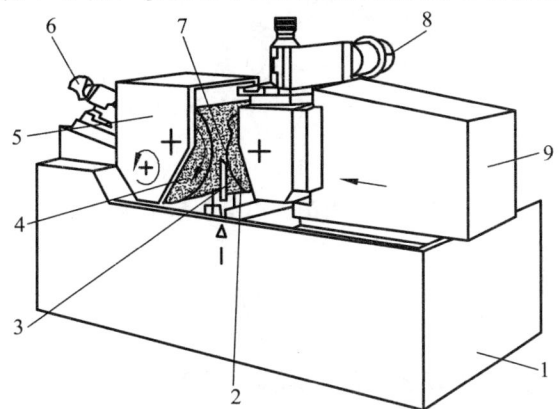

1—床身；2—导轮；3—工作支架；4—砂轮；5—磨削轮架；6—磨削轮修整器；
7—工件；8—导轮修整器；9—导轮架图。

图8.12 无心外圆磨床

在无心磨床上磨削工件时，被磨削的加工面即为定位面，因此无心磨削外圆时工件不必打中心孔，磨削内圆时也不必用夹头安装工件。无心磨削的圆度误差为0.005～0.01 mm，工件表面粗糙度值 Ra 为0.1～0.25 μm。

图8.13为无心外圆磨削的工作原理图。工件放在砂轮和导轮之间，由工件支架支承着。磨削时导轮、砂轮均沿顺时针方向转动，由于导轮材料摩擦系数较大，故工件在摩擦力带动下，以与导轮大体相同的低速旋转，如图8.13（a）所示。无心磨削也分纵磨和横磨，纵磨时将导轮轴线与工件轴线倾斜一角度，此时导轮除带动工件旋转外，还带动工件作轴向进给运动，如图8.13（b）所示。

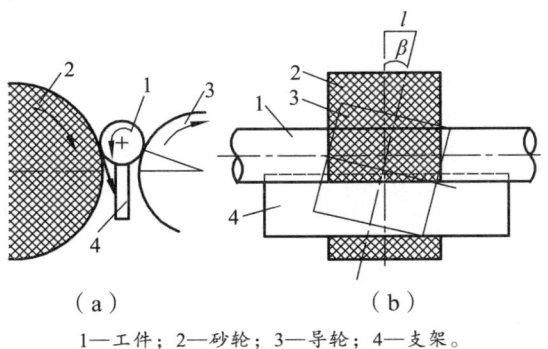

1—工件；2—砂轮；3—导轮；4—支架。

图8.13 无心外圆磨削的工作原理

无心磨削的特点如下：

① 生产率高。无心磨削时不必打中心孔或用夹具夹紧工件，生产辅助时间少，故效率大大提高，适合于大批量生产。

② 工件运动稳定。磨削均匀性不仅与机床传动有关，还与工件形状、导轮和工件支架状态及磨削用量有关。

③ 外圆磨削易实现强力、高速和宽砂轮磨削；内圆磨削则适用于同轴度要求高的薄壁件磨削，如图8.14所示。

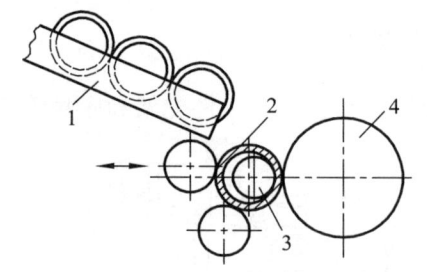

1—工件导槽；2—工件；3—砂轮；4—导轮。

图 8.14　内圆无心磨削示意图

习　题

8.1　什么叫磨削加工？它可以加工的表面主要有哪些

8.2　砂轮的硬度和磨粒的硬度有什么区别？

8.3　砂轮性质与哪些因素有关？

8.4　磨削过程的实质是什么？何为砂轮的自锐性？

8.5　磨料的硬度说明什么？应如何选择？

8.6　说明磨削的工艺特点。

8.7　在万能外圆磨床上磨光轴和在无心外圆磨床上磨光轴，在装夹、运动上有何异同之处？

第 9 章 钳 工

【实习目的及要求】
① 了解钳工工作在机械制造及维修中的地位和作用。
② 掌握锉削、划线、锯割、钻孔等方法和应用。
③ 正确使用钳工常用工具、量具和设备,按手锤图纸 A 的技术要求,独立完成手锤的加工。

9.1 概 述

钳工是手持工具来完成工件的加工、装配、调整和修理等操作的工作,其基本操作有划线、錾削、锯削、锉削、钻孔、铰孔、攻螺纹、套螺纹、刮削和装配等。

钳工一般只需要钳工工作台、台虎钳及简单工具就能工作,具有工具简单、加工灵活、操作方便、适应性强等特点,可以完成机械加工不便或无法完成的工作。但钳工因靠手工操作,因而劳动强度大、生产效率低、操作技能要求高。目前,在机械制造、装配和修理工作中,钳工仍起着十分重要的作用。

随着机械制造技术的发展,钳工工艺也在不断改进,钳工操作、钳工工具也在不断提高机械化程度,以减轻其劳动强度和提高劳动生产率。

9.2 锉 削

锉削是用锉刀对工件表面进行切削加工的过程。锉削的目的是使工件达到图纸中的尺寸精度、形位公差和表面粗糙度要求。锉削可以加工工件的外表面、内孔、圆弧、沟槽及各种形状复杂的表面。其加工精度可达 0.01 mm 左右,表面粗糙度 Ra 可达 0.4 mm 左右。

在现代大工业生产条件下,出现了许多新工艺、新设备,但仍有一些场合不便于机械加工或难以加工,这时锉削就有了用武之地。比如个别零件的修整,小量生产、修理某些形状复杂的零件等,而且在保证质量的前提下,锉削加工更方便更经济。

9.2.1 锉 刀

1. 锉刀的构造

锉刀是锉削的工具,由高碳工具钢 T12A、T13A 制成,经过热处理后其切削部分的硬度达到 HRC 62~67。锉刀如图 9.1 所示,其中,锉刀面是锉刀的上、下两个面,是锉刀的主要工作面;锉刀边是锉刀的两个侧面,有的没有齿,有的有齿,没有齿的侧面称为光边,有齿

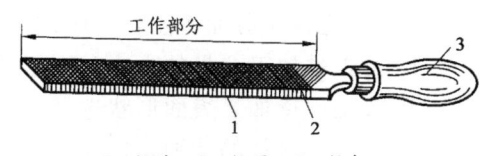

1—锉边;2—锉面;3—锉柄。

图 9.1 锉刀的构造

的侧面称为齿边，齿边和光边的区别在于使用时是否会碰到相邻的面。

2. 锉刀的分类

锉刀按用途不同可分为普通锉刀、特种锉刀和整形锉刀（又称什锦锉刀或组锉）。普通锉刀适用于一般工件表面的锉削；特种锉刀适用于各种特殊表面的加工；整形锉刀适用于精加工及工件上细小部分和精密工件的加工。

普通锉刀又可按锉刀的长度（工作部分的长度）、齿纹粗细（齿距大小）、截面形状和齿纹形状来分类。

① 按锉刀长度分：常用的有 14″、12″、10″、8″、6″、4″等。注意圆锉是以直径来表示的。

② 按齿纹粗细分：一般有粗齿（2.3 ~ 0.83 mm）、中齿（0.77 ~ 0.42 mm）、细齿（0.45 ~ 0.25 mm）。

③ 按截面形状分：有平锉、方锉、圆锉、半圆锉、三角锉等，如图 9.2 所示。

④ 按齿纹形状分：有单齿纹和双齿纹，单齿纹用来加工软材料（如铝、铜），双齿纹用来加工硬材料。

根据以上所述，一把锉刀规格的表示，应以锉刀的长度、齿纹粗细、截面形状三个方面来表示，如 12″粗齿平锉。

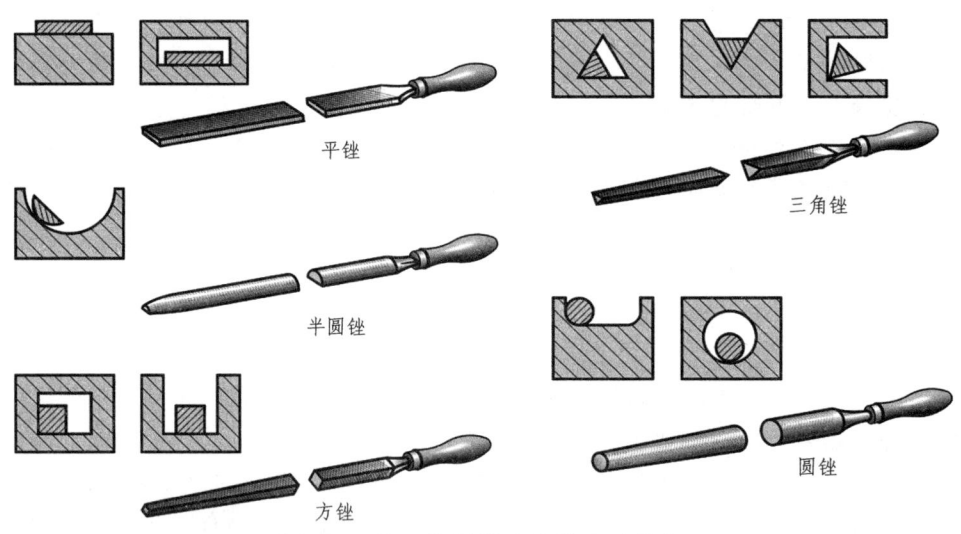

图 9.2 锉刀的种类（按截面形状）

3. 锉刀的正确选择

正确选择锉刀，可保证加工质量，减轻劳动强度，提高工作效率；反之，则会使锉刀过早丧失切削能力，且浪费时间和体力。

由于一把锉刀包含了齿纹、长度、齿距和截面形状四个方面的因素，所以选择锉刀要综合分析、考虑这四方面特点，一般按以下原则选择：

① 按工件加工余量的大小和图纸要求的尺寸精度与表面粗糙度值来选择。

② 按工件待加工表面形状选择。

③ 按工件材料的软硬来选择。

④ 按工件待加工面的大小来选择。

9.2.2 锉削姿势和锉削方法

1. 工件装夹的具体要求

工件装夹的具体要求其实就是稳固、水平。稳固即是将工件夹紧,以不产生松动、滑移、脱落为原则,同时强调夹紧力大小适中。水平即是将工件装平,无论加工面在工件上的位置如何,都应尽量使之与地面平行。

夹持已加工表面时一定要衬以钳口铁,以免夹伤表面。

被加工面必须高出钳口 5~10 mm,过高会引起工件振动,影响工件表面及产生噪声;过低会锉伤钳口,同时损伤锉刀面。

2. 锉刀的握法

大锉刀(10″以上)握法:右手握锉刀柄,柄端顶住掌心,大拇指放在柄的上部,其余手指握满锉刀柄;左手按住锉刀的前端,如图 9.3(a)所示。

中锉刀(8″、6″)握法:右手握法与大锉刀相同,左手只需用大拇指和食指轻轻握住锉刀即可,如图 9.3(b)所示。

小锉刀(包括什锦锉)握法。如图 9.3(c)、(d)所示。

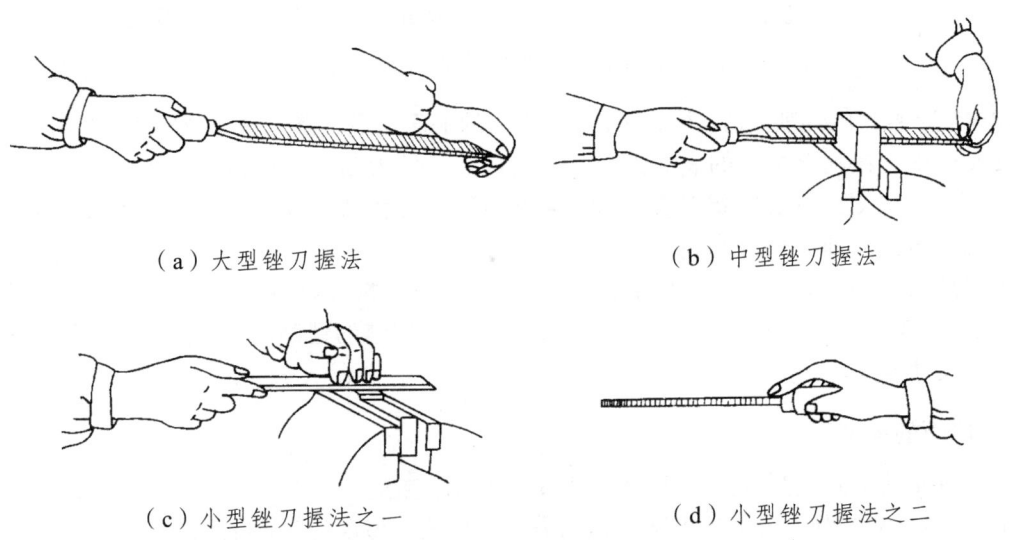

(a)大型锉刀握法   (b)中型锉刀握法

(c)小型锉刀握法之一   (d)小型锉刀握法之二

图 9.3 锉刀的握法

3. 锉削姿势

手拿锉刀,这时人的身体自然与钳台虎钳口成 45°,左脚在前与钳台虎钳口垂线成 30°,右脚在后与钳台虎钳口垂线成 75°,右膝伸直,身体重心落在左脚上,左膝随着锉削时的往复运动而屈伸,如图 9.4 所示。锉削开始,身体前倾 10°,右肘尽量向后收缩,然后身体继续前倾,左膝稍有收缩,右肘向前推进向锉刀施力。此时锉刀对工件进行锉削,当锉刀推进三分之二时身体停止前进,此时身体自然后移,并且锉刀略提起后退回原位,这时锉刀不对工件进行锉削。注意

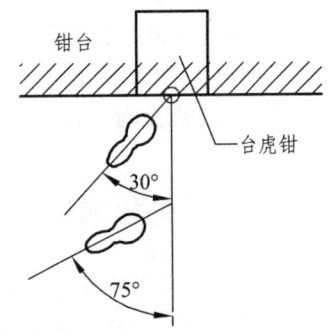

图 9.4 锉削站立位置示意图

锉削时锉削速度一般为 40 次/分钟，太快容易疲劳和磨钝锉刀齿，太慢则效率不高。

锉削推力大小应由右手控制，压力的大小应由两手共同控制。由于锉刀的位置是不断改变的，要使锉刀前后两端所受力的力矩相等，两手所加的压力就要随所在位置的不同做相应的改变，随着锉刀的推进，左手所加的压力由大变小（手感有铁屑切下即可），右手则反之。

4. 锉削方法

1）平面的锉削

平面的锉削有顺向锉、交叉锉、推锉三种锉削方法，具体如图 9.5 所示。

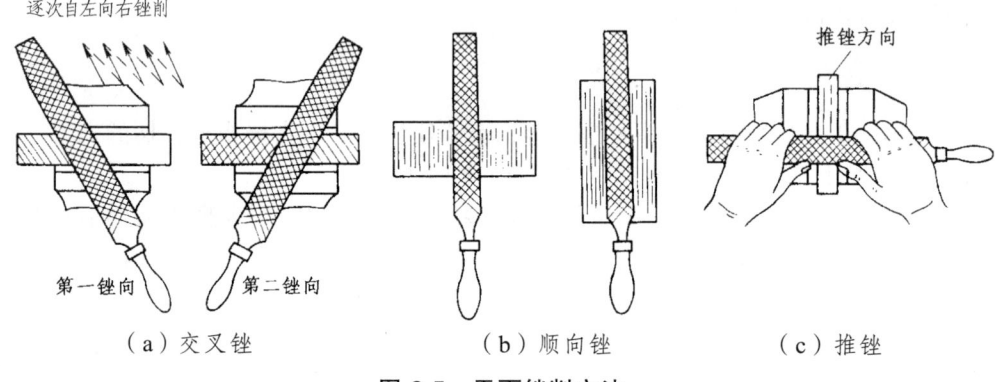

图 9.5 平面锉削方法

顺向锉是普通的锉削方法，主要用于锉削不大的平面及最后修光。顺向锉可得到正直的刀痕。

交叉锉用于锉削余量大的表面。交叉锉的优点是锉刀与工件的接触面较大，因而便于掌握平衡，并可从交叉刀痕判断平面各部分高低情况，工作效率高；缺点是锉削表面粗糙，最后必须用顺向锉或推锉进行修光。

推锉是用双手横握锉刀在工件上作往复锉削。推锉时，双手端平不得摇摆，拇指离工件 5 mm 处，不宜靠在工件上，否则容易割伤手指。由于推锉的锉削力小，因而主要用于最后表面修光及尺寸修正。

2）曲面的锉削

根据曲面的不同锉削方法也不同，但都被称为滚锉法。

① 外圆弧的锉削：采用顺着圆弧锉的方法。在锉刀做前进运动的同时，还要绕着圆弧的中心摆动。即：开始左手下压、右手抬高，向前锉时左手逐渐上抬而右手逐渐下压。注意在锉削时不要出现反动作。

② 内圆弧的锉削：锉削内圆弧面时，锉刀要同时完成前进运动、向左或向右移动（约半个到一个锉刀直径）、绕锉刀中心线转动（顺时针或逆时针方向转动约 90°）三个动作。

③ 球面的锉削：锉刀在作外圆弧的锉法动作的同时，还要绕球面的中心和周向作摆动。

9.2.3 工件的检测

工件的检测贯穿于实习操作的全过程之中，并对加工质量起监督保障作用。从领取材料开始一直到加工完成，每道工序都必须按照图纸的要求进行检测，包括尺寸、形位公差、表面粗糙度等方面的检测。

尺寸的检测使用的量具是游标卡尺，主要用来检测尺寸是否符合要求，以便在加工过程中把握好加工进度和加工精度。

形位公差的检测主要是检测平面度、垂直度、圆弧面。

① 平面度的检测：用刀口尺以透光法来测量，即用刀口尺斜向45°放在被测平面上，朝向有较强光的方向（如阳光、灯光），从刀口尺与平面接触部分看透过的光线是否均匀、细微，如果均匀、细微则说明在被测平面与刀口尺接触部分是一条直线。由于平面是由两条相交直线构成的，所以要在工件表面的长度、宽度、对角线三个方向分多次多条线检测，从而判断平面的平面度。

② 垂直度的检测：用直角尺以透光法来测量，测量方法与刀口尺一样，不同的是将直角尺宽边靠在基准面上（通常测量的垂直度是与基准面相邻的面），并倾斜45°。

③ 圆弧面的检测：用样板或尺规以透光法进行测量。

9.2.4 锉削时的注意事项

① 铸件、锻件的硬皮或砂粒，应预先用砂轮磨去或錾去，然后再锉。

② 工件必须牢固地夹在台虎钳钳口中间，并略高于钳口。装夹已加工表面时，应在钳口与工件间垫铜皮，以防夹坏已加工表面。

③ 不能用手摸刚锉过的表面，以免再锉时打滑。

④ 不能用嘴吹铁屑或用手清除铁屑，以防锉屑飞入眼中或伤手。

⑤ 不能用无柄锉刀或柄开裂的锉刀进行锉削，以防止锉刀尾部伤人。

⑥ 新锉刀应先用一面，用钝后再用另一面。因为用过的锉齿容易腐蚀，两面同时用会使总的使用期缩短。

⑦ 锉刀齿内嵌入铁屑后，应用钢丝刷顺着锉纹方向刷掉铁屑。

⑧ 操作中，工具、夹具、量具应在钳桌上摆放整齐，以防损坏。

⑨ 锉刀较脆，切不可摔落在地面上或当杠杆撬其他物件。用油光锉时，力量不可太大，以免折断。

9.3 钻 孔

在钻床上用钻头对实体材料加工出孔的方法称为钻孔。

钻削时，钻头的旋转运动为主运动，钻头的轴向移动为进给运动。

钻削时，由于钻头是在半封闭状态下进行切削的，它具有转速快、产生的热量多、温度高、导致钻头磨损严重、排屑困难等特点，故钻孔属于粗加工，尺寸公差为IT10～IT12，表面粗糙度 Ra 为 12.5 μm。

9.3.1 钻孔设备

1. 台式钻床

台式钻床主要用于加工小型工件，加工的孔径一般小于 ϕ 13 mm。台式钻床使用皮带传动，主轴进给是手动的。其特点是操作灵活方便，质量轻，转速高，移动方便。

2. 立式钻床

立式钻床是钻床中通用的一种，其主轴转速和走刀量变化范围大，可自动走刀，刚性好，功率大，适用于加工中、小型工件上的孔。在立式钻床上可进行钻孔、扩孔、铰孔、攻螺纹等多种加工。

3. 摇臂钻床

摇臂钻床有一个能绕立柱转动的摇臂，摇臂可带动主轴箱沿立柱垂直移动，主轴箱还可在摇臂上作横向移动，便于调整刀具位置，而不需要移动工件。摇臂钻床适合加工大型、复杂工件。

钻床的主要加工范围如图 9.6 所示。

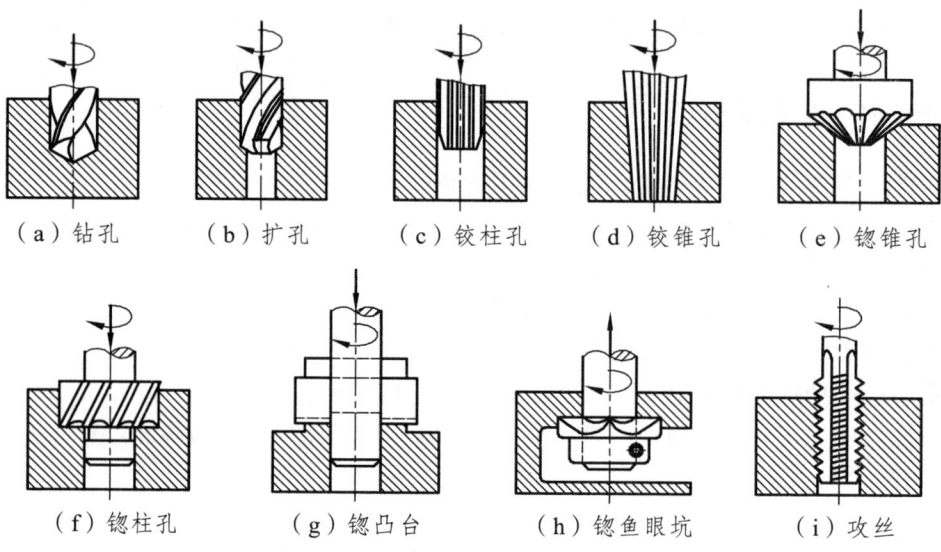

（a）钻孔　　（b）扩孔　　（c）铰柱孔　　（d）铰锥孔　　（e）锪锥孔

（f）锪柱孔　　（g）锪凸台　　（h）锪鱼眼坑　　（i）攻丝

图 9.6　在钻床上进行的主要工作

9.3.2　钻孔工具、刀具及刀具几何角度

1. 麻花钻

麻花钻是最常用的钻孔刀具，多用高速钢制成，工作部分淬硬至 HRC 62~67。它由柄部、颈部和工作部分组成，工作部分又分为切削部分和导向部分。钻头有直柄和锥柄两种，一般直径小于 ϕ13 mm 的制成直柄，直径大于 ϕ13 mm 的制成锥柄。

麻花钻切削部分示意图如图 9.7 所示。

2. 切削部分的基本要素

① 前刀面：形成切削刃的螺旋槽表面，切屑沿其排出。
② 后刀面：钻头顶端的两个曲面，与孔底对应。
③ 切削刃：前刀面与后刀面的交线，是两条相互对称的切削刃，起着主要的切削作用。
④ 副切削刃：钻头导向部分最外侧的两条刃带，起导向和修光孔壁的作用。

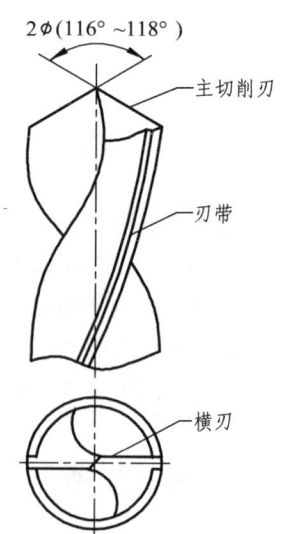

图 9.7　麻花钻切削部分

⑤ 横刃：两个后刀面之间的交线，对工件起挤刮作用。横刃太长，则轴向抗力大，定心不良；横刃太小，则易磨损，不耐用。

3. 切削部分的几何角度

① 前角 γ_0：在主截面内，前刀面与基面之间的夹角称为前角。主切削刃上各点的前角是不相等的，外缘处前角为 18°～30°，自外缘向中心逐渐减小，接近横刃处的前角为 -30°。

前角大小决定切削材料的难易程度和切屑在前刀面上摩擦阻力的大小，前角愈大，切削越省力。

② 后角 α_0：在圆柱截面内，后刀面与切削平面之间的夹角称为后角。标准麻花钻头外缘处的后角为 8°～14°，钻心处后角为 20°～26°。后角大利于散热，但刃口锋利，强度差，切削振动大，孔的表面质量差，刃易磨损，不耐用。

③ 顶角 2φ：两条主切削刃的夹角称为顶角，标准麻花钻的顶角为 118°±2°。顶角的大小影响主切削刃上轴向力的大小，顶角愈小，轴向力愈小，但钻头所受的扭矩增大，切屑变形加剧，排屑困难。

④ 横刃斜角 φ：横刃与主切削刃在钻头端面内的投影之间的夹角称为横刃斜角。后角刃磨正确的横刃斜角 φ 为 50°～55°。

4. 钻孔的辅助工具

钻孔的辅助工具包括钻夹头和钻套。钻夹头又称为钻帽，用来装夹直柄钻头。钻套用于装夹锥柄钻头，根据钻头锥柄莫氏锥度号数来选用相应的钻套。

9.3.3 钻削方法

1. 钻削用量及选择

钻削用量是指钻头在钻削时的切削速度 v_c(m/min)、进给量 f(mm/r)、背吃刀量 a_p(mm) 的总称。

切削速度的计算公式为

$$v_c = \frac{\pi \cdot D \cdot n}{1\,000} \text{ (m/min)}$$

式中，D 为钻头直径（mm）；n 为钻头的转速（r/mim）。

背吃刀量的计算公式为

$$a_p = \frac{D-d}{2} \text{ (mm)}$$

钻削用量的选择应根据钻头直径、工件材料、表面粗糙度等几方面来决定。基本原则是：在允许的范围内，尽量先选择较大的进给量，当进给量受表面粗糙度和钻头刚度的限制时，再考虑选择较大的切削速度。

2. 工件的安装

钻削时，工件必须牢固装夹在夹具式工作台上，以保证加工质量和操作安全。钻孔时装夹工件的工具有手虎钳、机用虎钳、V形铁和压板等，可根据钻孔直径和工件形状来选择工件夹具。

3. 钻孔操作

① 钻孔前工件要划线定心，在工件孔的位置划出加工圆和检查圆，并在加工圆的中心冲出样冲眼。

② 按划线钻孔时，应先对准样冲眼钻一浅坑，如有偏位，可用样冲重新冲孔纠正，也可用錾子錾出几条槽来纠正。

③ 起钻时手动力量要小，进给速度要慢；等钻头定心良好、情况正常后，用力稍大，进给速度要均匀；即将钻通时，进给量要减小，速度要慢，以免产生"扎刀"，折断或卡死钻头。在钻削时要加冷却液，并且钻头必须经常退出排屑。

9.3.4 钻孔缺陷及导致原因

常见的钻孔缺陷及导致原因如表 9.1 所示。

表 9.1 常见的钻孔缺陷及导致缺陷的原因

钻孔缺陷	导致缺陷的原因
孔径超差	钻头两主切削刃长度不等；两横刃斜角不对称；钻头摆动大
孔壁粗糙	钻头不锋利；后角太大；进给量太大；冷却液选择不当或供给不足
孔位偏移	划线不正确；工件安装不当或不牢固；钻头横刃长定心不好；孔开始起钻偏差未纠正
孔歪斜	钻头与工件表面、主轴与工作台不垂直；横刃太长；轴向抗力大；钻头变形、弯曲；进给量过大
钻头折断	钻头磨损；排屑不良发生堵塞；钻透时未减小进给量

9.3.5 钻孔安全操作规程

① 工件应装夹平稳、牢固。
② 严禁戴手套操作钻床，袖口应扎紧，女生发辫应压入工作帽。
③ 变换转速和钻头应停机，主轴停转前不得抓钻夹头。
④ 不准用手拉或嘴吹钻屑，以防伤手或入眼，应用毛刷、钩子清除钻屑。
⑤ 钻通时应减小进给量。
⑥ 严禁两人或两人以上同时操作一台钻床。

9.4 划 线

1. 划线的基本概念

划线是根据图纸的要求，用划线工具在毛坯或半成品上划出加工图形或加工界线的一种操作。

2. 划线的种类及特点

① 平面划线。平面划线所划的线在工件的一个平面上，因此，划线时一般要选择两个划线基准，如图 9.8（a）所示。

② 立体划线。立体划线所划的线在工件的几个相互垂直的平面上，因而划线时要选择三个划线基准，如图 9.8（b）所示。

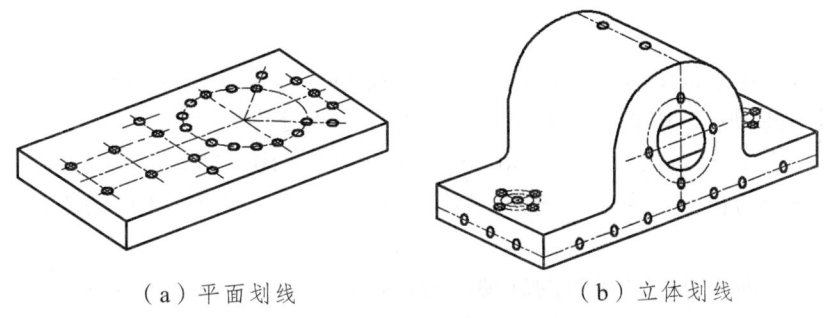

（a）平面划线　　　　　　（b）立体划线

图 9.8　平面划线和立体划线

3. 划线工具及其正确使用

划线工具有划线平板、千斤顶、V形铁、方箱、直角尺、划针及划针盘、划规及划卡、高度游标卡尺、样冲等，应依据划线方法的不同来使用各种不同的工具。例如，划线平板是划线的工作台，适用于各种平面、立体划线。V形铁适用于圆形工件。划规和划针的使用与圆规和铅笔一样，只不过一个是划在纸上，一个是划在工件上。高度游标卡尺可划任意方向的直线。

4. 划线的作用

划线是一种复杂、细致的工件，它关系到产品质量的好坏，因而非常重要。尤其是在进行了多道机械加工的工件上划线，若因划线失误而造成废品，损失更大。划线的具体作用如下：

① 合理地分配各表面的加工余量和确定孔的位置。
② 划出清晰的界线，为工件安装和后续加工提供依据、标志。
③ 检查毛坯的形状和尺寸是否合乎要求，剔除不合格的毛坯。
④ 采用"借料"划线可以使误差不大的毛坯得到补救，使加工后的工件仍能符合要求。

5. 划线基准及选择

划线基准是用来确定点、线、面的依据，只有选好了基准，才能提高划线的质量和效率以及相应提高工件合格率。

划线基准的选择有三个原则：以两个互相垂直的平面为基准；以一个平面和一条中心线为基准；以两条中心线为基准。

6. 划线的步骤

① 准备工件：包括准备划线工具，清理工件上的毛刺等。
② 确定划线基准，先划水平线，后划垂直线、斜线、曲线。
③ 对照图纸检查划线的正确性。
④ 经确认无误后，打上样冲眼。

9.5 锯 割

1. 手锯的构造

手锯由锯弓和锯条两部分组成。锯弓用来夹持和拉紧锯条 M 分为固定式和可调式两种。锯条是多刃的切削刀具，由碳素工具钢制成，并经淬火处理。

锯条的长度有 300 mm、250 mm、200 mm 几种，宽度为 10～25 mm，厚度为 0.6～1.25 mm。

锯条的锯齿分为粗齿、中齿、细齿三种，一般在 25 mm 内有 14 齿的为粗齿、18 齿的为中齿、24 齿的为细齿。

锯条的选用一般根据工件材料的软硬、截面面积的大小和厚薄来决定。粗齿锯条用来锯割软材料或厚材料；细齿锯条用来锯割硬材料和截面积小的工件。在锯割时要保证工件截面上有两个以上的锯齿在同时进行切削。

为了减少锯条对锯缝的摩擦，锯齿制成各种锯路。锯路有波浪形和交叉形两种，其中交叉形锯路为常用的锯路。

2. 锯割的基本操作

① 锯条的安装。手锯是向前推的时候才起切削作用的，所以锯齿应向前。锯条安装应松紧适当，装得太紧锯条会失去弹性，太松会使锯条扭曲，一般以两个手指的力旋紧为宜。锯条安装好后不能有歪斜和扭曲，否则锯割时易折断。图 9.9 所示为锯条的安装方向。

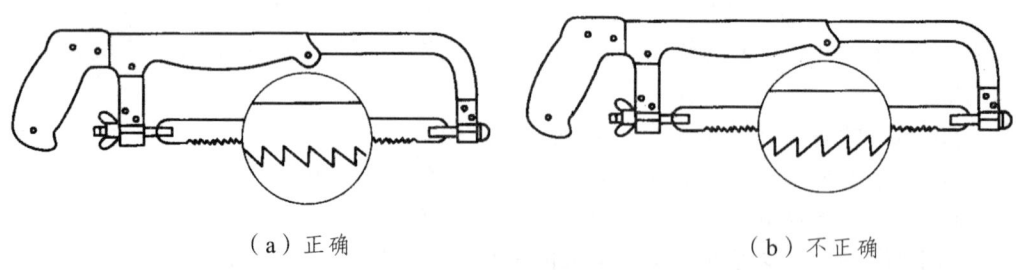

（a）正确　　　　　　　　　　（b）不正确

图 9.9　锯条的安装方向

② 工件安装。工件应尽可能安装在台虎钳的左边，以便操作。工件伸出钳口不应过长，防止锯切时产生振动。工件要夹紧，并应防止变形和夹坏已加工表面。

③ 起锯方法。起锯的方法有两种,一种是从工件远离自己的一端起锯,如图 9.10(a)所示,称为远起锯;另一种是从工件靠近操作者身体的一端起锯,如图 9.10(b)所示,称为近起锯。一般情况下采用远起锯较好。无论用哪一种起锯方法,起锯角度都不要超过 15°,角度过大会碰落锯齿。起锯时用左手大拇指指甲靠住锯条以控制锯缝位置,右手握住锯柄。起锯时,锯弓往复行程要短,压力要小,锯条要与工件表面垂直;待锯痕深约 2 mm 后,将锯弓逐渐调至水平位置进行正常锯割。锯割方法如图 9.11 所示。

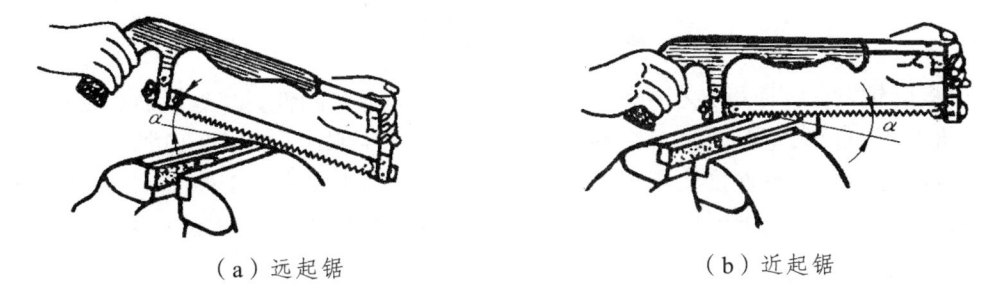

图 9.10 起锯方法

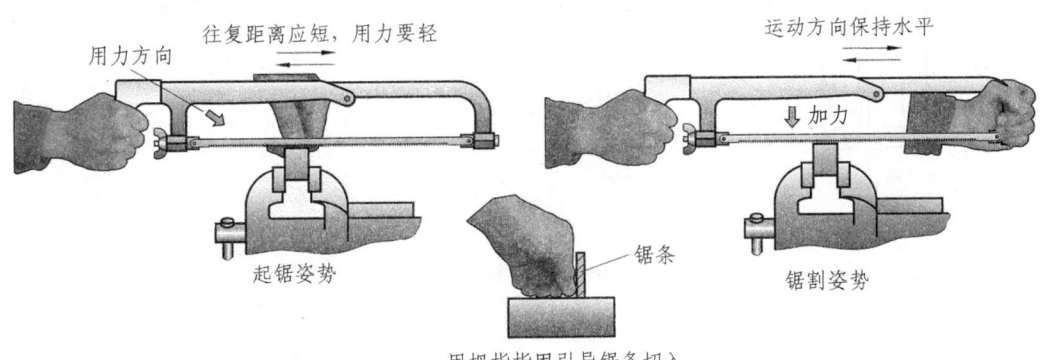

图 9.11 锯割方法

④ 锯割速度。锯割速度以每分钟往复 30~60 次为宜,硬材料速度要慢,软材料速度可快些。速度过快锯条容易磨钝,反而会降低切削效率;速度太慢,效率不高。

⑤ 锯割姿势。锯割站立姿势与锉削相似,锯弓作往复直线运动。右手握住弓前端施压,用力要均匀;返回时,锯条轻轻滑过加工表面,此时不对工件进行切削。推拉的行程应使锯条长度的四分之三参加切削,以免锯条局部磨损,缩短锯条的使用寿命。

锯削开始和终了时,压力和速度均应减小。锯硬材料时,应采用大压力慢移动;锯软材料时,可适当加速减压。为减轻锯条的磨损,必要时可加冷却液和机油等切削液。

3. 各种材料的锯割方法

① 棒料的锯割。当锯割断面要求平整时,可采用直线往复锯割方式,从起锯开始至结束保持同一方向锯割。当锯割断面要求不高时,可采用摆动往复锯割方式。锯割铸铁等脆性材料时,可转动几次工件以改变锯割方向,锯到一定深度后可用榔头将棒料敲断。

② 管材的锯割。对于一般的管材可直接夹持在台虎钳内,夹紧力应适当。对于薄壁管材和精加工过的管材,应夹在带弧形或 V 形槽的木垫块之间,如图 9.12(a)所示。锯割管材时,应不断地转动,每次转动均应锯到内壁处,直到锯断为止,如图 9.12(b)所示。

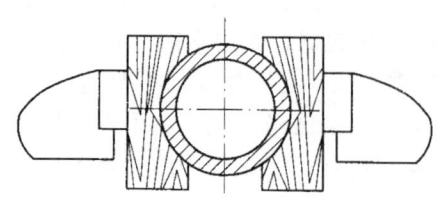 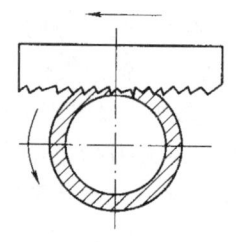 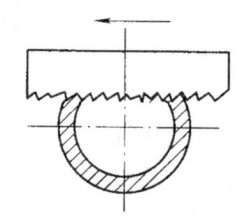

（a）夹持方法　　　　　（b）正确的锯割方法　　　　（c）不正确的锯割方法

图 9.12　管材的锯割方法

③ 薄板的锯割。将薄板夹在两块木板之间，增加薄板的刚性，减少振动和变形，也可避免锯齿崩落。当薄板太宽台虎钳夹持不便时，可采用横向锯割，如图 9.13 所示。

④ 厚件的锯割。工件厚度大于锯弓高度时，先正常锯割，当锯弓碰到工件时将锯条转 90°锯割。若锯割的宽度也大于锯弓高度，则可将锯条转过 180°锯割，如图 9.14 所示。

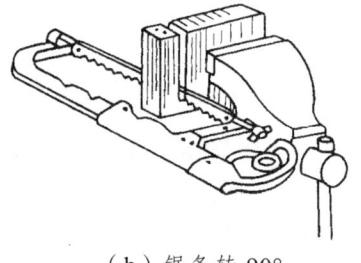 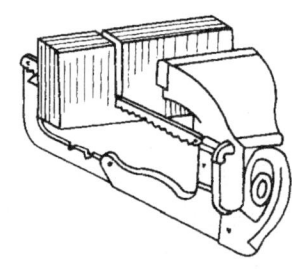

（a）用木垫夹紧锯割　　　　　　　　　（b）横向锯割

图 9.13　薄板的锯割

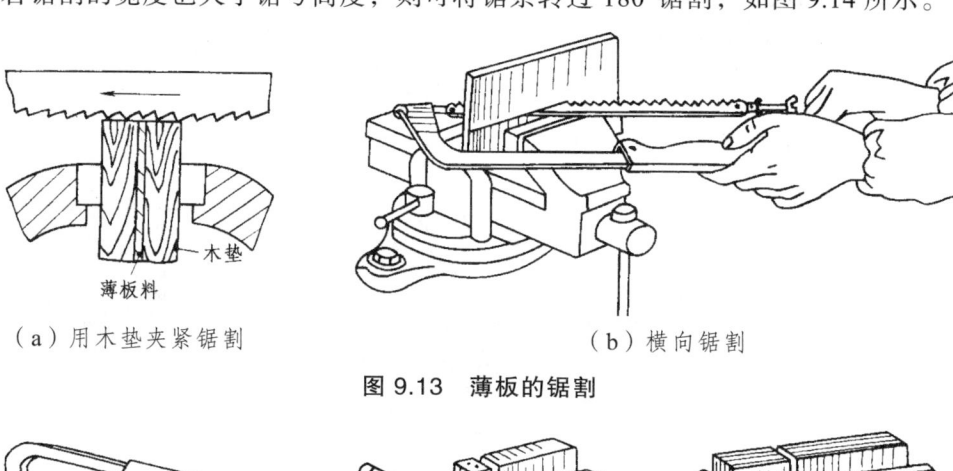

（a）锯条的正常位置　　　　（b）锯条转 90°　　　　（c）锯条转 180°

图 9.14　厚件的锯割

4. 锯割时产生废品的原因

① 工件尺寸锯小了。
② 锯缝歪斜。
③ 起锯时工件表面拉毛。

5. 锯割注意事项

① 锯条松紧适当，防止锯条折断时从锯弓上弹出伤人。
② 锯割时用力要平稳，动作要协调，切忌猛推或强扭。
③ 工件快断时压力轻，左手扶住锯下的工件。

9.6 钳工实习安全操作规程

在钳台上工作时应注意以下事项：
① 工作物必须牢固地夹在台虎钳上，夹小工件时须当心夹伤手指。
② 转紧或放松台虎钳时，须提防打伤手指及工件跌落伤物、伤人。
③ 不可使用没有手柄或手柄松动的锉刀与刮刀。若锉刀与刮刀手柄松动,必须加以拧紧，但切不可用手握锉刀与刮刀进行撞击。
④ 不得用手去挖剔锉刀齿里的切屑，也不得用嘴去吹，而应该用专用的刷子清除。
⑤ 使用手锤时应检查锤头装置是否牢固，是否有裂缝或沾有油污；挥动手锤时须注意断片飞出的方向，以免伤及他人。
⑥ 锤击凿切的地方，凿切工件到最后部分时要轻轻锤击，并注意断片飞出的方向，以免伤害自己和别人。
⑦ 使用手锯锯割材料时，不可用力重压或扭转锯条；材料将断时，应轻轻锯割。
⑧ 铰孔或攻丝时，不要用力过猛，以免折断铰刀或锥丝。
⑨ 禁止用一种工具代替其他工具使用，如用扳手代替手锤、钢皮尺代替螺丝起子、用管子接长扳手的柄等，因为这样会损坏工具或发生伤害事故。

使用砂轮机刃磨刀具时，必须注意下列事项：
① 工作前应先检查砂轮机的罩壳和托架是否稳固，砂轮有无裂缝，不准在没有罩壳和托架的砂轮机上工作。
② 刀具在砂轮上不能压得太重，以防砂轮破裂飞出。
③ 应站在砂轮机侧面操作。
④ 开动砂轮后，须待速度稳定后才可使用。

习 题

9.1 常用的钳工工艺方法有哪些？
9.2 锉削时如何选择锉刀？
9.3 顺向锉、交叉锉、推锉各有何优缺点及应用场合？
9.4 提高钻削精度的方法有哪些？
9.5 什么叫划线基准？如何选择划线基准？
9.6 划线有何作用？常用的划线工具有哪些？
9.7 如何选择锯条？安装锯条应注意什么？

第 10 章 数控车和数控铣

【实习目的及要求】
① 了解数控车床、铣床的结构、特点和工作原理；
② 熟悉数控车、数控铣加工程序的组成与编程步骤；
③ 熟悉数控车的操作与方法；
④ 输入自己编写好的程序，在教师指导下加工出合格的零件；
⑤ 熟悉数控铣程序的输入、修改与验证；
⑥ 能编写 XY 平面内铣削槽类零件的加工程序。

10.1 数控机床概述

10.1.1 数控机床定义

数控（Numerical Control，NC）是一种利用数字信息控制机床的技术。数控机床是利用数字化信息实现机床控制的机电一体化产品，是利用数控技术，准确地按事先编制的工艺流程，实现规定加工动作的金属切削机床。数控车、铣床与普通车床、铣床在结构及组成上基本相似，只是数控车床、铣床的进给系统与普通车床、铣床的进给系统在结构上存在本质上的区别，数控机床是采用计算机控制伺服电机，经滚珠丝杠带动滑板或刀架，实现 X、Y、Z 坐标方向的进给运动或实现刀架转动。

目前在汽车、拖拉机、家电行业中采用的自动车床、组合车床和专用自动生产线适合大批量的生产条件，并需要很大的资金以及较长的生产准备时间。但是，在机械制造业中，单件与小批量生产的零件（批量在 50～100 件）占机械加工总量的 80% 以上，其生产特点是加工批量小、改型频繁、零件形状复杂而且精度要求高。这些零件生产采用专用的自动化显然不合理，因为经常改装、调整专用自动化机床是不现实的，特别是市场竞争日趋激烈，为满足市场不断变化的需要，必须具备快速提供高质量的新产品的能力。这就使得专用自动机床和普通机床显得无能为力，而数控机床则能适应这种变化的要求，为加工出精度高、形状复杂的多品种、小批量零件提供了自动加工的手段。

数控机床的突出特点是当加工工件改变时，除了重新装夹工件和更换刀具外，只需改变该零件加工的控制信息（程序），而不需要对机床作任何调整。这种灵活、通用、能迅速适应工件变更的特性，是传统的自动加工机械所不具备的，数控机床因为使用了计算机，因而增强了机床的适应性。

数控机床的最大特点是不仅能完成普通机床可完成的加工内容，还能完成许多普通机床无法完成的工艺内容。例如模具型腔复杂形状的加工，以及叶轮和叶片等具有空间复杂曲面的零件加工等。

10.1.2 数控机床的组成及工作过程

如图 10.1 所示,数控机床主要由数控装置、伺服驱动系统、辅助装置和机床本体等组成。其工作过程是先对零件图进行工艺分析,编制数控加工工艺,确定工艺参数,按规定的代码功能编制数控程序,将程序存储在数控介质中或直接输入数控机床,由数控装置发出脉冲信号,通过伺服系统(如步进电机,交、直流伺服电机),经传动机构(如滚珠丝杠等),驱动机床运动部件,使机床按规定动作进行自动切削加工,最终制造出符合图纸要求的零件。

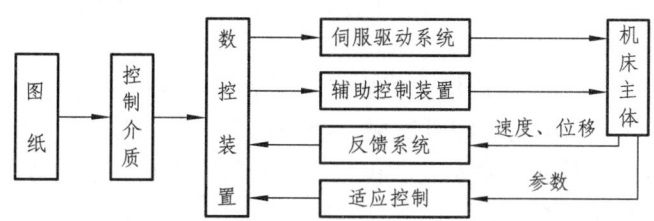

图 10.1 数控机床的基本组成及工作过程

① 控制介质。它是人与机床进行沟通的媒介,又称为信息载体。常用的控制介质有穿孔带、穿插孔卡、磁带、磁盘等。控制介质上记载的信息要通过光电输入机、磁带录音机、磁盘驱动器等输入装置传送给数控装置。对于用微机控制的数控机床,也可用操作面板上的按钮和键盘直接输入加工程序,并在 CRT 显示器上显示。除此之外,还可利用 CAD/CAM 软件在其他计算机上编程,然后通过计算机与数控系统通信,将程序和数据直接传送给数控装置。

② 数控装置。它是数控机床的中枢,由输入、输出、运算器、控制器、存储器等组成。其功能是接受输入的加工信息,经过数控装置的系统软件或逻辑电路进行译码、运算,不断发出各种指令控制机床伺服系统或其他执行元件。

③ 伺服驱动系统。它是数控系统的执行部分,将来自数控装置的运动指令转变成机床移动部件的运动,使运动部件按规定的轨迹移动或精确定位,加工出符合图样要求的工件。指令信息是以脉冲信息体现的。每个脉冲信号使机床移动部件的位移量称为脉冲当量,用 δ 表示,常用脉冲当量有 0.01 mm/p、0.005 mm/p、0.001 mm/p(p 为脉冲)。

伺服系统主要由伺服控制电路、功率放大电路和伺服电机组成。常用伺服电机有步进电机、直流伺服电机和交流伺服电机。例如,工作台或刀架上的伺服电机通过传动机构驱动工作台或刀架进行纵向、横向进给运动。

④ 辅助控制装置。其作用是把计算机送来的辅助控制指令经机床接口电路转换成强电信号,用来控制主轴电机的启动、停止、主轴转速调整、冷却泵启停以及转位换刀等。

⑤ 反馈系统。其作用是将机床移动的实际位置和速度参数检测出来,转换成电信号,并反馈到计算数控装置中,使计算机能随时纠正所产生的误差。

⑥ 适应控制。在加工过程中,通过各种传感器测出加工过程中的温度、转矩、振动、摩擦、切削力等因素的变化并与最佳参数比较,若有误差及时补偿,以提高加工精度或生产率。

⑦ 机床主体。数控机床的主体与普通机床类似,但具有更好的抗震性、刚度、灵敏度,且热变形更小。

现代数控机床广泛采用高性能的主轴伺服驱动和进给伺服驱动装置,使数控机床的传动链缩短,从而简化机床机械系统的结构。

10.1.3 数控机床加工特点

① 加工精度高,质量稳定。数控机床采用了滚珠丝杆螺母副和软件精度补偿技术,减少了机械误差,提高了加工精度。数控机床按程序自动加工,不受人为因素影响,加工质量稳定。

② 适应性强,柔性好,适于多品种小批量生产和频繁改型的零件,还可加工形状复杂的零件。

③ 生产准备周期短,生产效率高。对于新品开发试制或复杂零件的加工,只须针对零件工艺编制程序,无须准备大量工装,缩短了生产准备时间。数控机床结构刚度好,加工中可采用较大的切削用量,节省加工时间。

④ 具有良好的经济效益。数控机床功能多,原来需要多机床、多工序、多次装夹才能完成的内容,使用加工中心一次安装即可完成,经济效益十分明显。

⑤ 减轻劳动强度。数控机床自动化程度高,工人只需根据工艺过程按事先编制好的程序进行自动加工,改善了劳动条件。

10.1.4 数控机床的分类

1. 按工艺用途分

数控机床按工艺用途分为数控车床、数控铣床、数控磨床等一般数控机床。与传统机床相比,数控机床自动化程度较高,适合加工单件、小批量和形状复杂的工件。图10.2所示为数控车床。

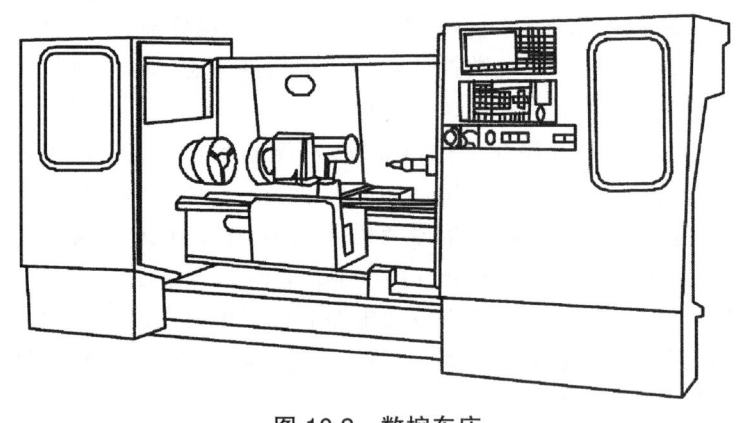

图10.2 数控车床

2. 按控制方式分

数控机床按控制方式可分为开环控制数控机床、闭环控制数控机床和半闭环控制数控机床。开环控制数控机床的特点是命令单方向传输、结构简单、调试方便、容易维修、成本较低、精度不高。

闭环控制数控机床的特点是加工精度高、移动速度快、调试与维修比较复杂、成本高。半闭环控制数控机床兼顾前两者的特点,精度较高、稳定性好,成本较低、易于调试。

3. 按功能水平分

数控机床按功能水平可分为经济型数控机床、全功能型数控机床和精密型数控机床。

经济型数控机床采用开环控制,脉冲当量为 0.01~0.005 mm/p,进给速度为 8~15 m/min,最多可实现三轴联控,精度较低,功能较简单。

全功能型数控机床的进给速度一般为 15~100 m/min,脉冲当量为 0.01~0.001 mm/p,可实现四轴以上联控,广泛应用于加工形状复杂或精度要求高的工件。

精密型数控机床采用闭环控制,它不仅具有全功能型数控机床的全部功能,而且机械系统的响应较快,其脉冲当量一般小于 0.001 mm/p,适用于精密和超精密加工。

10.2 数控编程

10.2.1 程序编制的基本概念

在数控车床上加工零件时,首先要进行程序编制,即将被加工零件的加工顺序、工件与刀具相对运动轨迹的尺寸数据、工艺参数以及辅助操作(变速,换刀,冷却液启停,工件夹紧、松开等)等加工信息,用规定的文字、数字、符号组成的代码,按一定的格式编写成加工程序单,并将程序单的信息通过控制介质输入到数控装置,由数控装置控制机床进行自动加工。从零件图样到编制零件加工程序和制作控制介质的全部过程,称为程序编制。

程序编制可分为:手工编程和自动编程两类。

手工编程时,整个程序的编制过程是由人工完成的。这就要求编程人员不仅要熟悉数控代码及编程规则,而且还必须具备机械加工工艺知识和数值计算能力。

自动编程时,编程人员只要根据零件图样的要求,按照某个自动编程系统的规定,编写一个零件源程序,送入编程计算机,由计算机自动进行程序编制,编程系统自动打印出程序单和制备控制介质。自动编程既能减轻劳动强度,缩短编程时间,又可减少差错,使编程工作简便。

10.2.2 编程的一般步骤

① 根据零件图进行工艺分析,确定工艺路线、装夹方法,选择工艺参数(如切削用量等)和刀具,编制工艺过程卡。

② 设定工件坐标系,进行数值计算,如零件轮廓基点坐标或刀位轨迹的计算等。

③ 根据已确定的加工路线、工艺参数和刀位数据,按照数控系统所规定的功能指令代码及程序段格式编程;确定刀具号、刀具偏置或刀具补偿值并输入系统。

④ 输入程序。把程序单上的数据用编辑或通信等方式输入系统。

⑤ 检验程序,首件试切削。对首件零件进行检验,如不合格,还需修改程序,直到零件合格为止,编程工作结束。

10.2.3 数控机床的坐标系

1. 标准坐标系的规定

在数控加工程序编制中,需要确定运动坐标轴控制符的名称和方向。为简化程序编制及保证互换性,国际上统一了 ISO 的标准坐标系。国际标准(ISO)和我国部颁标准中规定,数控机床的坐标系采用右手直角笛卡儿坐标系统（即右手定则）。其直角坐标 X、Y、Z 三者的关系及其方向为：大拇指表示 X 轴的正方向，食指表示 Y 轴的正方向，中指表示 Z 轴的正方向，如图 10.3（a）所示。该标准同时还规定围绕 X、Y、Z 各轴回转运动的名称及方向，如图 10.3（b）、（c）所示。

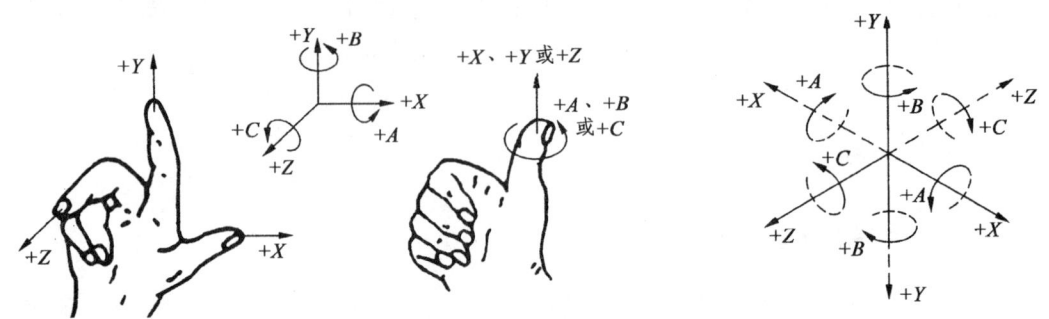

图 10.3　笛卡儿右手直角坐标系

2. 机床运动部件运动方向的规定（见图 10.4）

编制加工程序时，特规定以工件为基准，假定工件不动、刀具相对于静止的工件运动的原则，作为坐标及运动方向命名原则。

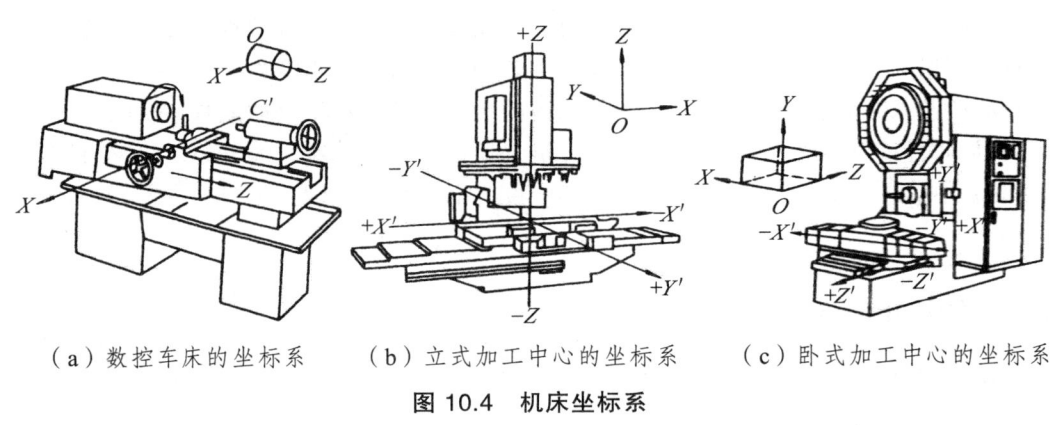

（a）数控车床的坐标系　　（b）立式加工中心的坐标系　　（c）卧式加工中心的坐标系

图 10.4　机床坐标系

JB3051-82 中规定，增大工件与刀具之间距离的方向是机床运动的正方向。

① Z 轴坐标运动。规定与机床主轴线平行的坐标轴为 Z 坐标（Z 轴），并取刀具远离工件的方向为 Z 轴的正向。无论是主轴带动工件旋转类的机床（车床、磨床），还是主轴带动刀具旋转类的机床（铣床、钻床、镗床），与主轴平行的坐标轴为 Z 轴。

② X 轴坐标运动。X 轴规定为在水平面内平行于工件装夹表面，是刀具或工件定位平面内运动的主要坐标。对于工件旋转的机床（车床、磨床），取刀具横向离开工件旋转中心的方向为 X 轴的正方向。

3. 工件坐标系

为了编程方便，编程人员通常以工件设计尺寸为依据，在工件或工件以外选择一点作为原点建立坐标系，称为工件坐标系。一般以工件坐标系原点作为编程零点。

4. 绝对坐标方式和增量坐标方式

绝对坐标方式：在某一坐标系中，各点均以坐标原点为基准来表示坐标位置，即某一点的位置用与前一个位置无关的坐标值来表示。

如图 10.5 所示，从 A 点移动到 B 点，B 点的坐标表示为 $X25,Y20$。

增量坐标方式：在某一坐标系中，每点位置坐标都是由前一点的位置坐标而确定的。

如图 10.5 所示，从 A 点移动到 B 点时，B 点的坐标为 $\Delta X = 25 - 60 = -35$；$\Delta Y = 20 - 50 = -30$。

可用绝对坐标方式编程，也可用增量值方式编程，还可同时用两种方式的混合编程。

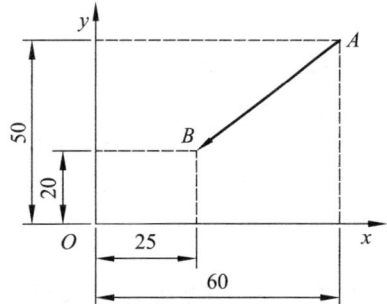

图 10.5 绝对坐标及增量坐标

10.2.4 数控加工程序的结构

数控加工程序是由程序号和若干程序段组成。一个完整的程序要有程序号、程序内容（若干个程序段组成）和程序结束指令。

1. 程序段的结构

一个程序段由多个词（或字，有的称为语句）及程序结束符组成。

一个词（或字）是由一个地址码及其后带或不带正负号的数字串构成的，如：N10，X+43.20（正号可省略）及 W−0.6 均是词，其中 N、X、W 为地址码。

ISO 标准中所用的地址代码由英文字母构成，表示尺寸字地址的字母有 X、Y、Z、U、V、W、I、J、K、P、Q、R、A、B、C、D、E、H 共 18 个；表示非尺寸字地址的字母有 N、G、F、S、T、M、L、O 共 8 个。常用的辅助字符有"O"（表示程序开始符）、"−"（表示负号）、"."（表示小数点）、"/"（跳步符）和";"（表示程序段结束）。

一个程序段要有程序段顺序号、程序段内容和程序段结束符号";"。程序段的书写格式如下：

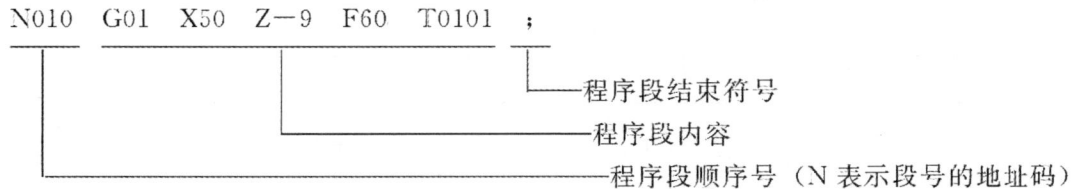

注：表示尺寸的地址码如 X、Y、Z、U、V、W 等，其后的数可出现小数或负数，而其他地址码后不允许出现小数或负数。

2. 程序的结构

如前所述，数控程序由程序号、程序内容（由若干个按顺序排列的程序段组成）及程序结束指令（M02、M20、M30、M99 等）构成。如：

O5135;   程序号，表示程序开始，"O"为程序号地址码

```
N010 G98 M03 S1000 T0101；
N020 G00 X27 Z0；
N020 G01 Z-30 F50；           由若干程序段组成程序内容

N450 G00 X100；
N460 M30；                    程序结束程序段（M30 是程序结束指令）
```

程序号一般由 1~4 位数字组成，最大的程序号为 O9999。

程序段顺序号一般由 1~3 位数字组成，最大的程序段号为 N999，程序的最大长度为 999 个程序段。（注：不同的机床，规定有所不同。）

10.2.5 常用编程指令的代码、作用及举例（见表 10.1）

表 10.1 常用编程指令的代码、作用及举例

代码	作用	举例	备注
O	设程序号	O0001~9999	
N	设程序段号	N10、N20 …	
;	程序段的结束符	N20 G00 X27 Z0；	
S	主轴转速功能	S500	S500 表示 500 r/min
T	设定刀具功能	T0101、T0202、T0303、T0404	前两位数字为刀号，后两位数字为刀偏值组号
F	设刀具运行速度	G98…F100 G99…F0.10	刀具运行速度 100 mm/min 刀具运行速度 0.1 mm/r
X、Y、Z	绝对值方式编程		X、Y、Z 值是目标点相对于工件原点的数值
U、V、W	增量值方式编程		U、V、W 值是目标点相对于起点的数值
G00	快速定位，移动速度由系统参数设定；用于快速移动车刀靠近或远离工件	G00 X（U）_Y（V）_Z（W）_； G00 X（U）_； G00 Y（V）_； G00 Z（W）_；	X、Y、Z 三轴移动； X 轴向移动； Y 轴向移动； Z 轴向移动
G01	直线插补	G01 X（U）_Y（V）_Z（W）_F；	
G02	顺时针圆弧插补	G02 X（U）_Y（V）_Z（W）_R F；	看图中上轮廓圆弧线的时针走向，用于车顺时针圆弧
G03	逆时针圆弧插补	G03 X（U）_Y（V）_Z（W）_R F；	看图中上轮廓圆弧线的时针走向，用于车逆时针圆弧
G17	XY 平面选择		
G18	ZX 平面选择		
G19	YZ 平面选择		
G40	刀具补偿注销		

续表

代码	作用	举例	备注
G41	刀具左补偿		
G42	刀具右补偿		
G90	绝对坐标编程		
G91	增量坐标编程		
M03	主轴顺时针旋转		
M04	主轴逆时针旋转		
M05	主轴停转		
M08	冷却液开		
M09	冷却液关		
M00	程序暂停		
M30	程序结束		

10.3 数控车编程与操作

10.3.1 数控车编程

数控车加工零件的特点是具有回转表面的零件，工件装夹多用手动、气动和电动卡盘，因此编程有下列特点：

① 编制数控车床程序时，认为车刀刀尖是一个点，但实际上车刀刀尖总带有刀尖半径，且随着加工过程的进行，刀尖半径的形状和尺寸还会发生变化。为此，在数控车床控制系统中，都有相应的刀具补偿功能，在编程时应考虑刀具补偿指令。

② 常用的数控车床大都是卧式车床，所以编程中最常用 XZ 平面；Y 轴方向由于没有位移和转动很少用到，因此，程序前面不用加 G18 指令指定。

③ 在一个零件的程序或一个程度段中，零件尺寸可以是绝对值（X、Z）或增量值（U、W），或两者混合编程。要注意的是：直径方向用绝对值时，X 以直径表示；用增量值编程时，以径向直径位移量的 2 倍编程并附上方向符号（正向省略）。

10.3.2 数控车编程示例

1. 示例 1

零件如图 10.6 所示，材料尺寸：$\phi25 \times 46$。编程如下：
O5102；
N10 G98 M03 S600 T0101；
N20 G00 X27 Z0；
N30 G01 X0 F120；
N40   X15；

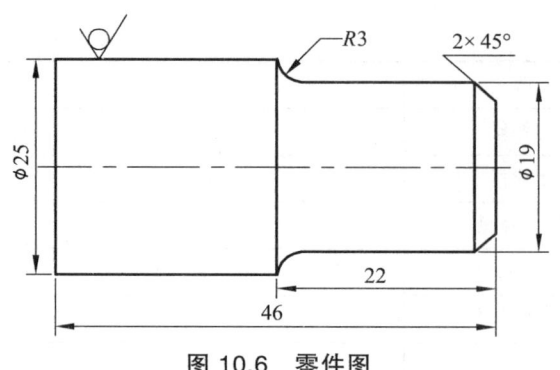

图 10.6 零件图

N50　　X19　Z－2；
N60　　　　Z－19；
N70 G02 X25　Z－22 R3；
N80 G00 X100；
N90　　　Z100；
N100 M30；

2．示例 2

同一零件，所用材料尺寸：$\phi26\times500$。编程如下：
O5103；
N10 G98 M03 S600 T0101；
N20 G00 X27　Z0；
N30 G01 X0　F120；
N40　　X15；
N50　　X19　Z－2；
N60　　　　Z－19；
N70 G02 X25　Z－22 R3；
N80 G01　　　Z－48；
N90 G00 X100；
N100 G00　　Z100；
N110 T0202；
N120 G00 X30 Z－46；
N130 G01 X1 F100；
N140 G00 X100；
N150　　　Z100；
N160 M30；

10.3.3　数控车床操作

1．FANUC 系统数控车床操作面板

操作面板如图 10.7 所示。

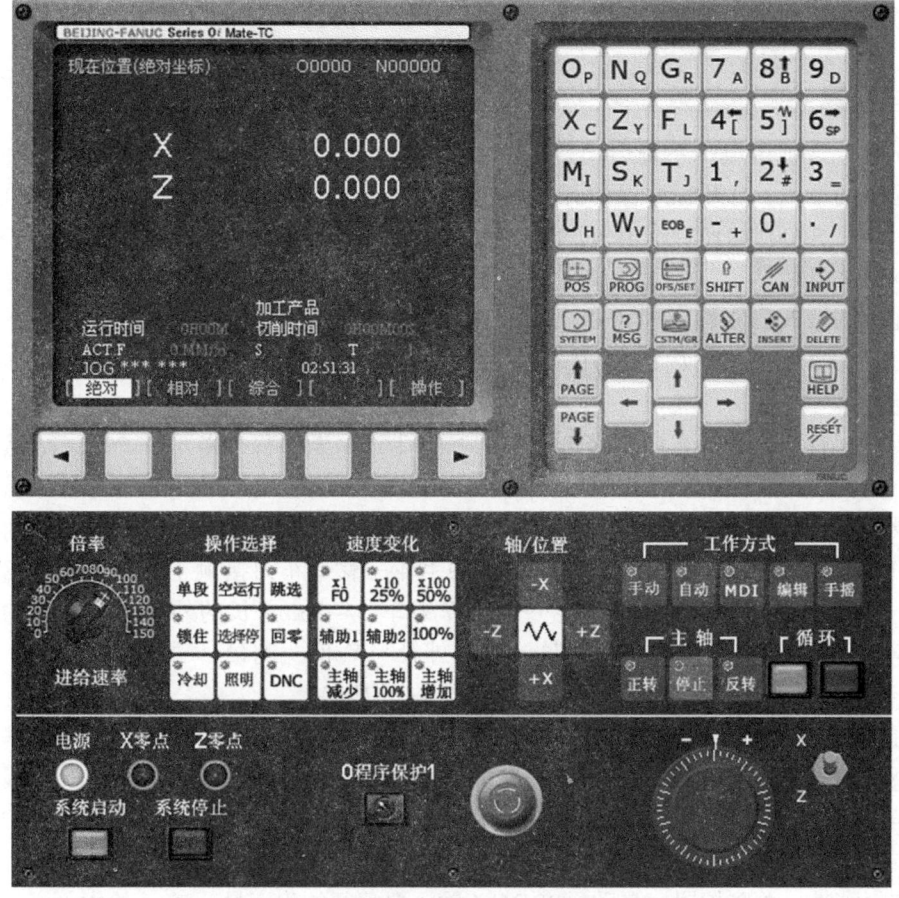

图 10.7　FANUC 系统数控车床操作面板

2. 按键的名称与说明

按键如图 10.8 所示。

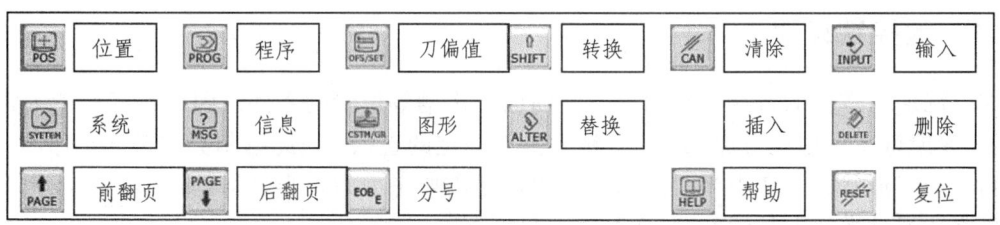

图 10.8　FANUC 系统数控车床按键示意图

位置：显示刀具所在的坐标值。

光标移动键：光标上下左右移动控制。

翻页键：用于将屏幕显示的页面前后翻页控制。

转换键：有些键具有两个功能，按下此键可以在这两个功能之间进行切换。

清除键：按下此键可以删除最后一个进入缓存区的字符或符号。

输入键：按下此键可以将数据或字母输入到缓存区。

帮助键：当对 MDI 键的操作不明白时按下此键可以获得帮助。

复位键：按下此键可以使 CNC 复位或者取消报警等。

编辑键：按下此键进行程序编辑，用于（ALTER）替换、（INSERT）插入、（DELETE）删除。

3. 上机操作

① 开机：合闸送电→系统启动。

② 程序的输入：打开程序保护开关→选择编辑→PROG→O5104（程序号）→ INSERT→EOB G98 M03 S600 T0101 EOB→INSERT→G00 X27 Z0 EOB INSERT→ … →M30 EOB INSERT→RESET

③ 程序的修改：在输入时可用 CAN 删除数字或字符。输入后要用↑→↓← 移动至需修改的位置，输入正确的内容，用 ALTER 替换或用 INSERT 插入，如有不需要的可用 DELETE 删除。

④ 装夹工件：逆时针方向旋转卡盘扳手松开卡爪，工件移出卡爪外 70 mm，然后将工件夹紧。

⑤ 设刀偏值：MDI→PROG→EOB M03 S600 T0101 EOB→INSERT→↑按启动→（工件旋转）/（1号车刀到位）→ 按手摇→摇动脉冲手轮→移动车刀接触工件端面→OFS/SET→补正→形状→Z 0→测量→摇动脉冲手轮→移动车刀车 3～5 mm 长的外圆→摇动脉冲手轮→沿 Z 轴移动车刀远离工件→按停止→测量已车的外径→Xϕ值→测量 →摇动脉冲手轮→沿 X 轴移动车刀远离工件。（重复前面的操作，对其他的车刀。）

⑥ 显示图形验证：CSTM/GR→参数→70000→INPUT→↓25000→INPUT→↓↓↓↓10000→INPUT→↓-15000→INPUT→↓200→INPUT→图形→操作→ERASE（清除前图形）→锁住（实习指导教师不在现场时，严禁取消锁住！如有意外，按红色的急停按钮！）→自动→启动（或 EXEC 执行绘图）。

⑦ 加工零件：关防护罩→自动→PROG（输入要运行的程序号，按 O 检索）→ 启动。

10.4 数控铣编程与操作

10.4.1 数控铣编程

数控铣加工零件的特点是平面、空间曲面、沟槽等形状的零件，因此编程有下列特点：

① 数控铣床是用铣刀加工零件，铣刀具有一定的直径，因此编制数控铣床程序时，为得到正确的加工形状，需考虑半径的影响，也就是需要考虑刀具半径补偿，即刀具半径左补偿 G41 指令、刀具半径右补偿 G42 指令。

② 在 G90 状态时，X、Y、Z 是相对于编程零点的绝对坐标值；在 G91 状态时，X、Y、Z 是相对于起点的相对坐标值。G92 设定工作坐标系；用 I、J、K 来表示圆弧编程时，I、J、K 总是圆心相对于圆弧起点的相对坐标值。

10.4.2 数控铣编程示例

如图 10.9 所示，要求用 $\phi6$ 的键槽铣刀在 50 mm × 50 mm × 10 mm 的工件上雕刻一个边长为 10 mm 的

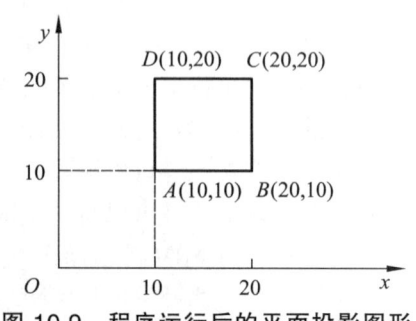

图 10.9 程序运行后的平面投影图形

正方形槽，要求铣削的深度为 2 mm。编写最后一道精加工的数控加工程序。（材料：铝板）

编程如下：

%
O0001；
N10 G90 G92 X0 Y0 Z10.；
N15 G00 X10 . Y10. Z5. S500 M03；
N20 G01 Z－2. F50；
N30 G01 X20.；
N40 G01 Y20.；
N50 G01 X10.；
N60 G01 Y10.；
N70 G01 Z5.；
N80 G00   Z10. M05；
N90 G00 X0 Y0
N100 M30；
%

10.4.3 XKA714型数控铣床系统简介

XKA714 型数控铣床主机由底座、立柱（床身）、主轴箱、进给箱、工作台、液压系统、润滑系统、冷却系统等组成，整机外形如图 10.10 所示。

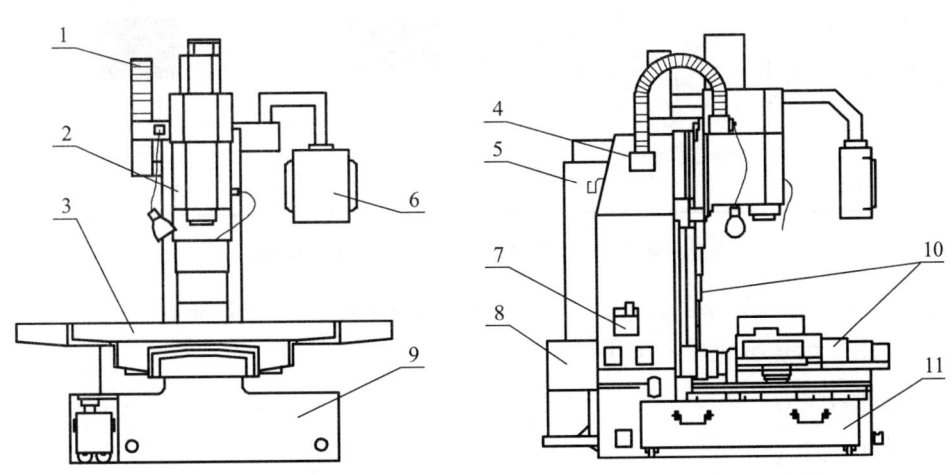

1—工作台；2—主轴箱；3—拖链；4—立柱；5—电柜；6—吊挂；7—润滑；
8—液压站；9—底座；10—防护；11—冷却。

图 10.10 数控铣床外形图

10.4.4 XKA714型数控铣床键盘说明

1. 键盘说明

XKA714 型数控铣床操作系统也是用 FANUC 系统，因此操作面板功能很相似，如图 10.11 所示，相同键的功能参照数控车的面板介绍，不同键的功能介绍如下。

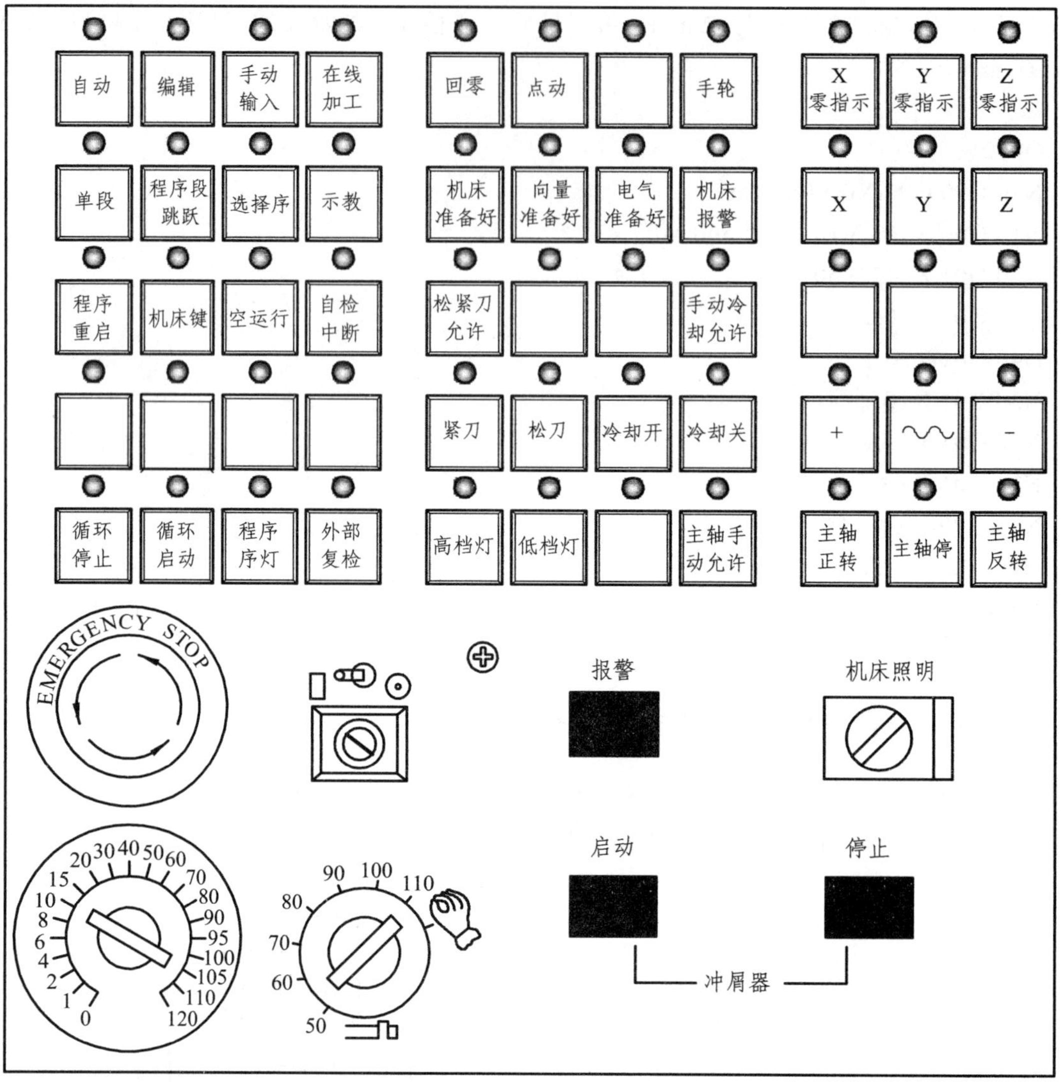

图 10.11 XKA714 型数控铣床操作面板

地址/数据键：输入字母、数字或其他字符，EOB（程序段结束符）。
功能键：用来选择将要显示的屏幕功能。

　　　　急停开关；

　　　　程序编辑锁；

　　进给倍率调节旋钮；

　　主轴倍率调节旋钮；

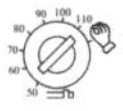

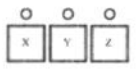

　　　　表示三个坐标轴。

2. 操作步骤

（1）分析工件，编制工艺，并选择刀具，在草稿上编辑好程序。
（2）打开 FANUC 0i–M 数控铣床系统。

先把电源送上后,再按"启动"键,等系统准备好以后,再按"急停"开关上的箭头方向把急停开关旋开。

① 回零(回参考点)。在机床操作面板上选中回零方式:回零→+Z→Z轴回零→+X→X轴回零→+Y→Y轴回零→回零完毕。(注意:等回零指示灯亮了以后再选择其他轴回零)。

② 程序输入。先在机床操作面板上点击编辑键,再在 MDI 操作面板上点击 功能键,输入程序号如 O1111,即可输入程序。

③ 程序修改。程序输入完毕,必须检查程序输入是否正确,当程序输入有误时需进行修改。用 ALTER 键可以替换某个字符,用 INSERT 键可以插入某个字符,用 DELETE 键可以删除某个字符,用 CAN 键可以删除当前输入的信息,当程序输入正确后就要开始检查程序了。通过图形模拟可以起到检查程序的作用。(注意:在进行图形模拟前先要把机床锁住,在机床操作面板上选中"机床锁"和"空运行"方式,然后再开始图形模拟。)

3. 图形模拟

在 MDI 面板上点击 "CSTM/GR" 功能键进入图 10.12 所示界面。

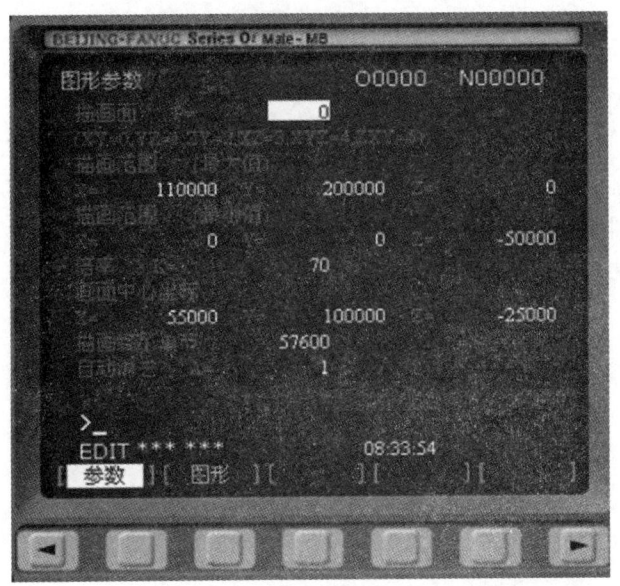

图 10.12

再在软件位上点击图形,在机床操作面板上点击"自动"方式再点击"循环启动"方式开始图形模拟。通过图形显示的检查,程序没有错误就可以加工零件了。(注意:加工零件前必须先对刀。)

4. 对 刀

① 在机床操作面板上点击 "点动"键进入手动模式→试碰工件左端面→用纸记下坐标(假设为 -350)→X 轴对刀完毕,结果如图 10.13 所示。

② 试碰工件后端面→用纸记下坐标(假设为 -260)→Y 轴对刀完毕,结果如图 10.14 所示。

③ 试碰工件上表面→用纸记下坐标(假设为 -150)→Z 轴对刀完毕,结果如图 10.15 所示。

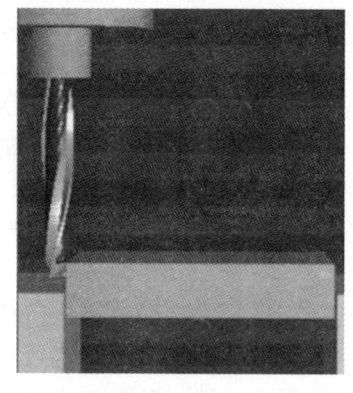  

图 10.13　　　　　　　　图 10.14　　　　　　　　图 10.15

5. 加工零件

在操作面板上点击"自动"方式再点击"循环启动",程序将自动运行直至完毕。(注意:光标要指向程序的句首。)

习　题

10.1　试述下列符号代表的含义:N、G、X、Z、F、S、T。

10.2　简述 G00、G01、M03、M30 指令的含义。

10.3　试写出圆弧加工指令的指令格式,G02 与 G03 是如何判断的?

10.4　什么叫工件坐标系?怎么建立工件坐标系?

10.5　数控程序由哪几部分组成?

第 11 章 数控电火花线切割

【实习目的及要求】
① 了解数控电火花线切割机床的结构、特点和工作原理；
② 熟悉数控线切割加工程序的组成与编程步骤；
③ 熟悉机床的操作过程与方法；
④ 按编写的程序，在线切割机床上加工出自己设计的图形；
⑤ 了解电火花机床加工的基本原理和特色。

11.1 数控电火花线切割加工原理

数控电火花线切割是利用电极丝与工件之间脉冲性火花放电的能量来蚀除金属。数控电火花线切割主要用于切断、切割各类复杂的图形和型孔，例如冲压模具、刀具、样板、各类零件和工具等。数控电火花线切割加工时，工件接脉冲电源的正电极，电极丝接负电极，加上高频脉冲电源后，在工件与电极丝之间产生很强的脉冲电场，使其间的介质被电离击穿产生脉冲放电。由于放电的时间很短（$10^{-6} \sim 10^{-5}$ s），放电的间隙小（0.01 mm 左右），且发生在放电区的小点上，能量高度集中，放电区温度高达 10 000～12 000 ℃，使工件上的金属材料熔化，甚至汽化。在机床数控系统的控制下，工作台相对电极按预定的轨迹运动，就可以加工出所需形状和尺寸的工件出来。

11.2 数控电火花线切割机床

11.2.1 数控电火花线切割机床的型号

电火花线切割机型号 DK7725 的含义如下：

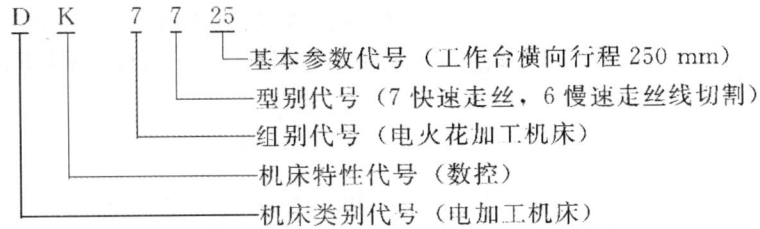

11.2.2 数控电火花线切割机床的组成

数控电火花线切割机床通常由机床、数控柜、脉冲电源三大部分组成，其结构简图如图 11.1 所示。

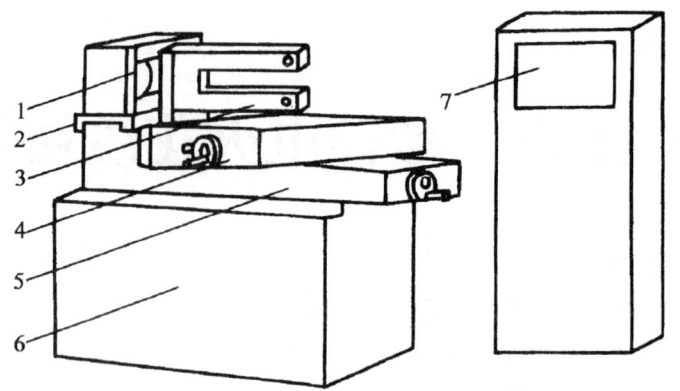

1—储丝筒；2—走丝溜板；3—丝架；4—上工作台；5—下工作台；6—床身；7—脉冲电源及数控装置。

图 11.1 电火花线切割机床结构简图

1. 机床部分

① 运丝机构：运丝机构由储丝筒、上下拖板、齿轮副、丝杆副、换向装置和绝缘体等部分组成。储丝筒由三相交流电动机通过弹性联轴节带动正反向旋转，通过二级齿轮减速后带动丝杆，使拖板往复移动，钼丝则整齐地排绕在储丝筒上。

② 丝架：丝架装在床身上，钼丝通过丝架上的主导轮、导电块、排丝导轮等作往复高速运动。

③ 工作台：工作台由上、中、下拖板，滚动导轮，导向导轮，精密滚珠丝杆副，齿轮副，步进电机等部分组成。工作台上的安装台用于夹紧工件，控制柜控制工作台纵横拖板的步进电机转变 1.5°，通过齿轮变速后带动丝杆，使拖板移动 1 μm。

④ 工作液系统：工作液系统由工作液、工作液箱、工作液泵和循环导管组成。火花放电必须在瞬间把密度很高的能量脉冲地送到尺寸极小的加工部位，而在脉冲间的一定停歇时间里，电极介质必须来得及消电离，使它不转化为弧光放电，工作液就起到了消离灭弧、绝缘、排屑和冷却的作用。

⑤ 床身：床身为基础件，结构为一箱式铸件，用来安装运丝机构、丝架、工作台等部件，底部四角带有螺钉可调整工作台面水平，床身内还有机床电气。

2. 脉冲电源部分

电火花线切割所用脉冲电源又称高频电源，是线切割机床的重要组成部分之一，主要由脉冲发生器、推动级、功率放大器及直流电源四部分组成，位于数控柜的下部。

3. 数控柜部分

数控柜的上部由显示器、电脑主机、键盘、鼠标及软件组成了线切割的控制系统。CNC-W2 数控柜使用的操作软件为 YH 线切割自动编程控制系统。

11.3 数控电火花线切割 3B 格式程序编制

3B 格式程序如表 11.1 所示。

表 11.1 3B 格式程序

符号	B	X	B	Y	B	J	G	Z
意义	分隔符号	X坐标值		Y坐标值		计数长度	计数方向	加工指令
指令							GX	L1、L2、L3、L4
								NR1、NR2、NR3、NR4
							GY	SR1、SR2、SR3、SR4

11.3.1 分隔符号 B

因为 X、Y、J 均为数码，所以需要用 B 将它们分隔开来。

11.3.2 X、Y 坐标值

每个加工线段都由起点坐标 $D_0(X_0、Y_0)$ 加工至终点坐标 $P_e(X_e、Y_e)$。根据加工线段的类型、走向，可将坐标值划分为三类。

1）直线的坐标值

直线：与 X、Y 坐标轴平行的线。

加工指令规定：坐标原点和坐标终点均取 X = Y = 0，0 坐标值可以不写，直线的程序为：BBBJGZ。直线的加工终点坐标值用计数长度、计数方向和加工指令来控制。

2）斜线的坐标值

斜线：X、Y 坐标系上具有斜率的线。

加工指令规定：坐标原点在起点，程序中的 X、Y 数码为终点坐标值。X、Y 数值采用 μm 为单位长度。

3）圆弧的坐标值

圆弧被定义为标准圆圆弧。一切非圆曲线均需用直线或圆弧逼近法计算。

圆弧指令规定：坐标原点取在圆心，X、Y 坐标值为起点坐标值。

11.3.3 计数长度 J

程序的 X、Y 坐标值是按照线切割 X、Y 拖板的运动方向确定的，所以任何一种线段的加工都是 X、Y 拖板运动形成的，线段在 X 轴或 Y 轴上的总投影长度，实际上是 X 轴或 Y 轴拖板的运动总距离，控制了拖板运动的总距离，就控制了线段加工的终点。把线段在计数方向（X 轴或 Y 轴）投影的总长度称为计数长度 J，J 数值采用 μm 为单位。

11.3.4 计数方向 G

线段在 X 坐标或 Y 坐标轴向的投影长度作为计数方向的轴向，称为计数方向 G。除直线外，斜线与圆弧均有两个计数方向，把在 X 坐标轴上的投影总长度作为计数长度，其计数方向记作 GX；把在 Y 坐标轴上的投影总长度作为计数长度，其计数方向记作 GY。

① 直线所在的轴作为直线的计数方向。

② 斜线确定计数方向的方法为比较终点坐标值 Pe（Xe，Ye）。当|Xe|>|Ye|时，取 GX；当|Xe|<|Ye|时，取 GY；当|GX|=|GY|时，可任取 GX 或 GY。

③ 圆弧确定计数方向的方法为比较终点坐标值 Pe（Xe，Ye）。当|Xe|<|Ye|时，取 GX；当 |Xe|>|Ye|时，取 GY；当 |Xe|=|Ye|时，可任取 GX 或 GY。

11.3.5 J 的计算

① 直线的计数长度等于直线的长度。

② 斜线的计数长度按线段在计数方向上的投影总长度计算。当计数方向为 GX 时，J 取 |Xe|；当计数方向为 GY 时，J 取 |Ye|。

③ 圆弧的计数长度是计数方向上的拖板在加工过程中累计移动的总距离，即不同象限的各部分圆弧分别向计数方向坐标轴上投影长度的总和。

11.3.6 加工指令 Z

按照加工直线、斜线或圆弧的不同，需要给出作不同方向、不同动作顺序的控制机动作命令，称为加工指令。用 L 表示直线和斜线的加工指令；用 R 表示圆弧段的加工指令，当逆时针加工圆弧时为 NR，当顺时针加工圆弧时为 SR。

直线与斜线的加工指令共有 L1、L2、L3、L4 四个，其定义如图 11.2 所示。

圆弧的加工按照切割方向分为 NR、SR 两种指令。逆时针方向切割的称为逆圆加工指令，用 NR 表示，由于其起点坐标不同，按象限分作 NR1、NR2、NR3、NR4；顺时针方向切割的称为顺圆加工指令，用 SR 表示，分为 SR1、SR2、SR3、SR4。其定义如图 11.3 所示。

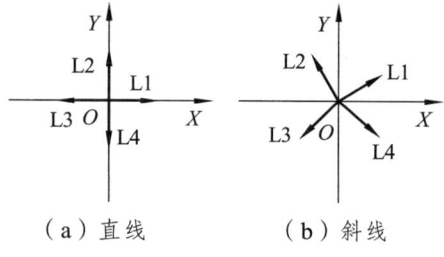

（a）直线　　（b）斜线

图 11.2　直线与斜线的加工指令

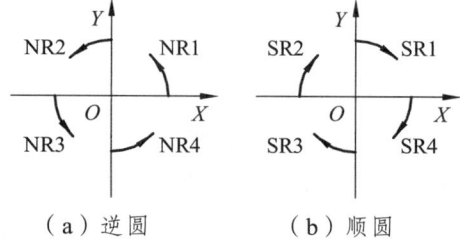

（a）逆圆　　（b）顺圆

图 11.3　圆弧的加工指令

11.3.7 3B 格式编程示例

被加工工件如图 11.4 所示。零件厚 δ = 1 mm，材料为 45#钢，起刀点为 O（0，0），走刀路线为 O—A—B—C—D—E—F—G—H—I—J—K—L—M—A—O。

3B 格式程序如下：

切入 $\overline{AO}$ OA　B1000BB1000GXL1

　　　$\overparen{AB}$　B14000BB14000GXSR2

　　　$\overline{BC}$　B1000B4000B4000GYL1

　　　$\overline{CD}$　B1000B4000B4000GYL4

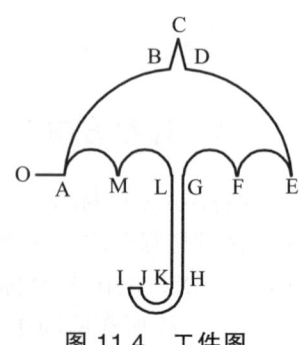

图 11.4　工件图

$\widehat{DE}$　BB14000B14000GYSR1
$\widehat{EF}$　B3500BB7000GYNR1
$\widehat{FG}$　B3500BB7000GYNR1
$\widehat{GH}$　BB15000B15000GYL4
$\widehat{HI}$　B4000BB8000GYSR4
$\widehat{IJ}$　B2000BB2000GXL1
$\widehat{JK}$　B2000BB4000GYNR3
$\widehat{KL}$　BB15000B15000GYL2
$\widehat{LM}$　B3500BB7000GYNR1
$\widehat{MA}$　B3500BB7000GYNR1
切出 $\widehat{AO}$　B1000BB1000GXL3
停机码　D

ISO 格式程序如下：

G92　X0　Y0
G01　X1000　Y0
G02　X14000　Y14000　I14000　J0
G01　X1000　Y4000
G01　X1000　Y－4000
G02　X14000　Y－14000　I0　J－14000
G03　X－7000　Y0　I－3500　J0
G03　X－7000　Y0　I－3500　J0
G01　X0　Y－1500
G02　X－8000　Y0　I－4000　J0
G01　X2000　Y0
G03　X4000　Y0　I2000　J0
G01　X0　Y150000
G03　X－7000　Y0　I－3500　J0
G03　X－7000　Y0　I－3500　J0
G01　X－1000　Y0
M02

11.4　YH 线切割控制系统操作

11.4.1　YH 控制屏幕

YH 控制屏幕如图 11.5 所示。

在控制屏幕上有一个显示窗口切换标记——红色 YH，点取此标记可改变显示窗口的内容。系统进入时，首先为图形显示，以后每点取一次红色 YH，依次为"相对坐标""加工代码""图形"……

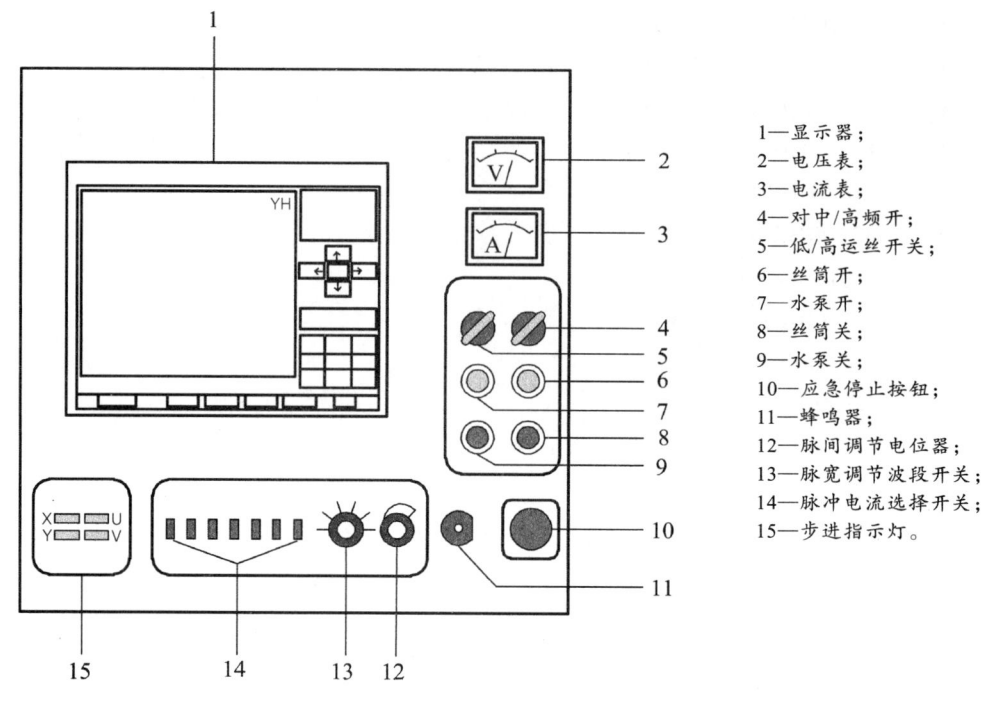

图 11.5 YH 控制屏幕

11.4.2 3B 格式程序的输入与修改

这里针对金工实习，介绍手工编程程序的输入。

首先点取两次红色 YH，进入加工代码位置，也就是手工输入程序位置。这时，显示调节按钮的标记符号变为：S、I、D、Q、↑、↓。各键功能如下：

S——代码存盘；

I——代码倒置；

D——删除当前行；

Q——退出编辑状态；

↑——向上翻页；

↓——向下翻页。

程序输入及修改步骤如下：

① 鼠标点亮第 1 行，用键盘输入第 1 条程序：BBB1000GXL1，输完回车。从第 1 条输到第 15 条，每输入一条回车一次。

② 输入过程中，如果输错程序，点亮输错的那行，重输一次回车。

③ 如果漏输一条程序，点亮漏输位置的下一条程序回车，会出现一条空白行，在此位置上输入漏输的程序再回车即可。

④ 如果要删除程序，点亮要删除的程序，然后点"D"键，该行程序被删除。

⑤ 一页可输入 37 条程序，输满后点 ↓ 翻页，鼠标点亮第一行后继续输入程序。

11.4.3　检查程序

程序全部输入完后，点"Q"键退出，程序即转换为图形，根据图形判断程序正确与否；也可点击"模拟"键来检查。如果图形不对，要修改程序，点取两次红色 YH，切换到加工代码位置来修改程序。此时，程序已转换为 ISO 代码，要用 ISO 代码来修改程序。程序正确后，点"S"键存盘。（注意：存盘前删除 M00 指令。）

11.4.4　加工工件

① 安装工件：将薄钢板水平放在工作台上，使钢板边沿与 Y 轴平行，用压板压紧。

② 点"读盘"键，点 ISO 代码，选定所需的文件名，点参数窗左上角灰点，系统读入该代码文件，在屏幕上绘出其图形。

③ 了解四缸发动机工作原理、构造和装配的工艺知识；

④ 掌握基本的发动机拆卸和装配操作要领、方法以及相关工具的使用；

⑤ 根据所加工图形大小和形状在薄钢板上定进刀点位置。（注意：X 轴方向钼丝与工件离开 1~2 mm，Y 轴方向根据图形大小和进刀点位置定位。）

⑥ 依次开启走丝、水泵、高频三个开关。

⑦ 缓慢匀速摇 X 向拖板，使工件与钼丝碰出火花。（注意：卷丝筒换向时没有加工电流，此时不要移动拖板。）

⑧ 点控制屏幕上"加工"键，即开始加工，此时应注意观察、调节加工电流波形和间隙电压波形。

⑨ 加工结束自动关机后，取切割的工件。（切记：注意安全，关机后才能取工件。）

⑩ 如果没有自动关机，则手动关机，顺序与开机相反，即关高频、水泵、走丝。

习　题

11.1　数控电火花线切割加工原理是什么？
11.2　简述数控电火花线切割的应用范围。
11.3　数控电火花线切割机床由哪几部分组成？
11.4　数控电火花线切割 DK7725 的含义是什么？
11.5　编制典型零件加工程序。

第 12 章　钢的热处理

【实习目的及要求】
了解热处理工艺的种类及作用。

12.1　概　述

钢的热处理是将固态钢采用适当的方式进行加热、保温、冷却，以获得所需的组织结构和工艺性能的工艺方法。热处理在机械制造工业中占有非常重要的地位，它是强化金属材料、提高零件使用寿命最有效的方法之一。其工艺方法的种类繁多，根据加热和冷却方式的不同，钢的热处理方法通常可分为普通热处理、表面热处理及特殊热处理，具体如图 12.1 所示。

任何一种热处理工艺都是由加热、保温和冷却三个阶段组成的。因此，热处理工艺过程可用"温度–时间"为坐标的曲线图表示，如图 12.2 所示，此曲线称为热处理工艺曲线。

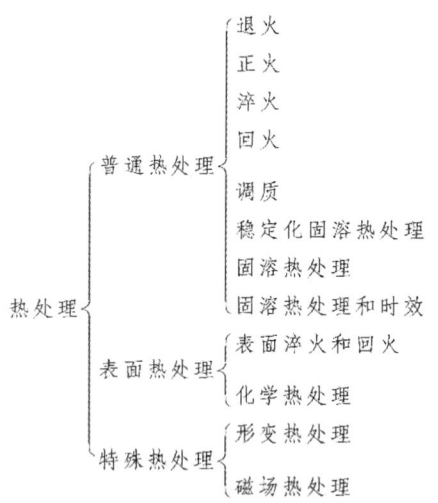

图 12.1　热处理的分类

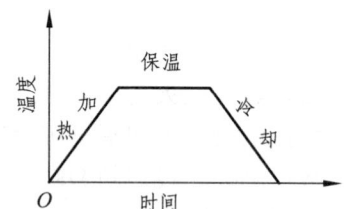

图 12.2　热处理的工艺曲线

加热是热处理的第一步，加热质量的好坏，加热温度的选择正确与否，对于后期热处理的组织和性能、机械加工以及使用性能有很大的影响。

保温的目的是使工件整体获得统一的组织形式，为组织转变、稳定尺寸以及获得所需的使用、加工性能做准备，保温时间的长短直接影响着材料冷却后得到组织的性能。

冷却是为了得到所需要的组织形式。冷却方式不同得到的组织也就不同，主要的冷却方式有 4 种：

① 退火中的缓慢冷却：对共析、过共析钢来说，实质是奥氏体化后进行珠光体转变。

② 正火中的空气冷却：实质是完全奥氏体化加伪共析转变，也称为伪共析珠光体。

③ 淬火中的快速冷却：实质是奥氏体化后进行马氏体转变，获得强度、硬度都较高的马氏体组织，为得到使用性能做了组织上的准备。

④ 回火中的冷却：实质是消除回火中所产生的回火脆性，稳定尺寸，获得所需的使用性能和机械性能。回火脆性有两种，即第一回火脆性和第二回火脆性，第一回火脆性是不可逆的，第二回火脆性是可逆的，用快冷的方法可以消除。

12.2 钢的组织转变

使用各种不同的热处理工艺，可以使钢得到不同的工艺性能和使用性能，而这些都是因为钢在加热和冷却的过程中，其内部发生了组织与结构变化的结果。因此，要正确掌握热处理工艺，必须首先了解在不同的加热及冷却条件下钢的组织变化的规律。

12.2.1 钢在加热时的组织转变

在热处理工艺中，钢首先通过加热转变成奥氏体组织。热处理的实质就是把钢的原始组织加热，使其转变为奥氏体。而钢加热组织转变质量的好坏（晶粒的大小、成分及其均匀程度），对钢冷却后的组织和性能有重要的影响。

由 Fe – Fe₃C 相图得知，A_1、A_3、A_{cm} 是钢在平衡条件（极其缓慢加热和冷却）下的临界点。然而，生产中不可能以无限缓慢的速度加热和冷却，在实际的加热和冷却条件下钢的组织转变总是有滞后现象，实际加热转变温度高于平衡条件下的转变温度，加热转变有过热度；实际冷却的转变温度低于平衡条件的转变温度，冷却转变有过冷度。为了便于区别，通常把实际加热时的各转变温度分别用 A_{c1}、A_{c3}、A_{ccm} 表示；实际冷却时的各转变点用 A_{r1}、A_{r3}、A_{rcm} 表示，如图 12.3 所示。实际加热与冷却的速度越快，导致过热与过冷就越大。

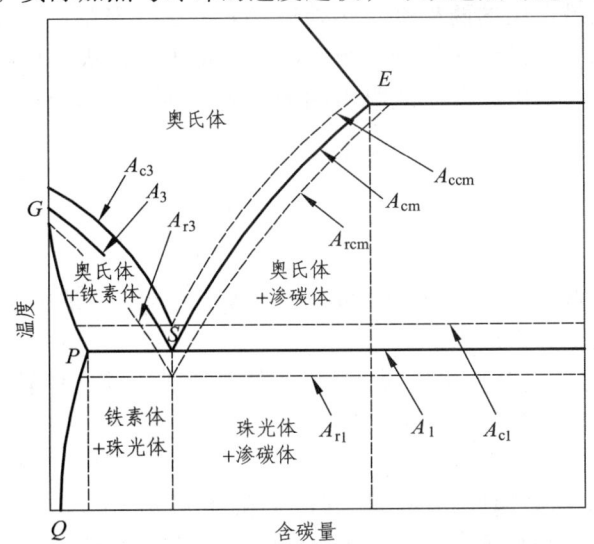

图 12.3 钢在加热和冷却时的相变临界点

整个奥氏体的形成过程分为 4 个阶段，即奥氏体形成、奥氏体晶核长大、残余奥氏体的溶解和奥氏体成分均匀化。

由此可知，钢在热处理过程中需要有一个保温阶段，这不仅是为了使工件表层与心部的温度趋于一致，同时还为了获得均匀的奥氏体组织，以便在冷却转变时得到良好的组织和性能。

亚共析钢的奥氏体化温度一般在 A_c3 以上，过共析钢的奥氏体化温度一般在 A_{ccm} 以上，保温一定时间，才能获得单相奥氏体组织。

12.2.2 钢在冷却时的组织转变

钢在加热时的奥氏体化，不是热处理的最终目的，它的作用在于为以后的冷却转变做好组织上的准备。钢的最终性能主要取决于冷却转变后得到的组织。所以，研究奥氏体在不同冷却条件下的组织转变规律，具有极为重要的实际意义。钢的冷却转变实质上是过冷奥氏体的冷却转变。由 Fe-Fe₃C 相图可知，钢的温度处于临界点（A_1、A_3、A_{cm}）以上时，其奥氏体是稳定的；当温度处于临界点以下时，奥氏体将发生转变和分解。然而在实际冷却条件下，奥氏体虽然冷到临界点以下，并不立即发生转变，这种处于临界点以下的奥氏体称为过冷奥氏体。随着时间的推移，过冷奥氏体将发生分解和转变，其转变产物的组织和性能决定于冷却条件。

过冷奥氏体的冷却方式有两种，即等温冷却和连续冷却。

等温冷却是将已奥氏体化的钢迅速冷却到 A_1 以下某一温度，保温一定时间，使奥氏体在此恒温下完成组织转变。

连续冷却是将已奥氏体化的钢以不同的冷却速度，如炉冷、空冷、油冷、水冷等连续冷却到室温，奥氏体在一个温度范围内完成其组织转变。

12.3 钢的退火与正火

钢的退火和正火是最常用的两种基本热处理工艺方法，安排在毛坯生产之后，称为预备热处理，为以后切削加工和最终热处理做组织准备。退火和正火不但可以消除铸件、锻件及焊接件的工艺缺陷，而且可以改善金属材料的加工成型性能、切削加工性能、热处理工艺性能，并能稳定零件几何尺寸。

12.3.1 钢的退火

将钢加热到临界点以上，保温一定时间，然后缓慢冷却（一般需随炉冷却）到 500 ℃ 以下后空冷的热处理工艺，称为退火。

退火的实质：对共析、过共析钢来说，是奥氏体化后进行珠光体转变；对亚共析钢来说，是奥氏体化后进行先共析转变加珠光体转变。

退火的目的：

① 降低钢的硬度，提高塑性，便于切削加工和冷变形加工。

② 消除铸造、锻造、焊接产生的组织缺陷和组织偏析；改善钢的性能或为以后的热处理做准备。

③ 消除钢中的残余内应力，以防止变形和开裂。

④ 稳定尺寸。

在实际生产中,退火的种类有很多,按其物理性质的不同,可分为两大类:第一类是在临界温度(A_{c1} 或 A_{c3})以上的退火,又称为相变重结晶退火,包括完全退火、不完全退火、球化退火、扩散退火等;第二类是在临界温度以下的退火,包括再结晶退火、去应力退火等。

1. 完全退火

将亚共析钢加热到 A_{c3} 以上,使其完全奥氏体化,保温一定时间,然后缓慢冷却的热处理工艺,称为完全退火。

完全退火在加热过程中使钢的组织全部转变为奥氏体;在冷却过程中,奥氏体转变为细小而均匀的平衡组织。

完全退火的目的:细化晶粒,改善机械性能或为淬火做好准备;消除锻、轧产生的应力。
加热温度:对碳钢,加热温度为 $T = A_{c3}+(30 \sim 50)$ ℃;对合金钢,为 $T = A_{c3}+(30 \sim 70)$ ℃。
冷却方法:理论要求随炉冷至 500 ℃ 以下出炉,生产中 300 ℃ 以下出炉。
检验:布氏硬度计(HB)。
适用范围:主要适用于亚共析钢成分的碳钢和合金钢铸件、锻件和轧件。

2. 不完全退火

将钢加热到 $A_{c1} \sim A_{ccm}$(或 A_{c3})之间温度,达到不完全奥氏体,随之缓慢冷却的热处理工艺,称为不完全退火。

不完全退火的目的:细化组织,消除内应力,降低硬度,提高塑性,改善切削加工性能。
加热温度:A_{c1} 以上 20~50 ℃。
保温时间、冷却方法、检验都与完全退火相同。
适用范围:主要适用于共析钢、过共析钢和亚共析钢成分的中、高碳钢和低合金钢锻件。

3. 等温退火

将钢加热到 A_{c3} 以上,使其完全奥氏体化,保温一定时间,然后较快地冷却到略低于 A_{r1} 的温度区(珠光体转变温度区)进行等温,使奥氏体转变成珠光体退火组织,然后空冷下来的热处理工艺,称为等温退火。

等温退火的加热时间、保温时间与完全退火一样。
等温温度:一般为该钢种 A_{r1} 以下 20~30 ℃,在生产中通常为 600~680 ℃。
等温时间:一般碳钢取 1~2 h,合金钢取 3~4 h。
冷却速度:任意速度冷却,一般空冷。
等温退火的优点如下:
① 缩短了周期,可比普通退火缩短 4~7 h。
② 内部组织和机械性能比较均匀。

4. 球化退火

将钢加热到 A_{c1} 以上,保温适当时间后缓慢冷却,使钢中的碳化物成为球状珠光体的热处理工艺,称为球化退火。

球化退火的目的：使共析钢或过共析钢中的渗碳体球化，从而降低硬度，改善切削加工性能；为淬火做准备。

加热温度：只能是该钢的 A_{c1} 以上 10~20 ℃；

保温时间：与完全退火一样。

适用范围：主要适用于含碳量高于 0.6% 的各种高碳工具钢、模具钢、轴承钢等。

5. 低温退火

将钢加热到 A_{c1} 以下（一般温度为 500~600 ℃），保温一定时间（一般为 1~2 h），以使其软化的热处理工艺，称为低温退火。

低温退火不发生组织转变，因此它常用于消除铸件、锻件、焊接件的残余力，以使其定型和防止开裂。

低温退火的目的是使钢软化，以便于切削加工和冷却变形。

6. 再结晶退火

将经过冷变形加工的工件加热到一定温度，保温一定时间后缓慢冷却（可采用炉冷或空冷），使其形成新的晶粒而不发生相变，这种热处理工艺称为再结晶退火。

再结晶退火的目的：消除冷变形引起的冷作硬化，恢复材料塑性以便进一步的塑性加工；或者是保证一定的使用性能。

加热温度：碳钢加热一般为 650~700 ℃。

保温时间：保温 10~60 min。

7. 扩散退火

扩散退火又称为均匀化退火，它是将钢锭、铸件或锻坯加热至略低于固相线的温度下长时间保温，然后缓慢冷却以消除化学成分不均匀现象的热处理工艺。

扩散退火的目的：消除铸锭或铸件在凝固过程中产生的结晶偏析及区域偏析，使成分和组织均匀化。

加热温度：为使各元素在奥氏体中充分扩散，扩散退火加热温度很高，通常为 A_{c3} 或 A_{ccm} 以上 150~300 ℃，具体加热温度视偏析程度和钢种而定。碳钢一般为 1 100~1 200 ℃，合金钢一般为 1 200~1 300 ℃。

保温时间：10~20 h。

冷却方法：炉冷。

12.3.2 钢的正火

正火又称常化，是工件加热至 A_{c3} 或 A_{ccm} 以上，使其完全奥氏体化，保温一段时间后再从炉中取出，在空气中或喷水、喷雾或吹风冷却的热处理工艺。正火是退火的一个特例，两者只是冷却速度不同。正火冷却速度比退火冷却速度稍快，因而正火组织要比退火组织更细一些，其机械性能也有所提高。另外，正火炉外冷却不占用设备，生产率较高，因此生产中尽可能采用正火来代替退火。

正火的目的：

① 细化组织，消除热加工造成的过热缺陷，使组织正常化；
② 用于低碳钢（含碳量小于 0.3%），提高硬度，改善切削加工性能；对于不太重要的工件，也可作为最终热处理。

加热温度：对于亚共析钢，为 A_{c3} 以上 30～50 °C；对于过共析钢，为 A_{ccm} 以上 30～50 °C。在生产实践中，正火加热温度往往超过上述范围，如 40Cr 的 A_{c3} = 780 °C，而它通常是在 850～870 °C 的温度下正火，正火温度比 A_{c3} 高 70～90 °C，这是因为在这样的温度下并不会引起晶粒的长大，反而会加速组织转变的过程，从而缩短工作时间，有益于经济效益，因而是合理的。

保温时间：与完全退火的保温时间相同。

适用范围：正火只适用于碳素钢及低、中合金钢，而不适用于高合金钢。

正火和各种退火的加热温度范围和热处理工艺曲线如图 12.4 所示。

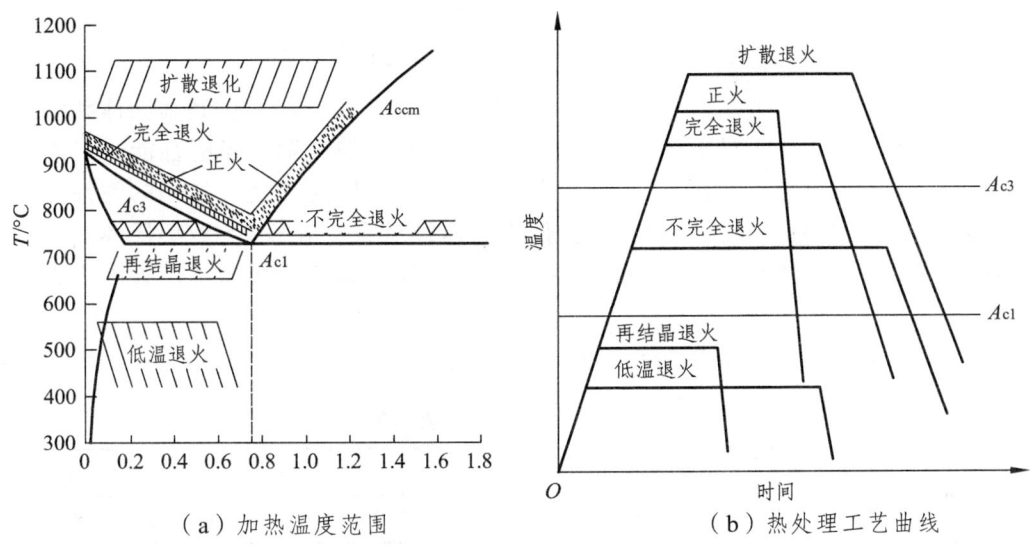

图 12.4 正火和各种退火的加热温度范围和热处理工艺曲线

12.4 钢的淬火

钢的淬火是将钢加热到临界温度 A_{c3}（亚共析钢）或 A_{c1}（过共析钢）以上某一温度，保温一段时间，使之全部或部分奥氏体化，然后以大于临界冷却速度的冷速快冷至 M_s 以下（或 M_s 附近等温）进行马氏体（或贝氏体）转变的热处理工艺。

通常也将铝合金、铜合金、钛合金、钢化玻璃等材料的固溶处理或带有快速冷却过程的热处理工艺称为淬火。

淬火是热处理工艺中最重要的工艺，淬火的目的是使过冷奥氏体进行马氏体或贝氏体转变，得到马氏体或贝氏体组织，然后配合以不同温度的回火，以大幅提高钢的强度、硬度、耐磨性、疲劳强度以及韧性等，从而满足各种机械零件和工具的不同使用要求。也可以通过淬火满足某些特种钢材的铁磁性、耐蚀性等特殊的物理、化学性能。

淬火能使钢强化的根本原因是相变，即奥氏体组织通过相变而成为马氏体组织或贝氏体组织。

在钢的淬火工艺中，影响淬火质量的因素主要有：加热温度、加热速度、加热时间、冷却剂的冷却能力以及工件投入冷却剂中的方式等。此外，还有钢的原始组织状况、工件的形状因素等。

12.4.1 淬火温度的选择

碳钢的加热温度取决于钢中的含碳量。对于亚共析钢，淬火温度为 A_{c3}+（30~70）℃；对于共析钢和过共析钢，淬火温度为 A_{c1}+（30~70）℃。

① 为什么亚共析钢要加热到 A_{c3} 以上？

因为如果将亚共析钢的加热温度选择在 A_{c1}~A_{c3} 之间，则淬火冷却后，奥氏体转变为马氏体，而铁素体被保留下来，导致钢达不到应有的高硬度；如果亚共析钢的淬火加热温度远高于 A_{c3}，除加剧钢的氧化脱碳现象外，还会引起奥氏体晶粒显著粗化，并在淬火冷却时，增加钢的变形和开裂的倾向。

② 为什么共析钢、过共析钢要在 A_{c1} 以上、A_{ccm} 以下加热？

如果把过共析钢加热到 A_{c1}~A_{ccm} 之间的温度，则经淬火冷却后得到马氏体和渗碳体组织，由于渗碳体的硬度高于马氏体，所以它的存在有利于提高钢的耐磨性能。但淬火前渗碳体最好呈细粒状均匀分布，而不允许以网状形式存在，因为这会增加钢的脆性，使钢淬裂。如果把过共析钢加热到 A_{ccm} 以上，就会使渗碳体颗粒完全溶解，导致奥氏体晶粒长大，这样会使钢的耐磨性因渗碳体硬度颗粒消失而降低，淬火时急冷会增加淬火内应力，使钢淬裂。

表 12.1 列出了几种常用淬火加热温度。

表 12.1 常用淬火加热温度

钢号（#）	45	40Cr	30CrMnSi	T8~T12	9CrSi	CrWMn
淬火温度/℃	810~840	810~860	800~900	780~810	860~880	820~850

12.4.2 淬火加热保温时间的确定

淬火加热时间的确定，既要保证工件表面和心部都达到指定的加热温度，又要保证组织转变充分进行和化学成分扩散均匀。加热时间过长，会增加钢的脱碳氧化的倾向，并使奥氏体晶粒粗化；加热时间过短，又会导致组织转变不完全，成分扩散不均匀，在淬火回火后得不到所需的机械性能，因此适当地选择加热保温时间，对保证钢的淬火质量和提高生产效率是重要的。

在生产条件下，为了保证生产效率和便于控制加热保温时间，往往先把炉温升高到规定淬火加热温度后再装入工件，待炉温重新升到淬火加热温度时，开始计算时间，这样就把工件的实际加热时间和保温时间结合起来。

加热、保温时间可以根据理论时间计算，也可根据实际经验公式计算。理论时间计算公式为

$$t = k \times D$$

式中：D 为工件有效厚度；k 为加热时间系数。加热温度越高则加热时间越短，有尖角或细刃的工具，k 值要取小些。

12.4.3 冷却介质

需要淬火的工件，经过加热后，便放到一定的冷却介质中激冷淬火。冷却是淬火的关键工序，它关系到淬火质量的好坏，同时冷却也是淬火当中最容易出问题的一道工序。

快速冷却的目的，是为了防止过冷奥氏体在 M_s 点以上发生任何分解。根据连续冷却"C"曲线（见图 12.5）可知，过冷奥氏体在 650~400 ℃ 之间分解最快，因此，只需要在这一温度区间内快冷，在这以上和以下的温度区间内并不要求快冷。在 M_s 点以下反而希望冷却缓慢些，以防止淬火变形和开裂。

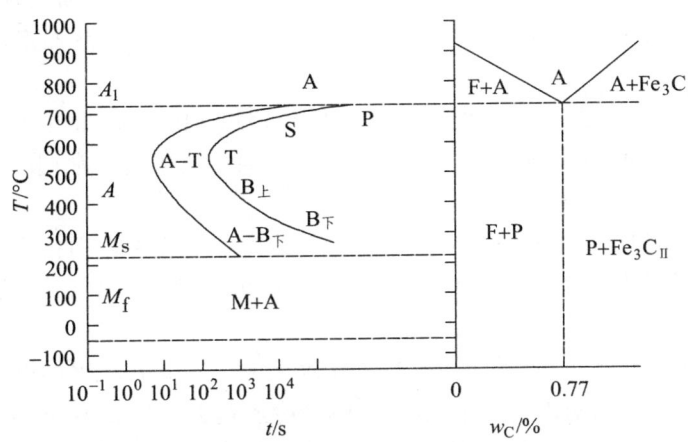

图 12.5 共析钢过冷奥氏体等温转变曲线

共析钢过冷奥氏体等温转变温度与转变组织的特征见表 12.2。

表 12.2 共析钢过冷奥氏体等温转变温度与转变组织的特征

转变温度范围	过冷程度	转变产物	代表符号	组织形态	层片间距	清晰鉴别的放大倍数
A_1~650 ℃	小	珠光体	P	粗片状	约 0.3 μm	<500
650~600 ℃	中	索氏体	S	细片状	0.1~0.3 μm	1 000~1 500
650~550 ℃	较大	托氏体	T	极细片状	约 0.1 μm	10^4~10^5（电子显微镜）
550~350 ℃	大	上贝氏体	$B_上$	羽毛状	—	>400
350 ℃~M_s	更大	下贝氏体	$B_下$	照片（针）状	—	>400

淬火介质根据其冷却特性的不同，可以分为两大类：

第一类淬火介质包括各种水质淬火剂和油质淬火剂，以及加入少量水的低温盐浴或碱浴。这些淬火介质的沸点都低于工件的淬火温度，所以赤热工件淬入其中，介质便会汽化沸腾，强烈散热。在工件与介质的界面上，还以辐射、传导、对流方式散热。冷却曲线是先快后又变慢。

第二类淬火介质包括各种低温盐浴、碱浴、金属浴等。这类淬火介质的沸点都高于工件的淬火温度，所以赤热工件淬入其中，介质不会汽化沸腾，只在工件与介质的界面上，以辐射、传导和对流的方式进行热交换，使工件温度逐渐降低。

1. 水

水是最常用的一种淬火介质，在 650～400 °C 区间，水的冷速很小，大约只有 200 °C/s，而在 400 °C 以下需要慢冷的区间，水的冷速大增，在大约 300 °C 之间达到最大值 800 °C/s，水温越高冷却能力越差，冷却特性越差。所以水槽温度越低越好，一般不能超过 30 °C，并且要加强水的循环、搅拌或喷射，这样可提高 650～400 °C 区间的水的冷速。若水中混有油或肥皂，则会显著降低高温区的冷速，影响很坏。

水作为冷却介质具有以下优点：① 冷却能力大；② 使用安全，无燃烧、爆炸、腐蚀的危险，不污染环境；③ 价廉易得；④ 淬火工件不需要清洗；⑤ 容易实现机械化自动化。

在水中加入一些添加剂，可以改善水的冷却特性和冷却能力，从而形成下述一系列水质淬火剂。

食盐水溶液：5%的 NaCl 水溶液的冷却特性比较理想，10%的 NaCl 水溶液的冷却特性也还可以，浓度增大到 15%时，冷却特性变坏，低温区的冷速太大。常用 NaCl 水溶液的浓度为 10%左右。

由于水中溶有 NaCl，淬火时，水剧烈汽化，食盐微粒在工件表面析出并爆炸，不断破坏蒸汽膜的形成，所以最大冷速移到 600 °C 左右，冷速可达到 2 000 °C/s。故盐水的冷却能力比水大很多。

碱水溶液：常用浓度为 10%或 50%的 NaOH 水溶液。浓度为 10%的碱水，冷却特性较为理想，浓度提高到 15%，冷速大增，但是马氏体区冷速过大。浓度为 50%时，冷却特性较为理想，特别是 96 °C 的 50%NaOH 水溶液，冷却特性最为理想，所以这种浓度的碱水经常用于断面较大的、水淬易开裂而油淬不硬的碳素钢件，如碳素钢模具等。碱水淬火还有一大优点，就是工件表面非常光洁；缺点是有不好的气味，溅到皮肤上有腐蚀性，以及有老化变质问题，所以碱水不如盐水用得广泛。

用盐水或碱水淬火时，液温不能超过 60 °C，但 50%的 NaOH 水溶液是例外。

2. 油

油也是一种常用的淬火介质，有植物油和矿物油两类。植物油，如豆油、芝麻油，冷却特性都比较理想，但容易老化，寿命短，价格高，故目前几乎被矿物油所取代。矿物油作为淬火介质有许多优点：① 冷速不大，冷却特性较好，故多用于合金钢淬火；② 闪点高，着火危险小；③ 黏度适当，工件损失小；④ 无腐蚀性；⑤ 来源充足，价格较低；⑥ 容易实现机械化、自动化。

油的牌号是按运动黏度的大小编制的。油的黏度越大，则闪点越高，使用温度也可越高。但是，黏度越大，流动性越差，因而气泡逸出速度和对流散热速度都变小。提高油温可使黏度减小，从而提高冷却能力。但是，油的使用温度必须低于闪点 80～100 °C，以防着火。所以，淬火油的选用，主要考虑闪点和黏度，同时还要考虑冷却特性。

10#机油的冷却特性不太理想，低温区冷速偏大。20#机油则好些，50#机油更为理想。通常，10#、20#机油在 80 °C 以下使用，20#机油用得最多。热油比冷油淬火性能好。总之，油的冷却能力比水小很多，但油的冷却特性比水好得多，所以油适用于合金钢淬火。

淬火油在长期使用以后会发生老化，即出现黏度增大、闪点升高、冷却能力下降的现象。这是由于淬火油经常与赤热工件、空气、工件带入的盐类、氧气皮及水分等接触，逐渐发生分解、氧化或聚合，使油分子变大。防止淬火油过早老化的办法是：① 防止淬火油过热，工件在油中要不断移动；② 避免用压缩空气搅动淬火油；③ 避免将水分带入油中；④ 经常捞除油渣及氧化皮，最好采用循环过滤和冷却淬火油。

低温盐浴或碱浴（第二类淬火介质）主要用于分级淬火和等温淬火。最常用的是 50%KNO$_3$+50%NaNO$_3$ 的硝盐浴，使用温度为 150～500 ℃。

12.5 钢的回火

将淬火钢件重新加热到 A_1 点以下的预定温度，保温预定时间，然后冷却到室温的热处理工艺，称为钢的回火。

12.5.1 回火的必要性

零件经淬火获得马氏体组织后，强度、硬度提高，但马氏体的性能很脆，又由于淬火后零件内部有很大的内应力，使零件的塑性与韧性都很低，如果在室温下放置一段时间，由于内应力的重新分布，常常会引起零件变形甚至开裂，因此除去对机械性能无要求的硬磁钢外，几乎所有的淬火钢都需要进行回火处理。

回火是紧接着淬火的一道热处理工序，回火决定了钢在使用状态的组织和性能，因此回火是很关键的工序，回火不足可以重新回火，但一旦回火过度，就会前功尽弃，必须重新淬火。

12.5.2 淬火钢回火的目的

① 减少或消除工件淬火时产生的内应力，防止工件在使用过程中发生变形和开裂。

② 通过回火提高钢的韧性，适当调整钢的强度和硬度，使工件达到所要求的力学性能，以满足各种工件的要求。

③ 稳定组织，使工件在使用过程中不发生组织转变，从而保证工件的形状和尺寸不变，保证工件的精度。

12.5.3 回火时的组织转变

淬火钢的组织在回火升温过程中，依次发生以下 5 种转变：
① 马氏体的分解（80～200 ℃），体心正方晶格向体心立方晶格转变；
② 残余奥氏体的转变（230～370 ℃）；
③ 碳化物转变（300～400 ℃），组织为回火屈氏体；
④ 渗碳体聚集长大；
⑤ 铁素体的回复、再结晶（400～650 ℃），组织为回火索氏体。

这 5 种转变发生在不同的温度范围内，但是其中某些转变也可能同时在某一温度范围内进行。

12.5.4 回火的应用

在生产中实际采用的回火有 4 种：
① 低温回火（150～250 ℃）。得到回火马氏体组织，硬而耐磨，强度高，疲劳抗力大，硬度可达到 HRC 58～64。多用于刃具、量具、冷冲模具、滚动轴承、精密配件以及超高强度

钢构件、渗碳体件。

② 中温回火（400~500 °C）。得到回火屈氏体组织，屈强比（$\sigma_s/\sigma b$）高，弹性好，硬度可达到 HRC 40~50。多用于各种弹簧的热处理。

③ 高温回火（500~650 °C）。得到回火索氏体组织，强度和韧性的综合性能高，硬度可达到 HRC25~40。多用于轴类、连杆、连接件等。淬火加高温回火又叫"调质"。

④ 高温软化回火。回火温度比 A_1 低 20~40 °C，得到回火珠光体，工艺性能好。主要用于马氏体钢的软化和高碳合金钢的淬火返修品，以代替球化退火。

12.5.5 回火脆性

回火温度在 250~400 °C 之间会使钢的韧性显著降低，这种现象称为第一类回火脆性。这种脆性一旦产生就无法消除，因此生产上要尽量避免在这个温度段内进行回火。

高温回火后，冷却方式对钢的韧性有很大的影响，如锰钢、铬镍钢、铬硅钢、硅锰钢和铬锰钢等，经 500~650 °C 回火后，如果缓慢冷却（炉冷或空冷），则钢的韧性会显著降低，这种现象称为第二类回火脆性。因此，这类钢在高温回火后必须急冷（水或油冷），以避免产生第二类回火脆性。

12.5.6 回火工艺参数的确定

回火温度在生产中一般根据工件的硬度要求，参照有关技术资料来选择。

回火时间随着工件的大小、回火温度的高低、工件的材料及加热炉的类型变化。

碳钢在 RJJ–36 型炉内回火保温时间如表 12.3 所示。

表 12.3 碳钢在 RJJ–36 型炉内的回火保温时间

厚度/mm		<20	20~40	40~60	60~80	>80
时间/min	低温	60	60~90	90~120	90~120	120
	中温	45	45~60	60~90	90~120	120
	高温	30	30~45	45~60	60~90	120

回火保温计算方法：以 45 钢为例，含碳量每增加或减少 ±0.05%，温度升、降 10~15 °C。理论公式为

$$\tau_{保温时间} = at + （10~20）\text{min}$$

式中：a 为工件有效工作厚度，单位 mm；t 的取值如下（碳素钢取下限，合金钢取上限）：

对盐浴，$t = 0.5~0.8$ min/mm；

对井式回火炉，$t = 1~1.5$ min/mm；

对箱式回火炉，$t = 2~2.5$ min/mm。

12.5.7 回火冷却

钢件回火后一般在空气中自然冷却，但铬锰钢、铬镍钢、铬硅钢高温回火后应采用水冷，锰钢、硅锰钢应采用油冷。

制定回火工艺时应注意以下几点：

① 淬火硬度。在同样回火之后，淬火硬度越高，则回火硬度也越高。所以，回火工艺参数应根据实际淬火硬度加以修正。

② 淬火温度。有二次硬化的钢，淬火温度不同，其回火温度也不同。如 Cr12MoV 从 980 ℃ 淬火后，无二次硬化现象，故采用 200 ℃ 低温回火一次或两次。若从 1 080 ℃ 淬火，则有二次硬化现象，故采用 520 ℃ 高温回火两次。

③ 等温淬火件。一般来说，等温淬火后也应回火。但是，碳素钢及低合金钢等温淬火在 1 h 以上者，组织转变充分，残余奥氏体很少，故可以不回火。对于残余奥氏体多的钢，等温淬火后必须回火，且回火温度应低于等温温度，并应躲过低温回火。

④ 低碳马氏体。低碳钢淬火时，条状马氏体已经自回火，因此可以不再回火。但是低碳合金钢淬火后最好再进行一次低温回火为好。

⑤ 回火脆性。应极力避开低温回火脆性区，所以低温回火一般不超过 200 ℃。如果硬度和强度要求恰好在这一脆性区内，则可以采用较高温度短时快速回火来避开，或改为等温淬火。钢件在高温回火脆性区内回火后要快冷，特别是含铬、镍、锰、硅的合金钢高温回火后必须快冷，而含有钨、钼的钢空冷即可。

⑥ 局部回火。高硬度部分要进行较低温度回火，而低硬度部分则要进行较高温度回火。一般的回火程序是先对低硬度部分进行高温短时快速局部回火，再对高硬度部分进行整体或局部回火。最好是在低硬度部分回火时，利用热传导将高硬度部分回火也完成，有时也可以在淬火后先进行整体高硬度回火，防止开裂，然后再进行局部低硬度回火。

⑦ 带温回火。断面较大的工件，特别是合金钢模具，油冷淬火不要冷到底，而应冷到 100～200 ℃ 之间立即出油。及时带温回火，可以防止开裂、变形，且不会影响性能。

此外，为了保证回火组织和性能的均匀性，并防止局部过度回火，最好在油浴、盐浴或炉气循环的专用回火炉中进行回火。

12.6 表面淬火

有的工件只需要一定厚度的表层得到强化，硬而耐磨，心部仍可保留高韧性状态。进行表面淬火或进行化学热处理可以达到此目的。

表面淬火是利用快速加热方法使工件表面层奥氏体化，然后淬火，而心部组织并不变化。根据加热介质的不同，表面淬火可分为感应加热表面淬火、火焰加热表面淬火、盐浴加热表面淬火、电解液加热表面淬火等。下面简单介绍感应加热表面淬火和火焰加热表面淬火。

12.6.1 感应加热表面淬火

感应加热表面淬火是以交变电磁场作为加热介质，利用电磁感应现象，在工件表面层感生巨大涡流，使表面层快速加热而淬火的方法。交变电磁场是交变电流流过感应圈而产生的，工件放在感应圈内进行加热，随后喷水或浸水淬火。根据感应加热设备产生的交变电流频率的不同，可以分为高频加热、中频加热和工频加热 3 种。高频加热电流频率为 200～250 kHz，高频淬火深度较薄，一般小于 2 mm。常用的中频电流频率为 8～10 kHz，中频淬火深度较大，可达到 2~8 mm。工频电流频率是 50 Hz，淬火深度更大，一般在 8 mm 以上。要求的淬火硬层越薄，越要采用较高的频率。

感应加热的优点有：① 加热速率快，生产率高；② 加热时间短，表面氧气脱碳极微；③ 表层局部加热淬火，工件变形很小；④ 表层硬度高，缺口敏感性小，耐冲击、疲劳及磨损；⑤ 感应加热设备可投入到生产流水线上，进行程序自动控制，工艺质量稳定。

含碳量为 0.4%~0.5% 的优质碳素钢和低合金钢最适于进行高频或中频加热淬火。感应加热淬火已应用于高碳的工具钢及各种铸铁件的表面淬火。

钢的原始组织对感应加热淬火质量的影响很大，所以高频淬火件都要进行预备热处理，最好是进行调质处理，得到细粒状的回火索氏体组织，这样既能保证性能均匀，又能防止表面过热。为了简化工艺，也可采用正火代替调质，得到细片状珠光体组织。

12.6.2 火焰加热表面淬火

利用高温火焰快速加热工件表层，使之淬火硬化的方法，通常称为火焰淬火。火焰淬火一般用于中碳钢表面强化，可以得到 0.8~6 mm 深的淬火硬化层。

表面加热用的高温火焰，是由两种气体混合后高速燃烧形成的，一种是氧化气，另一种是燃料气。氧化气有两种：氧气（100%的 O_2）或者空气（21%的 O_2）。燃料气有多种，如乙炔（C_2H_2）、丙烷（C_3H_3）、天然煤气、液化石油气等。

火焰淬火的优点是：① 设备简单，使用方便，成本低，只要有气源和烧嘴，就可以进行火焰淬火；② 不受工件体积大小以及淬火部位的限制，因此可用于特大件的表面淬火，可以灵活移动使用；③ 淬火表面清洁，无氧化脱碳现象，变形也小。

火焰淬火的缺点是不容易控制加热温度，表面容易过热，而且淬火质量不容易均一。

12.7 钢的化学热处理

把钢制零件放在欲渗元素的活性介质中，加热到预定温度，保温预定时间，使该元素渗入零件表面层中，从而改变表面层的成分、组织和性能，这种工艺过程称为钢的化学热处理。

化学热处理与表面淬火都属于表面热处理，但是表面淬火只是改变表面层的组织，化学热处理则能同时改变表面层的成分和组织。

化学热处理的工艺很多，一般都以渗入的元素来命名，如渗碳、氮化、渗硼等。常用化学热处理的工艺及作用如表 12.4 所示。

表 12.4 常用化学热处理方法及其作用

工艺名称	渗入元素	作 用
渗 碳	C	提高表面硬度、耐磨性和疲劳强度
氮 化	N	提高表面硬度、耐磨性、疲劳强度和耐蚀性
氰 化	C\N	提高表面硬度、耐磨性和疲劳强度
软氮化	C\N	提高表面硬度、耐磨性和疲劳强度
渗 硫	S	提高表面减磨性和抗咬性

续表

工艺名称	渗入元素	作 用
硫氰共渗	S\C\N	提高表面减磨性、耐磨性、抗咬性和疲劳强度
渗 硼	B	提高表面硬度、耐磨性和耐蚀性
渗 铝	Al	提高表面抗氧化性及含硫介质中的耐蚀性
渗 铬	Cr	提高表面抗氧化、耐蚀性和耐磨性
渗 硅	Si	提高表面耐蚀性
渗 锌	Zn	提高表面抗大气腐蚀能力

12.7.1 化学热处理的基本过程

任何化学热处理都是由分解、吸收、扩散 3 个基本过程组成的。

分解过程就是从作为活性介质的化合物中分解出活性原子的过程。

吸收过程就是活性原子从钢的表面进入铁的晶格的过程；碳、氮、硼等原子半径较小，是以间隙方式进入铁的晶格的，而铝、铬、硅、锌等原子则以置换方式进入铁的晶格。

扩散过程就是渗入钢中的原子由表面向内部扩散迁移的过程。温度越高，扩散越快，因而渗层增长越快。表面浓度越高，扩散也越快，渗层增长也越快。

一般来说，在上述 3 个基本过程中，扩散是最慢的一个过程，整个化学热处理过程的速度就受扩散速度所控制。

12.7.2 钢的渗碳

把碳钢工件放在渗碳性介质中，加热到单相奥氏体区（一般采用 920~930 ℃），保温足够长的时间，使工件表面层的碳浓度提高，这样一种热处理工艺称为渗碳。

在钢的化学热处理当中，渗碳是应用最广泛的一种工艺。许多重要零件，如齿轮、活塞销、轴类等，都要进行渗碳热处理。

根据渗碳介质状态的不同，可以分为固体渗碳、膏剂渗碳、液体渗碳和气体渗碳。

渗碳用钢都是含碳量在 0.10%~0.25% 的低碳钢，其中应用最多的是含碳量为 0.15%~0.20% 的碳素钢及合金钢，如 15#、20#、20Cr、20CrMnTi、20SiMnVB、18Cr_2Ni_4WA、20CrMnVBA 等。

渗碳的目的是使工件表面层硬而耐磨，心部强而韧，具有高的疲劳强度，表层不崩裂、不压陷、不点蚀。渗碳层深度可按使用要求确定，一般为 0.5~2 mm，渗碳层的表面碳浓度在 0.8%~1.1% 之间为好，尤其是在 0.85%~1.05% 之间最好。

关于渗碳层深度 δ 的取值，可以根据下列因素来决定：

① 渗碳部位的断面尺寸。

对于轴类：$\delta = (0.1 \sim 0.2) R$，$R$ 为半径（mm）；

对于齿轮：$\delta = (0.2 \sim 0.3) m$，$m$ 为模数（mm）；

对于薄片工件：$\delta = (0.2 \sim 0.3) t$，$t$ 为厚度（mm）。

② 工作条件。磨损轻的，δ 取小些；磨损重的，δ 取大些。接触应力小的，δ 取小些；接触应力大的，δ 取大些。

③ 心部碳浓度。心部碳浓度低的，δ 要大些；心部碳浓度高的，δ 要小些。此外，在同样条件下，合金钢的渗层可以比碳素钢的薄些。

通常遇到的渗碳层深度都在 0.5~2 mm 之间，深度波动范围不应大于 0.5 mm。当渗碳层深度小于 0.5 mm 时，一般都用氰化而不用渗碳，或用中碳钢高频淬火代替渗碳。

渗碳层的最外层是过共析钢，中间是共析钢，再里边是亚共析钢的过渡层，最后是心部的原始组织。

12.8 淬火缺陷——变形与开裂

由于淬火冷却时产生的淬火应力称为热应力。热应力使工件的尺寸、形状发生变化，称为冷却变形。当淬火应力过大，超过断裂强度时，在工件表面或内部形成裂纹，称为淬火冷却开裂。在冷却过程中，热应力的变化规律是：冷却前期，表面受拉，心部受压；冷却后期，表面受压，心部受拉。冷却终了的残余应力状态是表面存在压应力，而心部存在拉应力。

奥氏体转变为马氏体时，由于比容增大伴随体积增大，工件表面和内部组织转变先后顺序不一致而引起的内应力称为组织应力。工件淬火时其热应力同时存在，称为淬火应力。当淬火应力大于钢的屈服强度时，工件将产生变形；当淬火应力超过钢的抗拉强度时，工件将产生开裂。

12.8.1 影响变形的因素

1. 热应力和组织应力的影响

① 热应力引发变形，其特点是：表面为压应力，心部为拉应力。在热应力的作用下，长形工件缩短，直径增大。有棱角的会变小圆角。正方形工件在心部多向压力作用下表面凸起，棱角变圆，趋于球形；对于模具型腔来说，则表现为型腔缩小。

② 组织应力引发变形，其特点是：表面为拉应力，心部为压应力。在组织应力的作用下，工件体积变化，在最大线性方向伸长，表面凹进，尖角突出；对于模具型腔来说，则表现为型腔胀大。

2. 化学成分的影响

含碳量越高，变形越大。

3. 工件截面不均匀的影响

若淬火工件几何形状复杂，厚薄不均匀、不对称或太长、太小等，则淬火变形较严重。这是因为截面不均匀的工件，在相同的冷却条件下，薄先冷，厚后冷，形成温度差异（热胀冷缩）和组织转变的不同期性，导致工件变形。

4. 淬火前机械加工的应力影响

工件机械加工时，各部分加工的程度不同，势必造成一部分受拉应力而另一部分受压应力，切削愈多应力愈大，使淬火工件发生变形。因此，重要工件及机械加工过甚工件，如轮鼓、弹簧、轧辊等，淬火前需经 350~450 ℃ 温度时效 1~4 h，以消除机械加工应力。

5. 淬火加热的影响

工件加热时,外部和截面不均匀的部位,必然会产生温度差,而且温度差愈大产生的热应力愈大,从而导致淬火急冷时加大变形。一般而言:① 加热温度过高,热应力越大、淬透性越好、组织应力越大;② 加热时间太长、速度过快,温度不均匀等,都将程度不同地引起变形。

6. 淬火冷却的影响

淬火冷却是热应力和组织应力最集中的工序,如冷却剂不纯(如油中有水,水中有油或其他杂质)以及冷却能力太强的冷却剂,会使内应力大大增大,变形也大大增加。因此冷速越快、内应力越大、变形越大。

7. 操作不当的影响

加热放置不当、绑扎不当、夹具不良、入水角度不对(长形件垂直入水、厚部先入水、弹簧平行入水等),都会影响变形。

12.8.2 预防和控制变形的措施

① 设计工件时,应尽量避免截面不均匀,使各部分对称,尽可能防止太薄、太细、太长部分。
② 淬火前施以消除机械加工应力的中温时效。
③ 淬火加热温度不宜过高、时间不宜太长,加热速度不宜过快,尽量保持各部分温度一致。
④ 注意选择淬火冷却剂,冷速不宜过强,保持冷却剂纯净。
⑤ 尽量选用变形不大的淬火法,如分级、等温、无变形淬火法等。
⑥ 尽可能采用正确的淬火操作。例如,工件淬火时,必须保持平稳、防止摇晃和碰撞;工件淬入冷却剂时,应确保得到均匀的冷却,以最小阻力方向淬入淬火剂,并作适当方向运动;大型薄板(片)件可用专用设备(压床或工夹具)压平淬火,或淬火后立即压平压直再回火;采用垂直吊挂加热、垂直吊挂回火、垂直吊挂冷却。

12.8.3 校正方法

1. 冷校正

1)冷压校正

冷压校正即将变形工件用垫铁垫好,用专用设备在冷态室温中进行加压校正,直至变形件恢复原有形态。

采用冷压校正时应注意以下几点:
① 适用于硬度小于 HRC40 的变形件;
② 垫铁要放适中,压力点要用软垫衬垫,以防损伤工件表面;
③ 除毛坯件外,冷校正后的工件要重新时效以消除应力。

2)冷态正敲校正

冷态正敲校正原理与冷压校正相同,只是受载形式不同,冷态校正是采用铜、铝、硬木榔头等敲打变形部位，直至变形件恢复原态。冷态校正适用于淬火前已变形且硬度低的薄板件。

3）冷态反敲击校正

此法适用于硬度大于 HRC50 的高硬薄片变形件，即在冷态用高硬度钢锤（最好高速钢制）连续敲击变形件最低处，使小面积产生塑性变形，并不断向四周扩展延伸，使弯曲变形减小直至消除。

采用冷态反敲击校正时应注意以下几点：

① 校正件需回火后进行；

② 用力应均匀，不宜过大过猛。敲击频率为每秒 2～3 次，从最低点开始有规律地向两端延伸；

③ 校正后应时效。

2. 热校正

将变形工件整体或局部加热，借助金属热态比冷态塑性变形能力佳的特点进行校正的方法，称为热校正。常用的热校正方法有以下几种：

1）热压校正

热压校正应回火后在热态下立即进行，方法与冷压校正相同。若一次校不过来，则加热以消除应力及晶格歪扭，再行施压校正。

2）局部烘校正

将未经回火变形工件的凸出部分，用氧-乙炔火焰缓慢烘热（温度<回火温度），使被烘热部分的淬火马氏体转变成回火马氏体，因比容差异，使凸出部分收缩而被矫正。采用该法校正后应及时回火。

3）热点校正

将已回火变形工件的凸出部分，用氧-乙炔火焰缓慢加热后进行急冷，利用受冷收缩原理达到矫正的目的。

采用热点校正时应注意以下几点：

① 控制好加热温度，以稍过 A_{c1} 为宜。若加热温度低于 A_{c1}，则冷却后硬度降低，起不到重新淬火的目的；温度过高，则可能引起过热，导致冷却后形成裂纹。

② 加热时间不宜长，否则会造成加热点扩大。如果一次校正未果，可进行多次校正。

③ 选择热点时，应注意尽可能选择非工作面。冷却时配合冷压法效果更好。

④ 冷却时，碳钢应水冷，合金钢则应油冷。

3. 淬火过程中的校正

淬火冷却后，当钢件还处于过冷奥氏体状态时即进行热校正，此时相变正在进行中，金属具有超高塑性（相变诱发塑性），有利于校正。

在淬火过程中进行校正应注意以下几点：

① 淬火冷却出浴温度应控制在 200 ℃ 左右为宜，太高硬度不够，太低马氏体转变完成，塑性降低。

② 校正速度要快，校正时间过长会导致马氏体转变量增加，使钢件易压断。
③ 最好校正后吊挂空冷。

4. 回火校正

回火过程中亦存在相变，钢件塑性高，回火时，淬火马氏体内碳化物析出并向回火马氏体转化，残余奥氏体进一步向马氏体转变。回火校正是利用残余奥氏体的塑性及钢在回火温度下的热塑性进行校正的方法。

例如：薄片铣刀淬火后变形，可用螺杆穿好铣刀两端，用压板夹好再回火。

注意：① 若变形过大，可进行多次回火校正，第一次不应将螺帽拧得过紧，而应回火一定时间后分多次取出工件，之后拧紧螺帽再回火。
② 高速钢尽量在第一次回火后校正，避免第二次回火时产生回弹。

12.9 热处理安全操作规程

① 从事热处理工作，必须穿戴好劳动保护用品，如工作衣、手套、口罩、眼镜、皮鞋等。
② 工作前应检查使用工具、设备，以保证工具、设备本身及其应有的防护保险装置（如电气绝缘和接地）完好无损。
③ 热处理工作地点应该有条不紊，各项工具、材料、热处理零件、车辆设备不许随便乱放，以保证通行无阻。
④ 放入盐槽、碱槽、硝盐槽工作的零件、工具必须烘干水分，以免造成盐液飞溅。
⑤ 管状零件入浴炉和冷却必须倾斜插入，管口朝外；中空密闭零件不进行热处理。
⑥ 在盐槽、硝盐槽工作时，一定要有良好的通风设备，并必须在工作前开启通风设备。
⑦ 车间内必须装有消防设备，并妥善保管和正确使用它们。
⑧ 电炉必须装有限位器，并不得超过最高使用温度。
⑨ 使用电炉烘干各种低熔点金属及非金属时，严禁将其漏入或飞撒在炉内。
⑩ 易燃易爆物品或零件不得在炉内加热；严禁在炉内加热各种食品。
⑪ 凡生产用的水槽，严禁洗手、洗衣以及做其他用途。
⑫ 在添加煤油、酒精、汽油、甲醇等易燃物品时，必须谨慎小心，应避免漏泄现象，以防起火。
⑬ 新旧棉纱必须存放于指定之处。

习 题

12.1 什么是热处理？常用的热处理工艺有哪些？
12.2 什么是完全退火？什么是正火？两者有哪些异同点？
12.3 淬火的目的是什么？如何保证淬火质量？淬火过后为什么要紧接着进行回火？
12.4 回火的目的是什么？回火分哪几种，各有何特点？
12.5 导致淬火变形与开裂的原因有哪些？如何弥补和补救？

第 13 章　表面处理

【实习目的及要求】
① 了解表面处理的应用范围；
② 熟悉发蓝的特性、用途、所用设备、加工过程和工艺要求；
③ 将手锤或其他实习件进行发蓝处理。

13.1　表面处理的概念及作用

为了改善零件表面层的性能，延缓或消除零件表面锈蚀的发生，改变表面层的组织和成分，以适应各种使用方面的性能要求，通常采用化学、电化学等方法对零件的表面进行处理，这种工艺称为表面处理。表面处理包括电镀、氧化、喷涂等，是用特定工艺给零件表面覆盖一层保护膜。保护膜覆盖在零件表面，我们又称它为覆盖层，要求它与零件的结合力牢。覆盖层必须覆盖完整、有一定厚度且完全包裹，才能起到保护作用。表面处理的作用如下：
① 可延长零件的使用寿命。
② 使零件外观更好看。
③ 使零件具有新的性能。如轮轴镀硬铬，增加它的耐磨性；铝经过阳极氧化后，能由质地软、导电、导热良好，变为质地硬、绝缘、隔热（飞机上用得较多）；镀银、装饰铬，能增加零件的反光性；镀乳白铬、黑铬，则降低反光性等。

13.2　黑色金属的氧化——发蓝

13.2.1　发蓝的概念

将钢铁零件放入含有氢氧化钠（NaOH）和亚硝酸钠（$NaNO_2$）的溶液中处理，使零件表面生成一层黑色氧化膜的过程，称为发蓝。发蓝膜的化学成分是 Fe_3O_4（磁性氧化铁）。
发蓝膜具有以下性质：
① 发蓝膜很薄，不影响零件的精度，且色泽美观。
② 发蓝膜有较大的弹性及润滑性，零件发蓝后无氢脆。
③ 发蓝膜经过肥皂水填充和浸油处理后具有一定的防蚀能力。
发蓝膜常用于精密仪器和各种武器（如手枪）的防护装饰（不反光），还用于保护各种模具、工具等。
发蓝槽溶液成分及工艺条件如下：
配方：NaOH　600 g/L，$NaNO_2$　200 g/L。

工艺条件：温度为 138~143 ℃；时间为 40~60 min。
作用：腐蚀剂、氧化剂。

13.2.2 前处理、后处理及发蓝工艺流程

一般，零件经过各种途径的加工，表面有一定的油污和锈蚀，不能直接发蓝，必须经过前处理工序，包括除油、除锈、中和、水洗等内容。

由于发蓝膜较薄，它的疏松部分还必须经过后处理才能提高膜层的防护性能。后处理内容包括肥皂水填充和浸油，目的是使发蓝膜的疏松部分和表面形成一层钝化膜（硬脂酸铁）。

1. 除 油

除油方法有手工除油、有机溶剂除油、化学除油、电化学除油等。发蓝采用的是电化学除油，它是在化学除油的基础上通电，产生的气泡对零件表面的油膜有机械搅拌和剥离作用，加速溶液对油脂的皂化——乳化作用。电化学除油具有速度快、效率高、除油彻底等特点，在电镀行业中应用广泛。

① 除油槽配方：
NaOH   30~50 g/L；
Na_3PO_4 20~30 g/L；
Na_2CO_3 20~30 g/L；
Na_2SiO_3 3~5 g/L。

② 工艺条件：电流密度 3~10 A/dm^2；温度 60~80 ℃；时间，阴极 5 min，阳极 3 min。

2. 除 锈

除锈在酸槽中进行。

① 酸槽配方：H_2SO_4 25%~40%V，HCl 20%~40%V，若丁 0.3%~0.5 g/L（缓蚀剂避免产生过腐蚀现象）。

② 工艺条件：室温，除干净零件表面上的锈为止，时间一般为 5~30 min。

3. 中 和

中和的目的是防止将酸槽中的 H^+ 带入发蓝槽中消耗槽液中的 OH^-，以维护槽液稳定。

① 配方：$Na_2CO_3 \cdot 10H_2O$ 30~20 g/L 。

② 工艺条件：室温；时间 0.5~1.0 min。

4. 水 洗

水洗的目的是防止上道工序的溶液污染下道工序，水洗在流动的自来水中进行，热水洗槽温度为 60~80 ℃。

5. 填充槽

① 配方：肥皂 30%~50%。

② 工艺条件：温度 80~90 ℃；时间 5~10 min。

6. 油　槽

① 配方：淀子油或 20#机油。
② 工艺条件：温度 100 ~ 110 ℃；时间 5 ~ 10 min。

7. 发蓝工艺流程

发蓝的工艺流程如下：

半成品检验→装挂→电化学除油→ 热水洗→冷水洗→强腐蚀→冷水洗→弱腐蚀→冷水洗→中和→冷水洗→发蓝→ 热水洗→冷水洗→肥皂水填充→ 热水洗→ 吹干→拆挂→交检→浸油→入库

发蓝膜属于金属氧化物保护层，其厚度为 0.5 ~ 1.5 μm，不改变零件的尺寸。发蓝膜不合格膜层可在强腐蚀槽中退去。

13.2.3　发蓝操作注意事项

① 操作时应穿戴好防护用品及防护眼镜。
② 发蓝槽在工作时严禁加入大量冷水。
③ 发蓝时严禁用手直接接触槽液，零件轻拿轻放，以防槽液溅出伤人。
④ 不准在厂房内打闹，吃东西，做与实习无关的事。
⑤ 正确使用吊车。
⑥ 发蓝安全操作规程：

· 槽液在加温到 100 ℃ 时，生产者不得离开并需经常搅拌和测温，以免沸腾造成事故。
· 稀释槽液（在较高的温度时）必须沿着槽壁慢慢加水，以免碱液飞溅造成事故。
· 操作者戴好防护眼镜、手套以及其他防护用品，水平面必须严格控制在离槽顶不低于 150 cm 的距离。

13.3　铝阳极氧化

将铝制件置于电解槽的阳极，在外加电流的作用下零件表面形成氧化膜的过程称为阳极氧化，简称阳极化。阳极化属于电化学氧化加工方法。

铝阳极氧化膜由 Al_2O_3（三氧化二铝）组成，一般厚度为 5 ~ 20 μm，膜层颜色为无色透明（属硫酸型阳极化）。

以电解液和膜层性质分，常见阳极化方法有硫酸阳极化、铬酸阳极化、草酸阳极化、硬质阳极化和瓷质阳极化五种，其中以硫酸阳极化应用最为广泛。

13.3.1　铝阳极氧化膜的性质和用途

① 铝阳极氧化膜的膜层耐蚀性好，是良好的防护层。

氧化膜（Al_2O_3）具有多孔性的结构，吸附能力强，这是一条有重要使用价值的性质，利用这条性质，可用重铬酸钾（$K_2Cr_2O_7$）等进行填充封闭处理，使氧化膜具有更高的化学稳定性，提高其在大气中使用的抗腐蚀能力，航空飞机件经常必须使用这种处理方法；利用这条性质，可进行各种有机或无机染料的染色，着色成各种所需的美丽色彩，除提高防护性能外，还提高装饰性能（还可制作各种标志颜色，在民用品上应用更为广泛）；利用这条性质，可浸润滑油，提高零件的耐磨性。

② 氧化膜具有硬度高、耐磨性好的特点。

通过硬质阳极化所获得的氧化膜硬度和耐磨性均很好，特别是吸附了润滑剂后，效果尤佳。飞机上的地板、滑板，发动机上主燃油泵中的活门、衬套等都可采用硬质阳极化处理。

未氧化的纯铝，通过显微硬度计测定的硬度为：$30 \sim 40 \text{ kg/mm}^2$。

氧化后的纯铝，通过显微硬度计测定的硬度为：$1\,200 \sim 1\,500 \text{ kg/mm}^2$。

淬火后的工具钢，通过显微硬度计测定的硬度为：$1\,100 \text{ kg/mm}^2$。

刚玉通过显微硬度计测定的硬度为：$2\,000 \text{ kg/mm}^2$。

③ 氧化膜不导电，具有良好的绝缘性。

利用这条性质，在保证一定的铝氧化膜厚度（$12 \sim 20 \text{ μm}$，击穿电压 $180 \sim 250 \text{ V}$）时，高温下使用还可提高绝缘性。（水分排出）再涂绝缘漆，用于电机、电器、仪表、变压器等上的零件。

④ 氧化膜绝热、抗热性能好。

氧化膜热导率低，仅为 $0.001 \sim 0.003 \text{ kal/(cm·s·°C)}$，而金属铝的热导率在 20 °C 时为 $0.52 \text{ kal/(cm·s·°C)}$。

⑤ 氧化膜的基体金属结合力好。

由于氧化膜是铝金属表面直接生成，所以其结合力优于电镀层，利用这种性质可将铝氧化膜作油漆底层用。

13.3.2　铝阳极氧化工艺流程

铝阳极氧化的工艺流程如下：

装挂→化学除油→清洗→碱浸蚀→热水洗→清洗→出光→清洗→阳极氧化→清洗→染色、填充封闭→清洗→干燥→交检

根据阳极化的工艺流程，我们可以把它分为三部分，即前处理、阳极化和后处理。其中，前处理是为了保证阳极化的正常进行，后处理的目的是改善膜层的物理及化学性能。

13.3.3　铝阳极氧化工序的技术条件及技术参数

① 装挂：夹具材料应选用铝材，零件与夹具应接触紧密，导电良好，防止气袋产生；夹具在使用前应在碱腐蚀液中清除阳极化膜层。

② 化学除油：化学除油的技术条件及技术参数如表 13.1 所示。

表 13.1　化学除油的技术条件及技术参数

名称	型号	含量/(g·L^{-1})	温度/°C	时间
金属清洗剂	8214	5	60~80	除净为止
Na$_3$PO$_4$·H$_2$O		5		

注：必须用滤网经常捞去溶液表面的油膜。

③ 清洗：就是用流动的自来水进行清洗。
④ 碱腐蚀配方（见表 13.2）。

表 13.2 碱腐蚀配方

名 称	含量/(g·L^{-1})	温度/℃	时间/min
NaOH	40~60	60~80	1~2

碱腐蚀的目的主要是清除零件表面的铝锈和油污。

⑤ 热水洗：热水洗是指在 60~80 ℃的水中清洗。
⑥ 出光：目的是除去碱腐蚀后制品表面的黑色挂灰（$NaAlO_2$），硝酸对铝本身有钝化作用，所以采用一定浓度的硝酸，可将铝表面腐蚀产物除去而不腐蚀基体。根据铝材料中含杂质的不同，有 2 种配方，如表 13.3 所示。

表 13.3 出光溶液配方

名 称	配 方	含 量	温度	时 间
纯 铝	HNO_3（比重 1.41）	20%~30%	室温	1~2 min（旧溶液可适当延长，总之出光为止）
铸铝合金	HNO_3	3 份体积	室温	1~2 min（工艺规定均为 1 min）
	HF	1 份体积		

⑦ 阳极氧化的配方及工艺条件（见表 13.4）。

表 13.4 铝阳极氧化的配方及工艺条件

名 称	配 方	含量/(g·L^{-1})	温度	电压/V	电流密度/(A·dm^{-2})	时间/min
硫 酸	H_2SO_4（比重 1.84）	140	10~50 ℃（以 30 ℃为最佳，基本是室温）	18~24	1~2	20~40
酒石酸钠	$Na_2C_4H_4O_6·2H_2O$	40				
草 酸	$H_2C_2O_4·2H_2O$	15				

⑧ 填充封闭处理。
配方：酸性黑（ATT）10 g/L，pH 值为 4.5~5.5。
工艺条件：温度 30~35 ℃；时间 2~10 min，最佳 5 min。
以上是染黑色，染黑以后要再用热水进行封闭处理，热水一定要洁净，否则亮度受损。

13.3.4 阳极氧化操作注意事项

① 挂具一定要用铝材料制作，原先的氧化膜一定要腐蚀干净，保证导电良好。
② 装挂时，口子要朝上，防止气袋产生。
③ 不同材料、型号的铝及其合金不宜用同槽氧化。
④ 氧化好的零件，应及时进行染色或填充封闭处理。
⑤ 氧化时中途尽量不要断电，因为断电会使氧化膜发暗不亮。
⑥ 严格控制好电流、时间、温度等工艺参数，保证产品质量。

习 题

13.1 何谓发蓝？发蓝膜有何特点？
13.2 试述发蓝槽液配方及一般工艺流程。
13.3 何谓阳极化？有哪些分类？
13.4 铝阳极槽液由哪些成分组成？

第 14 章 快速成型

【实习目的及要求】
① 了解快速成型技术的基本原理及特点;
② 了解快速成型制造工艺的基本种类及应用;
③ 掌握 FDM 快速成型设备的制造工艺及操作技能。

14.1 快速成型原理

快速成型（Rapid Prototyping，RP）技术是在现代 CAD/CAM 技术、激光技术、数控技术、精密伺服驱动技术以及新材料等技术的基础上发展起来的。RP 技术的基本原理是：首先利用三维软件或者三维相机得到模型的三维数字模型，转换成 STL 格式；然后 STL 模型进行 Z 轴方向分层切片，得到各层截面的轮廓数据，计算机据此信息控制激光器（或喷嘴）有选择性地烧结一层又一层的粉末材料（或固化一层又一层的液态光敏树脂，或切割一层又一层的片状材料，或喷射一层又一层的热熔材料或黏合剂），形成一系列具有一个微小厚度的片状实体；最后再采用熔结、聚合、黏结等手段使其逐层堆积成一体，制造出所需要的产品。

快速成型技术的定义：基于离散-堆积成型原理，由零件数字模型（CAD 模型）直接驱动，可完成任意复杂形状三维实体零件的技术总称。

快速成型技术特点如下：
① 数字模型直接驱动；
② 任意复杂的三维几何实体；
③ 通用机器，无须专用夹具和工具；
④ 最少的或无人干预；
⑤ 制造成本与批量大小无关。
快速成型工艺如图 14.1 所示。

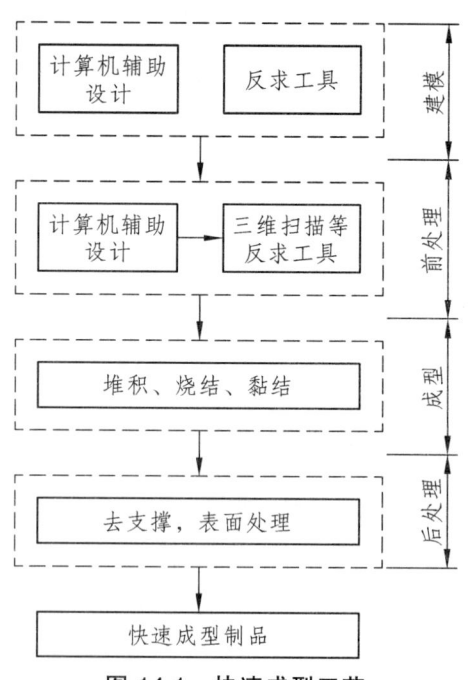

图 14.1 快速成型工艺

14.2 快速成型种类

14.2.1 选区激光烧结

选区激光烧结（Selective Laser Sintering，SLS），又称为选域激光烧结，主要由送料筒、铺粉辊、激光器等组成,如图14.2所示。成型时,铺粉辊一侧的送料筒上升,铺粉滚移动,先在工作平台上铺一层粉末材料,然后激光束在计算机控制下按照截面轮廓对实心部分所在的粉末进行烧结,使粉末熔化继而形成一层固体轮廓。第一层烧结完成后,工作台下降一层的高度,再铺上一层粉末,进行下一层烧结,如此循环,形成三维的原型零件。最后经过数小时冷却,即可从粉末缸中取出零件。取出零件,去除粉末,然后对表面进行打磨、抛光、渗树脂等后处理操作,即可得到所需要的三维模型。

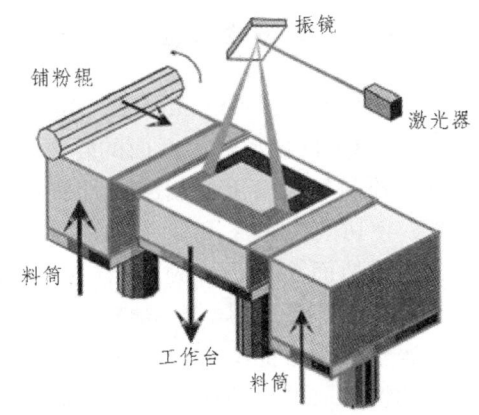

图14.2 选区激光烧结成型原理图

与其他快速成型工艺相比,该工艺能生产出硬度最高的模具;取材比较广泛,绝大多数工程用塑料、蜡、金属、陶瓷等均可作为SLS的材料;此外零件的加工时间相对较短,加工速度快;最后,该工艺无须设计和构造支撑。

选取激光烧结也有显著的缺点:在加工前,需要较长时间将粉末加热到熔点以下,构建零件之后,还要花5~10 h冷却,然后才能将零件从粉末缸中取出;表面的粗糙度受粉末颗粒大小及激光光斑大小的限制;零件的表面一般是多孔性的,为了使表面光滑必须进行后处理;需要对加工室不断充氮气以确保烧结过程的安全性,加工的成本高;该工艺产生有毒气体,污染环境。

14.2.2 立体光固化

立体光固化(Stereo Lithography Apparatus,SLA)成型原理如图14.3所示。

一层新的液态树脂所覆盖,以便进行第二层激光扫描固化,新固化的一层牢固地黏结在前一层上,如此重复不已,直到整个产品成型完毕。最后升降台升出液体树脂表面,即可取出工件,进行清洗和表面光洁处理。

立体光固化的优点:① 系统工作稳定,系统一旦开始工作,构建零件的全过程就完全自动运行,无须专人看管,直到整个工艺过程结束;② 尺寸精度较高,可确保工件的尺寸精度在0.1 mm以内;③ 表面质量较好,工件的最上层表面很光滑,侧面可能有台阶不平及不同层面间的曲面不平;④ 系统分辨率较高,因此能构建复杂结构的工件。

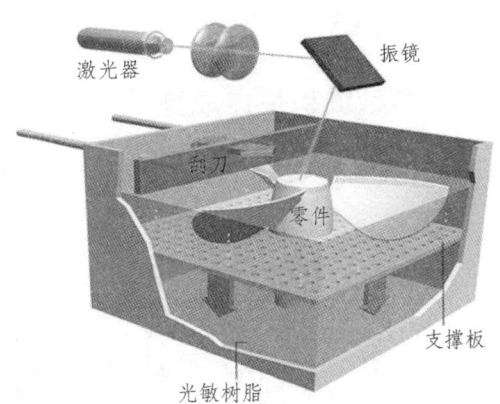

图14.3 立体光固化成型原理

主体光固化的缺点:随着时间推移,树脂会吸收空气中的水分,导致软薄部分弯曲;氦-镉激光管的寿命仅3 000 h,价格较昂贵;需对整个截面进行扫描固化,成型时间较长,因此制作成本相对较高;可选择的材料种类有限,必须是光敏树脂;由这类树脂制成的工件在大多数情况下都不能进行耐久性和热性能试验,且光敏树脂对环境有污染,使皮肤过敏;需要设计工件的支撑结构。

14.2.3 分层实体制造

分层实体制造（Laminated Object Manufacturing，LOM）成型原理如图 14.4 所示，它是根据三维 CAD 模型每个截面的轮廓线，在计算机控制下，发出控制激光切割系统的指令，使切割头作 X 和 Y 方向的移动。供料机构将地面涂有热溶胶的箔材（如涂覆纸、涂覆陶瓷箔、金属箔、塑料箔材）一段段地送至工作台的上方。激光切割系统按照计算机提取的横截面轮廓用二氧化碳激光束对箔材沿轮廓线将工作台上的纸割出轮廓线，并将纸的无轮廓区切割成小碎片。然后，由热压机构将一层层纸压紧并黏合在一起。可升降工作台支撑正在成型的工

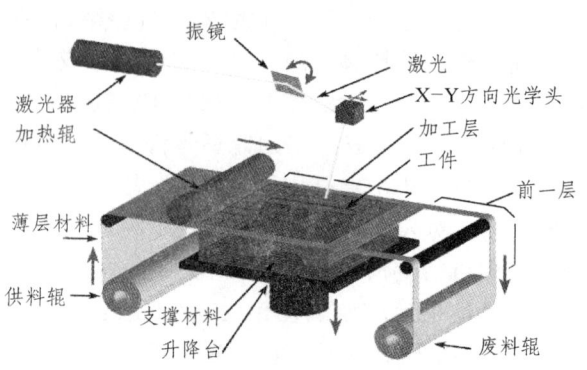

图 14.4 分层实体制造成型原理图

件，并在每层成型之后，降低一个纸厚，以便送进、黏合和切割新的一层纸。最后形成由许多小废料块包围的三维原型零件。然后取出，将多余的废料小块剔除，最终获得三维产品。

由于只需要使激光束沿着物体的轮廓进行切割，无须扫描整个断面，所以分层实体制造是一种高速的快速成型工艺；零件体积越大，效率越高；加工后零件可以直接使用，无须进行后矫正；无须设计和构建支撑结构；易于使用，无环境污染。

分层实体制造可实际应用的原材料种类较少，尽管可选用若干原材料，如纸、塑料、陶土以及合成材料，但目前常用的只是纸，其他箔材制造尚在研制开发中；纸制零件很容易吸潮，必须立即进行后处理、上漆；难以构建精细形状的零件，即仅限于结构简单的零件；由于难以（虽然并非不可能）去除里面的废料，该工艺不宜构建内部结构复杂的零件；当加工室的温度过高时常有火灾发生。

14.2.4 熔融沉积快速成型

熔融沉积快速成型（Fused Deposition Modeling，FDM）的原理如图 14.5 所示，加热喷

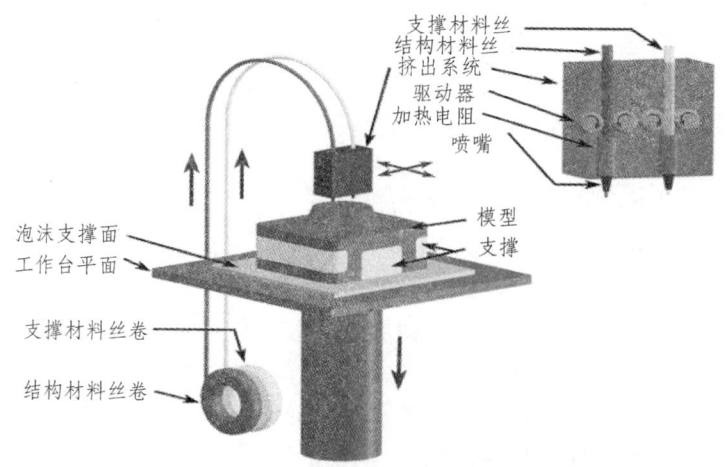

图 14.5 熔融沉积快速成型原理图

头在计算机的控制下，根据产品零件的截面轮廓信息，做 $X—Y$ 平面运动。热塑性丝状材料（如直径为 1.78 mm 的塑料丝）由供丝机构送至喷头，并在喷头中加热和熔化成半液态，然后被挤压出来，有选择性地涂覆在工作台上，快速冷却后形成一层大约 0.127 mm 厚的薄片轮廓。一层截面成型完成后工作台下降一定高度，再进行下一层的熔覆，好像一层层"画出"截面轮廓，如此循环，最终形成三维产品零件。

熔融沉积制造系统可用于办公环境，没有毒气或化学物质的危险；工艺干净、简单、易于操作且不产生垃圾；可快速构建瓶状或中空零件；原材料以卷轴丝的形式提供，易于搬运和快速更换；原材料费用低，一般零件均低于 20 美元；可选用多种材料，如可染色的 ABS 和医用 ABS、浇铸用蜡和人造橡胶。

熔融沉积快速成型精度较低，难以构建结构复杂的零件；垂直方向强度小；速度较慢，不适合构建大型零件。

14.3 快速成型应用

14.3.1 快速模具

快速模具（Rapid Tooling，RT）是快速成型的重要延伸，利用 RT 可以快速成型数量相对较大的模型。RT 可以生产更多种类材料的模型，主要包括硅胶模、树脂模和树脂合金模，成为快速成型的补充。

硅胶模，利用硅胶作为模具材料，其优点是周期短，费用低。首先利用快速成型制作出原型，将原型放入容器中，设计好摆放位置，然后注入硅胶及固化剂等，硅胶固化后，将硅胶模切开，取出原型，然后设计好浇口，合模，将液体树脂材料注入硅胶模，固化后脱模即可。

树脂模具、合金模具，利用树脂或树脂合金作为模具材料，优点是耐用。首先利用快速成型设备制作出原型件，采用适当强度的背衬材料，在原型表面涂刷或者喷涂，固化后形成一个合金壳层，将其分离出来，利用合金树脂支撑，浇铸出模具型腔。

14.3.2 原型制造

传统制作原型的方法是制作木模、石膏模，时间长，成本高，修改比较困难，尤其涉及零件内部构造时更加困难。快速成型可以通过更改三维模型对成型件结构进行更改，从而极大地提高生产效率，降低成本。原型件制作是快速成型的重要组成部分。

14.3.3 装配校核

由于应用快速成型制造技术制作出的样品比计算机生成的二维、三维效果图像更加直观、真实，而且具有手工制作的模型所无法比拟的精度和速度，因而在样件制作方面有很大的优势。例如在模具设计时，加工一副模具花费很大，加工出一个原型零件，就可将模具设计中的不足和错误对照出来。这样可以与用户进行直接交流和反复比较，对产品的外观还可修改，从而达到更理想的状态。这一验证过程，使设计更趋完美，更好地满足了用户的要求。快速成型法具有高度自动化、一次成型、周期短、精度高的特点，其产品与设计模型之间具有一一对应的关系，更适合样品组装件的生产和制造。进行结构合理性分析、装配校核、干涉检查等，对新产品开发尤其是在有限空间内的复杂、昂贵系统（如卫星、导弹）的可制造性和可装配性检验尤为重要。例如外观设计，设计者和用户可以根据制造的零件，评估外观设计的实用性、美观与新颖程度。

14.4 FDM 快速成型设备的制造工艺及操作

本实习选用北京殷华公司生产的 MEM 熔融沉积快速成型机作为案例。这款快速成型设备使用 Aurora 软件控制。Aurora 是三维打印/快速成型软件，它输入 STL 模型，进行分层等处理后输出到三维打印/快速成型系统，可以方便快捷地得到模型原型。熔融沉积快速成型机的操作主要分为初始化、导入模型、模型变形、分层、参数设置、打印模型等步骤。

14.4.1 初始化

每次进行快速成型操作前，必须对快速成型机进行初始化操作。初始化即是对快速成型设备进行回零操作，工作台下降到零高度位置，喷头回到最初始位置。按图 14.6 进行初始化。

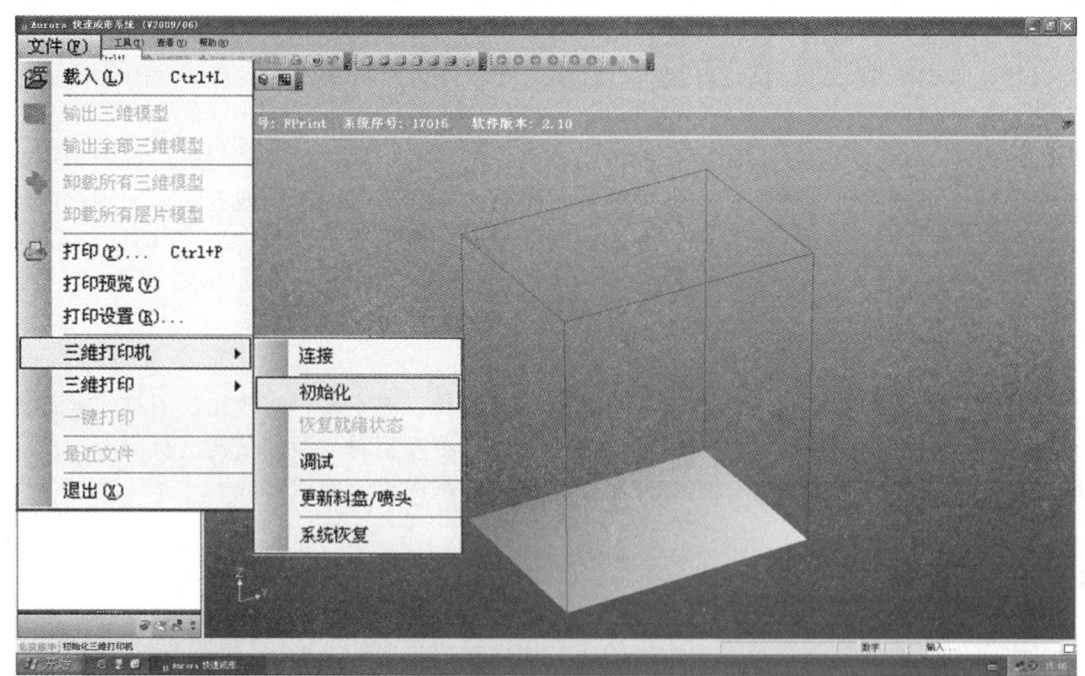

图 14.6 初始化

当喷头以及工作台回零之后，软件提示初始化完成，如图 14.7 所示。

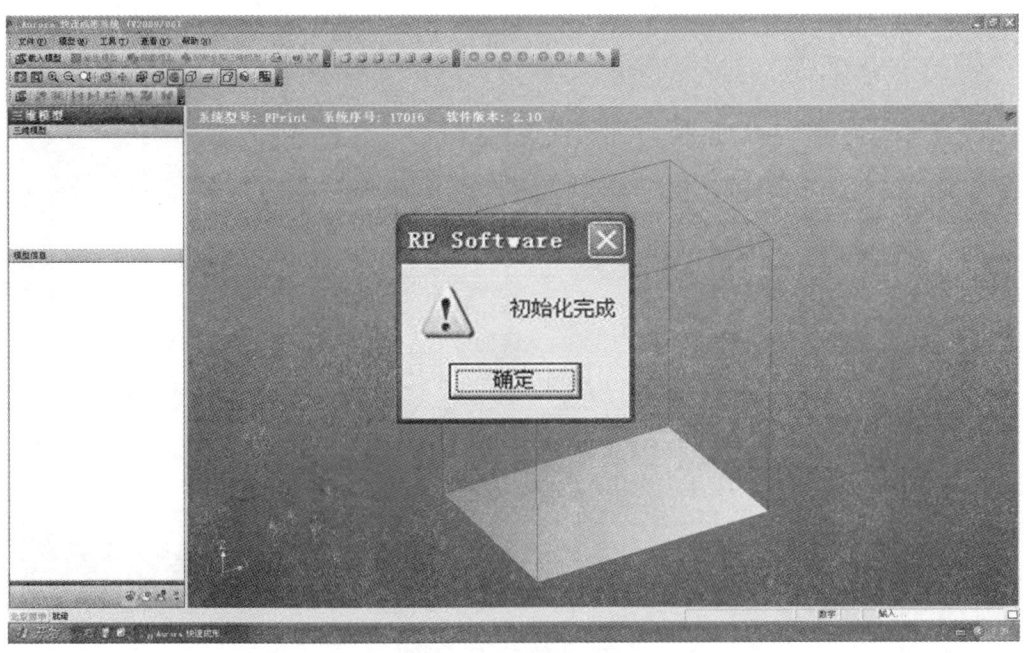

图 14.7 初始化完成

14.4.2 对高操作

由于快速成型机工作时，工作台与喷头几乎贴合在一起，所以必须进行对高操作，点击"文件→三维打印机→调试"，如图 14.8 所示。

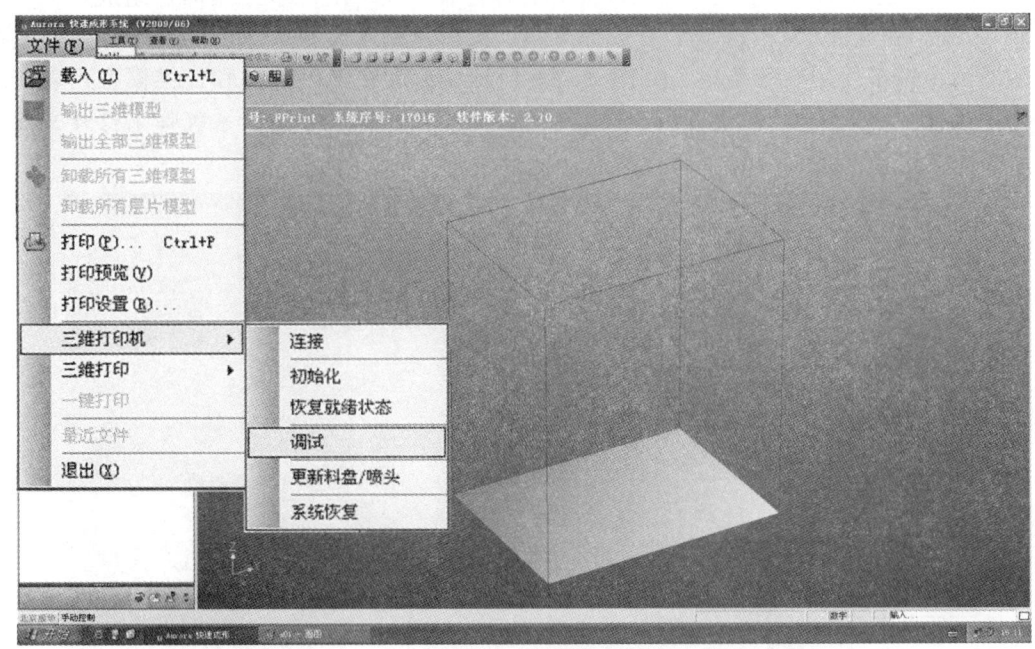

图 14.8 对高操作

点击完"调试"后，跳出系统控制对话框，如图 14.9 所示，左边 8 个箭头控制碰头运动方向，中间两个箭头控制工作台高度及移动速度。

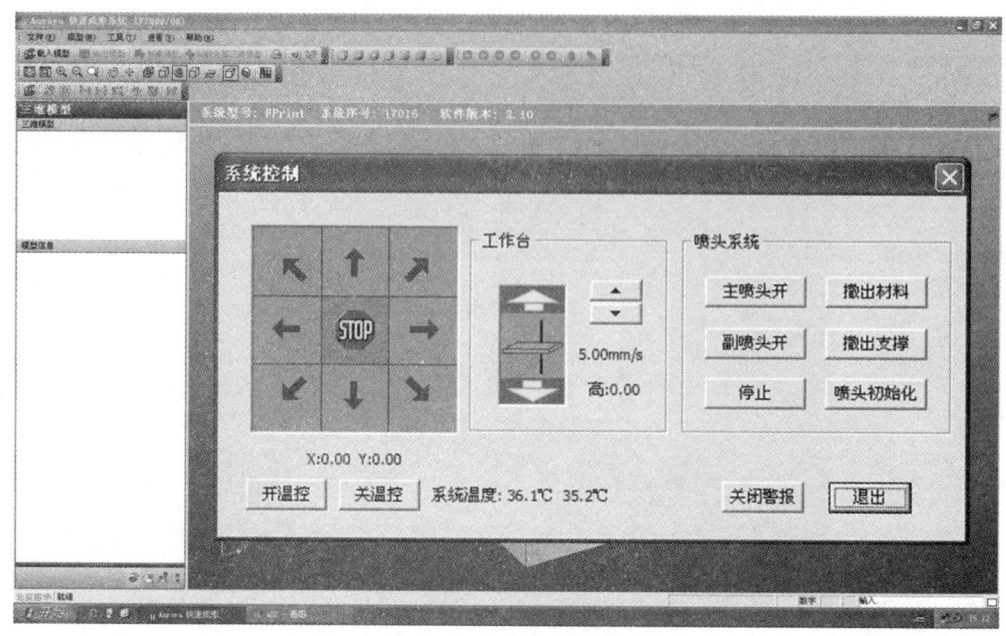

图 14.9　系统控制

14.4.3　载入模型

STL 格式是快速成型领域的数据转换标准，大部分三维建模软件（如 3DSMax，UG，Pro/E，AutoCAD，SolidWorks 等），在 CAD 系统或反求系统中获得零件的三维模型后，即可输出为 STL 格式。STL 模型是三维 CAD 模型的表面模型，由许多三角面片组成。

载入 STL 模型的方式有多种：可选择菜单"文件→载入模型"，如图 14.10 所示；或在三维模型图形窗口中使用右键菜单，如图 14.11 所示；或者在三维模型和二维模型列表窗的右键菜单中选择"载入模型"；或者按快捷键"Ctrl + L"。选择命令后，系统弹出打开文件对话框，选择一个 STL（或 CSM，CLI）文件。

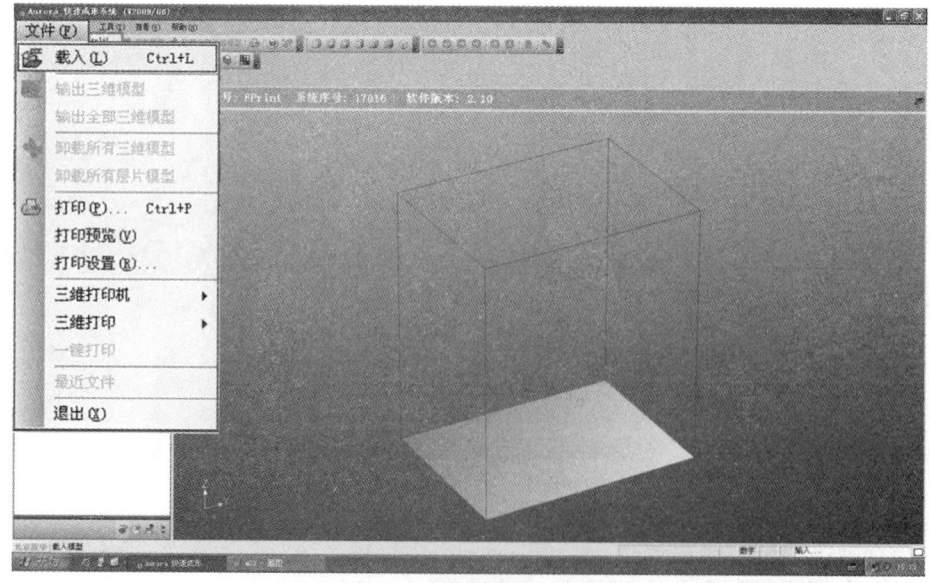

图 14.10　模型载入（1）

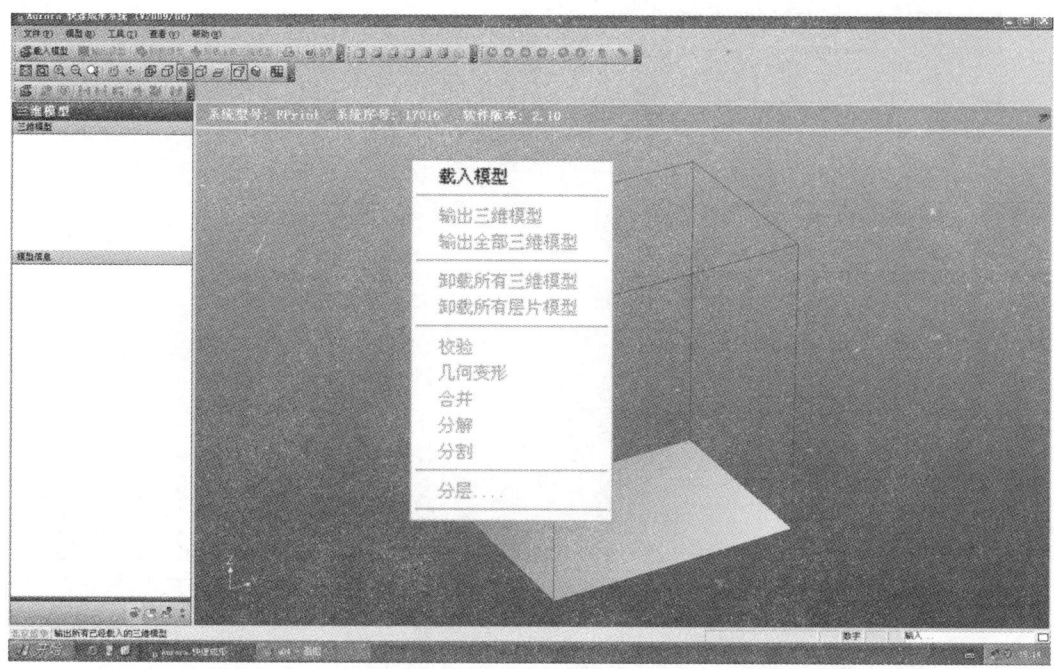

图 14.11 模型载入（2）

Aurora 可识别三种格式文件，分别是 STL、CSM、CLI 格式，如 14.12 所示。

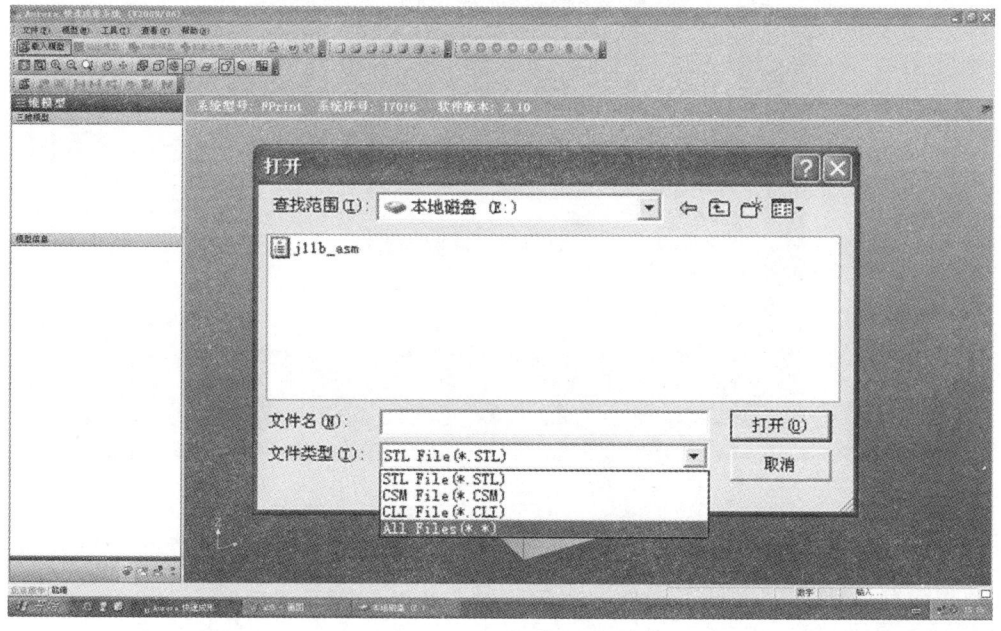

图 14.12 载入模型数据类型

14.4.4 模型操作

模型操作主要是对三维模型进行缩放、平移、旋转、镜像等。这些命令将改变模型的几何位置和尺寸。点击"模型→变形"，如图 14.13 所示。几何变形分别为平移、平移至、旋转、缩放、镜像五种，其界面如图 14.14 所示。

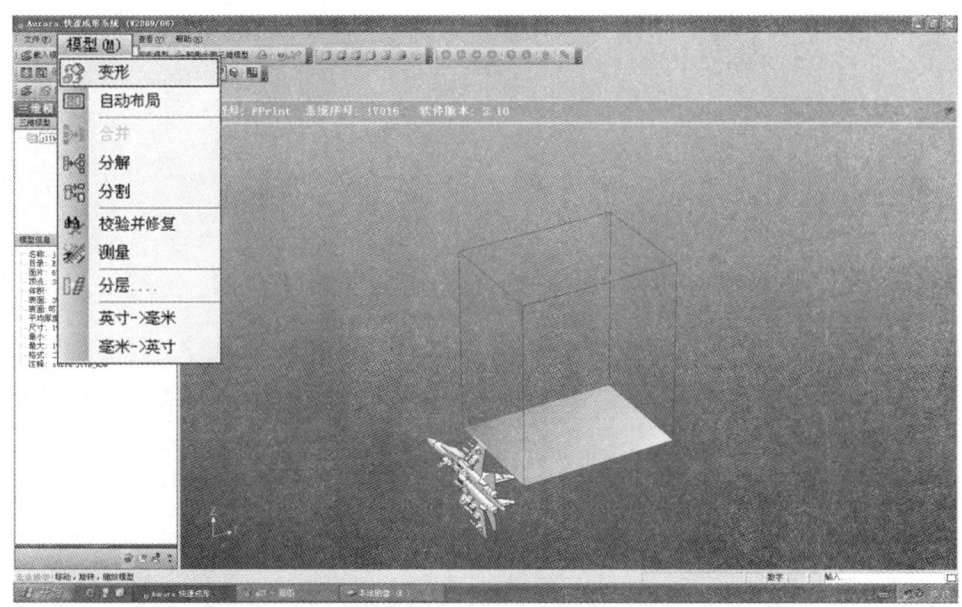

图 14.13　模型变形

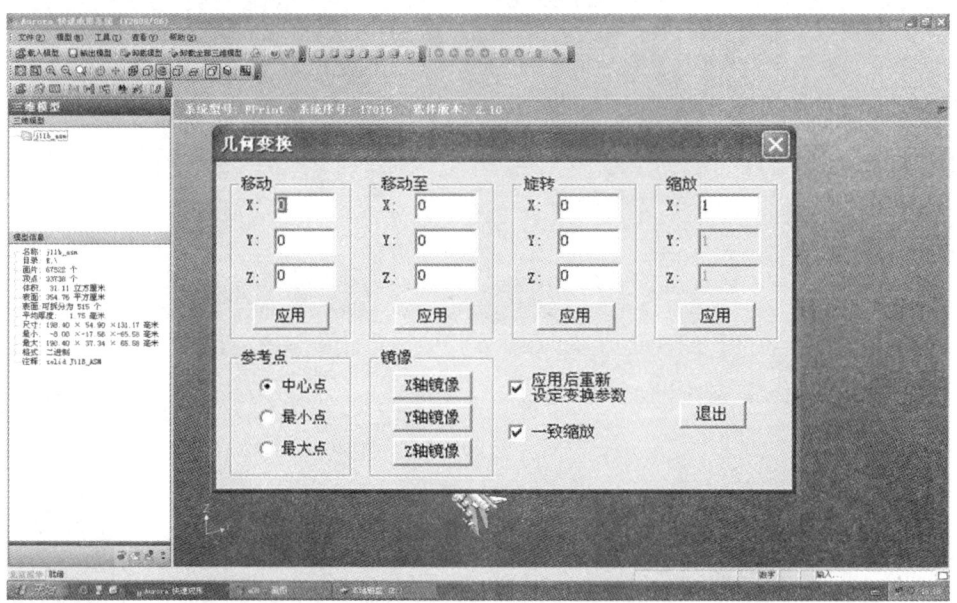

图 14.14　几何变形

平移：最常用的坐标变换命令，它将模型从一个位置移动到另一个位置。输入的 X，Y，Z 坐标为模型在 XYZ 三个方向上的移动距离。

平移至：是平移命令的另一种形式，不同于"平移"命令，它将模型参考点移至所输入的坐标位置。点击"应用"按钮后，程序执行平移操作。

旋转：也是一个常用的坐标变换命令，该命令以参考点为中心点对模型绕 XYZ 轴进行旋转。同时按住鼠标左键和 Alt 键（先按下 Alt 键），可以在 XYZ 轴实时旋转三维模型。

缩放：以某点为参考点对模型进行比例缩放。如果选中了"一致缩放"，则 XYZ 方向以相同的比例缩放，否则要对 XYZ 轴分别设定缩放比例。

镜像：是较少使用的几何变换命令。应用镜像时所选择的轴，为镜像平面的法向轴。

可以使用自动布局对模型进行快速摆放，点击"模型→自动布局"，如图14.15所示。

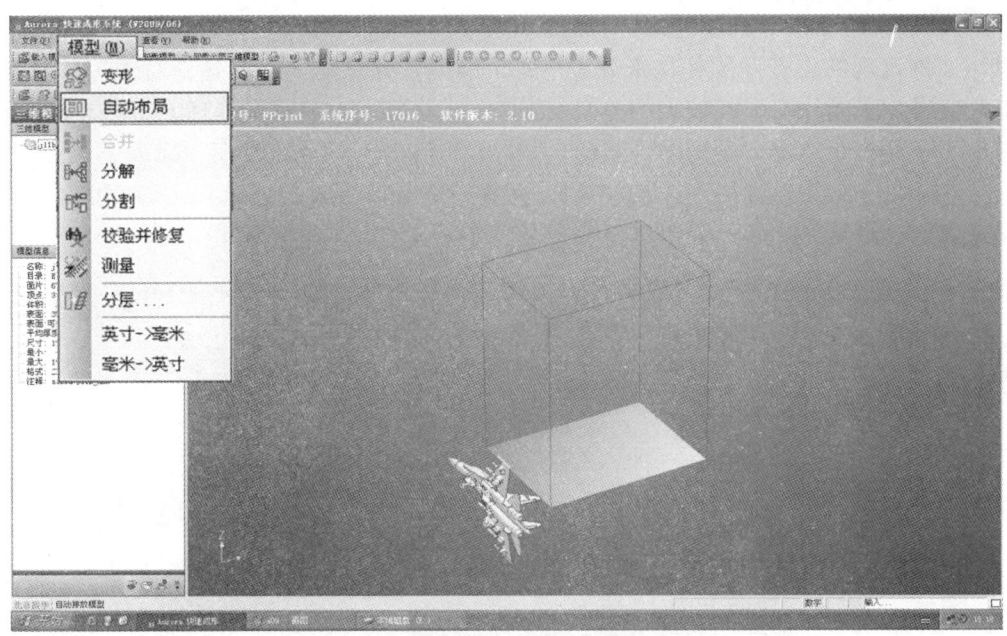

图 14.15　自动布局

点击完后，模型自动进行摆放，达到最优摆放位置，如图14.16所示。

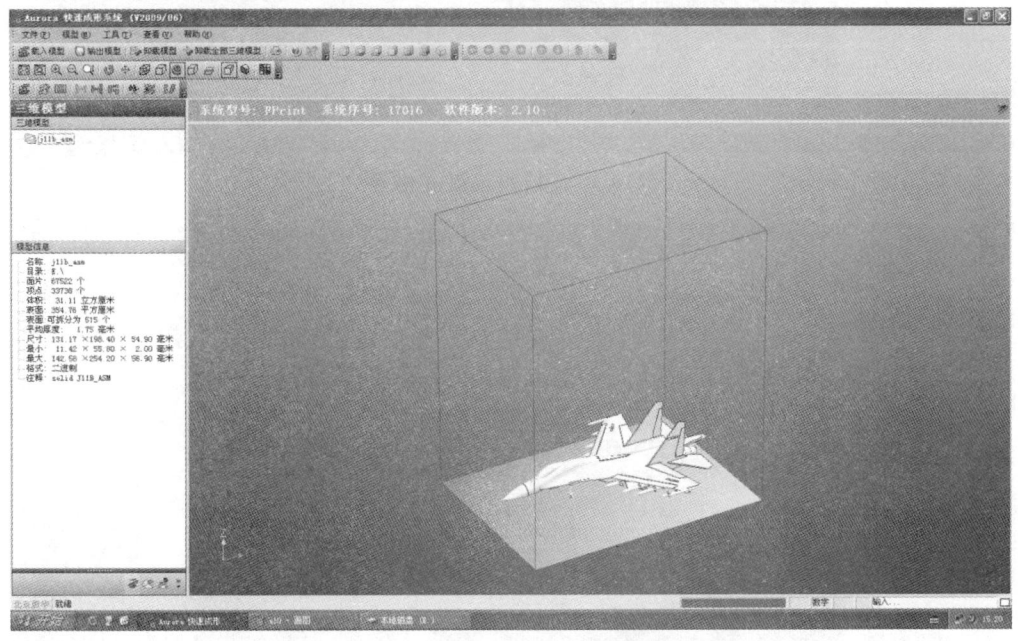

图 14.16　模型打印位置

快速成型工艺对 STL 文件的正确性和合理性有较高的要求，主要是保证 STL 模型无裂缝、空洞，无悬面、重叠面和交叉面，以免造成分层后出现不封闭的环和歧义现象。从 CAD 系统中输出的 STL 模型错误较少，而从反求系统中获得的 STL 模型错误较多。错误原因和自动修复错误的方法一直是快速成型软件领域的重要研究方向。

根据分析和实际使用经验，可以总结出 STL 文件的四类基本错误：① 法向错误，这属于中小错误；② 面片边不相连，包括有多种情况，如裂缝或空洞、悬面、不相接的面片等；③ 相交或自相交的体或面；④ 文件不完全或损坏。

STL 文件出现的许多问题往往来源于 CAD 模型中存在的一些问题，对于一些较大的问题（如大空洞，多面片缺失，较大的体自交），最好返回 CAD 系统处理。一些较小的问题，可使用自动修复功能修复，不用回到 CAD 系统重新输出，可节约时间，提高工作效率。

点击"模型→校验并修复"，如图 14.17 所示。弹出对话框（见图 14.18），可以在此设置法向校验点数。修复完成后，弹出修复完成信息栏，如图 14.19 所示。

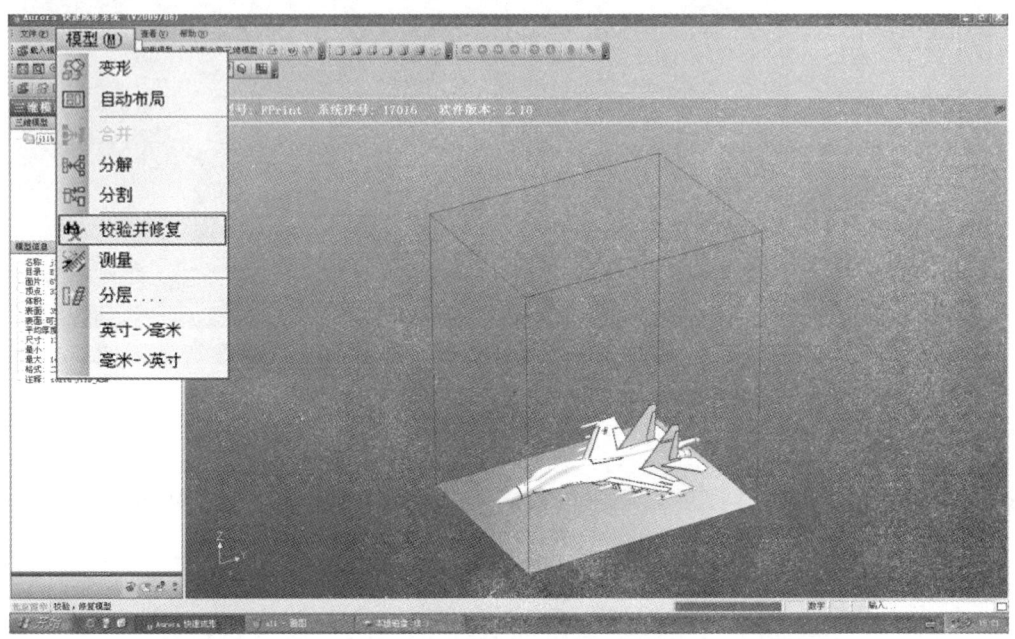

图 14.17　校验模型并修复

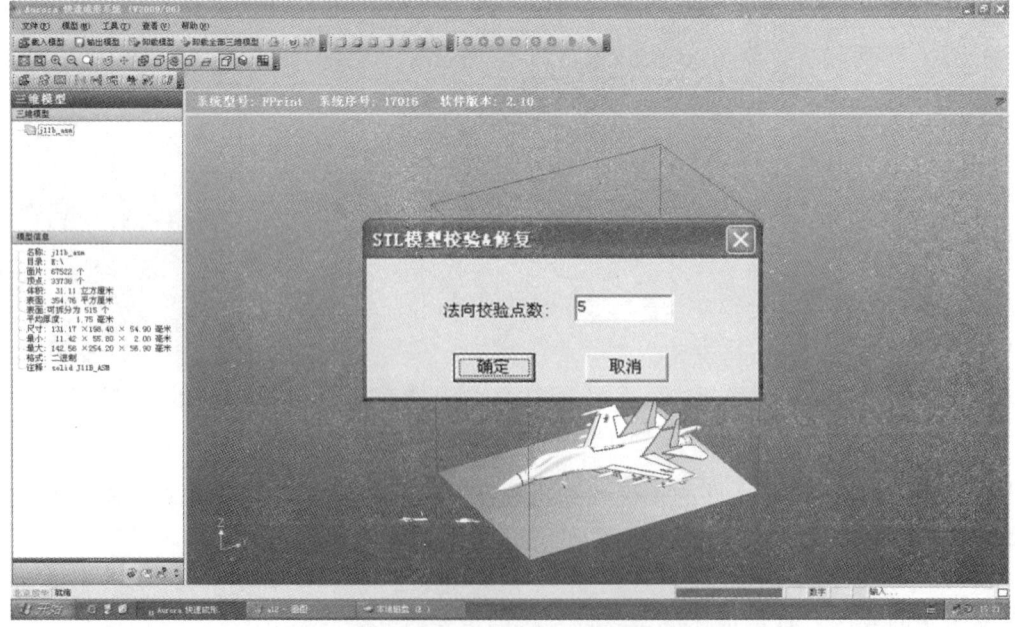

图 14.18　法向校验点数设置

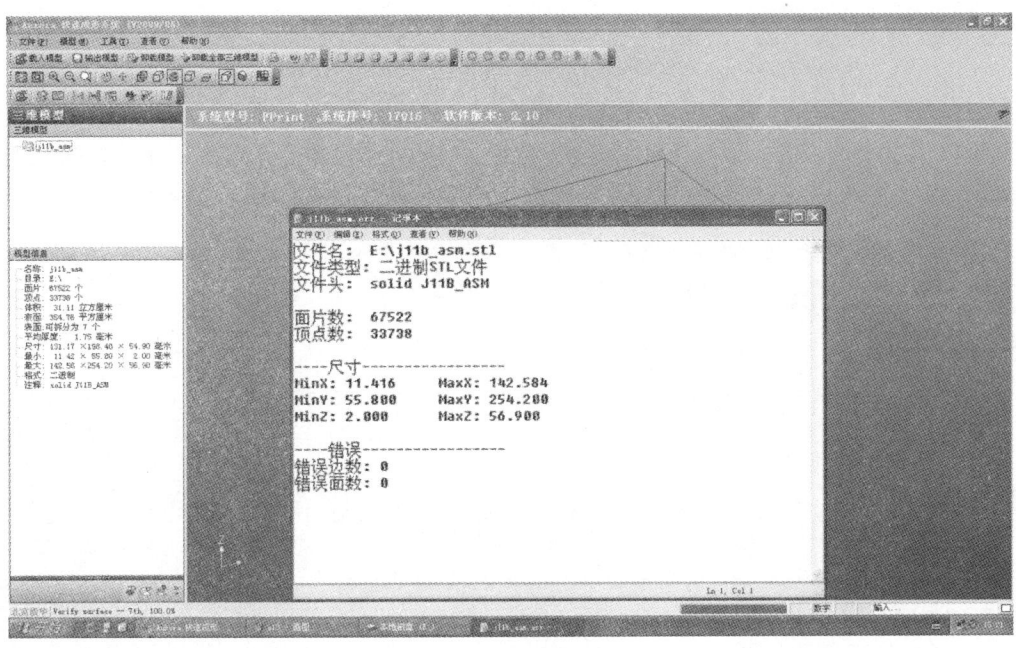

图 14.19　校验完成对话框

14.4.5　分　层

分层是三维打印/快速成型的第一步，在分层前，要首先做如下准备：检查三维模型（看是否有错误，如法向错误、空洞、裂缝、实体相交等），确定成型方向（把模型旋转到最合适的成型方向和位置）。本软件自动添加支撑，无须用户添加。本软件能同时对多个模型分层，如果用户只对一个模型分层，应在三维模型窗口中将该模型选中。点击"模型→分层"，如图14.20 所示。

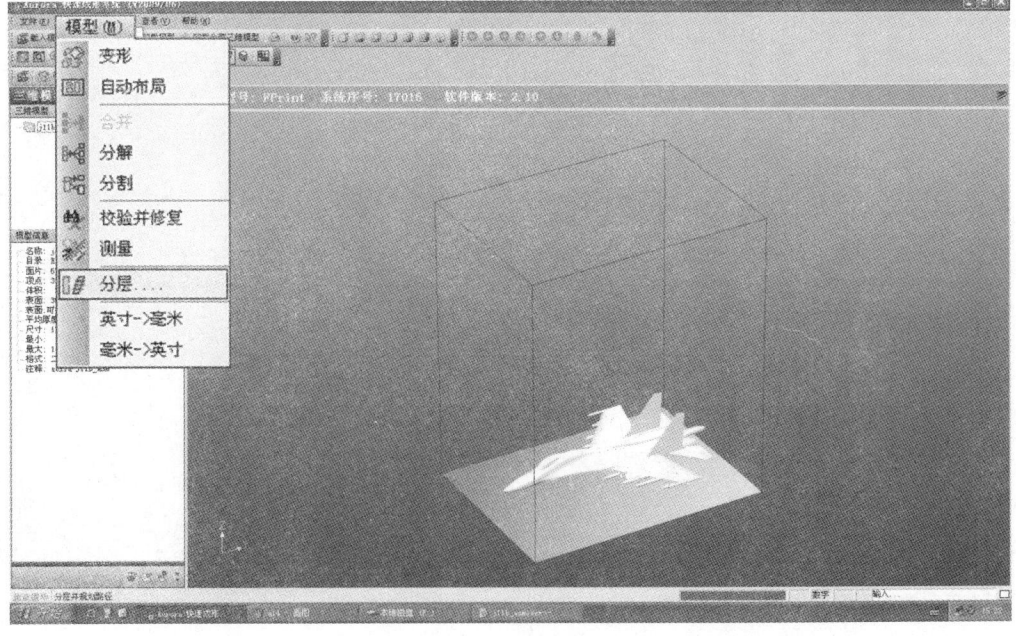

图 14.20　模型分层

14.4.6 参数设置

点击分层后,弹出参数设置对话框,如图 14.21 所示。本软件备有参数集,选择相应参数集就可以改变各种参数,如图 14.22 所示。参数集有 L15~L40,分别表示每层厚度为 0.15~0.40 mm,点击高级设定,可以对其他参数进行设置,如图 14.23 所示。

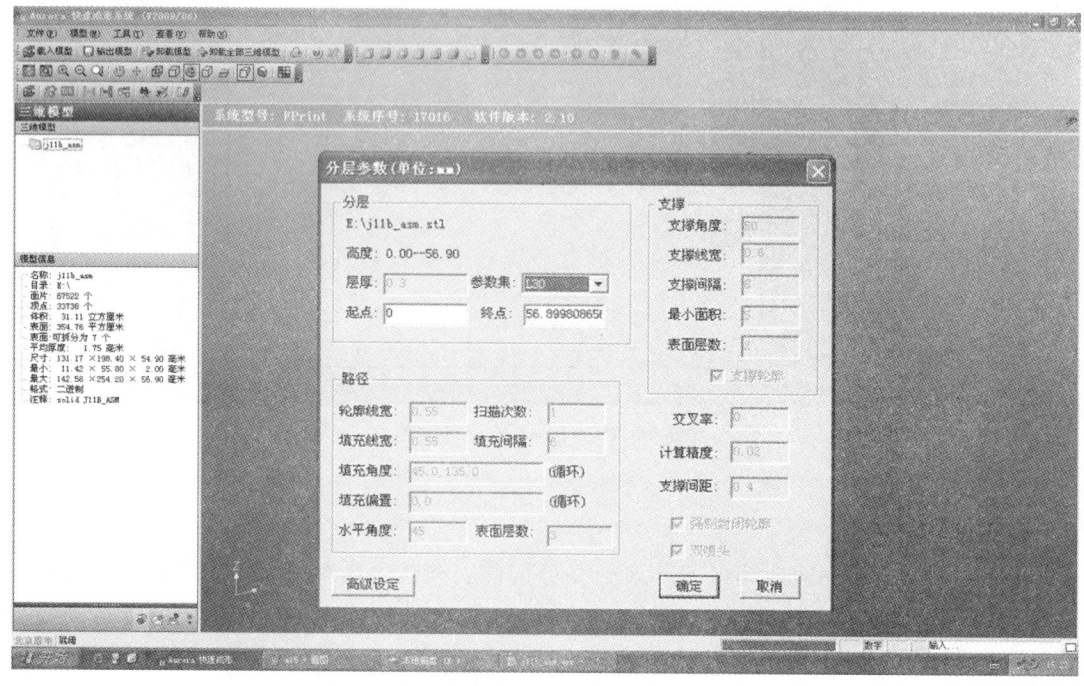

图 14.21 分层对话框

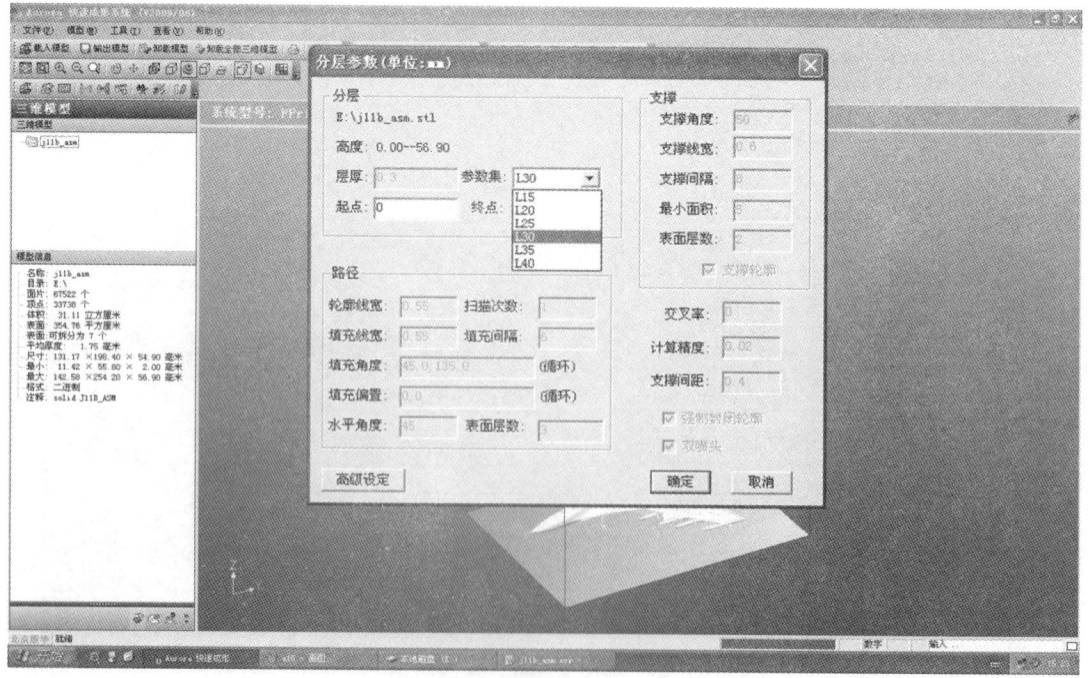

图 14.22 分层参数集选择

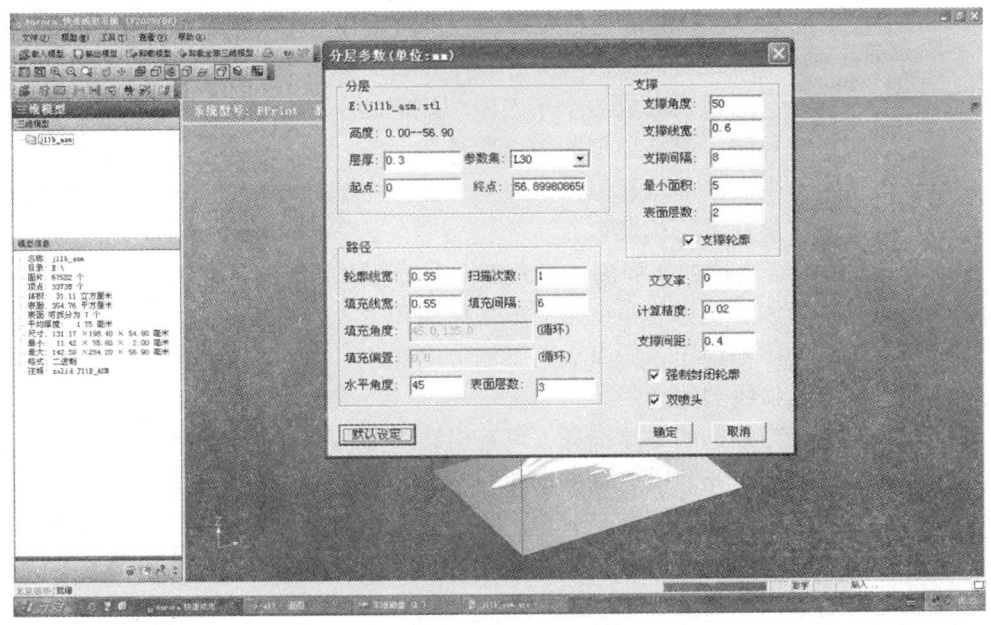

图 14.23　分层参数设置

分层后的层片包括三个部分，分别为原型的轮廓部分、内部填充部分和支撑部分。轮廓部分根据模型层片的边界获得，可以进行多次扫描。内部填充是用单向扫描线填充原型内部非轮廓部分，根据相邻填充线是否有间距，可以分为标准填充（无间隙）和孔隙填充（有间隙）两种模式。标准填充应用于原型的表面，孔隙填充应用于原型内部（该方式可以大大减少材料的用量）。支撑部分在原型外部，是对其进行固定和支撑的辅助结构。

轮廓线宽：层片上轮廓的扫描线宽度，应根据所使用喷嘴的直径来设定，一般为喷嘴直径的 1.3~1.6 倍。实际扫描线宽会受到喷嘴直径、层片厚度、喷射速度、扫描速度这四个因素的影响，该参数已在三维打印机/快速成型设备中的预设参数集中设定，一般不应修改。

扫描次数：指层片轮廓的扫描次数，一般该值设为 1~2 次，后一次扫描轮廓沿前一次轮廓向模型内部偏移一个轮廓线宽。

填充线宽：层片填充线的宽度，与轮廓线宽类似，它也受到喷嘴直径、层片厚度、喷射速度、扫描速度这四个因素的影响，需根据原型的实际情况进行调整。以合适的线宽造型，表面填充线应紧密相接，无缝隙，同时不能发生过堆现象（材料过多）。

填充间隔：对于厚壁原型，为提高成型速度，降低原型应力，可以在其内部采用孔隙填充的方法，即相邻填充线间有一定的间隔。该参数为 1 时，内部填充线无间隔，可制造无孔隙原型；该参数大于 1 时，相邻填充线间隔（$n-1$）个填充线宽。

填充角度：设定每层填充线的方向，最多可输入 6 个值，每层角度依次循环。如果该参数为 30，90，120，则模型的第 $3 \times N$ 层填充线为 30°，第 $3 \times N+1$ 层为 90°，第 $3 \times N+2$ 为 120°。

填充偏置：设定每层填充线的偏置数，最多可输入 6 个值，每层依次循环；当填充间隔为 1 时，本参数无意义。若该参数为（0，1，2，3），则内部孔隙填充线在第一层平移 0 个填充线宽，第二层平移 1 个线宽，第三层平移 2 个线宽，第四层平移 3 个线宽，第五层偏移 0 个线宽，第六层平移 1 个线宽，依此继续。

水平角度：设定能够进行孔隙填充的表面的最小角度（表面与水平面的最小角度）。当表面与水平面角度大于该值时，可以孔隙填充；小于该值，则必须按照填充线宽进行标准填充（保证表面密实无缝隙），这边表面成为水平表面。该值越小，标准填充的面积越小，过小的话，会在某些表面形成孔隙，影响原型的表面质量。

表面层数：设定水平表面的填充厚度，一般为 2~4 层。如果该值为 3，则厚度为 3×层厚。即该面片的上面三层都进行标准填充。

支撑角度：设定需要支撑的表面的最大角度（表面与水平面的角度），当表面与水平面的角度小于该值时，必须添加支撑。角度越大，支撑面积越大；角度越小，支撑越小，如果该角度过小。则会造成支撑不稳定，原型表面下塌等问题。

支撑线宽：支撑扫描线的宽度。

支撑间隔：距离原型较远的支撑部分，可采用孔隙填充的方式，减少支撑材料的使用，提高造型速度。该参数和填充间隔的意义类似。

最小面积：需要填充的表面的最小面积。小于该面积的支撑表面可以不进行支撑。

表面层数：靠近原型的支撑部分，为使原型表面质量较高，需采用标准填充，该参数设定进行标准填充的层数，一般为 2~4 层。

选择菜单"模型→分层"启动分层命令，系统会自动生成一个 CLI 文件，并在分层处理完成后载入，如图 14.24 所示。在分层过程中再次选择分层命令，将中止分层。也可以对模型分层后的三维模型进行观看，如图 14.25 所示。

由于喷头交替喷丝，为避免碰头发生挂丝等现象，Aurora 设置预设支撑，总共有四种类型，点击"工具→预设支撑 3"，如图 14.26 所示。对预设支撑进行设置，同时按住鼠标左键及 Ctrl 键，可以对预设支撑进行移动，如图 14.27 所示。

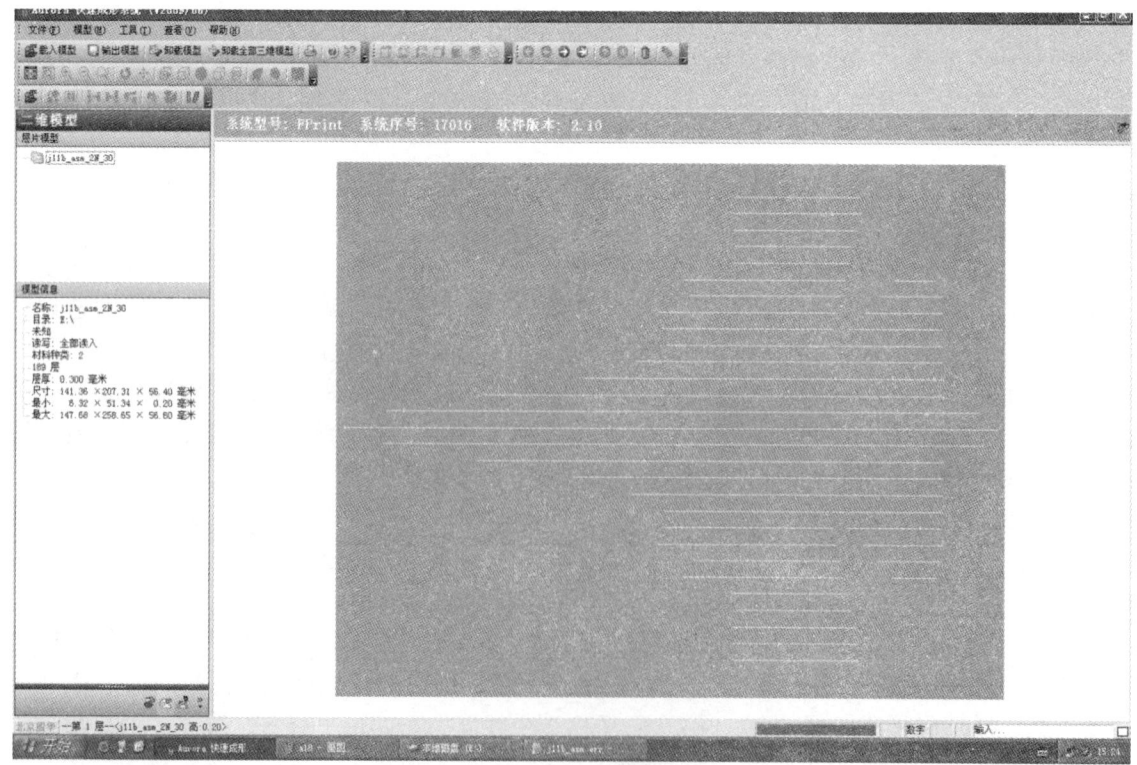

图 14.24　分层后平面模型

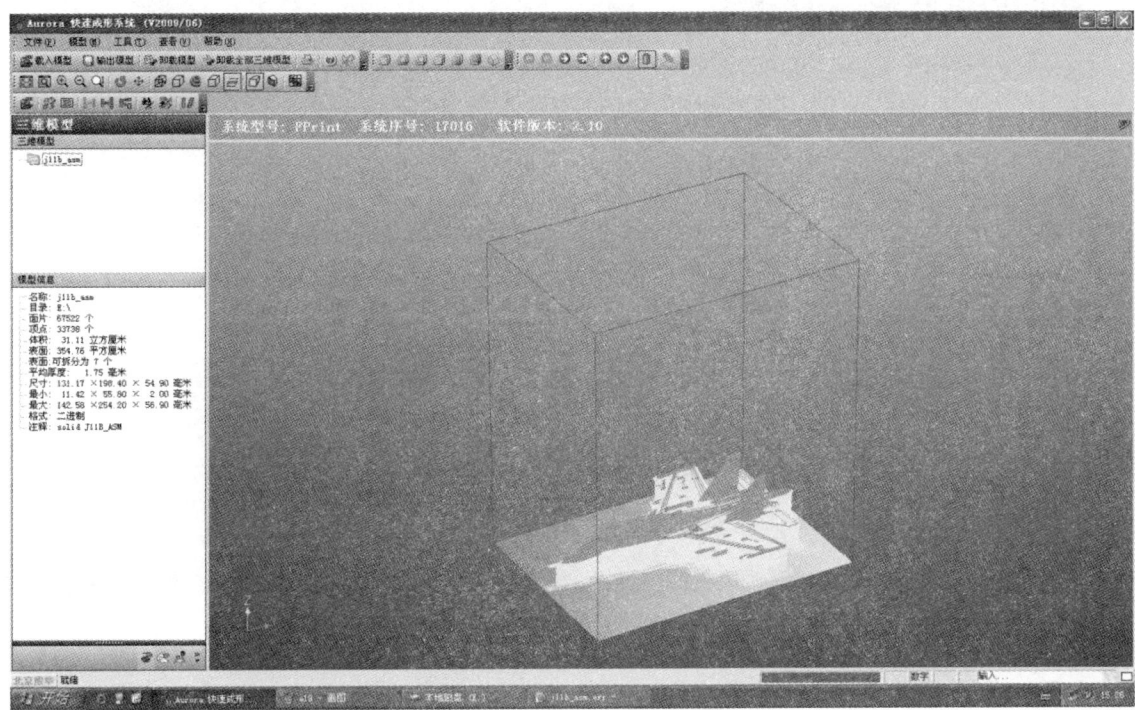

图 14.25　分层后三维模型

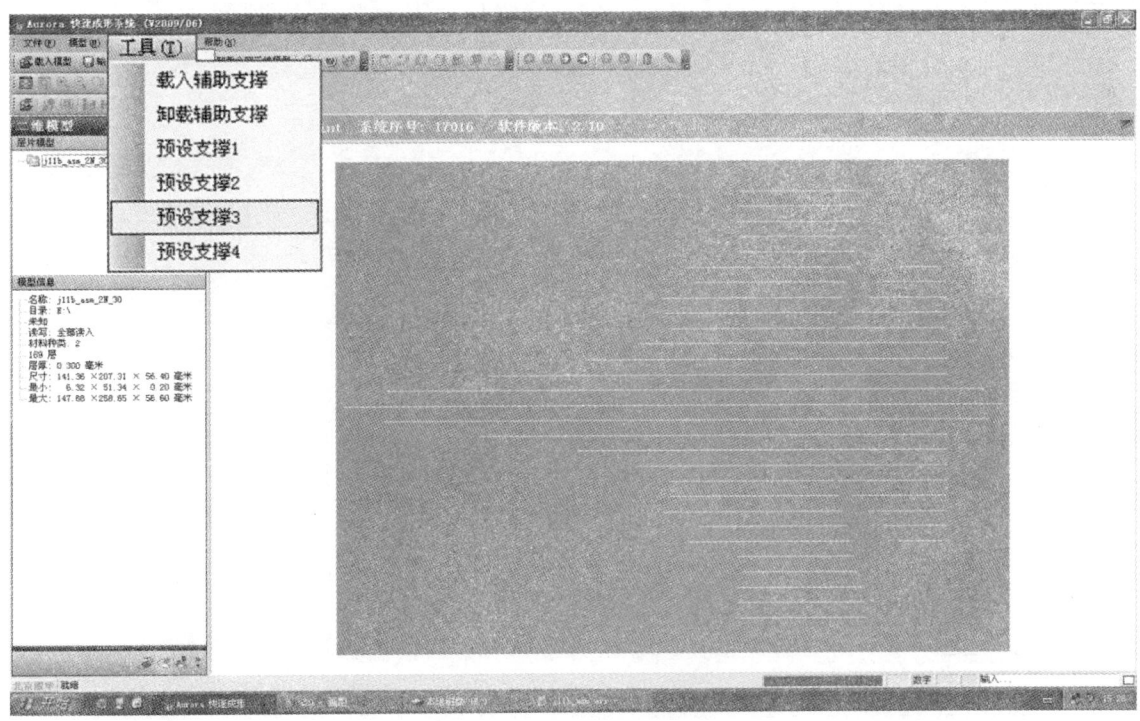

图 14.26　设置预设支撑

图 14.27　圆形预设支撑

14.4.7　打印模型

对三维模型进行一系列操作完成后,即可制作模型。点击"文件→三维打印→打印模型",如图 14.28 所示。弹出对话框,如图 14.29 所示,点击确定按钮,弹出高度对话框,输入对高时显示的数字即可,如图 14.30 所示,点击确定。出现打印模型的信息,如图 14.31 所示,包括文件名、文件分层信息、预计所需时间、材料重量以及主/辅碰头温度等。

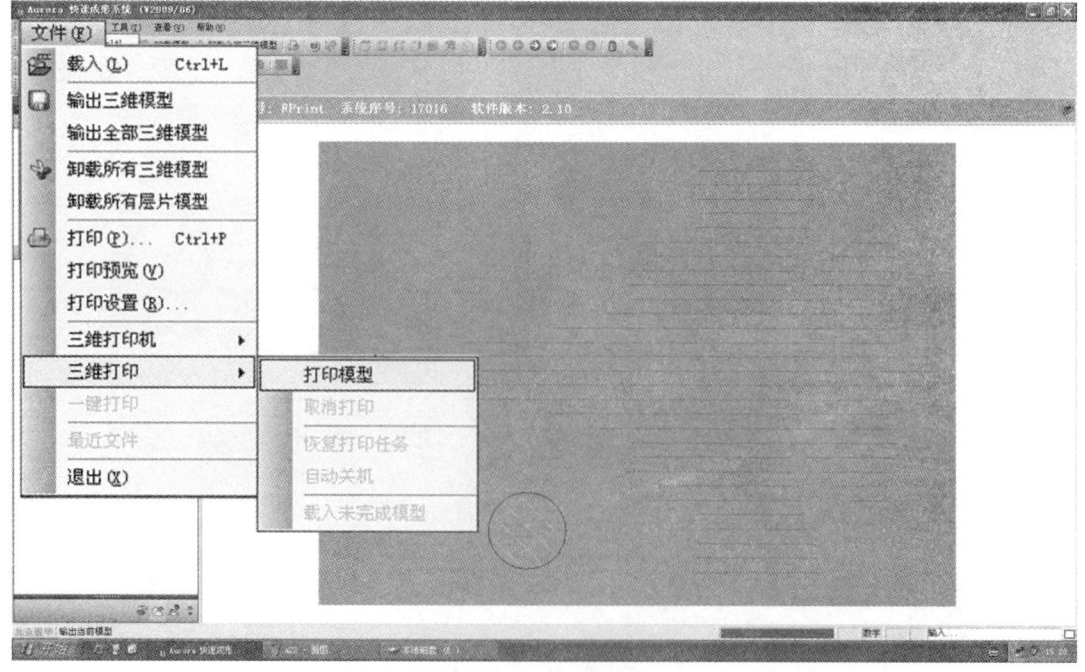

图 14.28　打印模型

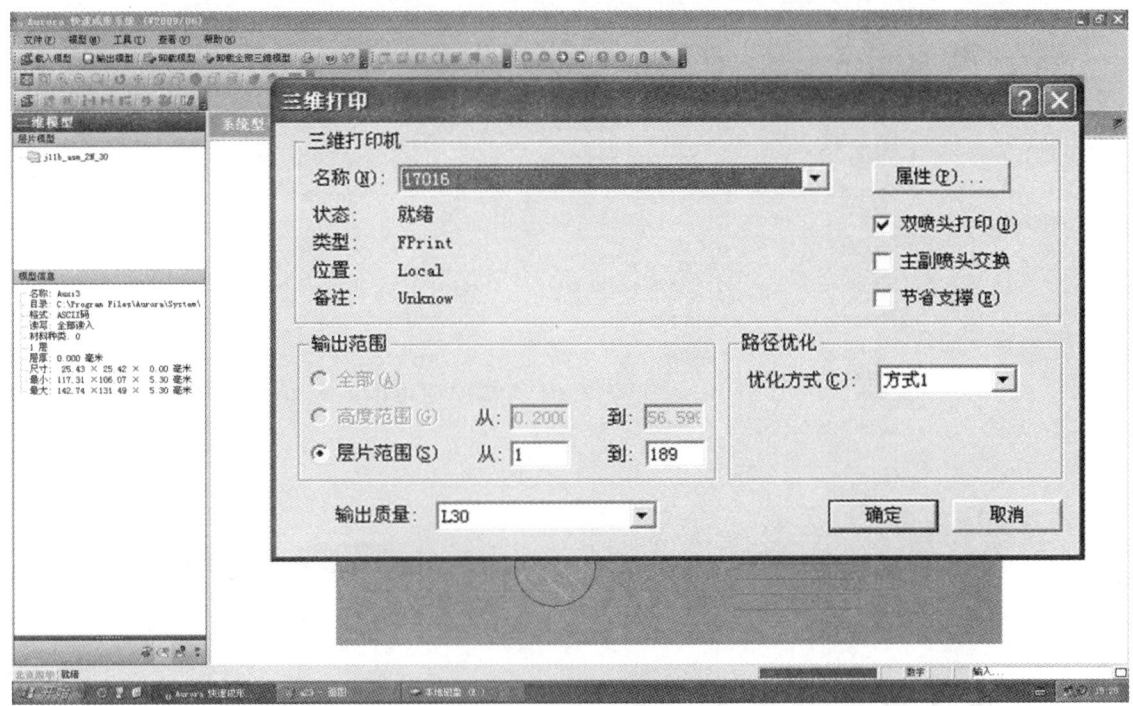

图 14.29　打印模型对话框

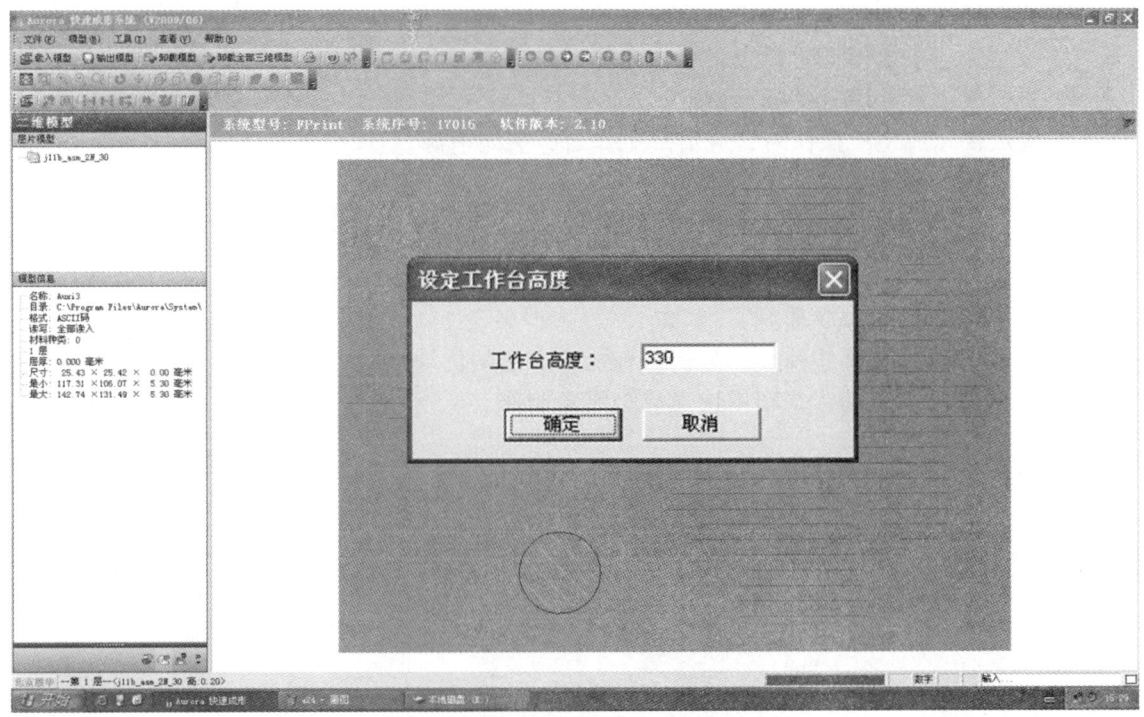

图 14.30　设置工作台高度

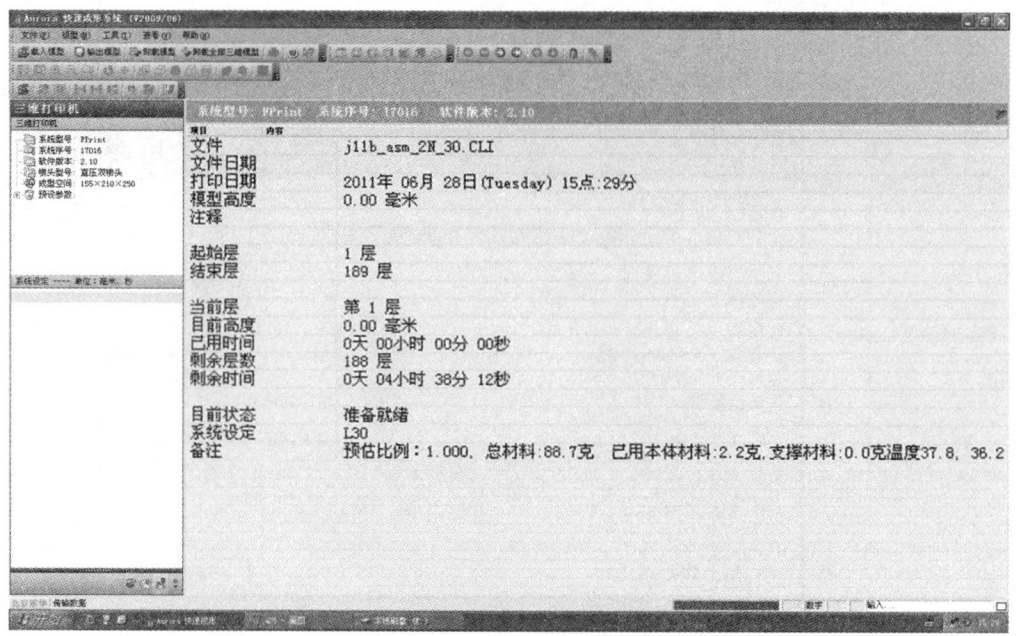

图 14.31　打印模型信息

14.5　操作规范及要求

① 遵守实验室操作规程；
② 操作过程中，输入工作台高度数据时，必须在老师确认之后才可以点确定；
③ 成型过程中，严禁打开成型室门；
④ 成型完成取出模型时，先将工作台降到最底端，取出模型时要戴上手套；
⑤ 进行模型后处理时要戴上口罩；
⑥ 完成快速成型机操作时，应清理工作台，关闭电源。

习　题

14.1　简述快速成型原理。
14.2　快速成型有哪些种类？分析各种加工方法的优缺点。
14.3　设计一款产品，并利用快速成型设备制作。

第 15 章 三坐标测量

【实习目的及要求】
① 了解三坐标测量机的基本构成、测量原理及用途。
② 了解 Rational DMIS 软件的特点、界面及相应功能。
③ 了解三坐标测量机测量零件的过程与步骤。

15.1 三坐标测量机概述

三坐标测量机（Coordinate Measuring Machining，简称 CMM）又称为三坐标测量仪，是一种三维尺寸的精密测量仪器，主要用于零部件尺寸、形状和相互位置的检测。用测量机进行测量时，将被测零件放入它允许的测量空间，精确地测出被测零件表面的点在空间三个坐标位置的数值，将这些点的坐标数值经过计算机进行数据处理，拟合形成测量元素并经过数学计算的方法得出其形状、位置公差及其他几何量数据。因此三坐标测量机可定义为"一种具有可作三个方向移动的探测器，可在三个相互垂直的导轨上移动，此探测器以接触或非接触等方式传送信号，三个轴的位移测量系统经数据处理器或计算机等计算出工件的各点坐标及各项功能测量的机器。"三坐标测量机的测量功能应包括尺寸精度、定位精度、几何精度及轮廓精度等。

三坐标测量仪是 20 世纪 60 年代发展起来的一种新型高效精密测量仪器。它的出现，一方面是由于自动机床、数控机床高效率加工以及越来越多复杂形状零件加工需要有快速可靠的测量设备与之配套；另一方面是由于电子技术、计算机技术、数字控制技术以及精密加工技术的发展为三坐标测量机的产生提供了技术基础。1960 年，英国 FERRANTI 公司研制成功世界上第一台三坐标测量机，到 20 世纪 60 年代末，已有近十个国家的三十多家公司在生产 CMM，不过这一时期的 CMM 尚处于初级阶段。进入 20 世纪 80 年代后，以 ZEISS、LEITZ、DEA 等为代表的众多三坐标测量机生产公司不断推出新产品，使得 CMM 的发展速度加快。现代 CMM 不仅能在计算机控制下完成各种复杂测量，而且可以通过与数控机床交换信息，实现对加工的控制，并且还可以根据测量数据，实现反求工程。目前，三坐标测量机已广泛用于机械制造业、汽车工业、电子工业、航空航天工业和国防工业等领域，成为现代工业检测和质量控制不可缺少的万能测量设备。

15.2 三坐标测量机的组成及工作原理

三坐标测量机是典型的机电一体化设备，它由机械系统和电子系统两大部分组成。

机械系统一般由三个正交的直线运动轴构成。如图 15.1 所示结构中，x 向导轨系统装在工作台上，移动桥架横梁是 y 向导轨系统，z 向导轨系统装在中央滑架内。三个方向轴上均装有光栅尺用以度量各轴位移值。人工驱动的手轮及机动/数控驱动的电机一般都在各轴附近。用来触测被检测零件表面的测头装在 z 轴端部。

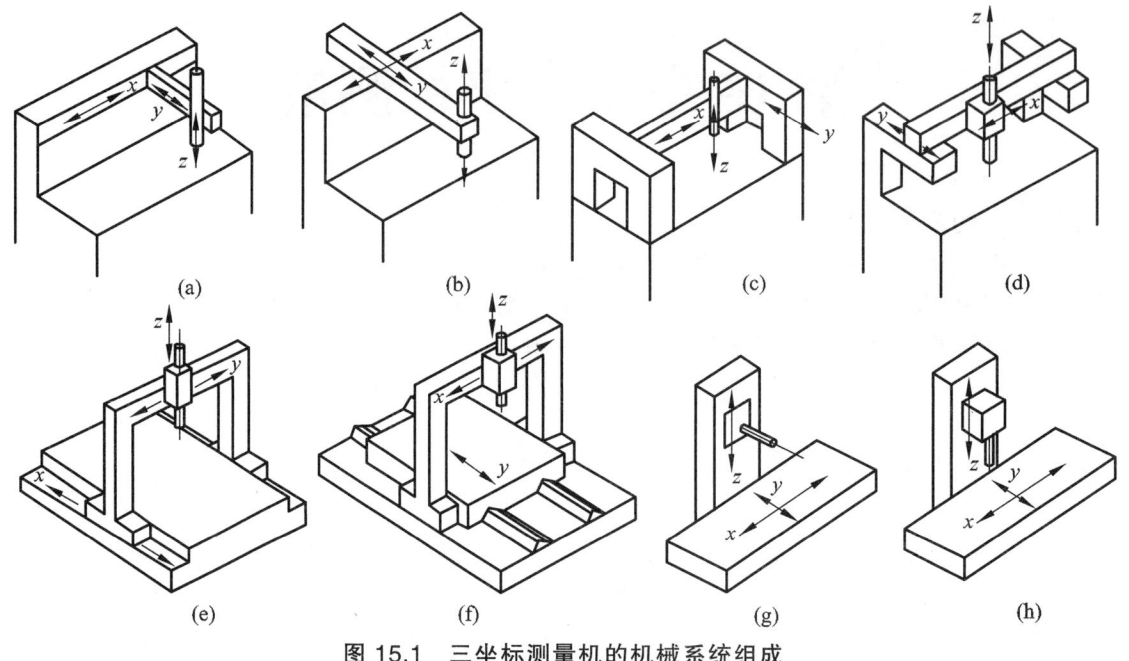

图 15.1 三坐标测量机的机械系统组成

电子系统一般由光栅计数系统、测头信号接口和计算机等组成，如图 15.2 所示。电子系统用于获得被测坐标点数据，并对数据进行处理。

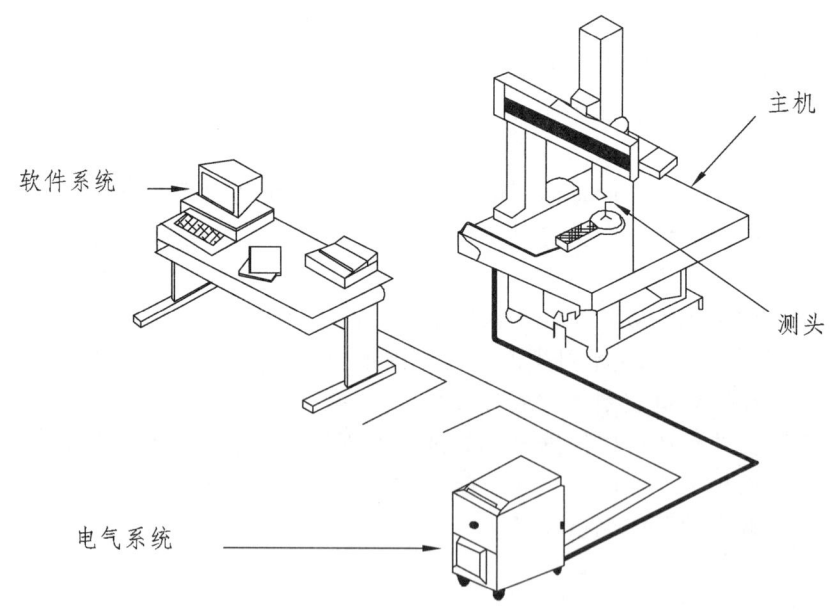

图 15.2 三坐标测量机的电子系统

1. 主 机

主机按结构形式可以分为桥式、悬臂式、龙门式等，按传动方式可分为气浮式传动、丝杆传动。

主机主要由大理石台面、横梁、垂直轴、机械结构件、气路系统、传动系统、外罩等部分构成,如图 15.3 所示。其中气路系统具有自保护功能,它必须包括气源处理模块,以确保测量机精度的长期稳定。

要保证三维测量机的测量精度,则主机的大理石必须有良好的热稳定性;主机的气浮结构、同步带传动、直流伺服传动要保证无摩擦传动,传动平稳,精度高且精度稳定性好。

2. 电气系统

电气系统包括光栅系统、驱动系统、控制器、测头系统。

三维测量机通过光栅系统获得三轴的空间坐标,是提高测量机精度的保证,其分辨率一般为 0.1 μm 或 0.5 μm。

驱动系统一般采用直流伺服驱动,其特点是传动平稳、功率较小。

控制器是整个电气系统的核心,负责把软件的控制指令转化为电气信号控制主机运动,把设备实时状态信息传输给软件。目前,控制器正朝着模块化、数字化、支持 I++ 协议及通用化方向发展。

图 15.3 三坐标测量机的主机

测头系统是测量机的核心部件,能确保精度达 0.1 μm。它由测座、测头、测针三部分组成。测座分手动、机动、全自动三种;测头分触发式和扫描式;测针种类多样,可分为球形、盘形、柱形、星形等。测头系统的作用是提供信号,通知系统获取当前坐标数据。测头系统正朝着全自动、更高精度及更灵敏的方向发展。

3. 软件系统

软件系统从功能上可分为通用测量模块、专用测量模块、统计分析模块、各类补偿模块等。

通用测量模块完成整个测量系统的管理,包括探针校正、坐标系建立与转换、几何元素测量、形位公差评价、输出文本检测报告。

专用测量模块一般包括齿轮测量模块、凸轮测量模块、叶片模块。

统计分析模块一般用于对一批工件的测量结果的平均值、标准偏差、变化趋势、分散范围、概率分布等进行统计分析。

15.3 三坐标测量机的结构类型

三坐标测量机的结构形式主要取决于三组坐标的相对运动方式,它对测量机的精度和适用性能影响很大。以下列出常见的几种结构形式。

1. 移动桥式

移动桥式是当前三坐标测量机的主流结构。移动桥式 CMM 有沿着相互正交的导轨而运行的三个组成部分,其中装有探测系统的第一部分安装在第二部分上,并相对其做垂直运动,第一部分和第二部分的总成相对第三部分做水平运动,第三部分被架在机座的对应两侧的支柱支承上,并相对机座做水平运动,机座承载工件。

移动桥式坐标测量机是目前中小型测量机的主要结构形式，承载能力较大，本身具有台面，受地基影响相对较小，开敞性好，精密性比固定桥式稍低。

优点：

（1）结构简单，结构刚性好，承重能力大；

（2）工件重量对测量机的动态性能没有影响。

缺点：

（1）x 向的驱动在一侧进行，单边驱动，扭摆大，容易产生扭摆误差；

（2）光栅是偏置在工作台一边的，产生的阿贝臂误差较大，对测量机的精度有一定影响；

（3）测量空间受框架影响。

2. 固定桥式

固定桥式三坐标测量机有沿着相互正交的导轨而运动的三个组成部分，装有探测系统的第一部分安装在第二部分上，并相对第二部分做垂直运动，第一部分和第二部分的总成沿着牢固装在机座两侧的桥架上端做水平运动，第一部分和第二部分的总成安装在第三部分上。

高精度测量机通常采用固定桥式结构，经过改进这类测量机速度可达 400 mm/s，加速度达到 3000 mm/s^2，承重达 2000 kg。典型的固定桥式测量机有目前世界上精度最好的出自德国 LEITZ 公司的 PMM-C 测量机。

优点：

（1）结构稳定，整机刚性强，中央驱动，偏摆小；

（2）光栅在工作台的中央，阿贝臂误差较小；

（3）x、y 方向运动相互独立，相互影响小。

缺点：

（1）被测量对象放置在移动工作台上，降低了机动的移动速度，承载能力较小；

（2）机座长度大于 2 倍的量程，所以占据空间较大；

（3）操作空间不如移动桥式开阔。

3. 固定工作台悬臂式

这类三坐标测量机有沿着相互正交的导轨而运动的三个组成部分，装有探测系统的第一部分安装在第二部分上并相对第三部分做水平运动，第三部分以悬臂状被支撑在一端，并相对机座做水平运动，机座承载工件。

优点：结构简单，测量空间开阔。

缺点：悬臂沿 Y 向运动时受力点的位置随时变化，从而产生不同的变形，使测量的误差较大，因此，悬臂式测量机只能用于精度要求不太高的测量中，一般用于小型测量机。

4. 龙门式（高架桥式）

这类三坐标测量机有沿着相互正交的导轨而运动的三个组成部分，装有探测系统的第一部分安装在第二部分上并相对其做垂直运动，第三部分在机座两侧的导轨上做水平运动，机座或地面承载工件。

龙门式坐标测量机一般为大中型测量机，要求较好的地基，立柱影响操作的开阔性，但减少了移动部分重量，有利于精度及动态性能的提高，正因为此，近来亦发展了一些小型带工作台的龙门式测量机。龙门式测量机最长可达数十米,由于其刚性要比水平臂好,因而对大尺寸而言可具有足够的精度。

典型的龙门式测量机如来自意大利 DEA 公司的 ALPHA 及 DELTA 和 LAMBA 系列测量机。

优点:
（1）结构稳定,刚性好,测量范围较大;
（2）装卸工件时,龙门可移动到一端,操作方便,承载能力强。

缺点:因驱动和光栅尺集中在一侧,造成的阿贝误差较大,驱动不够平稳。

5. L 形桥式

这类三坐标测量机有沿着相互正交的导轨而运行的三个组成部分,装有探测系统的第一部分安装在第二部分上,并相对其做垂直运动,第一部分和第二部分的总成相对第三部分做水平运动,第三部分在两条导轨（一条在机座平面上或低于平面,另一条在机座上）上做水平运动,机座承载工件。

L 形桥式坐标测量机是综合移动桥式和龙门式测量机优缺点的测量机,有移动桥式的平台,工作敞开性较好,又像龙门式测量机一样减少移动的重量,运动速度、加速度可以较大,但要注意辅腿的设计。

6. 移动工作台悬臂式

这类三坐标测量机有沿着相互正交的导轨而运行的三个组成部分,装有探测系统的第一部分安装在第二部分上并相对其做垂直运动,第三部分以悬臂被支撑在一端。第三部分相对机座做水平运动并在其上安装工件。

此类测量机承载能力不高,应用较少。

7. 水平悬臂式

这类三坐标测量机有沿着相互正交的导轨而运行的三个组成部分,装有探测系统的第一部分安装在第二部分上并相对其做水平运动,第一部分和第二部分的总成相对第三部分做垂直运动,第三部分相对机座做水平运动,并在机座上安装工件。如果进行细分,可以分为水平悬臂移动式坐标测量机、固定工作台水平悬臂式坐标测量机、移动工作台水平悬臂坐标测量机。

水平臂式测量机在 x 方向很长,z 方向较高,整机开敞性比较好,是测量汽车各种分总成及车身最常用的测量机。

8. 柱 式

这类三坐标测量机有两个可移动组成部分,装有探测系统的第一部分相对机座做垂直运动,第二部分安装在机座上并相对其沿水平方向运动,在该部分上安装工件。

柱式坐标测量机精度比固定工作台悬臂测量机高,一般只用于小型高精度测量机,适于前方开阔的工作环境。

另外,三坐标测量机按驱动方式,可分为手动型、机动型及自动型三类。

手动型三坐标测量机由操作员手工使其三轴运动来实现采点。手动型三坐标测量机结构简单、无电机驱动、价格低廉，缺点是测量精度在一定程度上受人的操作影响。手动型三坐标测量机多用于小尺寸或测量精度不很高的零件检测。

机动型三坐标测量机与手动型相似，只是运动采点通过电机驱动来实现，这种测量机不能实现编程自动测量。

自动型也称 CNC 型，由计算机控制测量机自动采点（当然也能实现上述两种类型同样的操作），通过编程实现零件自动测量且精度高。

15.4 测头及其工作原理

1. 测　头

探测系统是由测头及其附件组成的系统，测头是测量机探测时发送信号的装置，它可以输出开关信号，亦可以输出与探针偏转角度成正比的比例信号，它是坐标测量机的关键部件，测头精度的高低很大程度决定了测量机的测量重复性及精度；不同零件需要选择不同功能的测头进行测量。图 15.4 所示为三种不同功能的测头。

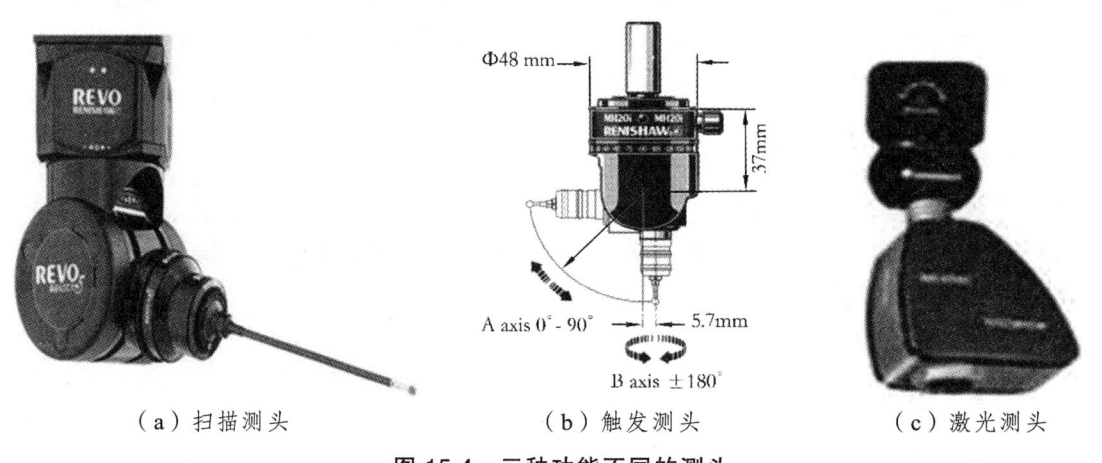

（a）扫描测头　　　　　（b）触发测头　　　　　（c）激光测头

图 15.4　三种功能不同的测头

2. 测头分类

1）触发测头与扫描测头

触发测头（Trigger probe）又称为开关测头，测头的主要任务是探测零件并发出锁存信号，实时地锁存被测表面坐标点的三维坐标值。

扫描测头（Scanning Probe）又称为比例测头或模拟测头，此类测头有的不仅能作触发测头使用，更重要的是能输出与探针的偏转成比例的信号（模拟电压或数字信号），由计算机同时读入探针偏转及测量机的三维坐标信号（作触发测头时则锁存探测点的三维坐标值），以保证实时地得到被探测点的三维坐标。

由于取点时没有机械往复运动，因此采点率大大提高，扫描测头用于离散点测量时，由于探针的三维运动可以确定该点所在表面的法矢方向，因此更适于曲面的测量。

2）接触式测头与非接触式测头

接触式测头（Contact Probe）是需要与待测表面发生实体接触的探测系统。

非接触式测头（Non-Contact Probe）是不需要与待测表面发生实体接触的探测系统，例如光学探测系统。

3. 触发式测头的原理

1）接触式触发测头的基本结构

图15.5所示为TP20机械测头，它属于接触式触发测头。TP20机械测头包括3个电子接触器，当测杆接触物体使测杆偏斜时，至少有一个接触器断开，此时机器的x、y、z光栅被读出。这组数值表示此时的测杆球心位置。

2）触发测头工作时的基本动作

图15.6所示为测头处于回位状态。探针接触被测物体并与物体接触的力通过测头内部的弹簧力平衡，探针产生弯曲；探针绕测头内部支点转动，造成一个或两个接点断开，在断开前测头发出触发信号；然后机器回退，测头复位。

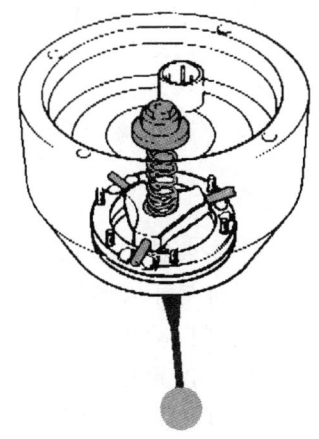

图15.5　TP20机械测头

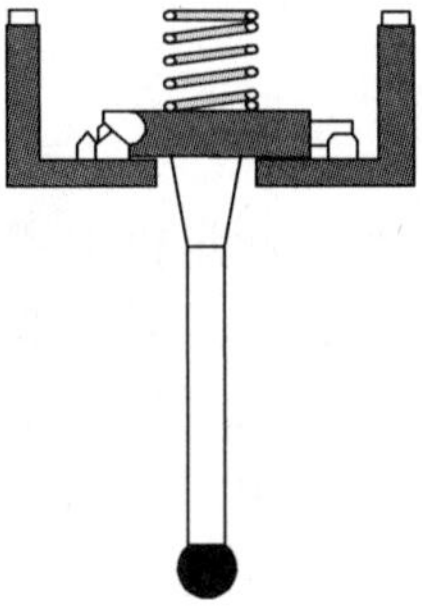

图15.6　测头回位状态

3）触发测头工作时的电气原理

触发测头通过触点形成电气回路。当测头与零件接触时，测力增加，接触面积减小，电阻增加；当电阻到达阈值时，测头发出触发信号。图15.7所示为触发测头工作时的电气原理。

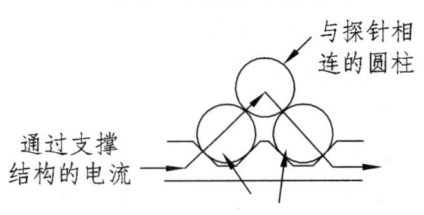

图15.7　触发测头工作时的电气原理

4. 矢量和余弦误差

1）矢量

矢量可以被看作一个单位长的直线，并指向矢量方向。相对于三个轴的方向矢量，I方向在x轴，J方向在y轴，K方向在z轴。矢量I、J、K值介于1和-1之间，分别表示与x、y、z夹角的余弦。

2）矢量方向

矢量用一条末端带箭头的直线表示，箭头表示了它的方向。x、y、z表示三坐标测量机的坐标位置，矢量 I、J、K 表示了三坐标测量机三轴正确的测量方向。

在三坐标测量中，矢量精确指明测头垂直触测被测特征的方向，即测头触测后的回退方向。

3）余弦误差

矢量的另一个很重要的作用是软件利用矢量方向进行测头补偿。DCC 模式下，当测量一点后机器沿着与被测点矢量方向相反的方向进行触测，如果触测方向不正确，将引起一个"余弦误差"。图 15.8 所示为测头正确的触测方向，图 15.9 所示为测头错误的触测方向。

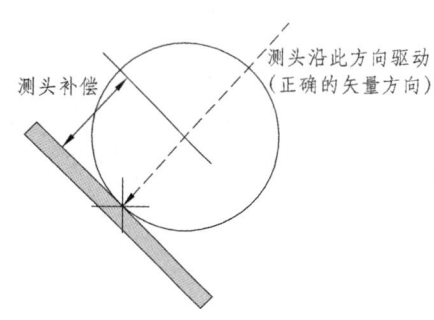
图 15.8　正确的触测方向

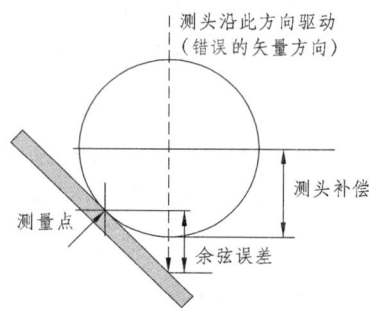
图 15.9　错误的触测方向

5. 坐标系

在 DCC 三坐标测量机上测量工件区别于传统测量的另一个主要特点是测量效率高。效率高源于两个方面：一是具有数据自动处理程序；二是对待测工件易于安装定位，通过测量软件系统对任意放置的工件建立零件坐标系，进行坐标转换，实现自动找正。

精确的测量工作中，正确地建坐标系，与具有精确的测量机及校验好的测头一样重要。由于我们的工件图纸都是有设计基准的，所有尺寸都是与设计基准相关的，因此要得到一个正确的检测报告，就必须建立零件坐标系。同时，在批量工件的检测过程中，只需建立好零件坐标系即可运行程序，从而更快捷有效。

1）坐标系类型

综合各类测量机，常使用三种类型的坐标系，即直角坐标系、柱坐标系和球坐标系。这三种坐标系用于不同的测量目的和对象。对于圆柱类零件、球类零件和凸轮零件，采用极坐标系和球坐标系进行测量。由于直角坐标系可用线性转换矩阵实现坐标变换，故在三坐标测量机中大都以直角坐标系作为坐标系转换基础。

直角坐标系是由三条数轴相交于原点且相互垂直建立的坐标系，又称笛卡儿直角坐标系。

柱坐标系又称为半极坐标系，它是由平面极坐标系与空间直角坐标系中的部分建立起来的。

球坐标系是一种三维坐标。设 $P(x,y,z)$ 为空间内一点，则点 P 也可以用这样三个有次序的数 r、ϕ、θ 来确定，其中 r 为原点 O 与点 P 间的距离，θ 为有向线段与 z 轴正向所夹的角，ϕ 为从正 z 轴来看自 x 轴按逆时针方向转到有向线段的角，这里 M 为点 P 在 xOy 面上的投影。这样的三个数 r、ϕ、θ 叫作点 P 的球面坐标。

2）测量机坐标轴

测量机的空间范围可用一个立方体表示。立方体的每条边是测量机的一个轴向。三条边的交点为机器的原点（通常指测头所在的位置）。

3）坐标值

每个轴被分成许多相同的分割来表示测量单位。测量空间的任意一点可被期间的唯一一组 x、y、z 值来定义。

4）校正坐标系

校正坐标系是建立零件坐标系的过程，通过数学计算，将机器坐标系和零件坐标系联系起来。零件的坐标系校正，一般分三个步骤且分步进行：

（1）零件找正：找正元素控制了工作平面的方向。平面应当选择垂直于零件轴线的平面而不是垂直于坐标轴的平面，通常技术图纸会指明零件的基准面，如果没有指明，应测量表面比较好的平面且测量点尽可能均匀分布。测量一个平面至少需要三个测量点。

（2）旋转轴：旋转元素需垂直于已找正的元素，这控制着轴线相对于工作平面的旋转定位。旋转轴可以是经过精加工的面或是两个孔组成的一条直线。

（3）原点：定义坐标系 x、y、z 零点的元素。原点可以是经过精加工的面上的点或一个孔的中心点。

5）建立直角坐标系

三坐标测量机最常用的建立坐标系的方法是 3-2-1 法，如图 15.10 所示。

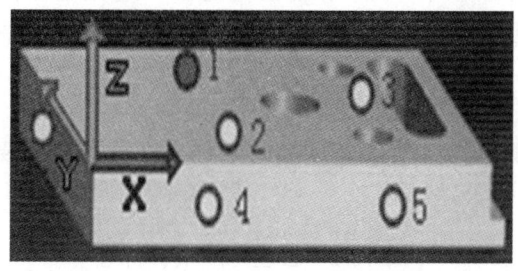

图 15.10　3-2-1 法建立坐标系

① 在零件上平面测量 3 个点（点 1、2、3）拟合一平面找正。
② 在零件前端面上测量 2 个点（点 4、5）拟合一直线旋转轴。
③ 在零件左端面测量 1 个点（点 6）设定原点。

6. 工作平面

工作平面用来指示二维元素计算的平面。在测量时，元素计算和探头补偿中使用工作平面。

Rational DMIS 在"工作平面"选项里可以选择所需的面作为当前的工作平面。"最近的 CRD 平面"这个窗口接受从元素数据区拖放平面元素，这种情况下平面元素用来做计算和探头补偿。

（1）探头补偿需要工作平面的元素有点元素和边界点元素。

（2）计算需要工作平面的元素有直线元素、圆元素、弧元素、椭圆元素、键槽元素和曲线元素。

（3）对于其他所有元素，工作平面选择窗口会自动隐藏起来。

7. 基本几何元素（见表 15.1）

表 15.1 基本几何元素

项目	最小点数	位置	矢量	形状误差	2/3 维
点	1	xyz 位置	无	无	3 维
直线	2	重心	第一点到最后一点	直线度	2/3 维
圆	3	中心	相应的截平面矢量	圆度	2 维
平面	3	重心	垂直于平面	平面度	3 维
圆柱	5	重心	从第一层到最后一层	圆柱度	3 维
球	4	中心	向上	球度	3 维
圆锥	6	顶点	从小圆到大圆	锥度	3 维
备注			圆、球的矢量只为测量，不单独描述元素的几何特征		

8. 元素的尺寸公差与形位公差

尺寸公差是最大极限尺寸减最小极限尺寸之差，或上偏差减下偏差之差，它是尺寸的允许变动量。尺寸公差是一个没有符号的绝对值。

形位公差：加工后的零件不仅有尺寸误差，构成零件几何特征的点、线、面的实际形状或相互位置与理想几何体规定的形状和相互位置还不可避免地存在差异，这种形状上的差异就是形状误差，而相互位置的差异就是位置误差，统称为形位误差。

9. 公差标准项目符号

表 15.2 为国家标准规定的各项公差标准的名称、符号和基准要求等。详细的公差标准参考 GB/T1182—1996 或相关公差书籍。

表 15.2 公差标准项目符号

公差		特征项目	符 号	有或无基准要求
形状	形状	直线度	—	无
		平面度	▱	无
		圆度	○	无
		圆柱度	⌭	无
形状或位置	轮廓	线轮廓度	⌒	有或无
		面轮廓度	⌓	有或无
位置	定向	平行度	∥	有
		垂直度	⊥	有
		倾斜度	∠	有

续表

公差		特征项目	符号	有或无基准要求
位置	定位	位置度	⊕	有或无
		同轴（同心）度	◎	有
		对称度	═	有
	跳动	圆跳动	↗	有
		全跳动	↗↗	有

15.5 BQC拟R系列测量机简介

1. 型号及含义

现场测量机型号为BQC866RD，具体含义如下：
B—博洋科技有限公司；
Q—气浮式传动方式；
C—复合式测量功能；
866—y轴、x轴、z轴行程分别为800 mm、600 mm、600 mm；
RD—Rational DMIS测量软件。

BQC—R系列复合式三坐标测量机将激光扫描、探针测量（扫描、测量）、CCD光学测量等多种功能集成在同一台设备上，完成对工件的扫描采点工作，获取点云数据进行产品数字化反求设计；同时可对各种机械零件、模型及其制品的几何元素、形位公差及复杂的曲线、曲面进行高精度的测量，获取测量数据进行产品质量检测。

2. Rational DMIS软件介绍

Rational DMIS是美国著名软件公司External-Array software, inc.研发的三坐标测量软件。Rational DMIS一经推出就以其直观、强大、高效等特点得到了CMM业内专家的充分认可，同时也赢得了广大客户的信赖。Rational DMIS完全符合DMIS标准以及ISO2209：2003国际标准，通过了德国标准计量组织（PTB）认证。

1）Rational DMIS软件特点

基于Rational DMIS软件，可以建立一套完美的测量解决方案。它能完全支持I++标准的Renishaw UCC控制器系列或其他多种控制设备及软件接口的需要。更加友好简洁的软件界面、独特的"拖放式"输入、与CAD数据的无缝连接、实现从测量到输出报告100%图形化显示、基于对象的测量并快速生成DMIS检测程序，实现如此强大的功能并不依赖于用户具备太多的专业知识。Rational DMIS在CMM软件的实用性方面是一个突破，是制造业和计量业理想的选择。

2）Rational DMIS 软件界面及主要功能介绍

Rational DMIS 软件界面如图 15.11 所示。

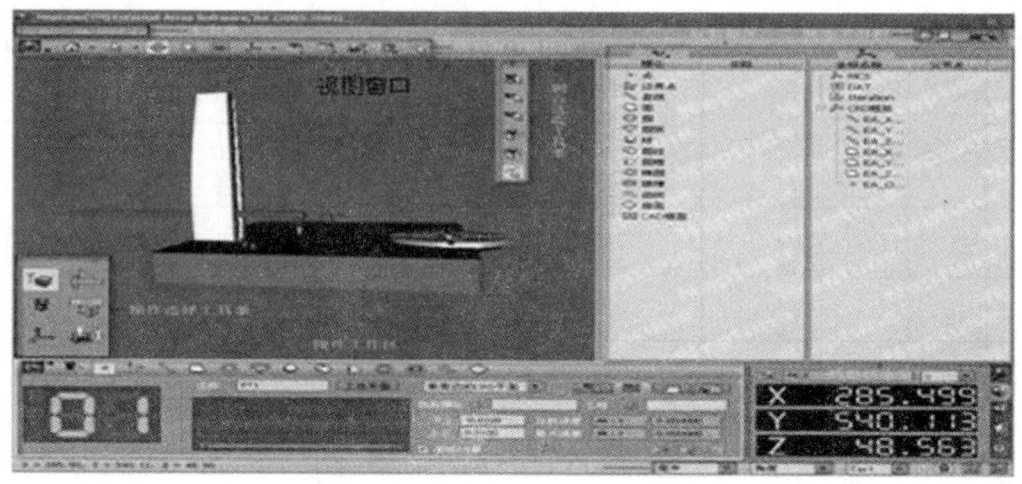

图 15.11 Rational DMIS 软件界面

（1）主菜单。

文件：提供创建、保存、打开解决方案以及 CAD 导入、导出等功能。

选项：提供创建、加载机器模型、程序设置等功能。

窗口：用来控制窗口位置和可见性。

帮助：用来显示帮助、助手、许可条款等。

（2）视图窗口。

图形窗口：用来图形化显示各种测量元素、动态显示测量过程、实现选取元素或测量点等操作。

DMIS 编辑窗口：通过 Rational DMIS 内建的 DMIS 编辑器编辑 DMIS 程序的窗口。

输出窗口：用于创建元素测量结果及各种属性的输出报告。

图形报告窗口：用于创建测量元素或公差的图形报告。

图形误差窗口：通过拖放元素到图形误差窗口来创建被拖放元素的图形误差报告。

（3）操作工作区。

测量：主要用于元素的测量设置、实现各种元素的测量、在 DCC 机器或离线编程下创建测量点、定义新元素等功能。

构造：根据不同的构造方法和构造元素创建所有可能的构造结果。

测头：实现创建各种探头、探头角度、定义探头校验规、探头校验等功能。

公差：针对不同元素及需求创建所需的各种公差。

坐标：主要用于零件找正并创建被测零件在测量机上的坐标、创建数模对齐工件的坐标、根据测量需要创建合适的参考坐标等。

机器状态：用于设置机器速度、加速度、机器模型大小、温度补偿、机器校验规、转盘等属性。

（4）双数据区。

元素：包含当前系统中定义的、构造的和测量的所有图形元素。

坐标：主要包含当前系统中所有已建立并存储的坐标系。

探头：包含探头数据、测头校验规、转台、探头更换架等信息。
公差：包含创建元素的各种公差数据。
变量数据区：包括 DMIS 变量和 DMIS 宏，主要用于 DMIS 高级语言操作。
DMIS 程序：用来显示零件 DMIS 程序、添加 Rational DMIS 内部产生的 DMIS 程序。
自定义视图：显示自定义的观察视图、图形报告视图和 Form 差报告视图。
测量方法：显示各种扫描路径信息。

3. 测量机的测量流程

测量机的测量流程如图 15.12 所示。

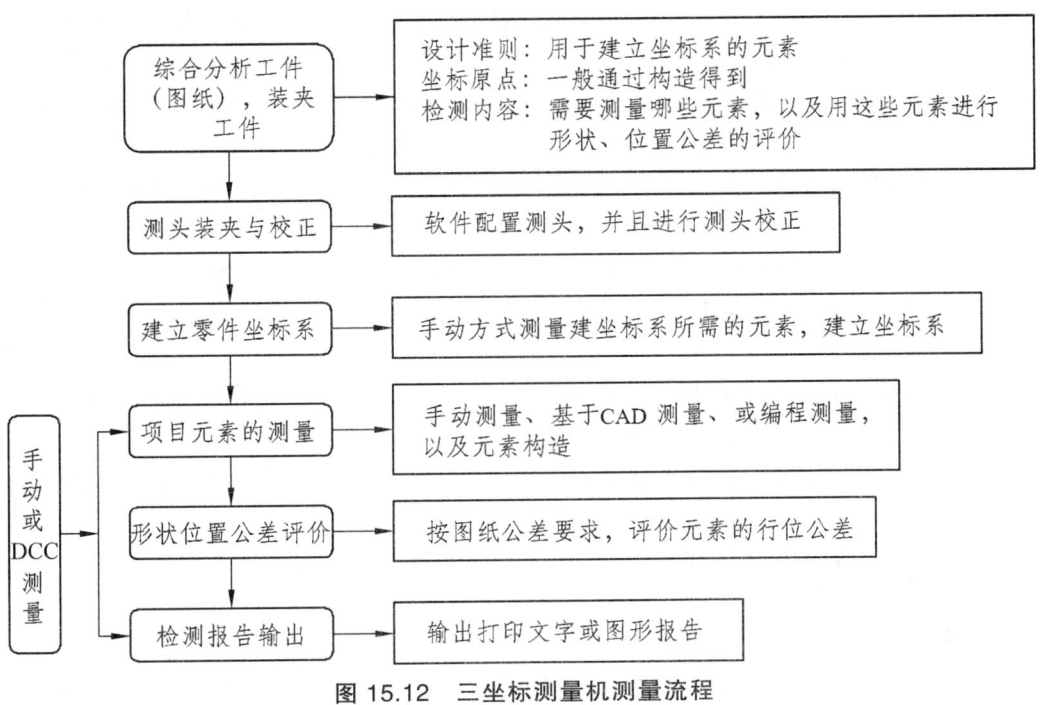

图 15.12　三坐标测量机测量流程

15.6　测量示例

在无数模的情况下，演示图 15.13 所示零件的测量、公差评价及测量结果的输出。

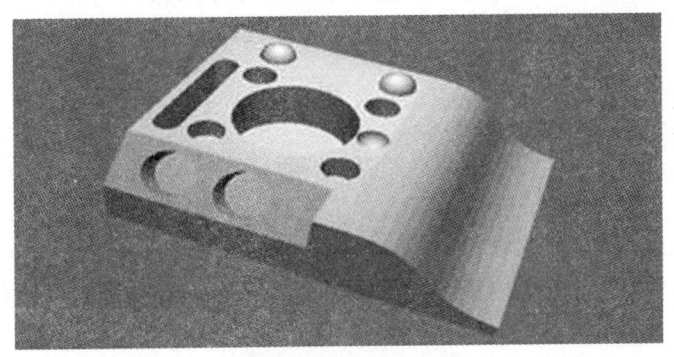

图 15.13　零件图

15.7 三坐标测量机安全操作注意事项

（1）确定彻底了解了紧急情况下如何关机之后才能尝试运行机床。

（2）测量机机房温度保持在 20±2 ℃，相对湿度为 25%～75%。

（3）稳压电源的输出电压为 220±10 V。

（4）测量机导轨区内不能放置任何物品，不能用手直接接触导轨工作面。每天开机前用高织纱纯棉布沾无水酒精清洁三轴导轨面，待导轨干燥后才能运行机器。严禁用酒精清洁喷漆表面及光栅尺，请用高织纱纯棉布或少量异丙酮清洁光栅尺。

（5）开机前首先检查气压达到要求后才能开控制柜。

（6）开机步骤为：首先开启气源（依次开启空气压缩机，然后检查机床使用气压是否在 0.4～0.5 MPa 范围之内。如果不在此范围内，则可以通过气源调节阀调节），然后开启控制系统电源及计算机电源，接着打开 UCC 控制软件并最小化后双击桌面 Rational DMIS 图标进入测量软件。

（7）开机后要先回零。在回零前，先将测头移至安全位置，保证测头复位旋转和 z 轴向上运动时无障碍。

（8）在拆装测头、测杆时需使用随机提供的专用工具，所使用的测头需要先标定。

（9）在进行转测头、校验测头、自动更换测头、运行程序等操作时，必须确保测头运行轨迹上无障碍。

（10）使用花岗岩工作表面作为测量区域。

（11）保证工作台面的整洁及被测工件表面的清洁。

（12）放置工件时，要先将测头移至安全位置。注意工件不能磕碰工作台面，特别是机器的导轨面。

（13）测量工件的过程中如需暂停，必须把 z 轴移至被测工件上方，然后按下手操器上的急停按钮。

（14）禁止让机床急速转向或反向运动。

（15）用手操器控制机床时，应均匀低速操作，在自动回退完成之前不要狠扳操纵杆。

（16）禁止随意拆开控制箱，避免发生触电事故及导致元件损坏；禁止带电插拔各硬件接头卡以及计算机与控制相关联的插头等。

（17）在扫描时，注意激光不能直接照射人的眼睛，以免发生意外。

（18）激光测头与接触式测头互换时，必须关闭电机伺服。

（19）禁止靠扶在机床移动桥上；禁止用手触摸光栅尺及触头等。

（20）三坐标测量机属精密设备，对运用环境有较高要求，在使用过程中应严格按操作规程操作并注意日常机器的维护保养。

习　题

15.1　三坐标测量机主要用于零部件的哪些检测？

15.2　三坐标测量机由哪几部分组成？它较一般的检测手段有哪些优势？

第 16 章　智能制造

【实训目的及要求】
① 了解现代制造的发展趋势；
② 了解并掌握信息技术、人工智能与机械制造技术交叉融合的特征和概念；
③ 完成对某一智能制造系统或单元的任务设计、控制、调试等过程训练。

智能制造（人机一体化智能系统），源于人工智能的研究。一般认为智能是知识和智力的总和，前者是智能的基础，后者是指获取和运用知识求解的能力。

智能制造包含智能制造技术和智能制造系统，智能制造系统不仅能够在实践中不断地充实知识库，而且具有自学习功能，还有搜集与理解环境信息和自身信息并进行分析判断和规划自身行为的能力。

产品性能的完善化及其结构的复杂化、精细化，以及功能的多样化，促使产品所包含的设计信息和工艺信息量随之猛增。生产线和生产设备内部的信息流量随之增加，制造过程和管理工作的信息

图 16.1　智能制造

量也必然剧增，因而促使制造技术发展的热点与前沿，转向了提高制造系统对于爆炸性增长的制造信息处理的能力、效率及规模上。首先，先进的制造设备离开了信息的输入就无法运转，柔性制造系统（FMS）一旦被切断信息来源就会立刻停止工作。制造系统正在由原先的能量驱动型转变为信息驱动型，这就要求制造系统不但要具备柔性，而且还要表现出智能，否则将难以处理如此大量而复杂的信息。其次，瞬息万变的市场需求和激烈竞争的复杂环境，也要求制造系统表现出更高的灵活性、敏捷性和智能性。因此，智能制造越来越受重视。

16.1　系统介绍

智能制造系统（Intelligent Manufacturing System，IMS）是一种由智能机器和人类专家共同组成的人机一体化系统，它突出了在制造诸环节中，以一种高度柔性与集成的方式，借助计算机模拟的人类专家的智能活动，进行分析、判断、推理、构思和决策等，取代或延伸制造环境中人的部分脑力劳动，同时，收集、存储、完善、共享、继承和发展人类专家的制造智能。由于这种制造模式突出了知识在制造活动中的价值地位，而知识经济又是继工业经济后的主体经济形式，所以智能制造就成为影响未来经济发展过程的制造业的重要生产模式。智能制造系统是智能技术集成应用的环境，也是智能制造模式展现的载体。

智能化是制造自动化的发展方向。在制造过程的各个环节几乎都广泛应用人工智能技术。专家系统技术可以用于工程设计、工艺过程设计、生产调度、故障诊断等。也可以将神经网络和模糊控制技术等先进的计算机智能方法应用于产品配方、生产调度等，实现制造过程智能化。而人工智能技术尤其适合于解决特别复杂和不确定的问题。

一般而言，在概念上认为制造系统是一个复杂的相互关联的子系统的整体集成，从制造系统的功能角度，可将智能制造系统细分为设计、计划、生产和系统活动四个子系统。在设计子系统中，智能制造突出了产品的概念设计过程中消费需求的影响；功能设计关注了产品可制造性、可装配性和可维护及保障性。另外，模拟测试也广泛应用智能技术。在计划子系统中，数据库构造将从简单信息型发展到知识密集型。在排序和制造资源计划管理中，模糊推理等多类的专家系统将集成应用；智能制造的生产系统将是自治或半自治系统。在监测生产过程、生产状态获取和故障诊断、检验装配中，将广泛应用智能技术；从系统活动角度，神经网络技术在系统控制中已开始应用，同时应用分布技术和多元代理技术、全能技术，并采用开放式系统结构，使系统活动并行，解决系统集成。

由此可见，IMS 理念建立在自组织、分布自治和社会生态学机理上，目的是通过设备柔性和计算机人工智能控制，自动地完成设计、加工、控制管理过程，旨在解决适应高度变化环境的制造的有效性。

16.2 DNC

DNC（Distributed Numerical Control）称为分布式数控，是网络化数控机床常用的制造术语。其本质是计算机与具有数控装置的机床群使用计算机网络技术组成的分布在车间中的数控系统。DNC 早期只是作为解决数控设备通信的网络平台，随着客户的不断发展和成长，仅仅解决设备联网已远远不能满足现代制造企业的需求。早在 20 世纪 90 年代初，美国 Predator Software INC 就赋予 DNC 更广泛的内涵——生产设备和工位智能化联网管理系统，这也是全球范围内最早且使用最成熟的"物联网"技术——车间内"物联网"，这也使得 DNC 成为离散制造业 MES 系统必备的底层平台。DNC 必须能够承载更多的信息。同时 DNC 系统必须能有效地结合先进的数字化的数据录入或读出技术，如条码技术、射频技术、触屏技术等，帮助企业实现生产工位数字化。

Predator DNC 系统的基本功能就是使用 1 台服务器，对企业生产现场所有数控设备进行集中智能化联网管理。所有编程人员可以在自己的 PC 上进行编程，并上传至 DNC 服务器指定的目录下，而后现场设备操作者即可通过设备 CNC 控制器发送"下载（LOAD）"指令，从服务器中下载所需的程序，待程序加工完毕后再通过 DNC 网络回传至服务器中，由程序管理员或工艺人员进行比较或归档。这种方式首先大大减少了数控程序的准备时间，消除了人员在工艺室与设备端的奔波，并且可以完全确保程序的完整性和可靠性，消除了很多人为导致的"失误"，最重要的是通过这套成熟的系统，能将企业生产过程中所使用的所有 NC 程序都合理有效地集中管理起来。

16.3 CIMS

CIMS 是 Computer/contemporary Integrated Manufacturing Systems 的英文缩写，直译就是

计算机/现代集成制造系统。从广义概念上来理解，CIMS、敏捷制造等都可以看作智能自动化的例子。除了制造过程本身可以实现智能化外，还可以逐步实现智能设计、智能管理等，再加上信息集成，全局优化，逐步提高系统的智能化水平，最终建立智能制造系统。

16.3.1 多智能体系统

Agent 原为代理商，是指在商品经济活动中被授权代表委托人的一方。后来被借用到人工智能和计算机科学等领域，以描述计算机软件的智能行为，称为智能体。1992年曾经有人预言："基于Agent的计算将可能成为下一代软件开发的重大突破。"随着人工智能和计算机技术在制造业中的广泛应用，多智能体（Multi-Agent）系统技术为解决产品设计、生产制造乃至产品的整个生命周期中的多领域间的协调合作提供了一种智能化的方法，也为系统集成、并行设计及实现智能制造提供了更有效的手段。

16.3.2 整子系统

整子系统（Holonic System）的基本构件是整子（Holon）。Holon 是从希腊语借过来的，人们用Holon表示系统的最小组成个体，整子系统就是由很多不同种类的整子构成。整子的最本质特征如下：

- 自治性，每个整子可以对其自身的操作行为做出规划，可以对意外事件（如制造资源变化、制造任务货物要求变化等）作出反应，并且其行为可控。
- 合作性，每个整子可以请求其他整子执行某种操作行为，也可以对其他整子提出的操作申请提供服务。
- 智能性，整子具有推理、判断等智力，这也是它具有自治性和合作性的内在原因。

整子的上述特点表明，它与智能体的概念相似。由于整子的全能性，有人也把它译为全能系统。

整子系统的特点如下：

- 敏捷性，具有自组织能力，可快速、可靠地组建新系统。
- 柔性，对于快速变化的市场及制造要求有很强的适应性。

除此之外，还有生物制造、绿色制造、分形制造等模式。

制造模式主要反映了管理科学的发展，也是自动化及系统技术的研究成果，它将对各种单元自动化技术提出新的课题，从而在整体上影响制造自动化的发展方向。

16.4 智能制造系统的基本原理

16.4.1 制造原理

从智能制造系统的本质特征出发，在分布式制造网络环境中，根据分布式集成的基本思想，应用分布式人工智能中多Agent系统的理论与方法，实现制造单元的柔性智能化与基于网络的制造系统柔性智能化集成。根据分布系统的同构特征，在智能制造系统的一种局域实现形式基础上，实际也反映了基于Internet的全球制造网络环境下智能制造系统的实现模式。

16.4.2 分布式网络化

智能制造系统的本质特征是个体制造单元的"自主性"与系统整体的"自组织能力",其基本格局是分布式多自主体智能系统。基于这一思想,同时考虑基于 Internet 的全球制造网络环境,可以适用于中小企业单位的分布式网络化 IMS 的基本构架。一方面通过 Agent 赋予各制造单元以自主权,使其自治独立、功能完善;另一方面,通过 Agent 之间的协同与合作,赋予系统自组织能力。

基于以上构架,结合数控加工系统,开发分布式网络化原型系统相应的可由系统经理、任务规划、设计和生产者等四个节点组成。

系统经理节点包括数据库服务器和系统 Agent。两个数据库服务器负责管理整个全局数据库,可供原型系统中获得权限的节点进行数据的查询、读取、存储和检索等操作,并为各节点进行数据交换与共享提供一个公共场所。系统 Agent 则负责该系统在网络与外部的交互,通过 Web 服务器在 Internet 上发布该系统的主页,网上用户可以通过访问主页获得系统的有关信息,并根据自己的需求决定是否由该系统来满足这些需求;系统 Agent 还负责监视该原型系统上各个节点间的交互活动,如记录和实时显示节点间发送和接收消息的情况、任务的执行情况等。

任务规划节点由任务经理和它的代理(任务经理 Agent)组成,其主要功能是对从网上获取的任务进行规划,分解成若干子任务,然后通过招标-投标的方式将这些任务分配给各个节点。

设计节点由 CAD 工具和它的代理(设计 Agent)组成,它提供一个良好的人机界面以使设计人员能有效地和计算机进行交互,共同完成设计任务。CAD 工具用于帮助设计人员根据用户要求进行产品设计;而设计 Agent 则负责网络注册、取消注册、数据库管理、与其他节点的交互、决定是否接受设计任务和向任务发送者提交任务等事务。

生产者节点实际是该项目研究开发的一个智能制造系统(智能制造单元),包括加工中心和它的网络代理(机床 Agent)。该加工中心配置了智能自适应。该数控系统通过智能控制器控制加工过程,以充分发挥自动化加工设备的加工潜力,提高加工效率;具有一定的自诊断和自修复能力,以提高加工设备运行的可靠性和安全性;具有和外部环境交互的能力;具有开放式的体系结构以支持系统集成和扩展。

16.5 智能制造系统综合特征

与传统的制造相比,智能制造系统具有以下特征:

1. 自律能力

即搜集与理解环境信息和自身的信息,并进行分析判断和规划自身行为的能力。具有自律能力的设备称为"智能机器","智能机器"在一定程度上表现出独立性、自主性和个性,甚至相互间还能协调运作与竞争。强有力的知识库和基于知识的模型是自律能力的基础。

2. 人机一体化

IMS 不单纯是"人工智能"系统,而是人机一体化智能系统,是一种混合智能。基于人工智能的智能机器只能进行机械式的推理、预测、判断,它只能具有逻辑思维(专家系统),最多做到形象思维(神经网络),完全做不到灵感(顿悟)思维,只有人类专家才真正同时具备以上三种思维能力。因此，想以人工智能全面取代制造过程中人类专家的智能，独立承担起分析、判断、决策等任务是不现实的。人机一体化一方面突出人在制造系统中的核心地位，同时在智能机器的配合下，更好地发挥出人的潜能，使人机之间表现出一种平等共事、相互"理解"、相互协作的关系，使二者在不同的层次上各显其能，相辅相成。

因此，在智能制造系统中，高素质、高智能的人将更好地发挥作用，机器智能和人的智能将真正地集成在一起，互相配合，相得益彰。

3. 虚拟现实技术（Virtual Reality）

虚拟现实技术是实现虚拟制造的支持技术，也是实现高水平人机一体化的关键技术之一。虚拟现实技术以计算机为基础，融信号处理、动画技术、智能推理、预测、仿真和多媒体技术为一体；借助各种音像和传感装置，虚拟展示现实生活中的各种过程、物件等，因而也能拟实制造过程和未来的产品，从感官和视觉上使人获得完全如同真实的感受。但其特点是可以按照人们的意愿任意变化，这种人机结合的新一代智能界面，是智能制造的一个显著特征。

4. 自组织超柔性

智能制造系统中的各组成单元能够依据工作任务的需要，自行组成一种最佳结构，其柔性不仅突出在运行方式上，而且突出在结构形式上，所以称这种柔性为超柔性，如同一群人类专家组成的群体，具有生物特征。

5. 学习与维护

智能制造系统能够在实践中不断地充实知识库，具有自学习功能。同时，在运行过程中自行故障诊断，并具备对故障自行排除、自行维护的能力。这种特征使智能制造系统能够自我优化并适应各种复杂的环境。

16.6 智能技术

（1）新型传感技术，包括：高传感灵敏度、精度、可靠性和环境适应性的传感技术，采用新原理、新材料、新工艺的传感技术（如量子测量、纳米聚合物传感、光纤传感等），微弱传感信号提取与处理技术。

（2）模块化、嵌入式控制系统设计技术，包括：不同结构的模块化硬件设计技术，微内核操作系统和开放式系统软件技术、组态语言和人机界面技术，以及实现统一数据格式、统一编程环境的工程软件平台技术。

（3）先进控制与优化技术，包括：工业过程多层次性能评估技术、基于大量数据的建模技术、大规模高性能多目标优化技术，大型复杂装备系统仿真技术，高阶导数连续运动规划、电子传动等精密运动控制技术。

（4）系统协同技术，包括：大型制造工程项目复杂自动化系统整体方案设计技术以及安装调试技术，统一操作界面和工程工具的设计技术，统一事件序列和报警处理技术，一体化资产管理技术。

（5）故障诊断与健康维护技术，包括：在线或远程状态监测与故障诊断、自愈合调控与损伤智能识别以及健康维护技术，重大装备的寿命测试和剩余寿命预测技术，可靠性与寿命评估技术。

（6）高可靠实时通信网络技术，包括：嵌入式互联网技术，高可靠无线通信网络构建技术，工业通信网络信息安全技术和异构通信网络间信息无缝交换技术。

（7）功能安全技术，包括：智能装备硬件、软件的功能安全分析、设计、验证技术及方法，建立功能安全验证的测试平台，研究自动化控制系统整体功能安全评估技术。

（8）特种工艺与精密制造技术，包括：多维精密加工工艺，精密成型工艺，焊接、黏结、烧结等特殊连接工艺，微机电系统（MEMS）技术，精确可控热处理技术，精密锻造技术等。

（9）识别技术，包括：低成本、低功耗RFID芯片设计制造技术，超高频和微波天线设计技术，低温热压封装技术，超高频RFID核心模块设计制造技术，基于深度三维图像识别技术，物体缺陷识别技术。

16.7 测控装置

（1）新型传感器及其系统：新原理、新效应传感器，新材料传感器，微型化、智能化、低功耗传感器，集成化传感器（如单传感器阵列集成和多传感器集成）和无线传感器网络。

（2）智能控制系统：现场总线分散型控制系统（FCS）、大规模联合网络控制系统、高端可编程控制系统（PLC）、面向装备的嵌入式控制系统、功能安全监控系统。

（3）智能仪表：智能化温度、压力、流量、物位、热量、工业在线分析仪表、智能变频电动执行机构，智能阀门定位器和高可靠执行器。

（4）精密仪器：在线质谱/激光气体/紫外光谱/紫外荧光/近红外光谱分析系统、板材加工智能板形仪、高速自动化超声无损探伤检测仪、特种环境下蠕变疲劳性能检测设备等产品。

（5）工业机器人与专用机器人：焊接、涂装、搬运、装配等工业机器人，安防、危险作业、救援等专用机器人。

（6）精密传动装置：高速精密重载轴承，高速精密齿轮传动装置，高速精密链传动装置，高精度高可靠性制动装置，谐波减速器，大型电液动力换挡变速器，高速、高刚度、大功率电主轴，直线电机、丝杠、导轨。

（7）伺服控制机构：高性能变频调速装置、数位伺服控制系统、网络分布式伺服系统等产品，提升重点领域电气传动和执行的自动化水平，提高运行稳定性。

（8）液气密元件及系统：高压大流量液压元件和液压系统、高转速大功率液力偶合器调速装置、智能润滑系统、智能化阀岛、智能定位气动执行系统、高性能密封装置。

16.8 运作过程（实践操作）

智能制造系统运作一般由以下步骤实现：

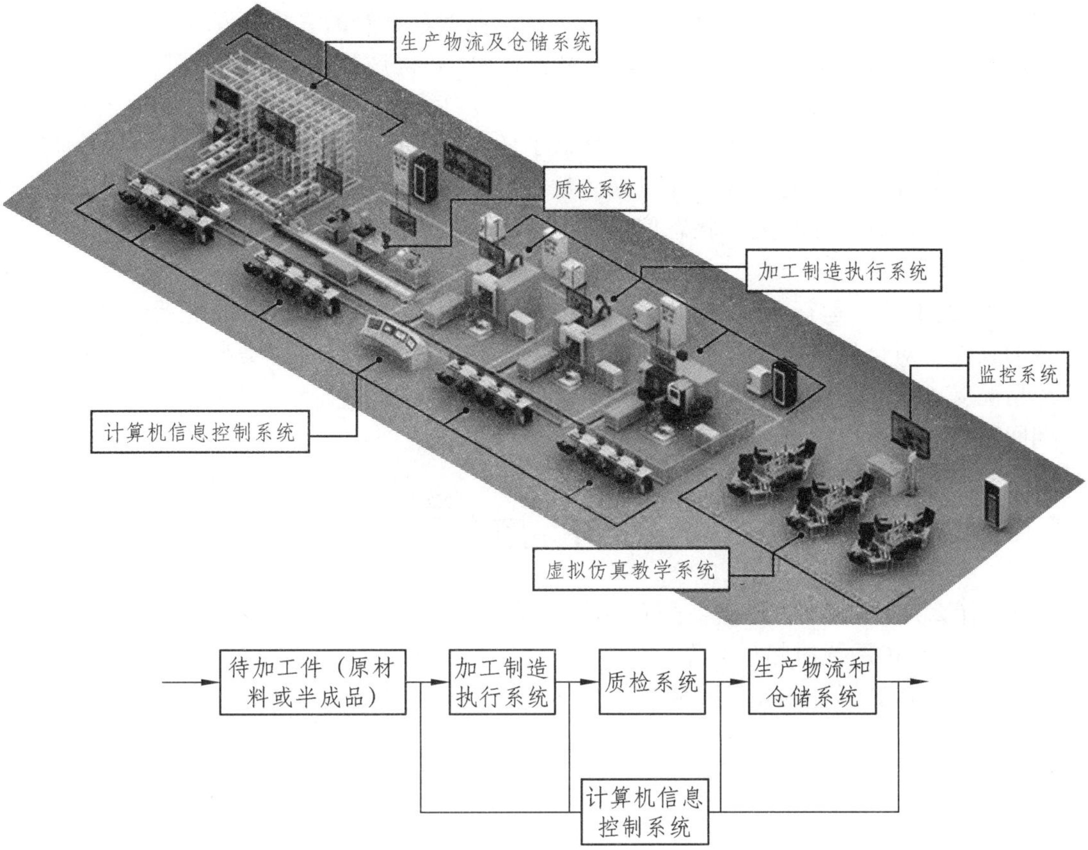

图 16.2 某 IMS 示意图

（1）任一网络用户都可以通过访问该系统的主页获得该系统的相关信息，还可以通过填写和提交系统主页所提供的用户订单登记表来向该系统发出订单。

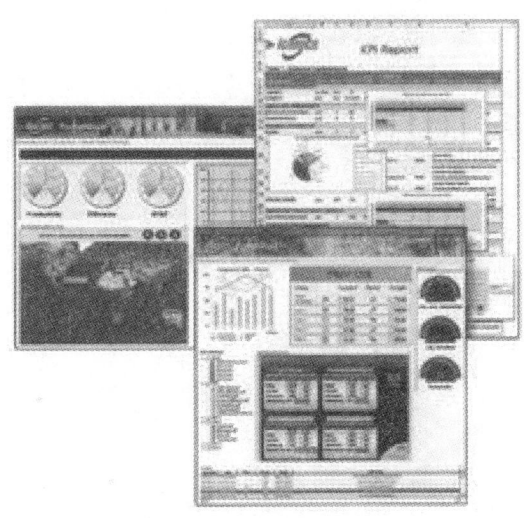

图 16.3 智能制造软件

（2）如果接到并接受网络用户的订单，Agent 就将其存入全局数据库，任务规划节点可以从中取出该订单，进行任务规划，将该任务分解成若干子任务，并将这些子任务分配给系统上获得权限的节点。

（3）产品设计子任务被分配给设计节点，该节点通过良好的人机交互完成产品设计子任务，生成相应的 CAD/CAPP 数据和文档以及数控代码，并将这些数据和文档存入全局数据库，最后向任务规划节点提交该子任务。

（4）加工子任务被分配给生产者；一旦该子任务被生产者节点接受，机床 Agent 将被允许从全局数据库读取必要的数据，并将这些数据传给加工中心，加工中心则根据这些数据和命令完成加工子任务，并将运行状态信息送给机床 Agent，机床 Agent 向任务规划节点返回结果，提交该子任务。

（5）在系统的整个运行期间，系统 Agent 都对系统中的各个节点间的交互活动进行记录，如消息的收发，对全局数据库进行数据的读写，查询各节点的名字、类型、地址、能力及任务完成情况等。

期间网络客户可以了解订单执行的结果。

习　题

16.1　什么是智能制造系统？它与 FMS 区别？

16.2　Agent 在系统中起什么作用？

16.3　简述 IMS 运作的基本步骤。

第3篇 综合训练

第 17 章　机械制造经济性与管理

【实训目的及要求】
① 了解现代企业的基本知识及主要内容；
② 了解成本管理工作及方法；
③ 了解质量管理的基本方法；
④ 基本掌握新产品生产的可行性分析的方法及内容。

前面我们学了很多机械制造工艺知识，这些工艺技术通常是在企业中实现或完成的，因此有必要进一步了解和掌握企业经营管理的基础知识。

17.1　现代企业的基本知识

企业是人类社会生产力发展到一定水平的产物。社会生产力的发展决定了社会经济关系及其组织形式，而生产力水平的高低又决定了社会生产基本单位的组织形式、技术特点和组织规模。生产力发展到一定阶段，必然形成与之相适应的社会生产基本单位，同时，企业的形成与发展又受到社会经济制度和经济体系及其内在运营机制等因素的制约，从而影响和决定了企业的性质、地位、作用及其运行机制。

17.1.1　企业的概念

企业的解释和定义有很多，《辞海》中对企业的解释是：从事生产、流通或服务性经营活动，实行独立核算的经济组织。企业是国民经济的基本单位，按其经营活动的部门分，有工业企业、农业企业、商业企业、交通运输企业、服务企业等；按所有制分，有国有企业、集体或合作社企业、私营企业等；按组织形式分，有公司制企业、合伙企业、独资企业等。《中国企业管理百科全书》定义为：企业是从事生产、流通等经济活动，为满足社会需要并获取盈利，进行自主经营、实行独立经济核算，有法人资格的基本经济组织。还有不少人把企业解释为：从事产品生产或提供服务以赚取利润的组织。确切地说，现代意义上的企业概念应该是：企业是按投资者、国家和社会所赋予的受托责任，从事生产、流通、运输及服务等经济活动，以其产品或劳务满足社会需要，并获取盈利，进行自主经营、自负盈亏、实行独立经济核算的社会经济的基本组织，它是拥有一定数量的固定资产和流动资金，依法进行登记并经批准建立的经济组织，具有独立的享有民事权利和承担民事责任的法人资格。

企业与外部的关系如图 17.1 所示。

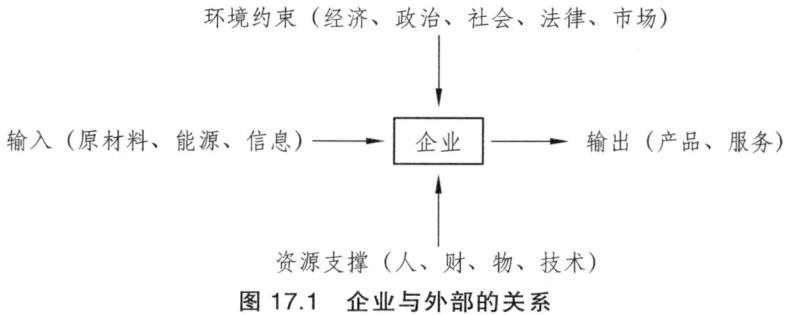

图 17.1　企业与外部的关系

现代企业是现代市场经济社会中代表企业组织的最先进形式和未来主流发展趋势的企业组织形式。所有者与经营者相分离、拥有现代技术、实施现代化的管理和企业规模呈扩张化趋势是现代化企业的四个最显著的特点。

17.1.2　企业的主要管理内容

企业管理是一个系统，这个系统能够体现企业管理的大部分职能（包括决策、计划、组织、领导、监控、分析等），能够提供实时、相关、准确、完整的信息数据，为经营管理者提供决策依据。企业管理系统可分为财务管理、车间管理、进销存管理（ERP）、资产管理、成本管理、设备管理、质量管理、分销资源计划管理、人力资源管理（HR）、供应链管理（SCM）、客户关系管理（CRM）等，这些对应的内容可以制作成相应的管理软件加以管理。企业管理系统应该没有复杂的流程设计，没有复杂的表单设计等，能够帮助企业管理者们提高工作效率，而不是增加他们的负担。企业管理软件既要重视系统功能的全面性、流程的可控性、技术的先进性，更要注重系统的易用性。

所谓现代企业制度，是指适应社会化大生产和市场经济要求的产权明晰、权责明确、政企分开、管理科学的一种新型企业制度。现代企业制度的特征是由现代企业的特征决定的，可以从不同角度去理解它的特征。如从财产关系看，它具有产权明晰、法人财产、有限责任等特征；从组织管理制度看，它具有两权分离、相互制衡、激励和约束兼容等特征；从企业行为看，它具有目标明确、分配规范、管理科学等特征；从企业生存的外部条件看，它具有公平竞争、优胜劣汰、法制约束等特征。但归纳起来，主要有以下 5 方面：

（1）产权关系明晰。即企业是法人团体，具有民事行为能力，独立享有民事权利，承担相应的民事责任。企业产权关系清楚，出资者享有企业的产权，企业拥有企业法人财产权。

（2）享有法人财产权。即企业法人有权有责，企业以其拥有的全部法人财产，依法自主经营、自负盈亏、照章纳税，并对出资者负责，承担资产保值增值的责任。

（3）实行有限责任制度。即出资者按投入企业的资本额享有所有者权益，也就是拥有资产收益、重大决策和选择管理者等权利；企业破产时，出资者只以投入企业的资本额对企业债务负有限责任。

（4）政企职责分开。政府依法管理企业，企业依法自主经营，不受政府部门直接干预。政府调控企业主要用财政金融手段或法律手段，而不用行政干预。

（5）权责明确的管理制度。即一方面有相互制衡的法人治理结构，如股份制公司中的股东会（权力机构）、董事会（决策机构）、监事会（监督机构）和总经理（执行机构）等；另一方面具有权责明确的经理式的管理层级制，善于管理，提高效率。

简言之，现代企业制度的内涵就是：产权明晰、权责明确、政企分开、管理科学。

现代企业管理是指为达到企业最大效益，对具有现代企业制度、采用现代化大生产方式和从事大规模产销活动的企业进行的现代化管理。

1. 现代企业管理的基本职能

管理采用的措施是计划、组织、控制、激励和领导这5项基本活动。这5项活动又被称为管理的5大基本职能。

2. 现代企业管理的特征

① 现代企业管理以实现企业价值最大化的综合经济效益和社会责任形象为目标，从企业发展规划和整体部署出发，强调战略管理和动态管理。

② 现代企业管理以营销管理为龙头，以成本管理为基础，以财务管理为核心，以人力资源管理为保证，是一个涉及多部门、各阶层管理及一般员工的有机体系。

③ 现代企业管理一方面要注重加强财务会计基础工作，提高财务报表分析的质量；另一方面要强化管理会计的职能，并在此基础上发挥财务管理的计划、决策、控制、考核等作用，为企业决策提供翔实可靠的信息。

④ 现代企业管理要充分调动各层次、各部门的积极性，利用人群关系学和行为科学理论研究人的行为和心理，支持、鼓励广大员工积极参与。

⑤ 现代企业管理要发挥科学技术的作用，借助数学及统计工具、计算机技术做好定量分析管理，并与定性分析管理相结合，提高决策的准确性，降低决策的风险。

⑥ 现代企业管理是一门科学，也是一门艺术，重视管理的艺术性是现代管理应有之义。

所谓企业管理组织结构，就是组织内部对工作的正式安排。企业组织结构的概念有广义和狭义之分。狭义的组织结构，是指为了实现组织的目标，在组织理论指导下，经过组织设计形成的组织内部各个部门、各个层次之间固定的排列方式，即组织内部的构成方式。广义的组织结构，除了包含狭义的组织结构内容外，还包括组织之间的相互关系类型，如专业化协作、经济联合体、企业集团等。

17.2 成本管理及方法

产品成本是企业在生产过程中所支出的各种费用的总和，它是一个反映企业生产经营活动各项工作质量的综合指标。成本管理及控制就是在企业生产经营活动中，以预定的控制目标，对产品成本形成的整个过程进行监督，并采取措施及时纠正和调节偏差，使实际成本的各项费用支出限制在规定的标准范围内。成本管理及控制还有促使成本不断降低的任务，做好企业成本管理和控制工作，不断降低经营成本，是提高企业经济效益的最直接最有效的手段。

一般来说，价格是由市场决定的，企业要获得利润只有靠降低成本，成本降低多少，利润就增加多少。我们做一个简单的定量分析来说明这个问题，表 17.1 给出计算结果。

表 17.1 成本对利润的影响分析

科 目	占收入比重	按比重排序	降 10%成本	新的比重
材料费用	42%	1	4.2	37.8%
直接人工成本	12%	3	1.2	10.8%
制造成本	21%	2	2.1	18.9%
销售成本	11%	4	1.1	9.9%
企业管理费	9%	5	0.9	8.1%
税前利润	5%			14.5%

为了使问题简化，假定价格和销售量不变，则收入也不变；再假设每个成本科目一律降低 10%，这时原料的降低额占收入的 4.2%，见表 17.1 第 4 列，其他的降低额比例也在该列给出，第 5 列给出降低成本后的成本与利润的分布比重，最有意义的是毛利润的比重由原来的 5%上升到 14.5%。请注意，成本降低 10%，利润增加会超过 10%，本例中，毛利润几乎增加了 200%。

这个例子可以说明"降低成本"与"利润增加"是等价的。除此之外，降低成本有利于提高产品竞争力。所以，我们应该充分认识降低成本的重要意义。

17.2.1 成本管理

成本管理是指企业生产经营过程中各项成本核算、成本分析、成本决策和成本控制等一系列科学管理行为的总称。成本管理由成本规划、成本计算、成本控制和业绩评价 4 项内容组成。

成本规划是根据企业的竞争战略和所处的经济环境制定的，也是对成本管理做出的规划，为具体的成本管理提供思路和总体要求。成本计算是成本管理系统的信息基础。成本控制是利用成本计算提供的信息，采取经济、技术和组织等手段实现降低成本或成本改善目的的一系列活动。业绩评价是对成本控制效果的评估，目的在于改进原有的成本控制活动和激励约束员工和团体的成本行为。

17.2.2 成本预测

成本预测是指运用一定的预测技术，综合考虑各种因素，来推断和估计某一成本对象（一个项目、一件产品或一种劳务）未来的成本目标和水平。

成本预测是指运用一定的科学方法，对未来成本水平及其变化趋势作出科学的估计。通过成本预测，掌握未来的成本水平及其变动趋势，有助于减少决策的盲目性，使经营管理者易于选择最优方案，作出正确决策。

17.2.3 成本控制

成本控制是保证成本在预算估计范围内的工作，根据估算对实际成本进行检测，标记实际或潜在偏差，进行预测准备并给出保持成本与目标相符的措施。主要包括：

（1）监督成本执行情况，及时发现实际成本与计划的偏离；
（2）将一些合理改变包括在基准成本中；
（3）防止不正确、不合理、未经许可的改变包括在基准成本中；
（4）把合理改变通知项目涉及方。在成本控制时，还必须和其范围控制、进度控制、质量控制等相结合。

分级成本控制的结构如17.2所示。

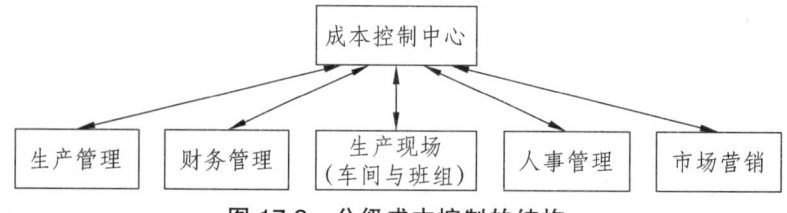

图17.2 分级成本控制的结构

17.2.4 标准成本

标准成本是对产品或作业未来成本的理性预期。标准成本产生于预算过程。发现并分析实际成本对标准成本的偏离构成成本控制一项重要内容。除了业绩考核，标准成本还具有其他的功效，包括产品定价、项目投标、业务外包、生产技术的选择等。

17.2.5 成本差异

成本差异是在标准成本控制系统中，成本实际发生额与标准成本之间的差额。通过实际发生额与标准成本相比较，找出差异和发生差异的原因，作为考核降低成本的基础和改善企业今后经营活动的基础。标准成本包括直接材料标准成本、直接人工标准成本和制造标准费用。与标准成本的种类相对应，成本差异也分为直接材料成本差异、直接人工成本差异和制造费用差异。

17.2.6 降低成本的主要方法

（1）简化组织结构，减少管理费用。组织结构随着业务发展会有复杂化倾向，组织内每一层次上都会有人员增多的现象，这样就会造成工作效率降低、工资成本上升，因此需要经常对组织结构进行分析。

（2）提高人力和设备利用率。对员工或设备的实际工作情况进行抽样是提高资源利用率最有效的方法，通过了解员工作业时间百分比、员工的工作速度和设备的利用率，可以可靠地做出判断，进一步提高资源的使用效率。

（3）降低成本的主要方向。以上两种方法可以作为短期的降低成本的应急措施，降低成本作为一项长期任务，应该寻找主要方向。方法很简单，只要列出成本核算表，计算每项成本占销售收入的百分比就可以确定。如表17.1所示，该企业材料成本所占份额最大，应该作为降低成本的主要方向。

（4）加强采购管理。降低采购成本对提高利润的重要性不可低估。主要原则有：① 科学采购，及时调整制定适应市场环境的采购要求；② 重点关注花费最大的材料及外购件的选择、交货和周转；③ 不急于采购，要与销售和生产计划配套进行。具体的方法主要有：ABC管理法（以成本高低占比排序法）、竞争性采购、设计时尽可能采用标准材料以及建立严格的采购制度与监督体系等。

（5）重新设计产品。对产品进行恰当的重新设计，有利于降低材料成本、人工成本和制造费用，还可以提高质量，使产品更具竞争力。需要对产品重新设计的原因有很多，如产品结构不合理、零件材料价格上涨、有更好更经济的加工工艺替代等。

通过企业全员参与，降低成本活动一定会为企业创造更大的财富。

17.3 质量管理及方法

在市场运营中，质量、成本、交货期、服务及响应速度，是决定企业在市场竞争中成败的几个关键要素，而质量是首要要素，是企业参与市场竞争的必备条件和保证。

17.3.1 质量与质量管理

1. 质量的概念

ISO8402—1986 国际标准对质量定义为：质量（品质）是反映产品或服务满足明确或隐含需要能力的特征和特性的总和。现代质量管理认为，必须以用户的观点对质量下定义。通常概括地说：质量就是产品和服务满足顾客需要的程度。对制造企业和其产品来说，它包括性能、附加功能、可靠性、一致性、耐久性、维护性、美学性和感觉性。对服务企业来说，还应该包括价值、响应速度、人性、安全性和资格。

企业的产品能否使顾客满意？能否达到顾客的期望？如果不能，就说明存在质量问题。不论是产品本身缺陷还是没有了解清楚顾客到底需要的是什么，都是企业的责任。随着社会的发展，消费者对产品和服务质量的要求越来越高，正确认识顾客的需要，制定出系统性的现代产品和服务标准，是质量管理水平的重要体现。

从整个质量形成过程来看，它包括：设计过程质量、制造过程质量、使用过程质量和服过程质量这 4 个方面。而对产品、服务质量保证最为重要的是工作质量。工作质量涉及企业各个部门、各个岗位，它取决于人的素质，包括工作人员的质量意识、责任心、业务水平。工作质量能反映企业的组织工作、管理工作和技术工作的水平，它体现在一切技术、生产和经营活动中，最终通过企业的效率和效益反映出来。产品质量指标可以用质量特征值来表示，而工作质量指标一般是通过产品合格率、返修率等指标表示。然而，工作质量在许多场合是不能用上述指标来直接定量的，通常是采取综合评分的方法来定量评价。

对于生产作业来说，工作质量通常表现为工序质量。所谓工序质量是指操作者（men）、机械设备（machine）、原材料（material）、操作及检测方法（method）和环境（environment）5 大要素（即 4M1E）综合作用的加工过程质量。在生产现场抓工作质量，就是要控制这 5 大要素，保证工序质量，最终保证产品质量。

2. 质量管理

1）质量管理的概念

ISO8402—1994 把质量管理（quality management）定义为：确定质量方针、目标和职责，并通过质量体系中的质量策划、质量控制、质量保证和质量改进来使其实现的所有管理职能的全部活动。

质量管理是一门能够发现质量问题、定义质量问题、寻找问题原因和制订解决方案的方法论。它强调思考、控制和预防，从实践入手、每一位员工都主动参与的永无止境的改进活动。

质量管理的涉及面很广：横向来说，包括战略计划、资源分配以及诸如质量计划、质量保证和质量控制等活动；纵向来说，包括质量方针、质量目标和质量体系。

2）提高产品质量的意义

产品质量是任何一个企业赖以生存的基础，提高产品质量对提高企业在市场中的竞争力、促进企业的发展有着直接而重要的意义。

① 质量是企业的生命线，是实现企业立足市场并得以发展的前提。
② 质量是提高企业竞争能力的重要支柱。
③ 质量是提高企业经济效益的重要条件。

产品质量问题始终是企业的重大战略问题，优则胜，劣则败。不仅如此，质量问题还会给社会造成各种不良影响，阻碍社会进步乃至造成国家衰败。因此，把优质的产品和服务回馈社会，为人们现代生活和工作提供保障，是每一个企业追求的目标。

17.3.2 全面质量管理

质量管理早在 20 世纪初就提出来了，它伴随着企业管理与实践的发展而不断完善并随着市场竞争的变化而发展。从质量检验阶段到统计质量管理阶段，大量的质量管理方式方法运用于企业质量控制和保障当中。由于科学技术的迅速发展，工业生产技术手段越来越现代化，工业产品更新换代越来越频繁，特别是出现了许多大型产品和复杂的系统工程，质量要求大大提高，特别是对安全性、可靠性的要求越来越高。单纯靠统计质量控制已无法满足要求，自 20 世纪 60 年代开始，进入了全面质量管理（Total Quality Management，TQM）阶段。

在企业的整个系统工程中，产品质量好坏与试验研究、产品设计、试验鉴定、生产准备、配套项目的采购管理和运输过程等每个环节都有密切的关系，这就要求从系统的观点出发，全面控制产品质量形成的各个环节和各个阶段，其中包括人的因素。

所谓全面质量管理，是指在全社会的推动下，企业的所有组织、部门和全体成员都以产品质量为核心，把专业技术、管理技术和数理统计方法结合起来，建立一套科学、严密、高效的质量保证体系，控制生产全过程中影响质量的因素，以优质的工作、最经济的方法，提供满足用户需要的产品（服务）的全部活动。简而言之，就是在全社会的推动下，企业全体人员参加的、用全面质量去保证生产全过程的质量活动。

全面质量管理的特点或核心在"全面"二字，即全面的质量管理、全过程的质量管理、全员参与的质量管理和全社会推动的质量管理。全面质量管理就是要将影响产品质量的一切因素都控制起来，其中的主要工作内容为：市场调查、产品设计、采购、制造、检验、销售和服务这几个环节。

17.3.3 全面质量管理的基本工作方法（PDCA 循环）

在质量管理活动中，将各项工作分成计划、实施、检查和处理 4 个阶段，把成功的纳入标准,不成功的留待下一个循环去解决的工作方法就是质量管理的基本工作方法。其中计划(plan)阶段、执行(do)阶段、检查(check)阶段和处理(action)阶段构成了一个循环,即PDCA循环。这一方法最早由美国质量管理专家戴明博士总结出来,所以也称戴明环。

PDCA工作方法的4个阶段,在工作中进一步分解为8个步骤:

P(计划)阶段有4个步骤:

(1)分析现状,找出存在的质量问题。对找到的问题要问3个问题:① 这个问题可不可以解决?② 这个问题可不可以与其他工作结合起来解决?③ 这个问题能不能用最简单的方法解决并达到预期的效果?

(2)找出产生问题的原因或影响因素。

(3)找出原因(或影响因素)中的主要原因(影响因素)。

(4)针对主要原因制订解决问题的措施计划。措施计划要明确采取该措施的原因(why),执行措施预期达到的目的(what),在哪里执行措施(where),由谁来执行(who),何时开始执行和何时完成(when),以及如何执行(how),即5W1H。

D(执行)阶段有一个步骤:

(5)按制订的计划认真执行。

C(检查)阶段有一个步骤:

(6)检查措施执行的效果。

A(处理)阶段有两个步骤:

(7)巩固提高,就是总结措施计划执行成功的经验并整理成标准,以便巩固提高。

(8)把本工作循环没有解决的问题或出现的新问题,提交下一个工作循环去解决。

PDCA循环有如下特点:

(1)PDCA循环一定要顺序形成一个大圈,接着四个阶段不停地转,如图17.3所示。

(2)大环套小环,互相促进。把整个企业的工作作为一个大的PDCA循环,各个部门、小组形成各自小的PDCA循环,就像一个行星轮系一样,大环带动小环,一级带一级,大环指导和推动小环,小环又促进着大环,有机地构成一个运转的体系,如图17.4所示。

(3)循环上升。PDCA循环不是到A阶段结束就完结了,而是又要回到P阶段开始新的循环,就这样不断旋转。PDCA循环的转动不是在原地转动,而是每转一圈都有新的计划和目标。犹如爬楼梯一样逐步上升,使质量水平不断提高,如图17.5所示。

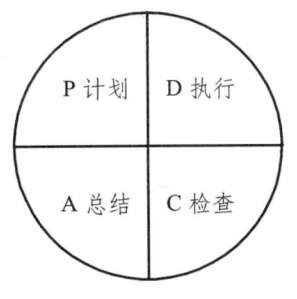

图17.3 PDCA循环

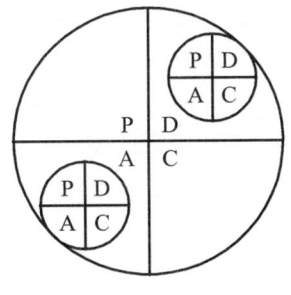

图17.4 大环套小环

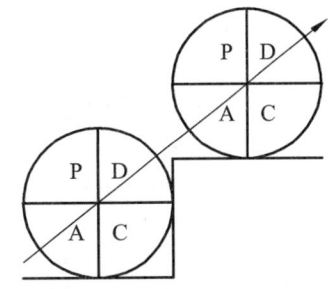

图17.5 PDCA循环上升

在质量管理中,PDCA循环得到了广泛应用,并取得了很好的效果,因此PDCA循环被称为质量管理的基本方法。在解决问题的过程中,常常不是一次PDCA循环就能够完成的,需要将PDCA循环持续下去,直到彻底解决问题。每经过一次循环,质量管理便达到一个更高的水平,不断坚持就会使质量管理不断取得新的成果。

17.3.4 质量成本（Cost of Poor Quality，COPQ）

ISO9000 系列国际标准对质量成本的定义是：将产品质量保持在规定的质量水平上所需的有关费用，是企业生产总成本的一个组成部分。它将企业中质量预防和鉴定成本费用与产品质量不符合企业自身和顾客要求所造成的损失一并考虑，形成质量成本报告，为企业高层管理者了解质量问题对企业经济效益的影响，进行质量管理决策提供重要依据。

1. 质量成本的组成

质量成本就是企业为了保证和提高产品或服务质量而支出的一切费用，以及因未达到产品质量标准，不能满足用户和消费者需要而产生的一切损失。质量成本一般由运行质量成本和外部质量保证成本两部分组成，如图 17.6 所示。

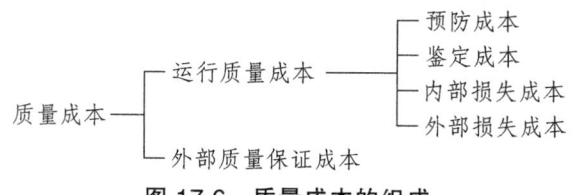

图 17.6 质量成本的组成

1）运行质量成本

运行质量成本是指企业为保证和提高产品质量而支付的一切费用以及因质量故障所造成的损失费用之和。它又分为 4 类，即企业内部损失成本、鉴定成本、预防成本和外部损失成本等。

（1）企业内部损失成本，又称内部故障成本。企业内部损失成本是指产品出厂前因不满足规定的质量要求而支付的费用。主要包括：废品损失费用、返修损失费用和复试复验费用、停工损失费用、处理质量缺陷费用、减产损失及产品降级损失费用等。

（2）鉴定成本是指评定产品是否满足规定的质量水平所需要的费用。主要包括：进货检验费用、工序检验费用、成品检验费用、质量审核费用、保持检验和试验设备精确性的费用、试验和检验损耗费用、存货复试复验费用、质量分级费用、检验仪器折旧费以及计量工具购置费等。

（3）预防成本是指用于预防产生不合格品与故障等所需的各种费用。主要包括：质量计划工作费用、质量教育培训费用、新产品评审费用、工序控制费用、质量改进措施费用、质量审核费用、质量管理活动费用、质量奖励费、专职质量管理人员的工资及其附加费等。

（4）外部损失成本是指成品出厂后因不满足规定的质量要求，导致索赔、修理、更换或信誉损失等而支付的费用。主要包括：申诉受理费用、保修费用、退换产品的损失费用、折旧损失费用和产品责任损失费用等。

2）外部质量保证成本

外部质量保证成本是指为用户提供所要求的客观证据所支付的费用。主要包括：
（1）为提供特殊附加的质量保证措施、程序、数据所支付的费用。
（2）产品的验证试验和评定费用。
（3）为满足用户要求，进行质量体系认证所发生的费用。

2. 质量成本的特点

质量成本属于企业生产总成本的范畴，但它又不同于其他诸如材料成本、运输成本、设计成本、车间成本等生产成本。概括起来质量成本具有以下特点：

（1）质量成本只是针对产品制造过程的符合性质量而言的。即是在设计已经完成、标准和规范已经确定的条件下，才开始进入质量成本计算。因此，它不包括重新设计和改进设计及用于提高质量等级或质量水平而支付的费用。

（2）质量成本是那些与制造过程中出现不合格品密切相关的费用。例如，预防成本就是预防出现不合格品的费用。

（3）质量成本并不包括制造过程中与质量有关的全部费用，而只是其中的一部分。这部分费用是制造过程中与质量水平（合格品率或不合格品率）最直接、最密切相关的那一部分费用。

3. 质量成本的管理

质量成本管理一般包括4个方面：产品开发系统的质量成本管理、生产过程的质量成本管理、销售过程的质量成本管理、质量成本的日常控制。

通常质量成本诸要素之间客观上存在着内在的逻辑关系。比如，随着产品质量的提高，预防鉴定成本会随之增加，而内/外部损失成本则减少。如果预防鉴定成本过少，将导致内/外部损失成本剧增，利润急剧下降。质量成本特征曲线如图17.7所示。

1）质量成本的预测和计划

（1）质量成本的预测。

为了编制质量成本计划，就必须首先对质量成本进行预测。质量成本的预测是指根据企业的历史资料、质量方针目标、国内外同行的质量成本水平以及产品的质量要求和用户的特殊要求等，通过分析各种质量要素与质量成本的变化关系，对计划期的质量成本所作出的推测和估计。

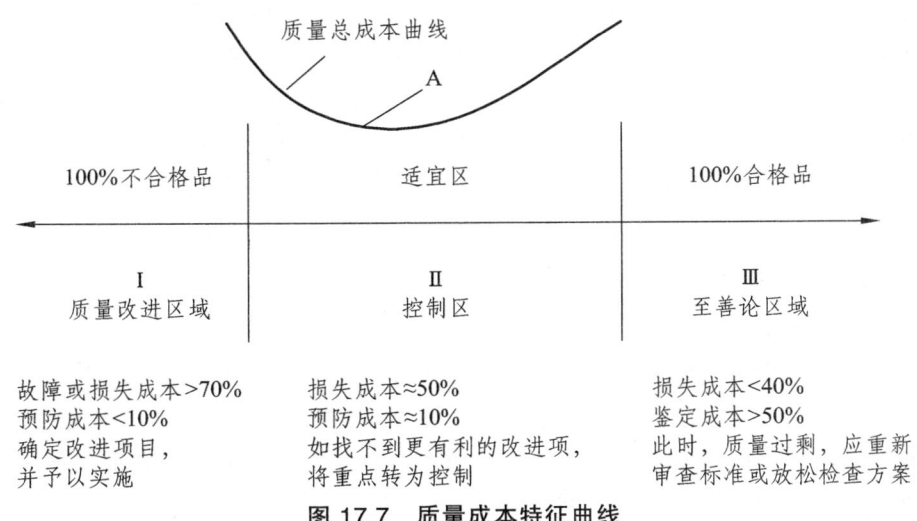

图 17.7 质量成本特征曲线

（2）质量成本计划。

质量成本计划是指在质量成本预测的基础上，针对质量与成本的依存关系，用货币形式确定生产符合性产品质量要求时，在质量上所需的费用计划。

（3）质量成本计划编制。

质量成本计划通常由财会部门直接编制；或者由车间（科室）分别编制，交由财会部门会审和归总后，提交计划部门下达。编制成本计划的依据是：企业的历史资料和企业的方针目标，同时参考国内外同行的质量成本资料等。

2）质量成本分析和报告

（1）质量成本分析。

质量成本分析的目的是：通过质量成本核算所提供的数据信息，对质量成本的形成及变动原因进行分析和评价，找出影响质量成本的关键因素和管理上的薄弱环节。

（2）质量成本报告。

质量成本报告是指根据质量成本分析的结果，向领导及有关部门汇报时所作的书面陈述，它可以作为制定质量方针目标、评价质量体系的有效性和进行质量改进的依据。它也是企业质量管理部门和财会部门对质量成本管理活动或某一典型事件进行调查、分析和建议的总结性文件。

短期质量成本报告：用来反映当期标准或目标的进展情况。

多期趋势质量成本报告：用来反映从质量改进项目实施起的进展情况。

长期质量成本报告：用来反映长期标准或目标的进展情况。

3）质量成本的支出

质量成本支出可以分为三个方面：预防性支出、评估性支出和补救性支出。

预防性支出是企业的计划性支出，专门用来确保在产品交付和服务的各个环节不出现失误。交付环节是指产品的设计、开发、生产与运输。预防性支出项目包括教育与培训、持续的质量提升工作、质量管理人员投入、流程控制、市场调查、实地检测以及预防性维护。

评估性支出是指在交付和服务环节上对产品或服务进行检查、监测或评估的支出。这类支出项目包括进货检查、内部产品审核、产品检查、库存清点、质量管理人员薪金、供货商评估与审核报告。

补救性支出是指当产品交付或服务不能满足客户的需求，导致产品的维修与更换或重复服务时，企业所需支付的支出。补救性支出还可以细分为两类：内部补救支出与外部补救支出。内部补救支出是指产品在送达客户之前发现问题的补救支出，涉及的方面包括废品、返工、库存、维修点、重新设计、运输救援、补救行动汇报，以及因产品或服务不合要求导致的延误。外部补救支出则是指因客户发现问题而由企业承担的补救性支出，包括的项目有保修、接待客户投诉、产品更换、产品回收、运费、担保数据分析、客户跟踪调查和区域服务机构。

4）质量成本管理应遵循的原则

（1）全员参与质量成本管理。

根据财务成本和全面质量管理全员参与的要求及大质量的管理理念，要以"全员参与质量成本管理，全力进行质量成本优化，全过程落实质量成本控制，全方位实现质量成本效益"为内容开展质量成本管理活动，才能有效落实质量成本管理的目标规划，才能实现有效管理。

（2）以寻求适宜的质量成本为目的。

企业的质量成本应与其产品结构、生产能力、设备条件及人员素质等相适应，也就是说要根据本企业的特点，建立质量成本管理体系，寻求适宜的质量成本目标并有效地控制它。

（3）以真实可靠的质量记录、数据为依据。

实施质量成本管理过程中，所使用的各种记录、数据务必真实、可靠。只有这样，才可能做到核算准确、分析透彻、考核真实、控制有效。否则，势必流于形式，无法获取效益。

（4）把质量成本管理的职责明文列入各相关职能部门。

质量成本管理是生产经营全过程的管理，因此涉及各相关职能部门，如：财务、检验、生产、售后服务、货仓等部门。只有把质量成本的统计及分析纳入其质量职能中，才能坚持不懈地开展这项工作。否则，仅靠质量部门是开展不了质量成本管理工作的。

（5）建立完善的成本决算体系。

要对成本进行控制，就要对成本的核算有统一的口径，应该对人工的工时、成品的加工成本、损失成本、生产定额等有统一的核算和计价标准，这样对于质量成本的计算才能快速、及时、准确，并且可以减少相关职能部门统计数据的主观性。

17.4 新产品生产可行性分析的方法及内容

企业在论证新产品生产的可行性时，必须明确产品研发立项之前的市场、技术、财务、生产等方面以及为了实现产品研发目标而可能选择的各种方案和各种潜在的风险因素。

新产品生产，一般是指从市场调研、设想、构思新产品到正式投产销售的全部过程，如图 17.8 所示。它包括四个阶段：即产品开发决策阶段；设计、试制阶段；生产试验阶段；正

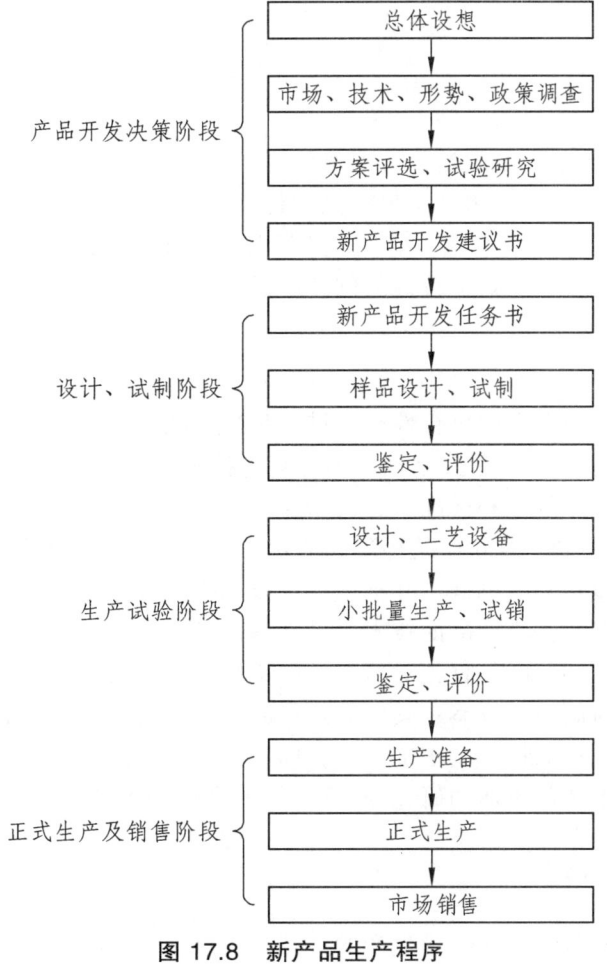

图 17.8 新产品生产程序

式生产及销售阶段。前两个阶段称为开发阶段,后两个阶段称为投产阶段。现代制造业提出了并行工程(Concurrent Engineering, CE)的理念,其定义为:"并行工程是集成地、并行地设计产品及其相关的各种过程(包括制造过程和支持过程)的系统方法。这种方法要求产品开发人员从设计一开始就考虑产品整个生命周期(从概念形成到产品报废处理)的所有因素,包括质量、成本、进度计划和用户的要求。"

17.4.1 新产品生产的可行性分析概念

新产品生产的可行性分析也称新产品生产的可行性研究(Feasibility Study)。它是对某种新产品技术的先进性、经济的合理性、生产的可能性进行辩证的、综合的分析和论证,以期达到最佳效益的科学管理方法。目的在于为领导决策提供依据。新产品生产的可行性分析,就是对某种新产品是否需要开发以及能否生产进行分析、计算和方案论证。其内容涉及面很广,一般有4个主要内容:① 新产品开发分析;② 生产过程分析;③ 技术经济分析;④ 财务资金分析。

17.4.2 新产品开发分析

新产品开发分析是指对某种新产品开发的必要性进行调研、分析。

1. 市场分析研究

主要从三方面入手:
① 研究国家政策、法令及政治经济形势。
② 对顾客的需求、心理及市场竞争情况进行调查分析。
③ 创意筛选,即在上述工作后,结合企业经营,分析淘汰那些不可行或可行性低的创意产品,筛选出成功机会较大、效益较好的创意产品。

2. 技术分析

技术分析即对经过筛选后的可行性产品进一步进行技术分析。
① 收集有关技术资料。收集并整理国内外有关技术情报信息。包括:基础理论及应用成果和专利;有关产品设计规范和标准;有关新材料、新工艺的资料等。
② 新产品的功能分析。对新产品将达到的功能进行分析,即分析这些功能是否合理,所定的技术指标是否可以达到或偏低。并根据这些技术指标确定本产品属哪类新产品:属国内空白还是省内新产品等,并将产品的技术水平与国内外同类产品的水平进行分析比较。
③ 样品的设计与试制分析。首先对新产品的不同设计方案进行分析,选择一个结构先进、费用较少、设计制造时间短的方案;其次分析产品图样是否正确;最后通过对样机及其试制过程进行分析,来验证产品设计的正确与否,即召开鉴定会进行专家论证。

新产品开发经过上述两方面的研究分析后,便可进行是否需要进行批量生产的决策分析。

17.4.3 生产过程分析

生产过程分析是指对新产品批量生产的工艺过程进行的分析。

1. 工艺过程方案的技术分析

对拟定的工艺过程方案，应从以下几个方面进行技术分析：

（1）分析新产品设计要求的满足程度。能否稳定可靠地保证新产品的制造质量与规格完全达到设计要求，是判断某方案技术可行性的首要标准，也是一项否决性指标。为了准确判断，就要研究分析产品图样，明确设计意图和各零部件的特性与技术要求。

（2）分析技术的先进性与适用性。在工序安排与工艺方法上，应尽量选用新技术、新工艺。既不能选用降低产品性能要求的工艺，也不能采用本厂无法达到的高新手段（有时可考虑外协合作）。

（3）分析设备与工艺装备的选择。选择设备时，应在满足新产品需要的前提下选择最经济的。工艺装备是工、夹、量、模、检具和工位器具的总称，它的费用在机械工业企业中平均占成本的10%～15%。因此，应合理选择工艺装备的设计制造数量。

（4）分析劳动消耗量。工艺方案中应制定劳动定额，以衡量工艺方案的劳动生产率高低。

（5）分析能源及物资消耗指标。先分析能源和原材料的消耗，然后再分析其他辅助材料的消耗。工艺方案中的物质消耗定额应当制定得合理。

（6）分析工艺路线。在分析、选择工艺路线时，应当考虑零件运输线和工作地、车间的专业化，以减少周转，减少库存与生产面积。

（7）分析劳动安全与环境保护。这是文明生产的标志，也是工艺方案中不可忽视的问题。

2. 生产过程的全面分析

对生产过程的全面分析，除了对工艺过程方案的技术分析和工艺成本分析外，还应当有劳动生产率、工艺质量、生产周期、劳动条件及设备利用率等项有关指标。只有进过全面的分析比较，才能获得科学的结论。

17.4.4 技术经济分析

技术经济分析是研究技术先进性和经济合理性的一门综合性边缘学科。它是在现代科学技术的基础上，科学地研究和分析现代技术与经济相互作用及其最佳组合，分析最佳经济效益的优化理论和方法，从而选择技术先进、经济合理的最优方案，来指导生产实践。技术经济分析研究的重点是技术与经济的矛盾统一，也就是技术先进性与经济合理性的统一。

影响产品成本高低的主要因素是设计质量。在机械制造中，特别像数控机床产品的设计和生产，必须做好设计阶段的技术经济分析工作。

工艺方案的选择和评价是企业实现经济效益的一个重要内容，在整个产品寿命周期的全过程中，所创造的有用成果必须大于所投入的劳动耗费，所以必须做好工艺方案的技术经济分析工作。技术经济分析的测算方法很多，下面介绍几种主要方法。

1. 量本利分析法

量本利分析又称盈亏平衡点分析法，对产品设计方案进行盈亏平衡分析的目的，是为了确定实施工艺方案时不产生亏损的产量，以获得最佳经济效益。

生产一种产品或零件,通常可以有几种不同的工艺方案选择。工艺设备的成本视其与产量的关系而分为两类:一类是固定成本 F,一类是变动成本 VQ(V 为单位变动成本,Q 为产量)。对两种方案进行选择时,若 $F_1>F_2$,$V_1>V_2$,则方案Ⅱ为较优方案;若 $F_1>F_2$,而 $V_1<V_2$,则需根据盈亏平衡点的大小选择方案。其计算方法如下:

设方案Ⅰ、Ⅱ的总成本分别为 C_1、C_2,则

$$C_1 = F_1 + V_1 Q, \quad C_2 = F_2 + V_2 Q$$

两方案的产量平衡点,即 $C_1 = C_2$ 时的产量,则

$$F_1 + V_1 Q_0 = F_2 + V_2 Q_0 \Rightarrow Q_0 = \frac{F_1 - F_2}{V_2 - V_1}$$

其中,V_1、V_2 分别为方案Ⅰ、Ⅱ的单位变动成本,Q_0 为平衡点产量。

产量平衡点如图 17.9 所示。

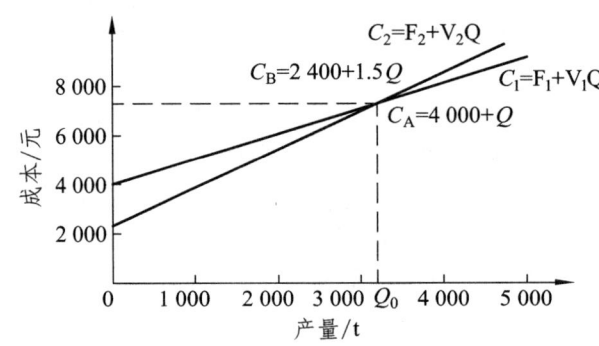

图 17.9 产量平衡点示意图

若生产量 Q>Q0,则选择方案Ⅰ;若生产量 Q<Q0,则选择方案Ⅱ;若生产量 Q = Q0,则两方案均可选择,根据具体条件选择其中一个方案。

例 17.1 某厂有两种工艺设备 A、B,其数据如表 17.2 所列,试选择最优方案。

表 17.2 两方案成本比较

方案 费用项目	A	B
总固定成本/元	4 000	2 400
单位变动成本/(元/吨)	1	1.5

解 根据公式得:

$$Q_0 = \frac{F_A - F_B}{V_B - V_A} = \frac{4\,000 - 2\,400}{1.5 - 1} = 3\,200 \text{ (t)}$$

其平衡点产量图解如图 17.9 所示。

通过计算和图解可知,当产量大于 3 200 t 时,选择 A 方案经济;当产量小于 3 200 t 时,选择 B 方案经济;当产量等于 3 200 t 时,两方案的成本相等,均为 7 200 元,故可选择其中任何一个方案。

2. 投资回收额法(净现值法)

计算公式如下:

$$P = K \times Z = \frac{(1+i)^{n-1}}{i(1+i)^n} \times Z$$

其中，P 为期望投资回收额，K 为年现金值系数，Z、i、n 分别为年平均利润额、贷款年利率及产品销售年限。计算后若 $P>$ 计划投资额（A_0），则该产品可以投产；反之，则不宜投产。

例 17.2 某厂生产新产品需投资 55 万元，预测产品可销售 10 年，年平均利润 10 万元，年利率为 10%，问该产品是否值得开发投产？

解

$$P = 10 \times \frac{(1+0.1)^{10}-1}{0.1 \times (1+0.1)^{10}} 万元 = 61.4 万元 > 55 万元$$

因为 $P>A_0$，所以该产品可以开发投产。

3. 价值分析

价值分析（VA）也称为价值工程（VE）。价值分析是一种合理地处理产品功能与成本关系的科学方法。它打破了单纯从技术方面研究提高产品功能和单纯从经济方面研究降低产品成本的传统做法，把技术与经济两方面紧密结合起来，既在一定的成本约束条件下考虑如何提高产品的功能，又在保证一定功能的前提下考虑如何降低产品成本，力求在一定的技术要求下，使技术与经济两方面能够得到合理的协调，以获得最佳的技术经济效果。

1）基本原理

价值分析是通过功能分析，力求以最低的总成本获得必要的功能，使产品价值得以提高的一项有组织的活动。价值分析中价值、功能和成本三者关系如下：

$$价值 = \frac{功能}{成本} \left(或 V = \frac{F}{C} \right)$$

其中，V、F、C 分别为价值、功能及寿命周期成本。

价值分析中所使用的价值概念与政治经济学中的价值概念完全不同，它是说明成本和功能的关系，是度量产品或劳务效益大小的一种尺度。这里的价值，是从消费者的角度来考虑的某种产品的使用价值。价值分析以功能分析为核心，保证产品的必要功能，消除不必要的功能和剩余功能，努力减少功能成本。这里的成本也不是一般概念的产品成本，而是包括产品开发、制造、销售和使用期间的全部成本，以区别只讲节省制造成本而忽略减少使用成本的偏向。

2）应用价值分析的步骤

价值分析一般包括选择对象、收集情报、功能分析、方案的提出与评价、组织方案的实施和成果评价几个步骤。

（1）选择对象。选择价值分析的对象，是价值分析的第一步，也是价值分析活动成败的关键。选择价值分析对象产品可从以下几个方面考虑：① 设计方面选择结构复杂、造价高、功能较差的产品。② 制造方面选择工时占用多，材料、能源消耗大的产品或零件。③ 质量方面选择质量差、维修难和有可能改进的零部件。④ 销售方面选择用户意见大的产品或正在设计试制的产品。

（2）收集情报。在确定了价值分析对象之后，应围绕分析对象收集有关的设计、试制、生产、销售、使用方面的各种技术情报和经济情报，并加以分析、整理，使之系统化，取得价值分析活动的依据和标准。

（3）功能分析。它是价值工程的核心。功能分析包括功能定义、功能分类、功能整理和功能评价 4 个方面的内容。① 功能定义即用准确而扼要的语言对产品及其零部件的各种功能加以描述，以确定其必要功能。例如，提高温度、防止振动等。② 功能分类。功能可分为基本功能和辅助功能、使用功能和装饰功能、必要功能和不必要功能、合适功能和过剩功能等。一个产品往往有多种功能。③ 功能整理就是将定义了的功能加以系统化，明确它们之间的相互关系，从中找出哪些是基本功能，哪些是辅助功能，补充不足功能，以便在实现功能的过程中设计出更合理的方案。④ 功能评价就是对产品、部件、零件的功能进行分析，确定功能价值的高低，也就是把功能数量化，然后与功能的现实成本进行比较，计算价值系数值和成本降低程度。其数值为目标成本与必要（最低）成本之差。

（4）方案的提出与评价。所谓方案的提出，就是为了实现某种功能，提出各种各样的设想，并逐步使其完善和具体化，从而制订出几个在技术上和经济上都比较完善的改进方案。

（5）组织方案的实施和成果的评价。它是价值分析的最后步骤，包括产品设计方案审批、实施和成果评价三个方面。① 方案审批。由设计人员将方案优选前后的功能、成本以及其他指标整理出来，形成文件报企业领导部门审查批准后执行。② 方案实施。它包括编制具体实施计划、确定方案的负责人和实施单位、明确分工进度和质量要求、进行详细的成本核算等。③ 成果评价。产品设计方案的实施效果可用以下指标评价：

$$全年净节约额=（改进前成本-改进后成本）\times 年产量-价值分析活动费用$$

$$节约百分数=\frac{改进前成本-改进后成本}{改进前成本}\times 100\%$$

$$节约倍数=\frac{全年净节约额}{价值分析活动费用}$$

节约倍数大于 1 的方案，才是可行的方案，价值分析才算取得成功。

17.4.5 财务资金分析

新产品生产的财务资金分析是对新产品的投产所做的财务预测、分析和评价。资金是新产品生产的基础，财务资金分析是新产品生产可行性分析不可缺少的重要问题。

1. 投资估算

总投资包括固定资产投资和流动资产投资两部分。在效益相同的情况下，选择总投资少的方案。短、平、快的产品应选择固定资产投资少的项目。

2. 资金筹措和投入分析

1）资金筹措分析

资金来源有企业自有资金、上级拨款、银行贷款、发行股票和债券、引进外资等。在论证新产品时应当分析：资金的来源是否明确；筹集措施是否合理和落实。

2）资金投入分析

资金投入分析是指分析资金投入的时间和数额是否合理。即：资金的投入是否与投产量、项目阶段用资金相一致，资金投入的日期和数额是否与资金筹措相匹配。

3. 投资回收期

投资回收期是指以新产品投产后的净收益来抵偿其全部投资所需要的时间。当计算所得投资回收期小于规定的基准回收期时，该产品的投产在财务上是可行的；反之，是不可行的。

4. 投资利润率

投资利润率一般是指新产品达到设计生产能力后的一个正常生产年份（或平均）的年利润总额与投资总额的比率。投资利润率高，说明投资少而所产生的利润多。应选取投资利润率高的方案。其他财务分析内容如贷款期限、外汇效果分析等也应根据情况分析。

17.4.6 可行性报告的编制

1. 新产品可行性分析报告的内容

（1）市场分析，包括：
① 分析市场发展历史与发展趋势，说明本产品处于市场发展的哪个阶段；
② 本产品与市场同类产品的价格分析；
③ 统计当前市场的总额、各竞争对手所占的份额，分析本产品能够占据的市场份额或多长时间内达到多少份额；
④ 产品消费群体特征、消费方式以及影响市场的因素分析。
（2）政策分析，包括：
① 新产品有无政策支持或限制；
② 有无地方政府或行业的扶持与干扰。
（3）目标市场分析。
（4）竞争实力分析，分析自己和对手目前的市场地位，研发、销售、资金、品牌等方面的能力。
（5）技术可行性分析，包括：
① 新产品对应的项目主要技术指标、网络结构、最终目标以及应用系统所采用的新技术状况；
② 研发及管理队伍和项目负责人能力等情况；
③ 目前项目开发具备的软硬件条件。
（6）时间和资源可行性分析，包括：
① 按照正常的运作方式开发本产品并投入市场还来得及吗？
② 人员能及时到位吗？
③ 现有条件能立即得到保障和使用吗？
④ 研发资金能立即到位吗？
（7）法律及知识产权分析，包括：
① 新产品是否涉及市场已有品牌及相关专利？
② 产品能否得到现有法律和知识产权保护？
③ 其他需要重视、解决的问题。

2. 可行性报告编制要求

（1）内容真实。可行性研究报告涉及的内容以及反映情况的数据必须绝对真实可靠，不允许有任何偏差和失误；所运用的数据和资料需经反复核实，确保内容严谨规范。

（2）预测准确。可行性报告是投资决策前的活动，具有预测性和前瞻性。它是在事件发生前的研究，也是对项目未来发展结果的预测。因此，必须进行深入的调查研究，汇集所需资料，运用切合实际的预测方法，科学准确地预测未来前景。

（3）论证严密。运用系统的分析方法，围绕影响项目的各种因素进行全面、系统地分析，切实得到科学严密的结论。

3. 工业项目可行性研究报告的编写

（1）总论。

项目提出的背景（改扩建项目要说明企业现有概况），投资的必要性和意义、研究工作的依据和范围。

（2）需求预测和拟建规模。

国内外市场需求情况的预测、国内现有生产能力的调查、销售预测、价格分析、产品竞争能力、进入国际市场的前景等以及拟建项目的规模、资金来源、投资总额、产品方案和发展方向的技术和经济比较分析。

（3）建厂条件和选址方案。

地理位置、地矿条件和社会经济状况、交通运输和水电、燃料供应以及生产原材料和配套条件、公用设施等，特别对当地产业发展趋势需要进行比较。

（4）设计方案。

项目的构成（包括主要单项工程）技术来源和生产方法、主要技术工艺和设备选型方案比较、是否需要引进技术和如何引进、必要设备的制造国名等，与外商合作的技术方案、工厂布置方案和工程量估算以及各类配套设施的比较等。

（5）环境保护。

当前环境状况、预测项目建设对环境的影响、提出项目环保与治理三废的方案；

（6）企业组织、劳动定员、人员培训措施和方案。

（7）资金筹措和外资利用方案。

资金用途预测、主要采购用途和采购方案、主要设备和材料清单（含数量、型号、主要参数等）、项目出资方式、合作期限等。

（8）技术经济分析。

（9）附件。

附件是可行性报告的主要依据，也是其组成部分。一般包括：项目建设单位委托书、项目建议书批件、地质报告、产品检测报告、环境分析报告、资金来源意向证明、征地和外部协作条件的意向协议等。

习 题

17.1 什么是企业？其主要内容有哪些？

17.2 现代企业系统的基本构成要素有哪些？

17.3 现代企业制度基本内容包括哪几方面?
17.4 现代企业管理有哪几种组织结构?
17.5 企业管理基础工作包括哪些内容?
17.6 成本管理有哪些基本工作?
17.7 成本预测的目的和主要步骤是什么?
17.8 什么是产品全生命周期的成本控制?
17.9 什么是全面质量管理?
17.10 有些企业虽取得了ISO9000质量保证体系的认证,但顾客对其产品质量仍然有很多意见甚至投诉,你认为发生这种现象的原因是什么?
17.11 进行新产品可行性分析的目的是什么?新产品可行性分析的内容主要有哪些?
17.12 什么是技术经济分析?技术经济分析研究的重点是什么?
17.13 什么是价值分析?价值分析中价值、功能和成本三者关系如何？简述进行价值分析的步骤。
17.14 为什么说新产品生产的财务资金分析是不可缺少的重要问题?财务资金分析主要需进行哪些工作?

第18章　机械制造业的环境保护

【实训目的及要求】
① 了解环境保护的重要意义；
② 了解机械制造业的环境污染；
③ 熟悉机械制造业的环境保护基本措施和手段。

在人类的发展进程中，人类始终生活在两个紧密的系统里面：一个是自然环境系统，如土地、空气、水和动植物等，这个系统在人类出现几十亿年前就已经存在；另一个是用智慧和双手创建起来的具有社会结构和物质文明的人类社会系统，在这个系统里，人类用自己的知识和设想以及自己发明的技术和工具去构筑、扩张符合自身意愿、方式和理想的世界。

随着工业化生产的不断发展，内燃机、微电子、新材料、生物等一次次重大产业技术突破，促进了人类社会生产力的提高，改善了人类生活，但对生态环境却造成了破坏。资源枯竭、环境污染、生态恶化这三大全球性的危机，反过来对人类的生存造成了长远的影响。

环境污染指自然的或人为的破坏，向环境中添加某种物质而超过环境的自净能力而产生危害的行为；或者由于人为因素使环境的构成或状态发生变化，环境素质下降，从而扰乱和破坏了生态系统和人类的正常生产和生活条件的现象。按照环境污染要素可分为：大气污染、水体污染、土壤污染、噪声污染、农药污染、辐射污染、热污染等。

环境保护一般是指人类为解决现实正在发生（含隐性发生）或即将发生（含潜在因素）的环境问题，协调人类与环境的关系，保护人类的生存环境、保障经济社会的可持续发展而采取的各种行动的总称。其方法和手段有工程技术的、行政管理的，也有经济的、宣传教育的等。

这里，我们主要就机械制造业所面对的生产过程中诸如大气污染物排放、水污染物排放和固体废物排放等进行分析并探讨防治的技术手段。

18.1　机械制造业的环境污染

我们知道，机械制造生产过程中离不开水、电、燃料、原材料、化工原料、加工设备以及专用的加工设施（厂房、设备）等。生产过程中不可避免地会产生一定量的废气、废水和废物（包括震动和噪声），这些废弃物或蒸发排弃物不仅对工作现场造成污染，更有可能对周边环境产生影响。生产过程的环境影响如图18.1所示。

工业废气，是企业厂区内燃料燃烧和生产工艺过程中产生的各种排入空气的含有污染物的气体的总称。这些废气有：二氧化碳、二硫化碳、硫化氢、氟化物、氮氧化物、氯、氯化氢、一氧化碳、硫酸（雾）铅汞、铍化物、烟尘及生产性粉尘。这些物质通过不同的途径进入人的体内，有的会直接产生危害，有的还有蓄积作用，会更加严重地危害人的健康。

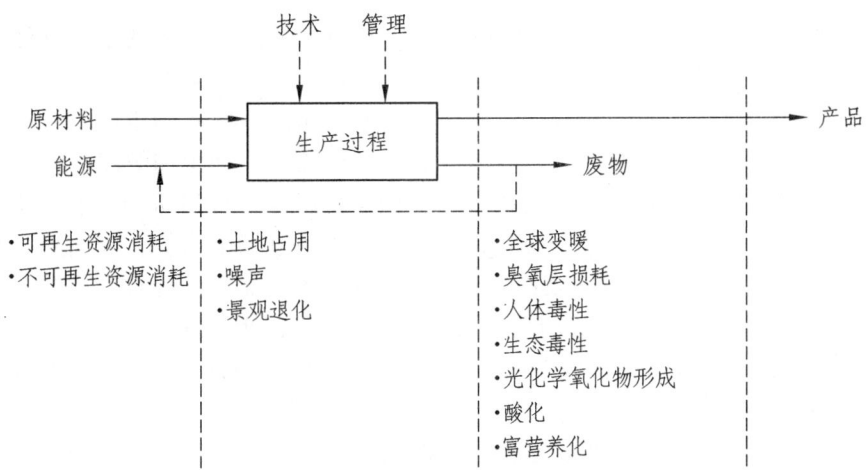

图 18.1　生产过程的环境影响

污染物是指进入环境后使环境的正常组成发生变化，直接或者间接有害于生物生长、发育和繁殖的物质。气体污染物是污染物的一种，主要包括氡、甲醛和挥发性有机物。气体污染物释放到空气中，不仅造成环境污染，而且对人体健康造成威胁。

汽车制造的一般生产过程如图 18.2 所示，它包括采用许多加工工艺以及使用特定的加工设备对原材料、外购件、外协件及标准件进行加工并将零部件组装成最终的汽车成品。

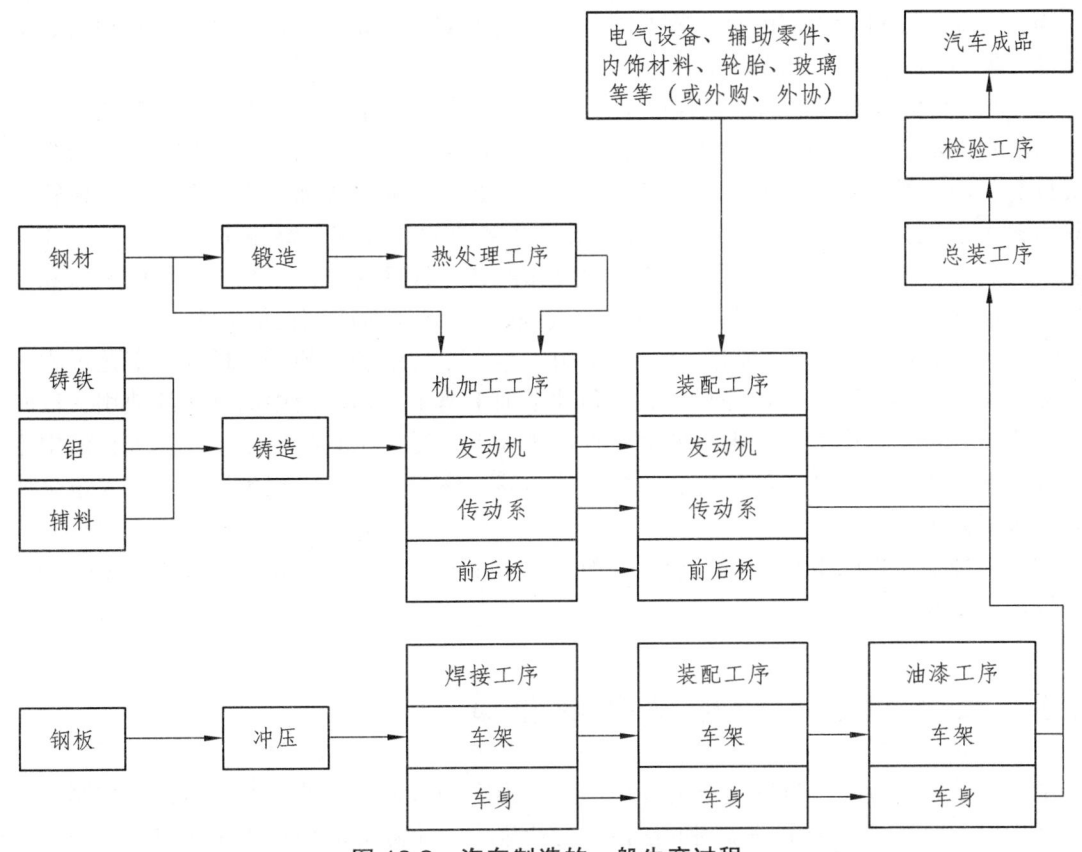

图 18.2　汽车制造的一般生产过程

在整个汽车制造以及其他机械制造生产过程中，铸、锻、热处理、焊接、机械加工、油漆等工序都会产生污染物（三废）甚至震动和噪声。机械制造中不同的生产过程所产生的环境污染物不同。仅就金属的常见加工与成型中就会出现如下的污染物质。

（1）熔炼金属时会产生相应的冶炼炉渣和含有重金属的蒸气和粉尘。

（2）在金属热处理中，高温炉与高温工件会产生热辐射、烟尘和炉渣、油烟，还会因为防止金属氧化而在盐浴炉中加入二氧化钛、硅胶和硅钙铁等脱氧剂而产生废渣盐，在盐浴炉及化学热处理中会产生各种酸、碱、盐及有害气体和高频电场辐射等；表面渗氮时，用电炉加热并通入氨气，存在氨气的泄漏；表面氰化时，将金属放入加热的含有氰化钠的渗氰槽中，氰化钠有剧毒，会产生含氰气体和废水；表面（氧化）发黑处理时，碱洗在氢氧化钠、碳酸和磷酸三钠的混合溶液中进行，酸洗在浓盐酸、水、尿素混合溶液中进行，都将排出废酸液、废碱液和氯化钠气体。

为了保护金属制品不受腐蚀及改善其使用性能和外观，有的工件表面需要镀上一层金属保护膜，电镀液中除含有铬、镍、锌、铜和银等各种金属外，还要加入硫酸、氟化钠（钾）等化学药品。某些工件镀好后，还需要在铬液中钝化，再用清水漂洗。因此电镀排出的废液中含有大量的铬、镉、锌、铜、银和硫酸根等离子。镀铬时，镀槽会产生大量铬蒸气，有氰电镀还会产生氰化钠这种有毒气体。在金属表面喷漆、喷塑料、涂沥青时，有部分油漆颗粒、苯、甲苯、二甲苯、甲酚等未熔塑料残渣及沥青等被排入大气。也就是说，在电镀、涂漆中会产生酸雾、"三苯"溶剂以及油漆的废气等，会产生含有氰化物、铬离子、酸、碱的水溶液和含铬、苯等的污泥。

为了去除金属材料表面的氧化物（锈蚀），常用硫酸、硝酸、盐酸等强酸进行清洗，由此产生的废液中都含有酸类和其他杂质。

（3）在材料的铸造成形加工过程中会出现粉尘、烟尘、噪声、多种有害气体和各类辐射；在材料的塑性加工过程中，锻锤和冲床在工作中会产生噪声和振动，加热炉会产生烟尘，清理锻件时会产生粉尘，高温锻件还会带来热辐射；在材料的焊接加工中，会产生电弧辐射、高频电磁波、放射线、噪声等，电焊时焊条的外部药皮和焊剂在高温下分解会产生含较多Fe_2O_3和锰、氟、铜、铝的有害粉尘和气体，电弧的紫外线辐射作用于环境空气中的氧和氮还会产生 O_3、NO、NO_2 等；气焊时会因用电石制取乙炔气体而产生大量电渣。

（4）在常见的材料车削、铣削、刨削、磨削、镗削、钻削和拉削等机械加工工艺过程中，往往需要加入各种切削液进行冷却、润滑和冲走加工屑末。切削液中的乳化液使用一段时间后会变质、发臭，其中大部分未经处理就直接排入下水道甚至直接倒至地表。乳化液中不仅含有油，而且还含有烧碱、油酸皂、乙醇和苯酚等。在材料加工过程中还会产生大量金属屑和粉末等固体废物。

（5）特种加工中的电火花加工和电解加工所采用的工作介质，在加工过程中也会产生污染环境的废液和废气。

18.2 机械制造业的环境保护措施

围绕机械制造业生产过程造成的环境污染，国家和行业对企业生产制造条件均制定了严格的环境保护要求，出台了一系列的法律和行业规定。企业对环境保护工作更加重视，在产品设计方案时就为保证生产过程的环境保护达标而制定了相应的技术措施。下面就机械制造业的环境保护措施介绍如下。

18.2.1 工业废气的防治

一般工业废气处理包括有机废气处理、粉尘废气处理、酸碱废气处理、异味废气处理和空气杀菌消毒净化等方面。

机械制造业的废气主要产生于燃料的燃烧过程和生产加工过程。机械制造业排入大气中的污染物有固态、液态和气态污染物。固态污染物则有各种大小不一、性质各异的粉尘粒子，有的粒子粒径仅 1 μm，吸入人体后可直达肺泡并长期储留，对人体造成损害；有的粒子却是很贵重的工业原料，如有色金属氧化物原料。液态污染物主要是各种酸雾、各种有机溶剂液滴等。气态污染物则有硫氧化物、氮氧化物、碳氧化物、重金属、碳氢化物等，也包括各类有机气体恶臭等。污染物质的形态不同，治理方法也不同。可以用机械的、电的等物理方法把污染物分离开来，也可以用化合、分解等化学方法使有害污染物转为无害物，甚至转变为有用物质。

控制工业有害气体的污染，应该重视减少污染物的产生和对已产生的污染物进行净化两方面的技术措施。

1. 工业废气的除尘技术

采用除尘器除尘已成为机械制造业防治工业性大气污染的一项重要技术措施，其作用不仅是除去废气中的有害粉尘，而且还可以回收废气中的有用物质用于工业生产，以达到综合利用资源的目的。

从废气中分离捕集颗粒物的设备称为除尘器。按照除尘机制，可将除尘器分成如下四类：机械式除尘器、电除尘器、过滤式除尘器和洗涤除尘器。近年来，为了提高对微粒的捕集效率，人们开始研制综合几种除尘机制的多种新型除尘装置，如荷电液滴湿式洗涤除尘器、荷电袋式除尘器等，目前，这些新型除尘器仍处于试验研究阶段。下面仅对几种常用除尘器的原理、结构和性能做简要介绍。

1）机械式除尘器

机械式除尘器一般是指靠作用在颗粒上的重力或惯性力，或两者结合起来捕集粉尘的装置，主要包括重力沉降室、惯性除尘器和旋风除尘器。机械式除尘器造价比较低，维护管理较简单，装置结构简单且耐高温，但对 5 μm 以下的微粒去除率不高。

（1）重力沉降室。

重力沉降室是靠重力使尘粒沉降并将其捕集起来的除尘装置。重力沉降室可分为水平气流沉降室和垂直气流沉降室，如图18.3和图18.4所示。含尘气体流过横断面比管道大得多

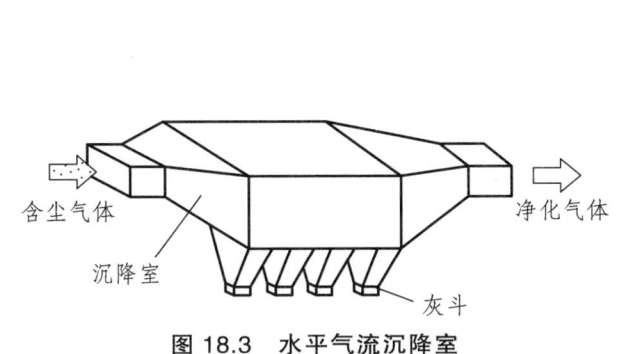

图 18.3　水平气流沉降室　　　　　　图 18.4　垂直气流沉降室

的沉降室时，流速大大降低，使大而重的尘粒得以缓慢落至沉降室底部。重力沉降室可有效捕集粒径大于 50 μm 的粒子，除尘效率为 40%～60%。气体的水平流速通常采用 0.2～2 m/s。处理锅炉烟气时，气体流速不宜大于 0.7 m/s。

重力沉降室的主要缺点是占地面积大、除尘效率低，但因其具有结构简单、投资少、维修管理容易及压力损失小（一般 50～150 Pa）等优点，工程上可因地制宜地用它作为二线除尘的第一级。

（2）惯性除尘器。

惯性除尘器是使含尘气体冲击挡板后急剧改变流动方向，从而借助尘粒的惯性将其从气流中分离出来的装置。它们按结构可分为冲击式和反转式两类，其结构如图 18.5 所示。冲击式惯性除尘器可分为单级型和多级型，在这种设备中，沿气流方向设置一级或多级挡板，使气流中的尘粒冲撞挡板而被分离。反转式惯性除尘器可分为弯管型、百叶窗型和多隔板塔型。惯性除尘器一般用于多级除尘中的第一级，捕集密度和粒径较大的尘粒，但对黏结性或纤维性粉尘，因易堵塞，不宜采用。

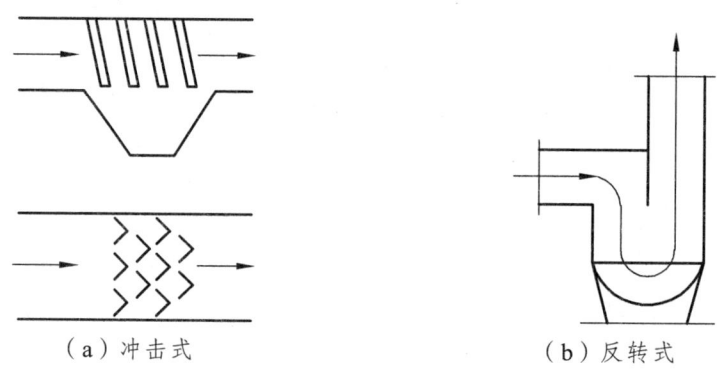

（a）冲击式　　　（b）反转式

图 18.5　惯性除尘器结构

（3）旋风除尘器。

旋风除尘器又称离心式除尘器，是使含尘气体做旋转运动，借助离心力作用将尘粒从气流中分离捕集的装置，如图 18.6 所示。旋转气流作用于尘粒上的离心力比重力大 5～2500 倍，因此，它能从含尘气体中除去更小的粒子（对于粒径大于 5 μm 的尘粒除尘率超过 95%），而且在气体处理量相同的情况下，装置所占厂房空间亦较小。

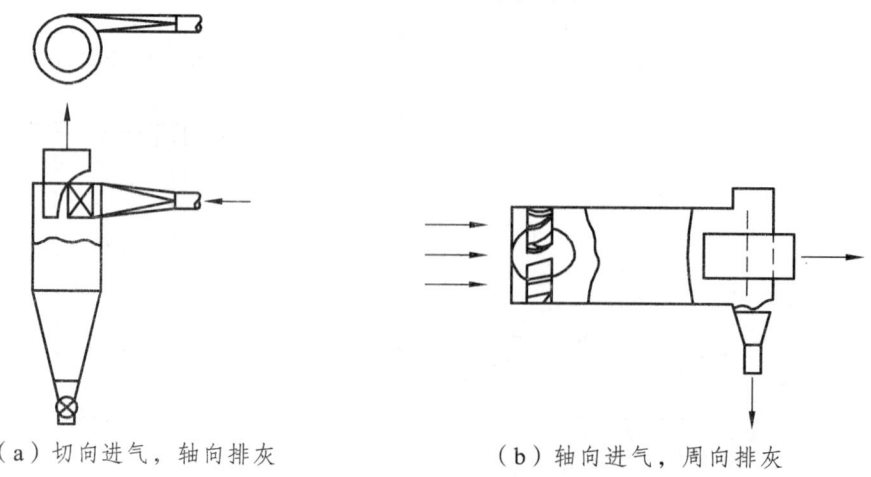

（a）切向进气，轴向排灰　　　（b）轴向进气，周向排灰

图 18.6　旋风除尘器

旋风除尘器主要由进气口、筒体、锥体排气管等部分组成。按气流进入方式不同，旋风除尘器常分为切向进入式和轴向进入式两种，切向又可分为直入式和蜗壳式。轴向进入式是靠导流叶片促使气流旋转的，与切向进入式相比，在同一压力损失下能处理 3 倍左右的气体量，而且气流分布容易均匀，所以主要用其组合成多管旋风除尘器，用在处理气体量大的场合。

2）电除尘器

电除尘器是利用静电力实现粒子（固体或液体）与气流分离的装置。它与机械方法分离颗粒物的主要区别在于，其作用力直接施加于各个颗粒上，而不是间接地作用于整个气流。电除尘器有两种，即管式电除尘器和板式电除尘器。电除尘器正被大规模地应用于解决燃煤电站、石油化工工业和钢铁工业等的大气污染问题，在有价值的物质的回收中也起着重要的作用。电除尘器的主要缺点是设备庞大，耗电多，投资高，制造、安装和管理所要求的技术水平较高。

3）过滤式除尘器

过滤式除尘器是利用天然或人造纤维织成的滤袋净化含尘气体的装置，其除尘效率一般高达 99%。其作用机理按尘粒的力学特性，具有惯性碰撞、截流、扩散、静电和筛滤等效应。虽然袋式除尘器是最古老的除尘方法之一，但它效率高、性能稳定可靠、操作简单，因此获得了越来越广泛的应用，同时在结构形式、滤料、清灰和运行方式等方面都得到了发展。

4）洗涤除尘器

洗涤除尘器又称湿式除尘器，它是用液体所形成的液滴、液膜、雾沫等洗涤含尘烟气，使尘粒从烟气中分离出来的装置。此类装置具有结构简单、造价低、占地面积小和净化效率高等优点，能够处理高湿、高温气体；在去除颗粒物的同时亦可去除二氧化硫等气态污染物，但应注意其管道和设备的腐蚀、污水和污泥的处理、烟气抬升高度减小等问题。

2. 工业有害气体的净化技术

工业有害气体的净化过程，就是从废气中清除气态污染物的过程。它包括化工及有关行业中通用的一系列单元操作过程，涉及流体输送、热量传递和质量传递。净化工业有害气体的基本方法有 5 种，即吸收、吸附、焚烧、冷凝及化学反应。

液体吸收法是指用选定的液体高效吸收有害气体。吸收设备主要有填料塔、板式塔、喷洒吸收器和文丘里吸收器。填料为陶瓷、金属或塑料制成的环、网；板式塔有鼓泡式和喷射式。

固体吸附法是指利用多孔吸附材料净化有毒气体。常用吸附剂有活性炭、活性氧化铝、分子筛、硅胶、沸石等。吸附装置有固定床、流动床和流化床。吸附方式可为间歇式或连续式。

燃烧法有直接燃烧法、热力燃烧法和催化燃烧法。直接燃烧法以可燃性废气本身为燃料，实现燃烧无害化，使用通用型炉、窑、火炬等设备。热力燃烧法借助添加燃料来净化可燃性废气，使用炉、窑等设备。催化燃烧法利用催化剂改善燃烧条件，实现可燃性废气的高效净化。催化剂有铂、钯、稀土及其他金属或氧化物。

冷凝回收法利用制冷剂将废气冷却液化或溶于其中。常用制冷剂有水、冷水、盐水混合物、干冰等。冷凝装置有直接接触冷凝器、间壁式换热器、空气冷却器等。

气体净化方法的选择主要取决于气体流量及污染物浓度，应尽可能地减少气体流量和提高污染物浓度，降低处理费用。对于浓度较高的气体，可考虑先进行预处理，但要与不设预处理的大型净化系统进行经济比较，除非有其他的考虑，如回收贵重物质或需要预先冷却热废气，一般一个净化系统的一次投资总比两个或几个净化系统来得便宜。因此在选择处理方法和工艺流程之前，要充分考虑待处理工业有害废气的种类、浓度、流量及废气中是否含有贵重物质等因素，通过综合比较来决定。

3. 废气中液态污染物的除雾技术

废气中液态污染物的除雾设备主要包括 4 大类：一是惯性力除雾装置，包括折板式除雾器、重力式脱水器、弯头脱水器、旋风脱水器、旋流板脱水器；二是湿式除雾器，几乎所有的湿式气态污染物处理装置和除尘器都可以用作湿式除雾装置；三是过滤式除雾装置，包括网式除雾器和填料除雾器；四是静电除雾器，有管式和板式两类。

在折板式除雾器中，气流通过挡板、折流板、折流体，因流线的偏折，使雾滴碰撞到挡板被捕集下来。弯头脱水器是借助气流在弯头中折转 90°或 180°时产生的惯性力将雾滴甩出，主要用于文丘里管后面的脱水。旋风脱水器用于雾滴较细（最小雾滴为 5 μm）而除雾要求较高的场合。几乎所有的旋风除尘器都可以用作脱水器，根据除雾脱水的特点也可以做成结构简化、体形较小的旋风脱水器。网式除雾器中的丝网除沫器净化硫酸有工程实效，板网除沫器被广泛用于铬酸雾的净化处理工程。填料除雾器常用于各种酸雾特别是硫酸雾的净化。各种用于液体吸收的填料塔，如填充鲍而环、拉西环、鞍形填料、丝网填料、实体波纹填料、栅条填料等的填料塔均可用作除雾器。

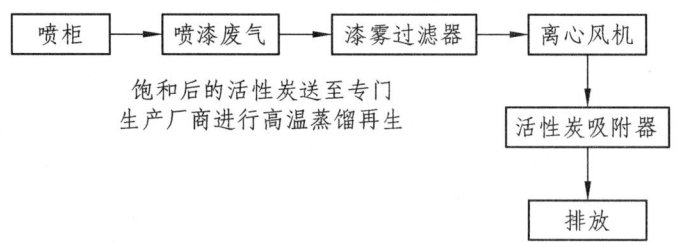

图 18.7　油漆车间废气处理

18.2.2　工业废水的防治

机械工业废水主要包括两大类：一类是相对洁净的废水，如空调机组、高频炉的冷却水等，这种工业废水可直接排入水道，但最好采用冷却或稳定化措施处理后供循环使用。另一类是含有毒、有害物质的废水，如电镀、电解、发蓝、清洗排出的废水，这种工业废水必须经过处理，达到国家规定的允许排放标准以后才能排入水道，更不得采用稀释方法使其达到国家标准。

1. 工业废水的防治基本原则

（1）改革工艺和设备，严格操作，实行回收和综合利用，以尽可能减少污染源和流失量。

（2）实行清污分流。量大而污染轻的废水如冷却废水等，不宜排入下水道，以减轻处理负荷和便于实现废水回用。

（3）剧毒废水和一般废水分流，以便回收和处理。

此外，应打破厂际和地域界限，尽可能实行同类废水的联合处理，或实行以废治废。同时还应按目标要求对必须排放的废水进行净化处理。一般要求将排水中污染物控制在"工业排放标准"的范围之内。

2. 工业废水的主要处理措施

1）对废水源的处理方法

工业废水的性质随行业和规模的不同有很大差别。工厂生产不稳定，每天或每月变动较大，废水量与水质也随之变动。处理工业废水，首先必须努力降低废水排放前的污浊物的数量，所用方法有以下几种：

（1）减少废水量，具体措施是：① 废水分类。根据污浊程度和污浊物的种类，在废水源就对废水分类，把废水划分为需要处理的废水和不需要处理的废水。② 节约用水。废水的循环使用是节约用水的有力手段。③ 改变生产工序。有时改变生产工序可以大幅度减少废水量和降低废水浓度。

（2）降低废水浓度。废水中所含污浊物，在不少情况下有一部分是原料、产品、副产品。这些物质应尽量回收，不要弃于废水中。具体措施是：① 改变原料。使用产生污浊物少的原料。② 改变制造过程。例如，在粉碎工序中改为不用水的方法。③ 改良设备。通过改良设备提高产品的原材料利用率来减少污浊物数量。④ 回收副产品。过去，从经济观点出发，把没有价值的东西丢到废水中；但从防止污浊的观点来看，应把它们作为副产品回收利用，转化为有用的东西。

2）对废水的处理方法

废水处理大体可分为除去悬浮固体物质的、除去胶态物质的和除去溶解物质的三种。在方法上有物理方法、化学方法、物理化学方法和生物化学方法，如表 18.1 所示。

表 18.1　工业废水处理方法的分类

基本方法	基本原理	单元技术
物理方法	物理或机械的分离过程	过滤、沉淀、离心分离、上浮等
化学方法	加入化学物质与废水中有害物发生化学反应的转化过程	中和、氧化、还原、分解、混凝及化学沉淀等
物理化学方法	物理化学的分离过程	吸附、离子交换、萃取电渗析、反渗透、汽提及吹脱等
生物化学方法	微生物在废水中对有机物进行氧化、分解的新陈代谢过程	活性污泥、生物滤池、氧化池、生物转盘、厌气消化等

在工厂废水处理上用得较多的是沉淀法，它是利用水中悬浮颗粒在重力场作用下下沉，达到固液分离的一种方法。沉淀法一般应用在以下几种装置中：

（1）废水预处理装置。如主要去除水中密度大于水的无机颗粒（如砂子、煤渣）的沉砂装置。

（2）废水进入生物处理前的初次沉淀装置和生物处理后的二次沉淀装置。前者主要去除水中的悬浮固体，后者将生化反应中的微生物从水中分离出来，使水澄清。沉淀装置的主要类型有平流式、辐流式、竖流式和斜管式。

（3）污泥处理阶段的污泥浓缩装置。广泛使用的污泥处理装置有浓缩污泥的连续浓缩装置、泥脱水过滤装置、日晒或加热干燥装置、焚烧装置等。

若废水中含有密度小于水的杂质，可利用杂质的上浮特性，将其从水中分离出去。最常见的是利用上浮分离装置处理含油废水。若废水中有乳化剂存在，油滴和水滴表面会因乳化剂形成一层稳定的薄膜，使油和水无法分层，形成乳浊液。此时必须先利用粗粒化装置破乳，使油滴增大，进而上浮与水分层，然后将其从水中分离出去。

若废水中的污染物密度非常接近甚至略小于水的密度，利用沉淀装置和上浮分离装置都无法取得满意的处理效果，此时可以利用气浮分离装置。在气浮分离装置中，大量微小的气泡黏附于杂质颗粒上，形成密度小于水的浮体，浮体上升至水面，从而将杂质从水中分离出来。因此，利用气浮分离工艺必须具备三个基本条件：

① 必须从水中提供足够的微小气泡。
② 必须使废水的污染物呈悬浮状态，必要时可采用混凝剂。
③ 必须使气泡与杂质产生黏附作用，否则应采用表面活性剂等对颗粒进行改性。

18.2.3 工业固体废物污染的防治

机械工业废物主要包括灰渣、污泥、废油、废酸、废碱、废金属、灰尘等废物，含有 7 类有害物质，即汞、砷、镉、铅、6 价铬、有机磷和氰。由于工业固体废物往往包含多种污染成分，而且长期存在于环境中，在一定条件下，还会发生化学的、物理的或者生物的转化，如果管理不当，不但会侵占土地，还会污染土壤、水体、大气，因此需要实行从产生到处置的全过程管理，包括污染源控制、运输管理、处理和利用、储存和处置。

1. 工业固体废物污染源的控制

机械工业固体废物污染源的控制是对机械工业固体废物实行从产生到处置全过程管理的第一步。其主要措施是尽量采用低废或无废工艺，以最大限度地减少固体废物的产生量，对于已产生的工业固体废物，则必须先搞清其来源和数量，然后对废物进行鉴别、分类、收集、标志和建档。

2. 工业固体废物的运输

对工业固体废物进行鉴别、分类、收集、标志和建档后，需要从不同的产生地把废物运送到处理厂、综合利用设施或处置场。对于废物处置设施太小、废物产生地点距处置设施较远或本身没有处置设施的地区，为便于收集管理，可设立中间储存转运站。运输方式分公路、铁路、水运或航空运输等多种，可根据当地条件进行选择。对于非有害性固体废物，可以用各种容器盛装，用卡车或铁路货车运输；对于有害废物，最好是采用专用的公路槽车或铁路槽车运输。

3. 工业固体废物的处理

1）工业固体废物的预处理

为了进行处理、利用或处置，常常需要对工业固体废物进行预处理。预处理的方法很多，例如，处理或处置前的浓缩及脱水、处置前的压实、综合利用前的破碎及分选等。适当的预加工处理还有利于工业固体废物的收集和运输，所以预处理是重要的且具有普遍意义的处理工序。

① 压实。压实是利用压力来提高工业固体废物容重的一种预处理方法。通过压实处理，可大大减少包装容器的数量，提高搬运效率，减小进行无害化处理及最终处置的废物体积。

压实仅适用于那些压缩性大而复原性小的废料，如金属加工业排出的各种松散废料。

压实器一般都由一个供料单元和一个压实单元组成。供料单元负责接收工业固体废物原料并将其转入压实单元；压实单元有一个压头，在液压传动下通过高压将废物压实。常用的压实器有水平式压实器、三向垂直式压实器、回转式压实器、袋式压实器等。为获得较高的压缩比，要根据废物的性质、压实器的性能以及后续处理要求，选择适宜的压实器。

② 破碎。破碎处理是利用外力缩小固体废物颗粒尺寸的一种方法。破碎程度一般用物料破碎前后颗粒的最小尺寸之比即破碎比来表示。破碎常作为分选、焚烧、利用和填埋处置的前处理而被广泛采用。通过破碎处理，可使工业固体废物颗粒尺寸均匀，使容重和比表面积增加，进而提高焚烧效率，便于分选回收有用金属及提高填埋处置的密度。用于工业固体废物的破碎机一般兼有冲击、剪切、挤压和摩擦等作用中的两种或两种以上的作用。金属类废物具有脆性，宜采用剪断破碎和冲击破碎；塑料、橡胶类物质在低温下变脆，可采用低温破碎。

③ 分选。为了回收利用工业固体废物中的有用成分，或将有害成分分离出去，在对工业固体废物进行处理、利用和处置之前常须进行分选处理。分选处理中工业固体废物可以按物质种类的不同分成两种或两种以上，也可以按粒度不同分成两种或两种以上。分选效果的好坏可根据回收率来确定。回收率一般用单位时间内分选机排料口排出的某一组分的量与进入分选机的此组分的量之比来表示。一般是利用物料的某些特性，例如磁性、漂浮性、粒径大小等来进行分选。根据这些特性形成了多种多样的分选方法，如筛分、重选、磁选、浮选等。

④ 浓缩与脱水。工业废水处理过程会产生大量污泥。一般原污泥含水率很高（一般为96%~99.8%），体积很大，输送、处理及进一步利用都不方便，因此必须对其进行脱水处理。污泥中的水主要以间隙水、毛细水、吸附水和颗粒内部水4种状态存在，可根据后续处理工艺要求采用不同的脱水方法，如浓缩法、机械脱水法、加热脱水法等。

2）工业固体废物的无害化处理

对有害的工业固体废物必须进行无害化处理，使其转化为适于运输、贮存和处置的形式，不致危害环境和人类健康。无害化处理的方法有化学处理、焚烧、固化等。

① 化学处理。通过化学反应破坏固体废物的有害成分，使之无害化的一种处理方法。化学处理方法包括氧化、还原、中和、化学沉淀等。化学处理方法通常只适用于处理有单一成分或几种化学特性类似成分的废物，对于混合废物则可能达不到预期的目的。

② 焚烧。焚烧是通过高温对可燃性固体废物进行破坏的一种无害化方法，也是有机物的深度氧化过程。通过焚烧，可使废物的重量和体积减小80%以上，使有毒有害的成分无害化，还可回收部分热能用于供热或发电。

③ 固化。固化也称为化学稳定化，是指通过物理-化学方法，将有害废物固定或包容在惰性固化基材中的无害化处理过程。固化处理的机制十分复杂，有的是通过控制温度、压力或调节pH值使污染物化学转变或引入到某种稳定的晶格中去；有的是通过物理过程把污染成分直接掺入到惰性基材中去；有的兼有上述两种过程。固化是从放射性废物处理发展起来的一项无害化或少害化处理方法。除了可以固化放射性废物外，还可以固化多种无机有毒有害废物，如电镀污泥、汞渣、铬渣等。理想的固化产物应具有良好的抗渗透性、良好的机械特性以及抗浸出性。这样的固化产物可以直接进行安全土地填埋处置，也可以做建筑的基础材料或道路的路基材料。根据固化基材及固化过程，固化方法可分为水泥固化、石灰固化、热塑性材料固化、有机聚合物固化、自胶结固化和玻璃固化、陶瓷固化、合成岩固化等。

4. 工业固体废物的利用

工业固体废物具有二重性，弃之为害，用则为宝。尤其是对那些具有较高资源价值的废物，更应尽量加以综合利用。综合利用是指通过回收、复用、循环、交换以及其他方式对工业固体废物加以利用，它是防治工业性污染、保护资源、谋求社会经济持续稳定发展的有力手段。工业固体废物综合利用的途径很多，主要有生产建筑材料、提取有用金属、制备化工产品、用作工业原料、生产农用肥料和回收能源等。

5. 工业固体废物的处置

工业固体废物的处置，是为了使工业固体废物最大限度地与生物圈隔离而采取的措施，是控制工业固体废物污染的最后步骤。常用的处置方法有海洋处置和陆地处置两大类。海洋处置可在海上焚烧。陆地处置分为土地耕作、工程库或贮存池贮存、土地填埋和深井灌注等。

对于放射性固体废物，一般应根据其放射性、半衰期、物理及化学性质选择相应的处置方法。常用的处置方法有海洋处置、深地层处置、工程库储存和浅地埋藏处置等。

18.2.4 工业噪声的防治

1. 噪声及其危害

在机械工业，噪声是一种十分严重的环境污染问题。长期在噪声超标的环境中工作，会使人耳聋、消化不良、食欲不振、血压增高，会影响语言交谈、思考和睡眠，降低工作效率，影响安全生产。

2. 噪声防止技术

为了采取必要而充分的噪声防止对策并有效地加以实施，必须根据正确的噪声防止计划进行。其顺序如下：

（1）确认发生噪声污染的地点，作出该地区的听觉试验、测定噪声级以及频谱分析等噪声实态调查。

（2）探查噪声发生源并调查和确认是哪台机器的什么部位。

（3）确定降噪目标。

（4）研究降低噪声的方法，实施最有效的措施。

传播噪声的三要素是：声源、传播途径和接受者。噪声的防治也应从这三方面入手。

3. 对声源采取的措施

噪声控制最积极、最有效的方法自然是从声源上进行控制。从声源上控制噪声，通常有两种途径：一种是采用彻底改进工艺的办法，将产生高噪声的工艺改为低噪声的工艺，如用气焊、电焊替代高噪声的铆接，用液压替代冲压等；另一种是在保证机器设备各项技术性能基本不变的情况下，采用低噪声部件替代高噪声部件，使整机噪声大幅度降低，实现设备的低噪声化。

常见的噪声源有以下三种类型，可对它们采取相应措施，按各自的发生机理除去根源或加以降低。

1）对一次固体噪声采取的措施

由于强制力在机械和装置内部周期地反复使用，就成为激振源产生波动传播开去，在多数情况下机械的一部分以固有频率共振发出很大的噪声，这就是一次固体噪声。对这类噪声应采取的降噪步骤和措施如下：

① 确认产生激振力的根源；
② 研究降低激振力的方法；
③ 进行绝缘，使波动不能传播；
④ 改变噪声发射面的固有频率；
⑤ 使噪声发射面减振；
⑥ 盖上隔离振动的覆盖物。

2）对二次固体噪声采取的措施

机械内部发生的噪声声波使壁面发生振动，发射出透射音，这就是二次固体噪声。对这类噪声需采取以下措施：

① 除去在机械内部产生空气压力变动的根源；
② 加强壁面隔音和内部吸音；
③ 壁面加上隔音绝缘层（盖上吸声物或隔音材料）；
④ 设置隔音盖。

3）对空气声采取的措施

像由开口部（吸气口、放气口等）发射出来的噪声那样，没有固体振动的噪声叫空气声。对此，应采取以下措施：

① 降低压力和流速等；
② 装置消声器或吸音道等；
③ 缩小开口部，降低发射功率，或利用指向性改变方向。

4. 噪声传播途径的处理

对噪声传播途径的处理应根据具体情况，采取不同措施。通常有以下几种方法：

（1）吸声处理，也称吸声降噪处理，是指在噪声控制工程中，利用吸声材料或吸声结构对噪声比较强的房间进行内部处理，以达到降低噪声的目的。这种措施的降噪效果有限，其降噪量通常不超过 10 dB。

（2）隔声处理，即用隔声材料或隔声结构将声源与接受者相互隔绝，降低声能的传播，使噪声源引起的吵闹环境限制在局部范围内，或在吵闹的环境中隔离出一个安静的场所。这是一种比较有效的噪声防治技术措施。例如把噪声较大的机器放在隔声罩内，在噪声车间内设立隔声间、隔声屏、隔声门、隔声窗等。

（3）隔振，即在机器设备基础上安装隔振器或隔振材料，使机器设备与基础之间的刚性连接变成弹性连接。隔振可明显起到降低噪声的效果。

（4）阻尼，即在板件上喷涂或粘贴一层高内阻的弹性材料，或者把板料设计成夹层结构。当板件振动时，由于阻尼作用，使部分振动能量转变为热能，从而降低其噪声和振动。

（5）消声器。消声器是降低气流噪声的装置，一般接在噪声设备的气流管道中或进排气口上。

5. 噪声的个人防护措施

当在声源上和传播途径上难以达到标准要求时，或在某些难以进行控制、但对接受者来说必须加以保护的场合，往往采取个人防护措施，其中最常用的方法是佩戴护耳器，如耳塞、耳罩、头盔等。一副好的护耳器应满足下列要求：具有较高隔音值（又称声衰减量）、佩戴舒适、方便，对皮肤无刺激作用、经济耐用。

综上所述，机械工业环境污染量大、面广、种类繁多、性质复杂、对人危害大，具体表现在工业废水对水环境的污染、工业废气对大气环境的污染、工业固体废物对环境的污染及噪声的污染4个方面。事实证明，采取"先污染，再治理"或是"只治理，不预防"的方针都是有害的，既会使污染的危害加重和扩大，还会使污染的治理更加困难。因此，防治工业性环境污染的有效途径是"防""治"结合，并强调以"防"为主，采取综合性的防治措施。从事本行业的每一个人都应意识到问题的严重性，尽可能将污染消灭在工业生产过程中，大力推广无废少废生产技术，大力开展废物的综合利用，使工业发展与防治污染、环境保护互相促进。

18.3 清洁生产是企业可持续发展的重要保障

工业化生产不断快速发展与不断恶化的生态环境形成了当今社会发展的深刻矛盾。在企业组建之初，就必须将产品构思、设计、生产和销售与服务整个系统中对环境的影响和对策纳入企业运作或经营当中。清洁生产已成为国际社会推行可持续发展战略的重要措施要求。

18.3.1 清洁生产的概念

联合国环境署对清洁生产的定义为（1998）：清洁生产是为增加生态效率并降低对人类和环境的影响风险，而对生产过程、产品和服务持续实施的一种综合、预防性的战略对策。对于生产过程，它意味着要节约原材料和能源，减少使用有毒有害物料，并在各种废物排出前降低其毒性和数量；对于产品，它意味着要从其原料开采到产品废弃后最终处理处置的全部生命周期中，减少对人体健康和环境造成的影响；对于服务，它意味着要在其设计及所提供的服务活动中，融入对环境影响的思考。

清洁生产的基本要素如图18.8所示。

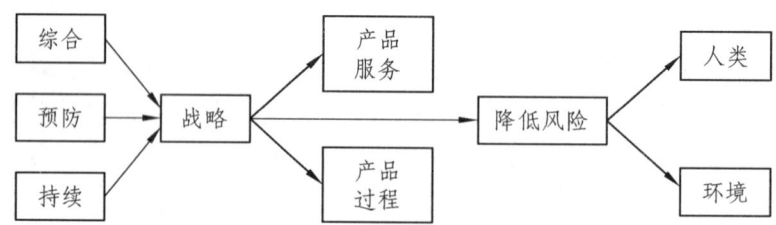

图18.8 清洁生产的基本要素

清洁生产的目标（目的）：在清洁生产定义中，改进生产系统的生态效率、减少来自生产方面对人类自身和环境产生的不利影响与风险，被确立为清洁生产这一战略对策的目标方向。

清洁生产的作用对象：在清洁生产战略对策中，其实施对象是包括生产过程及其产品和服务的人类社会的全部生产活动。也就是将产业系统作为清洁生产的实施对象。

清洁生产的基本特征：清洁生产作为一个全新的战略对策，表达其基本特征最关键的三个要素是：预防性、综合性和持续性。

预防性：是清洁生产的核心要素，也是贯穿于清洁生产战略中的内容原则。清洁生产战略要求针对资源、能源利用和废物或污染物产生，通过生产过程及其产品与服务活动的全方位变革，实现生产与环境的逐步相容。

综合性：将预防性的措施渗透到生产过程以及产品和服务当中，对改变组织生产和资源能源使用方式、降低污染和废物的产生机会具有明显的系统综合特征。

持续性：任何预防性措施都不可能是一次性或可以间断停顿的行动，实施清洁生产是一个持续动态、永不间断的深化过程。

18.3.2 清洁生产的内涵

对资源环境因素的关注考虑，应该以预防性的措施渗透贯穿到生产活动全过程中，而不再是那种分离、附加在生产活动之外，不断延长活动的过程，在污染产生后施以治理的末端控制方式。以预防为基础、适应清洁生产要求的环境保护体系框架原则是：

（1）合理有效地利用资源能源，尽可能减少废物或污染物的产生；
（2）对无法避免产生的废物或污染物，以节约资源、保护环境的方式进行循环综合利用；
（3）对未被利用的废物或污染物，采用适当的环境治理技术进行排入控制削减；
（4）对残余的废物或污染物进行妥善的最终处置，以安全的方式排出。

从生产的角度上看，清洁生产要求在考虑节约资源和保护环境的基础上发展生产，在生产全过程的各个组织环节中，充分结合资源环境因素，不仅注重生产过程本身，而且应关注产品和服务生命周期过程中的资源环境影响，从而有效降低生产活动对资源环境的压力，改进生产的生态效率，推动产业系统的生态化转型。

18.3.3 生产过程的清洁生产

所谓生产过程的清洁生产，是指在生产过程中实施的清洁生产活动。联合国环境规划署在清洁生产定义中指出："对生产过程来说，清洁生产意味着节约能源和原材料，淘汰有害的原材料，减少和降低所有废物的数量和毒性。"围绕生产过程的清洁生产就成为目前最常见的清洁生产实践。

在制造业企业生产系统中实施清洁生产，基本途径可以归纳为5个方面：产品的再设计、原材料替代、工艺改进、操作管理优化、废物循环利用等。如图18.9所示。

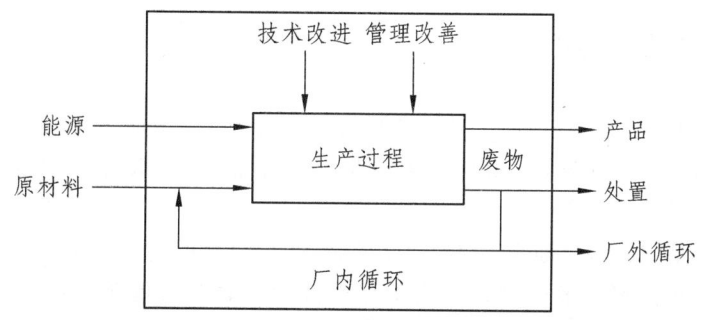

图 18.9　生产过程清洁生产的内涵及实施途径

1. 原材料（包括能源）有效利用和替代

原材料是工艺方案的出发点，合理选择原材料是有效利用资源、减少废物产生的关键。从原材料使用环节出发，实施清洁生产的内容可包括：以无毒无害或少毒少害原料替代有毒有害原料；改变原料配比或降低其使用量；保证或提高原料的质量、进行原料的加工以减少对产品的无用成分；采用二次资源或废物作原料替代稀有短缺资源等。

2. 改革工艺和设备

工艺是从原材料到产品实现物质转化的流程载体，设备是工艺流程的硬件单元。在改进工艺与设备方面实施清洁生产的主要措施包括：利用最新科技成果，开发新工艺、新设备；简化流程，减少工序和所用设备；使工艺过程易连续操作，减少开车和停车次数，保持生产过程的稳定性；提高单套设备的生产能力，强化生产过程控制；优化工艺条件等。

3. 改进运行操作管理

规范操作、强化管理，可以提高资源和能源的利用效率，削减污染。优化改进操作、加强管理，是清洁生产审核中最优先考虑、也是最容易实施的清洁生产手段。具体措施包括：合理安排生产计划；改进物料储存方法、加强物料管理；消除物料的跑冒滴漏；保证设备完好等。

4. 生产系统内部循环利用

物料再循环是生产过程流程中的常见原则，它不改变主体流程，仅将主体流程中的废物加以收集并再利用。通常包括：将废物、废热回收作为能量利用；将废弃的原料边角料有效回收加以利用；组织循环利用水源，等等。

5. 产品再设计

在达到使用要求和客户需求的同时，通过再设计，降低生产过程中的原材料和能源消耗，对降低废物或污染物的产生和排放非常重要。如增强产品可靠性、延长使用寿命、小型化和轻量化等。

18.3.4 清洁生产的效益

清洁生产的实施，既可以提高产品的质量，提升公司的形象，又可以改善企业生产环境和职工身心健康，同时也可以使企业获得较好的经济效益。清洁生产的效益如图18.10所示。

加强对环境的保护，在保证青山绿水的前提下，通过清洁生产改变传统制造工艺和人们的思想观念以及提升管理水平，创新各项工作的开展，就一定能为社会和人类的发展创造更加美好的明天。

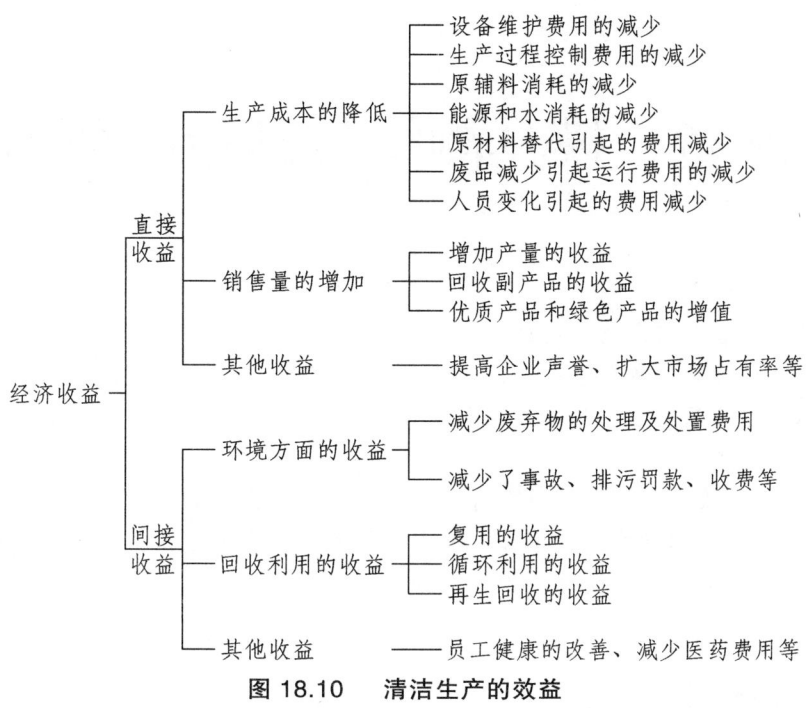

图 18.10 清洁生产的效益

习 题

18.1 机械制造业有哪些常见的环境污染？
18.2 常见的除尘设备有哪几种？各有何优缺点？
18.3 工业废水防治的主要措施有哪些？
18.4 对工业固体废料常采用哪些处理手段？
18.5 工业噪声的防治应从哪三方面入手？
18.6 如何在生产过程中贯穿清洁生产的要求？

第 19 章　模具测绘与制造综合训练

【实训目的及要求】
① 了解模具的基本概念及用途；
② 了解模具设计的基本要求；
③ 掌握模具测绘及制造的基本方法和综合分析问题的能力。

对学生所学各工程技术知识进行综合训练；掌握一般模具的测量、制图、设计、加工、装配、分析、创新等能力和流程；培养学生工程师应具备的工艺装备设计分析能力、严谨操作能力、务实创新能力和创业合作能力。

19.1　模具概述

模具是指在外力作用下使坯料成为有特定形状和尺寸的制件的工具。它广泛用于冲裁、模锻、冷镦、挤压、粉末冶金件压制、压力铸造，以及工程塑料、橡胶、陶瓷等制品的压塑或注塑的成形加工中。模具具有特定的轮廓或内腔形状，应用具有刃口的轮廓形状可以使坯料按轮廓线形状发生分离（冲裁）。应用内腔形状可使坯料获得相应的立体形状。模具一般包括动模和定模（或凸模和凹模，有的也可称为阳模和阴模）两个部分，二者可分可合。分开时取出制件，合拢时使坯料注入模具型腔成形。模具是精密工具，形状复杂，承受坯料的胀力，对结构强度、刚度、表面硬度、表面粗糙度和加工精度都有较高要求，模具生产的发展水平是机械制造水平的重要标志之一。

19.2　模具的设计

19.2.1　设计前的准备

产品制造厂家将根据市场和客户的需求，对生产的产品开发设计制造相关的模具。在设计模具前必须首先确定有关参数，包括生产零件批量大小、模具所要使用的成型设备、零件的精度要求和几何形状、尺寸稳定性及表面质量等内容。同时根据模具确定的材料、制作加工费用预测模具的制造整体费用。

19.2.2　冲压模具基本构造

冲压模具整体构造可分成两大部分，即通用部分（如螺钉螺母、柱、销和弹簧等）和依制品而变动的部分。

通用部分一般是标准化或规格化零部件，可以在相关工艺和设计人员手册上选用；依制品而变动的部分则需要模具设计人员根据零件形状、尺寸等要求自行设计制造。

19.2.3 设计原则

模具结构设计和参数选择须考虑刚性、导向性、卸料机构、定位方法、间隙大小等因素。模具上的易损件应容易更换。

模具设计制作的要求是：尺寸精确、表面光洁；结构合理、生产效率高、易于自动化；制造容易、寿命长、成本低；设计符合工艺需要，经济合理。

在模具设计中要认真考虑模具的对合引导装置（包括无导引、外导引、内导引以及外导引与内导引并用等诸多形式）、导柱与导套、压料装置与弹簧、顶（升）料装置，等等。

19.2.4 模具选材与工艺性

模具选材是整个模具制作过程中非常重要的一个环节。模具选材时需要保证三个原则：保证模具材料内部性能（耐磨性、强度及韧性）满足工作过程的需求，保证工艺性要求，同时还应保证满足经济性要求。

1. 对材料性能的要求

① 耐磨性。

坯料在模具型腔中塑性变形时，沿型腔表面既流动又滑动，使型腔表面与坯料间产生剧烈的摩擦，从而导致模具因磨损而失效。所以材料的耐磨性是模具最基本、最重要的性能之一。

硬度是影响耐磨性的主要因素。一般情况下，模具零件的硬度越高，磨损量越小，耐磨性也越好。另外，耐磨性还与材料中碳化物的种类、数量、形态、大小及分布有关。

② 强度及韧性。

模具的工作条件大多十分恶劣，有些常承受较大的冲击负荷，从而容易发生脆性断裂。为防止模具零件在工作时突然脆断，模具材料要具有较高的强度和韧性。

模具材料的韧性主要取决于材料的含碳量、晶粒度及组织状态。

③ 疲劳断裂性能。

模具工作过程中，在循环应力的长期作用下，往往导致疲劳断裂。其形式有小能量多次冲击疲劳断裂、拉伸疲劳断裂、接触疲劳断裂及弯曲疲劳断裂。

模具材料的疲劳断裂性能主要取决于其强度、韧性、硬度以及材料中夹杂物的含量。

④ 高温性能。

当模具的工作温度较高时，会使模具的硬度和强度下降，导致模具早期磨损或产生塑性变形而失效。因此，模具材料应具有较高的抗回火稳定性，以保证模具在工作温度下具有较高的硬度和强度。

⑤ 耐冷热疲劳性能。

有些模具在工作过程中处于反复加热和冷却的状态，使型腔表面受拉力、压力应变力的作用，引起表面龟裂和剥落，增大摩擦力，阻碍塑性变形，降低尺寸精度，从而导致模具失效。冷热疲劳是热作模具失效的主要形式之一，因此这类模具材料应具有较高的耐冷热疲劳性能。

⑥ 耐腐蚀性。

有些模具如塑料模在工作时，由于塑料中存在氯、氟等元素，受热后分解析出 HCl、HF 等强腐蚀性气体，侵蚀模具型腔表面，加大其表面粗糙度，加剧磨损失效。因此这类模具材料应具有耐腐蚀性。

2. 对材料的工艺性要求

为保证模具的制造质量，降低生产成本，其材料应具有良好的可锻性、切削加工性、淬硬性、淬透性，还应具有小的氧化、脱碳敏感性和淬火变形开裂倾向。

① 可锻性：具有较低的热锻变形抗力，塑性好，锻造温度范围宽，锻裂冷裂及析出网状碳化物倾向低。

② 退火工艺性：球化退火温度范围宽，退火硬度低且波动范围小，球化率高。

③ 切削加工性：切削用量大，刀具损耗低，加工表面粗糙度低同时不易在磨削时发生磨伤及磨削裂纹。

④ 氧化、脱碳敏感性：高温加热时抗氧化性能好，脱碳速度慢，对加热介质不敏感，产生麻点倾向小。

⑤ 淬硬性、淬透性：淬火后具有均匀而高的表面硬度，能获得较深的淬硬层。

⑥ 淬火变形开裂倾向：常规淬火体积变化小，形状翘曲、畸变轻微，异常变形倾向低。常规淬火开裂敏感性低，对淬火温度及工件形状不敏感。

3. 对经济性要求

在给模具选材时，必须考虑具有较好的经济性这一原则，尽可能降低制造成本。因此，在满足使用性能的前提下，应优先选用价格较低的材料，能用碳钢就不用合金钢，能用国产材料就不用进口材料。

另外，在选材时还应考虑市场的生产和供应情况，所选钢种应尽量少而集中，易购买。

19.3 模具的测绘及制造训练

在进入正式模具设计开发前，为了让同学们了解和掌握设计的有关相关知识，提升对工程设计、制造和企业生产运营的全面思考，我们对现有模具进行测绘实践训练。

教学内容及安排见表 19.1。

表 19.1　模具测绘实践训练教学内容及安排

实训模块	拆装/测绘（8 h）	设计/工艺编制（16 h）	制造/装配（52 h）	试模/分析（4 h）
教学目标进度体系	学生接受教师提供的《实训任务书》(含实训内容、目标及进度时间节点安排，学生每完成一个步骤由教师考核签字)、模具实物及工具、量具、加工设备、材料等			
教学知识方法体系	学生参考教师提供的《实训指导书》(含单元知识综述、学习方法、正反案例)、教材及《模具标准件手册》、教室网络等，以获取实训所需的各种知识和方法资源			

续表

实训模块	拆装/测绘（8 h）	设计/工艺编制（16 h）	制造/装配（52 h）	试模/分析（4 h）
学生团队运作体系	实行组长负责制（含学习责任、纪律安全责任）。每4位同学一组，自由组合并推选组长；鼓励学生相互探讨及模仿学习、实践；组长负责收集本组学生实训过程中出现的各种疑问；组长将本组疑问交由教师指导解答；组长负责指导本组其他成员			
教学质量考核体系	个人答辩绝对性考核——"微创新"（成绩占比30%）；教师直接考核	个人答辩绝对性考核——"微创新"（成绩占比30%）；教师直接考核	团队作品相对性考核——团队竞赛（成绩占比40%）；教师直接考核	

19.3.1 实训项目——拆卸与测绘

在老师的指导下对图19.1所示的冲孔模进行测绘，了解该模具工作原理与基本结构，掌握基本的拆卸方法、常见使用工具及其操作安全事项；拆卸时应严格按照拆卸工艺顺序，同时测量并手工绘制模具总装图和零件图，记录零件名称及装配位置；拆完模具后出具全部的零件图和总装图。

测绘完模具后，应先清洗擦拭零件表面（特别是配合表面），掌握基本的装配方法及安全事项后方可开始组装模具。组装时应严格按照组装工序顺序，调整并保证凸、凹模的间隙均匀以及各活动件运动顺畅，并且检测模具上下表面的平行度、模柄、凸模、凹模等设计要求。

图19.1 冲孔模

测绘教学安排如表19.2所示。

表19.2 测绘教学安排

序号	时间	主题	内 容	要 求
1	2 h	块类零件测绘	凹模板、定位板、导料板、卸料板、固定板、垫板、橡胶板等零件图	工作位置摆放，主视图（合理剖切路径表达每种结构要素）+俯视图表达，基本尺寸标注（标注基准选择）等
2	0.5 h	轴类零件测绘	导柱、导套、模柄、凸模、螺钉、销钉、导正销、挡料钉等零件图	工作位置摆放，主视图+局部视图/向视图表达，基本尺寸标注（标注基准选择）等
3	1 h	模座零件测绘	上模座、下模座零件图	工作位置摆放，主视图（合理剖切路径表达每种结构要素）+俯视图表达，基本尺寸标注（标注基准选择）等
4	2 h	模具装配草图	模具装配草图	按工作位置摆放，主视图（合理剖切路径表达每种零件的装配关系）+俯视图表达

注：测绘之前先阅读《模具拆装与草绘指导书》，根据零件测绘步骤，每完成一项应由教师签名后方可进行后面一项

19.3.2 实训要求

（1）模具零件 3D 造型装配并转 2D 图：每位学生根据手工绘制的零件图用 PRO/E 软件将其转化为 3D 图并进行模具装配，然后按照合理的视角和剖面，将模具装配体及零件 3D 图转化为 2D 图（.dwg 格式文件）。要求装配图尽可能表达清楚所有零件的配合关系，零件图尽可能表达清楚零件内外所有结构，并注意转化时的轮廓线条及剖面线以及比例设置等。

（2）掌握模具设计要求：每位学生对转化后的 2D 装配图标注装配技术要求等内容；将转化后的 2D 零件图标注加工技术要求等内容。对学生进行模具专业创业教育，并要求每位学生针对本组模具分析其缺陷以及提出改进或创新方案。

（3）编制凸/凹模零件的加工工艺：每一位学生自行编写完成。

（4）凸/凹模加工：每组学生配合完成一副凸/凹模零件的加工，要求每个学生都有一定的加工任务。

（5）模具装配与分析：每组学生配合完成一副小冲模的装配，装配应保证合理的凸、凹模间隙以及各活动件运动顺畅，并且检测模具上下表面的平行度以及凸模、凹模等的垂直度等。装配完模具应涂上机油，进行试冲，并观察其效果。要求每个学生都有一定的装配任务。每组学生综合比较各组模具的产品质量，共同分析其原因及改进措施并测算模具制造成本。

（6）综合小结：每一位学生对此次模具测绘综合训练进行小结，提交心得体会。

习　题

19.1　简述模具的概念及用途。

19.2　模具设计通常有哪些要求？选材时要注意什么？

19.3　通过此次制作，你有哪些心得体会？

第4篇 创新能力培育与训练

第 20 章　创新概述

【实训目的及要求】
① 了解创新的基本概念。
② 了解创新的原则。

进入 21 世纪，世界经济和科学技术快速发展，新材料、新技术、新工艺和信息技术、大数据、人工智能等不断涌现，多学科交叉融合的成果正促进着社会不断进步。我国高度重视创新在国民经济发展中的作用，提出了"提高自主创新能力，建设创新型国家"的方针，各行各业的创新驱动、创新发展得到广泛提升，对创新型人才的需求更加迫切。

中华民族对人类社会发展有着重要的贡献，古代的"四大发明"——火药、指南针、造纸术和印刷术为社会经济发展起了重大的推动作用。18 世纪中叶，工业革命席卷全球，英国人瓦特发明蒸汽机之后，由一系列技术革命引起了从手工劳动向动力机器生产转变的重大飞跃；19 世纪后半期，著名的美国科学家托马斯·阿尔瓦·爱迪生发明了世界上第一盏有实用价值的电灯后，世界进入了电气化时代；20 世纪后半期出现的基于网络技术和可编程逻辑控制器（PLC）的生产工艺自动化，推动了第三次工业革命，世界从此进入了信息化时代；进入 21 世纪，以智能制造为主导的工业 4.0 称为第四次工业革命。可以看出，随着发明和技术的不断创新和运用，社会也在飞速地进步。

人类社会之所以能创造出一项又一项、一代又一代的大量成果，究其起源在于人的大脑。也就是说，人的大脑是人们创新与创造的本源。人脑蕴藏着无限的创新与创造潜能，而创新能力是衡量一个国家发展实力的重要指标。国与国之间的竞争实质上就是创新精神和创新能力的竞争，没有创新能力就没有科技进步，也必将在越来越激烈的国际竞争中处于被动甚至挨打的地位。

20.1　创新的基本概念

20.1.1　创　新

创新是指以现有的思维模式提出有别于常规或常人思路的见解或导向，利用现有的知识和物质，在特定的环境中，本着理想化需要或为满足社会需求而改进或创造新的事物、方法、元素、路径、环境，并能获得一定有益效果的行为。简单地说，就是利用已存在的自然资源或社会要素创造新的矛盾共同体的人类行为，或者可以认为是对旧有的一切所进行的替代、覆盖。

创新是一种人的创造性实践行为，这种实践为的是增加利益总量，需要对事物和发现的利用和再创造，特别是对物质世界矛盾的利用和再创造。人类通过对物质世界的利用和再创造，制造新的矛盾关系，形成新的物质形态。

创意是创新的特定思维形态，意识的新发展是人对于自我的创新。发现与创新构成人类相对于物质世界的解放，是人类自我创造及发展的核心矛盾关系。其代表两个不同的创造性行为。只有对于发现的否定性再创造才是人类创新发展的基点。实践是创新的根本所在。创新的无限性在于物质世界的无限性。

20.1.2 创新能力

创新能力是指在技术和各种实践活动领域中不断提供具有经济价值、社会价值、生态价值的新思想、新理论、新方法和新发明的能力。也是指在创新活动中具有的提出问题、分析问题和解决问题这三种能力的总和。

创新能力按主体分，最常提及的有国家创新能力、区域创新能力、企业创新能力等，并且存在多个衡量创新能力的创新指数的排名。

20.1.3 创新能力的特征

创新能力是一种综合能力。创新能力的核心是创新思维，创新思维能力的构成如表 20.1 所示。

表 20.1 创新思维能力的构成

创新思维能力	预见未来的能力
	探索问题的敏锐性
	产生新思想的能力
	运用语言的能力
	联想的能力
	形象思维的能力
	横向思维的能力
	灵活思维的能力
	转移经验的能力
	统筹思维的能力
	联结和反联结的能力
	评估评价的能力
	实现目标的能力
	……

创新能力还与其他相关理论、知识和人的其他能力有很深的结合。在人才能力评价 8 大

指标体系（交流表达能力、数字运算能力、自我提高能力、与人合作能力、解决问题能力、掌握处理信息技术能力、创新能力和外语应用能力等）中，创新能力是核心能力。

创新能力是可以通过教育、培训、开发、激励并在实践的基础上培养出来并能得到不断提升的一种能力。

20.1.4 创新能力的构成

创新能力主要由提出问题的能力、分析问题的能力和解决问题的能力这三种能力能力构成，并通过创新实践的活动过程体现出来。

1. 提出问题

提出问题又称为形成问题，是创新者在已有知识、信息和经验的基础上，对客观存在问题的情形、状态、性质等的重新发现和认识。而提出问题的类型又包括研究型问题、发现型问题和创造型问题三种。

2. 分析问题

分析问题是指创新者对提出的问题，经过相关资料的查找收集、分析处理、尝试解决直至弄清问题的整个过程。

3. 解决问题

解决问题是指创新者面对提出的问题和分析的结果，在尚无现成办法可用时，将问题从初始状态向目标状态转化直至实现目标的全过程。创新能力构成如图 20.1 所示。

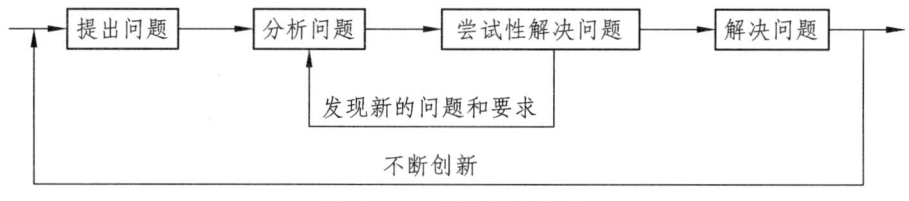

图 20.1 创新能力构成

创新能力最终根据创新的方法和创新的成果等形式表现出来，并获得确认和评价。

20.2 创新的原理和特性

创新及创新活动有其内在的原理、性质和规律，掌握创新的原理、性质和规律对我们进一步学习和开展创新活动有很好的帮助。

20.2.1 创新的原理

在说明这个问题前，我们先来明确以下几个概念。

创新的主体：人类。这里人类包含两层含义，一是指个人，即自然人，像爱迪生等；二是指团体或组织，如国家创新体系。

创新的客体：客观世界。包括自然科学、社会科学以及人类自身思维规律。

创新的内容：理论创新、制度创新、科技创新、文化创新及其他创新。理论创新是指导，制度创新是保障，科技创新是动力，文化创新是智力支持。它们相互促进，密不可分。对企业来说，创新包括产品创新、技术创新、制度创新、职能创新、结构创新和环境创新等。

创新的核心：创新思维，指人类思维不断向有益于人类发展的方向动态化地改变。

创新的关键：改变，即向新的方向、有效的方面进行量和质的变化。

创新的结果：有两种，其一是物质的，如蒸汽机、电脑；其二是非物质的，如新思想、新理论、新经验等。

创新的特征：价值取向性；明确目的性；综合新颖性；高风险、高回报性。

创新的作用有三点：① 满足人类生存与发展的客观需要；② 深化人类对客观世界的认知；③ 提高人类对客观世界的驾驭能力。

从以上概念可知，创新人人可为、创新时时可为、创新处处可为。

创新的原理是指为实现创新目标，以科学的态度，不断否定自己，创造出具有自身特色的新思想、新思路、新经验、新技术并加以组织实施。它包括：

① 综合原理。

综合是在分析各个构成要素基本性质的基础上，综合其可取的部分，使综合后所形成的整体具有优化的特点和创新的特征。

② 组合原理。

这是将两种或两种以上的学说、技术、产品的一部分或全部进行适当叠加和组合，用以形成新学说、新技术、新产品的创新原理。组合既可以是自然组合，也可以是人工组合。在自然界和人类社会中，组合现象是非常普遍的。

爱因斯坦曾说："组合作用似乎是创造性思维的本质特征。"组合创新的机会是无穷的。有人统计了20世纪以来的480项重大创造发明成果，经分析发现三四十年代是突破型成果为主而组合型成果为辅；五六十年代两者大致相当；从80年代起，则组合型成果占据主导地位。这说明组合原理已成为创新的主要方式之一。

③ 分离原理。

分离原理是把某一创新对象进行科学地分解和离散，使主要问题从复杂现象中暴露出来，从而理清创造者的思路，便于抓住主要矛盾。分离原理在发明创新过程中，提倡将事物打碎并分解，它鼓励人们在发明创造过程中，冲破事物原有面貌的限制，将研究对象予以分离，创造出全新的概念和全新的产品。如隐形眼镜是眼镜架和镜片分离后的新产品。

④ 还原原理。

还原原理要求我们要善于透过现象看本质，在创新过程中，能回到设计对象的起点，抓住问题的原点，将最主要的功能抽取出来并集中精力研究其实现的手段和方法，以取得创新的最佳成果。任何发明和革新都有其创新的原点。创新的原点是唯一的，寻根溯源找到创新原点，再从创新原点出发去寻找各种解决问题的途径，用新的思想、新的技术、新的方法重新创造该事物，从本原上面去解决问题，这就是还原原理的精髓所在。

⑤ 移植原理。

这是把一个研究对象的概念、原理和方法运用于另一个研究对象并取得创新成果的创新原理。"他山之石，可以攻玉"就是该原理能动性的真实写照。移植原理的实质是借用已有的创新成果进行创新目标的再创造。

⑥ 换元原理。

换元原理是指创造者在创新过程中采用替换或代换的思想或手法，使创新活动内容不断展开、研究不断深入的原理。通常指在发明创新过程中，设计者可以有目的、有意义地去寻找替代物，如果能找到性能更好、价格更省的替代品，这本身就是一种创新。

⑦ 迂回原理。

创新在很多情况下会遇到许多暂时无法解决的问题。迂回原理鼓励人们开动脑筋、另辟蹊径。不妨暂停在某个难点上的僵持状态，转而进入下步行动或进入另外的行动，带着创新活动中的这个未知数，继续探索创新问题，不要钻牛角尖、走死胡同。因为有时通过解决侧面问题或外围问题以及后继问题，可能会使原来的未知问题迎刃而解。

⑧ 逆反原理。

逆反原理首先要求人们敢于并善于打破头脑中常规思维模式的束缚，对已有的理论方法、科学技术、产品实物持怀疑态度，从相反的思维方向去分析、去思索，去探求新的发明创造。实际上，任何事物都有着正反两个方面，这两个方面同时相互依存于一个共同体中。人们在认识事物的过程中，习惯于从显而易见的正面去考虑问题，因而阻塞了自己的思路。如果能有意识、有目的地与传统思维方法"背道而驰"，往往能得到极好的创新成果。

⑨ 强化原理。

强化就是对创新对象进行精练、压缩或聚焦，以获得创新的成果。强化原理是指在创新活动中，通过各种强化手段，使创新对象提高质量、改善性能、延长寿命、增加用途，或产品体积的缩小、重量的减轻、功能的强化。

⑩ 群体原理。

大学生创新小组就是一种对群体原理的运用。

科学的发展，使创新越来越需要发挥群体智慧，才能有所建树。早期的创新多是依靠个人的智慧和知识来完成的。但随着科学技术的进步，要想"单枪匹马、独闯天下"，去完成像人造卫星、宇宙飞船、空间实验室和海底实验室等大型高科技项目的开发设计工作，是不可能的。这就需要创造者们能够摆脱狭窄的专业知识范围的束缚，依靠群体智慧的力量、依靠科学技术的交叉渗透，使创新活动从个体劳动的圈子中解放出来，焕发出更大的活力。

在创新活动中，创新原理是运用创造性思维分析问题和解决问题的出发点，也是人们使用何种创造方法、采用何种创造手段的凭据。因此，掌握创新原理，是人们能否取得创新成果的先决条件。但创新原理不是包治百病的"万应灵丹"，不能指望在浅涉创新原理之后，就能对创新方法了如指掌并使用自如、就能解决创新的任何问题。只有在深入学习并深刻理解创造原理的基础上，人们才有可能性有效地掌握创新方法，也才有可能成功地开展创新活动。

20.2.2 创新的特性

创新的特性一般包括：

（1）目的性——任何创新活动都有一定的目的，这个特性贯穿于创新过程的始终。

（2）变革性——创新是对已有事物的改革和革新，是一种深刻的变革。

（3）新颖性——创新是对现有的不合理事物的扬弃，革除过时的内容，确立新事物。

（4）超前性——创新以求新为灵魂，具有超前性。这种超前是从实际出发、实事求是的超前。

（5）价值性——创新有明显、具体的价值，对经济社会具有一定的效益。

20.3 创新的原则

创新原则就是开展创新活动所依据的法则和判断创新构思所凭借的标准。

20.3.1 遵守科学原理原则

创新必须遵循科学技术原理，不得有违科学发展规律。因为任何违背科学技术原理的创新都是不能获得成功的。比如，近百年来，许多才思卓越的人耗费心思，力图发明一种既不消耗任何能量、又可源源不断对外做功的"永动机"。但无论他们的构思如何巧妙，结果都逃不出失败的命运。其原因就在于他们的"创新"违背了"能量守恒"的科学原理。为了使创新活动取得成功，在进行创新构思时，必须做到以下几点：

（1）对发明创造设想进行科学原理相容性检查。

创新的设想在转化为成果之前，应该先进行科学原理相容性检查。如果关于某一创新问题的初步设想，与人们已经发现并获实践检查证明的科学原理不相容，则不会获得最后的创新成果。因此与科学原理是否相容，是检查创新设想有无生命力的根本条件。

（2）对发明创新设想进行技术方法可行性检查。

任何事物都不能离开现有的条件的制约。在设想变为成果时，还必须进行技术方法可行性检查。如果设想所需要的条件超过了现有技术方法可行性范围，则在目前该设想还只能是一种空想。

（3）对创新设想进行功能方案合理性检查。

任何创新的新设想，在功能上都有所创新或有所增强。但一项设想的功能体系是否合理，关系到该设想是否具有推广应用的价值。因此，必须对其合理性进行检查。

20.3.2 市场评价原则

创新设想要获得最后的成果，必须经受走向市场的严峻考验。爱迪生曾说："我不打算发明任何卖不出去的东西，因为不能卖出去的东西都没有达到成功的顶点。能销售出去就证明了它的实用性，而实用性就是成功。"

创新设想经受市场考验，实现商品化和市场化要按市场评价的原则来分析。其评价通常是从市场寿命观、市场定位观、市场特色观、市场容量观、市场价格观和市场风险观6个方面入手，考察创新对象的商品化和市场化的发展前景，而最基本的要点则是考察该创新的使用价值是否大于它的销售价格，也就是要看它的性能、价格是否优良。但在现实中，要估计一种新产品的生产成本和销售价格不难，而要估计一种新发明的使用价值和潜在意义则很难。这需要在市场评价时把握住评价事物使用性能最基本的几个方面，然后在此基础上做出结论。

评价事物使用性能最基本的几个方面如下：

（1）解决问题的迫切程度；

（2）功能结构的优化程度；

（3）使用操作的可靠程度；

（4）维修保养的方便程度；
（5）美化生活的美学程度。

20.3.3 相对较优原则

创新不可盲目追求最优、最佳、最美、最先进。

创新产物不可能十全十美。在创新过程中，利用创造原理和方法，获得许多创新设想，它们各有千秋，这时，就需要人们按相对较优的原则，对设想进行判断选择。

（1）从创新技术先进性上进行比较。

可从创新设想或成果的技术先进性上进行各自之间的分析比较，尤其是应将创新设想同解决同样问题的已有技术手段进行比较，看谁领先和超前。

（2）从创新经济合理性上进行比较选择。

经济的合理性也是评价判断一项创新成果的重要因素。所以对各种设想的可能经济情况要进行比较，看谁合理和节省。

（3）从创新整体效果性上进行比较选择。

技术和经济应该相互支持、相互促进，它们的协调统一构成事物的整体效果性。任何创新的设想和成果，其使用价值和创新水平主要是通过它的整体效果体现出来的。因此，对它们的整体效果要进行比较，看谁全面和优秀。

20.3.4 机理简单原则

在现有科学水平和技术条件下，如果不限制实现创新的方式和手段的复杂性，所付出的代价可能远远超出合理程度，从而使得创新的设想或结果毫无使用价值。在科技竞争日趋激烈的今天，结构复杂、功能冗余、使用烦琐已成为技术不成熟的标志。因此，在新创的过程中，要始终贯彻机理简单原则。为使创新的设想或结果更符合机理简单原则，可进行如下检查：

（1）新事物所依据的原理是否重叠，超出应有范围；
（2）新事物所拥有的结构是否复杂，超出应有程度；
（3）新事物所具备的功能是否冗余，超出应有数量。

因此，创新的机理越简单、可靠性越强，效果就越好。

20.3.5 构思独特原则

我国古代军事家孙子在其名著《孙子兵法·势篇》中指出："凡战者，以正合，以奇胜。故善出奇者，无穷如天地，不竭如江河。"所谓"出奇"，就是"思维超常"和"构思独特"，创新贵在独特，创新也需要独特。在创新活动中，关于创新对象的构思是否独特，可以从创新构思的新颖性、创新构思的开创性、创新构思的特色性几个方面来考察。

20.3.6 不轻易否定、不简单比较原则

不轻易否定、不简单比较原则是指在分析评判各种产品创新方案时，应注意避免轻易否定的倾向。在飞机发明之前，科学界曾从"理论"上进行了否定的论证；过去也曾有权威人

士断言，无线电波不可能沿着地球曲面传播，无法成为通信手段。显然，这些结论都是错误的，这些不恰当的否定之所以出现，是由于人们运用了错误的"理论"。

在避免轻易否定倾向的同时，还要注意不要随意在两个事物之间进行简单比较。不同的创新，包括非常相近的创新，原则上不能以简单的方式比较其优势。

不同创新不能简单比较的原则，带来了相关技术在市场上的优势互补，形成了共存共荣的局面。创新的广泛性和普遍性都源于创新具有的相融性。如市场上常见的钢笔、铅笔就互不排斥，即使都是铅笔，也有普通木质的铅笔和金属或塑料杆的自动铅笔之分，它们之间也不存在排斥的问题。

总之，我们应在尽量避免盲目地、过高地估计自己的设想的同时，注意珍惜别人的创意和构想。简单地否定与批评是容易的，难得的却是闪烁着希望的创新构想。

以上是在创新活动中要注意并切实遵循的创新原理和创新原则，这都是根据千百年来人类创新活动成功的经验和失败的教训提炼出来的，是创新智慧和方法的结晶。它体现了创新的规律和性质，按创新原理和原则去创新并非束缚人们的思维，而是把创新活动纳入安全可靠、快速运行的大道上来。

在创新活动中遵循创新原理和创新原则，是提升创新能力的基本要素，是攀登创新云梯的基础。有了这个基础就把握了开启创新大门的"金钥匙"。

习　题

20.1　什么是创新？
20.2　创新能力由哪几方面组成？
20.3　什么是创新原理？创新的作用有哪些？
20.4　在日常生活中，我们有哪些创新方面的点子、成果？

第 21 章　创新思维的培育

【实训目的及要求】
① 了解创新思维概念及拓展思维的视角；
② 了解发现和寻找创新点的途径和方法。

创新思维是指以新颖独创的方法解决问题的思维过程,这种思维能突破常规思维的界限,以超常规甚至反常规的方法、视角去思考问题,提出与众不同的解决方案,从而产生新颖的、独到的、有社会意义的思维成果。

客观事物是纷繁复杂的,当人的大脑长时间沿着一定方向、按照一定次序进行思考后,就会形成一种习惯或惯性,也就是通常说所的"思维惯性"。当对长期从事的事情或日常生活中经常发生的事物产生了思维惯性,并多次以这种惯性思维来对待客观事物,就形成了非常固定的思维模式,即"思维定式"。思维惯性和思维定式合起来就是"思维障碍"。

我们先来看一个案例,两个推销人员到一个岛屿上去推销鞋。一个推销员到了岛屿上之后气得不得了,因为他发现这个岛屿上每个人都是赤脚。他气馁了,于是马上发电报回去,"鞋不要运来了,这个岛上没有销路的,每个人都不穿鞋的"。第二个推销员来了,高兴得几乎昏过去了,因为他发现这个岛屿上的每一个人都没穿鞋!要是一个人穿一双鞋,那要销售多少双鞋出去!销售市场太大了!于是他马上发电报回去,"空运鞋来,赶快空运鞋来"。同样一个问题,不同的思维得出的结论是不同的。思维障碍阻碍了我们创造性地解决问题,对创新是非常不利的。我们要创新,要进行创新思维,首先就必须突破思维障碍。

创新思维是人们创新活动、展现创新能力的起点和关键。创新思维就是不受现成的常规的思路的约束,寻求对问题的全新的独特性的解答和方法的思维过程。寻求对问题的全新的独特的解答,把这种方法寻找出来,这样的思维过程,就叫创新思维。

21.1　思维障碍案例及点评

（1）思维定势容易导致错误的判断。权威、从众、经验和情感容易使人们的思维固化。

【案例一】见上面推销鞋子的案例。

【案例二】美籍华裔生物学家徐道觉的一位助手在配置用来冲洗培养组织的平衡盐溶液时,不小心配成了低渗溶液。低渗溶液是最容易使细胞涨破的。徐道觉把这种溶液倒进胚胎组织溶液时,在显微镜下无意中发现,染色体的数目清晰可见。显然,这本来是发现人类染色体确切数目的一个大好时机,可遗憾的是,这位徐先生当时却想起了美国著名遗传学家潘特在书上写过:由于大猩猩、黑猩猩的染色体都是 48 个,可以推算出人类的染色体也是 48 个。由于他当时认为既然书上已经有了断定,还研究它干什么呢?因此,徐先生没有继续观察和研究下去。过了几年，另一位美籍华裔生物学家蒋有兴也采用低渗处理技术，但他没有盲目相信书上的论断而是认真观察研究，终于发现人的染色体是 46 个，而不是 48 个。

【点评】盲目崇拜权威，完全相信，不敢怀疑，阻碍了人们纠正前人的错误和探索新的领域。

（2）假选择时常发生。

【案例三】霍布森选择效应：1631 年，英国剑桥商人霍布森从事马匹生意，他说，你们买我的马、租我的马，随你的便，价格都便宜。霍布森的马圈大大的、马匹多多的，然而马圈只有一个小门，高头大马出不去，能出来的都是瘦马、赖马、小马，来买马的左挑右选，不是瘦的，就是赖的。霍布森只允许人们在马圈的出口处选。大家挑来挑去，自以为完成了满意的选择，最后的结果可想而知——只是一个低级的决策结果，其实质是小选择、假选择、形式主义的选择。人们自以为做了选择，而实际上思维和选择的空间是很小的。有了这种思维的自我僵化，当然不会有创新，所以它是一个陷阱。

【点评】看似选择性很广，满足了某些要求，但实际上关键条件限制你的实现，阻碍了计划的完成。

（3）自我为中心阻碍了思维的创新。固执、自大是不能创新思维的鸿沟。

【案例四】张飞和诸葛亮比赛谁有力气：刘备三顾茅庐请来了诸葛亮，并对诸葛亮言听计从，张飞对此非常不服气，一心要和诸葛亮比试比试。一次，诸葛亮面带微笑地对张飞说："三将军，你说你有力气，请问，是重的东西扔得远？还是轻的东西扔得远？"张飞答道："那还用问，自然是轻的东西扔得远。""那一只鸡重还是一根鸡毛重？"张飞答："当然是鸡重。""好，我来扔鸡，你来扔鸡毛，看看谁扔得远。"结果，诸葛亮一下把鸡扔出几丈远，而张飞费了很大的劲扔鸡毛，可鸡毛几乎落在原地。诸葛亮见张飞不服气，又问他："你说，一个巴掌有劲，还是一个手指头有劲？"张飞不假思索地说："当然是巴掌啦！""那好，我们再来比比，你用巴掌，我用手指头，看谁先把地上的蚂蚁打死。"张飞用足了力气，把巴掌拍得生疼，也没有把地上的蚂蚁拍死，而诸葛亮只用手指轻轻一摁蚂蚁就死了。张飞从此对诸葛亮佩服得五体投地。

【点评】再有优势的东西，也有弱势的地方，看似弱小的东西，也有强势的一面。不要把自己看得太重，团队中每个人都有值得尊重的地方。

上述思维障碍案例还有很多，类型也五花八门，从中我们可以知道思维障碍是妨碍我们思维创新的篱笆，要突破思维障碍，就必须努力拓展思维的视角。

21.2 拓展思维视角

21.2.1 什么是思维视角

人的思维活动不仅有方向，有次序，还有起点和基于起点的切入角度等问题。我们把思维开始时的切入角度叫作思维视角。在创新活动中，思维视角非常重要。

对客观事物进行前所未有的改变，获得更加符合人们利益的结果是创新的目的，而要改变客观事物，若从旧的视角观察和认识客观事物和前人完成的业绩，你也很难超越。要创新，你就必须从新的视角切入，才能借助创新思维，产生更好的效果，以达到新的设定的目标。

拓展视角对认识客观事物影响巨大：

（1）事物本身都有不同的侧面，从不同的角度去考察，就能更加全面地接近事物的本质。盲人摸象的故事说明，只从一个角度、一个局部去考察事物，是不能准确反映事物的本来面目的。

（2）世界上的各种事物都不是孤立存在的，它们与周围的其他事物有着千丝万缕的联系，观察研究某一未显露本质的事物，可以从与它有联系的另一事物中寻找切入点。如：墨西哥火山爆发与粮食短缺看似毫不相干，却被精明的美国人发现并利用来大赚了一笔。

（3）事物是发展变化的，发展变化的趋势又有多种可能性。一般情况下，人们在观察和思考的时候，大多只注意到事物发展趋势比较明显的特征，因为它容易被看出来，这就叫常规视角。而对于那些很难被注意和捕捉的事物或发展趋势不明显的可能性，就要选取非常规的视角去观察和认识了。从这种非常规的视角发现的事物特征或发展趋势，往往就是发现，也往往就是创新思维的出发点。如：岛屿卖鞋。

（4）对于已形成了思维定式的情况，如果不改变思维角度，要想获得新的认识是非常困难的。如：在我们多年工作的范围内，一些制度、工作方法均已非常熟悉，日常工作习以为常，每天按部就班的工作没有什么不同。但在你的工作环境中来了一个外人，说不定就能发现很多问题，提出很多意见和建议。反过来，把你调到其他单位，你也可能很快发现那里的问题，提出有创见的意见来。这就是思维视角改变的作用和效果。

21.2.2 拓展思维视角的方法

1. 改变顺着想的思路习惯

大多数人对问题的思考，都是按常情、常理、常规去想的，或者是按照事物发生的时间、空间顺序来思考。顺着想有很多好处，一是容易找到切入点，解决问题效率比较高；二是大家都是这么想，彼此之间交流比较方便。但也有可能遭遇无法逾越的障碍和困难，也会忽视其他的可能性和正确的结果。

① 变顺着想为倒着想。当顺着想不能很好地解决问题时，倒着想就是一种新的选择。

② 从事物的对立面出发去想。鉴于事物的对立面是既对立又统一的，改变这一方不行，那么另一方行不行呢？

③ 思考者改变自己的位置。从其他角度看问题，或是换位思考可以达到不同的效果。

2. 转换问题获得新视角

对于难解决的问题，与其钻牛角尖不能自拔，不如把问题转变一下。

① 把复杂问题转化为简单问题。把复杂问题化繁为简本身就体现了一种新的视角。

② 把自己生疏的问题转换成熟悉的问题。对于从未接触过的问题，试着把它转换成你熟悉的问题，或许会产生出色的成果。

③ 把不能办到的事情转化为可以办到的事情。

21.3 学会超越

突破思维障碍是实现创新的前提，突破思维障碍从本质上讲，就是要突破自我、超越自我。只有实现自我超越、敢于超越他人的人，才能在为社会造福的同时实现自我价值。

1. 超越理论

理论是非常重要的，它从实践中获得并指导实践。但是，任何理论都是一定时代、一定范围的产物，再正确、再伟大的理论也需要在实践中丰富和发展。牛顿发明的力学原理几百年来统治着物理学界，直到20世纪初一个不出名的专利局小职员爱因斯坦却敢于打破牛顿的经典力学理论，并指出牛顿力学理论只在一定范围有效，从而提出了著名的相对论。所以，理论也必须随着人的生产和社会实践的发展而发展，随着人对客观认识的深化而修正、补充和完善。

马克思主义理论是迄今为止人类历史上最伟大的理论。但正如它的创始人马克思和恩格斯所说，马克思主义并没有"终极"和"穷尽"真理，而是为人类认识真理开辟了道路，为人类的实践留下了选择与创造的广阔空间。进入新时代，无论是政治经济领域，还是科学技术领域，都出现了新的变化，都需要我们探索、研究、超越和创新。

2. 超越习惯

习惯思维是创新的天敌，要实现思维创新，就是要改变、超越原有的习惯。人人都有长期养成的习惯，这些习惯通常很难改变。人的思维也是一样，在你不知不觉中按老一套方法去办事。当然，在我们周边还有更强大的习惯势力，列宁说过，千百万人的习惯势力是最可怕的势力，它阻碍和破坏着实现创新的努力。

作为创新者，不但要克服自己许多不利于创新的习惯，还要有经受习惯势力阻碍、打击和讽刺、挖苦的思想准备，并与习惯势力做顽强斗争的毅力。新时代给了我们每一个人实现创新的大好机会，党和政府也为我们创造了创新、创业的良好条件，崇尚和鼓励创新的风气正在形成，现在正是有志于创新的人们大显身手的有利时机。

3. 超越经验

经验是以往阅历与感性认识的积淀和凝结，无疑是非常宝贵的。在总结经验的基础上实现创新，也是许多有成就的创新者实现创新的宝贵资源。要善于总结经验，善于学习他人的经验。

当然，经验也有它的局限性，经验的获得通常与时间、范围和对象等有关，不能过于迷信经验，取得一次成功的经验或许不是很难的事，但超越经验，向新的领域拓展，往往不容易做到，只有那些永远保持清醒头脑、永不满足的人才会从成功走向新的成功，甚至从失败或挫折中走向成功。毛泽东说过："一切带原则性的军事规律，或军事理论，都是前人和今人做的关于过去战争经验的总结。这些过去战争所留给我们的血的教训，应该着重地学习它。这是一件事。然而还有一件事，即是从自己经验中考证这些结论，吸收那些用得着的东西，拒绝那些用不着的东西，增加那些自己所特有的东西。这后一件事十分重要，不这样做，我们不能指导战争。"

4. 超越自满

古往今来，多少英雄豪杰由于自满而失败，也不乏经济、文化、科技界的成功者由于自满而昙花一现。其实人们都不同程度地存在骄傲自满的情绪，小富即安、不思进取就是自满的表现。

自满的人不但会有思维障碍，还常常只能从自身狭隘的知识结构方面去思考问题，找不到新的思维视角，且多半有情感障碍，处于一种昏然的状态。处于这种状态的人爱凭"想当然"办事，遇事不思考、不求证，好大喜功，轻视困难，急躁冒进，一旦遇到困难就往往会孤注一掷，不计后果，而一旦失败便又怨天尤人，以致从此一蹶不振。

超越自满才能知道浩瀚的世界有无尽的奥妙、问题等待我们去研究、解决，才能知道天外有天、强中有强，才能不断学习，不断实践，不断创新。

21.4 发现并寻找创新点

发现和寻找创新点是整个创新活动的起点，通过对事物的观察、结合自己可用的有效资源，打开思维空间，深入研究，整合现有社会科技成果，开发社会和市场需要的新产品或解决人们遇到的困难和问题，促进社会的进步，其显得极为重要。

1. 客观需要激发创新

现实中的客观需要是一切创新发明及其成果的基础。研究"需要"是创新发明的第一步，寻求需要、发现需要、跟踪需要、满足需要，让需要具体化、物质化，才是产品开发创新的正确思路。因此，以"需要"启迪创新的好处是有的放矢，所开发的产品也有明确的需求对象。应当注意的是，"需要"是具有时效特征的，随时间的推移会有相应的变化，或向深层次发展，或变"需要"为"不要"。

从需要出发，引导产品创新开发的主要途径与思路有以下几个方面：

① 列出各种现实需要，按图索骥，引导创新。

人类的需要极其丰富，马斯洛将人类的需要划分成 5 个层次，如图 21.1 所示。其中生存的需要是最基本的需要。

② 广泛收集各种信息，启迪创新。

| 自我实现的需要 |
| 尊重的需要 |
| 社交的需要 |
| 安全的需要 |
| 生存的需要 |

图 21.1 人类的需要

在当前信息时代，特别是互联网、大数据和智能制造的广泛运用，可以从多渠道捕捉到许多信息，引发启迪你创新的思路与灵感。

③ 分析甄别其他人的创新思路，顺延创新。

留意并探究已有成功发明的目的和思路，从新的需要出发，研究出更新的发明成果。

④ 从细分市场需要、细化消费需求开拓创新。

产品都有自己的市场定位，在激烈的市场竞争中，有时候看似已经饱和的市场，实际上是就其原有定位而言的，如果设法在其使用的时间、空间、对象方面加以细分，就会发现还有许多潜在的需求，市场正等待着你的不断创新。

⑤ 攀龙附凤拓展间接消费需要，搭车创新。

在某类新产品问世之后，常有可能为了保障其正常功能的发挥、或给其锦上添花、或增加实用而提出的后续需要，那么就可以围绕产品的需要做二次开发，并以其配套服务的产品作为联动，发展一批新产品。

⑥ 深入分析消费者的消费心理，探索创新。

求新、求优、求廉、求美、求实、求特、求知、求乐、求精、求奇是消费者的"十求"心理，以"十求"为导向探索研究新产品开发方向，既可以选择其中一"求"，又可以将多种需求加以综合。针对当前的消费热点——ABCDEFGHI（Amenity、Beauty、Culture、Delicacy、Economy、Fashion、Gourmet、Health、Intelligence 即舒适、美观、文明、优雅、经济、时髦、美食、健康、知识等）开发适应的产品。

⑦ 研究把握产品未来发展趋势，概念创新。

未来健康型产品、智能化产品、个性化产品等将成为发展趋势，提早布局、研发是创新工作者的责任和使命。

2. 技术进步促进创新

科学技术的进步以及新知识、新理论产生的科技成果，通过促进技术创新而转化为生产力，并推动着人类的文明与进步。科学技术的每一次重大突破，都成为各种应用型创新的动力和源泉。由技术进步推动的创新往往是全新的、原创的，需要更多的投入、冒更大的风险，当然，其最终的效益也常常是出人意料的、不同寻常的。这就是为什么说"科学技术是第一生产力"的缘故。

技术进步促进创新通常有以下两种思路和方法：

① 原创型创新。

在一个新的理论或新的发现诞生后，使理论的或实验室的成果产品化、市场化，这就是创新点。如电磁转化、半导体、激光、基因理论等都是引发一系列巨大影响的原创性创新。

② 拓展应用型创新。

拓展应用型创新是指在已有的技术创新成功的基础上，设法将其推广应用到其他方面去的创新思路。也就是以某项技术创新为焦点，尽可能地与本行业及自己所熟悉的领域进行强制性联想，看能否找到对企业与自身发展等有直接相关的创新点，或进一步广泛地向各行各业进行发散式的强制联想，寻找并发现新的创新点。

3. 公平竞争驱动创新

竞争是自然界客观存在的最普遍的现象，市场竞争促进企业的创新和发展，社会也在不断竞争中发展进步。

竞争通常可以激发创新，主要有以下两个方面：

① 基于产品差异化的创新。

在与竞争对手竞争中，将产品形成与众不同的特点（或特色），创造被行业或大众都视为"独特"的产品和服务。

② 基于产品成本优势的创新。

价格是市场的敏感指标，同样的产品当然是价格低廉更能为大家所接受。只有通过不断改善管理、提升技术、改进工艺等措施降低成本，才能取得产品成本领先的创新优势。

4. 创新技法助推创新

创新技法可以帮助你发现问题和解决问题。借助创新技法，对现有事物进行分析思考，从中发现可供创新的课题。

善于创新的人对问题均有着特别的敏感性，一个掉向地面的苹果就能引发牛顿对万有引力的思考，因此，要学会留意身边的小事。

① 增强问题意识。

创新活动首先源于问题意识,问题意识也可称为对问题的感受能力。如果缺乏问题意识,就会感觉到什么事都是理所当然、天经地义、无可厚非,那就无从提出问题,无从发现创新点,更不要说创新改变了。因此养成良好的问题意识习惯,敢于质疑,对所发生的事物进行质疑,"以疑激思"。

② 关爱并尊重好奇心。

好奇心是指引人们走向未知领域的一个重要因素和力量,好奇心可以激发人们的创新兴趣和欲望,并驱动创新活动。

好奇心看起来有点盲目,但却常常是创新的起点和萌芽。我们应该对自己的好奇心给予充分的信任、关爱和尊重,并努力向前探索,就一定会发现并掌握更多自己未知的知识和领域。

③ 留心生活中的小事。

学会留心身边发生的小事,因为"大"与"小"是相对的,小事有时会起大作用,"大"也是许多"小"积累起来的,"小"事有时恰恰是问题的根源。

④ 盯住最显而易见的部分。

一个人很难直接看到自己的眼睫毛,因为它离你眼睛最近、最明显。这一现象在我们思维中也常常如此,即常常忽略平时最显而易见的事物和问题。把显而易见的事物逐项分析,往往有利于创新工作的顺利进行。

从上述可以看出,在日常生活与工作中,如果能够多留意看起来常见的、普遍的和"小"的事物,并尝试用新观念从多个角度进行审视,就一定能发现有很多有价值的创新点。

习 题

21.1 什么是创新思维?

21.2 拓展思维视角的方法有哪些?

21.3 从市场需要出发,产品创新开发的主要途径与思路有哪些?

第 22 章 创新方法训练

【实训目的及要求】
① 熟悉常用的创新方法和创新技巧。

这一章我们来介绍创新方法及其训练。有了良好的创新愿望、创新意识,但没有正确的创新方法,是不可能取得满意的创新成果的。创新方法是创新能力最重要的组成部分,掌握正确的创新方法和技能,对于培养我们的创新能力具有重要的作用。

22.1 创新方法概述

创新方法是指创新活动中带有普遍规律性的方法和技巧。在做一件事时,如果方法得当,则事半功倍;如果方法不当,则事倍功半。因此,古往今来人们对创新方法的研究极为重视。

22.2 常用的创新方法

22.2.1 模仿创新法

模仿创新法就是人们通过模仿旧事物而创造出与其相类似的事物的方法。从模仿的创造性程度而言,可分为机械式模仿、启发式模仿和突破式模仿三种,它们之间的关系如图 22.1 所示。

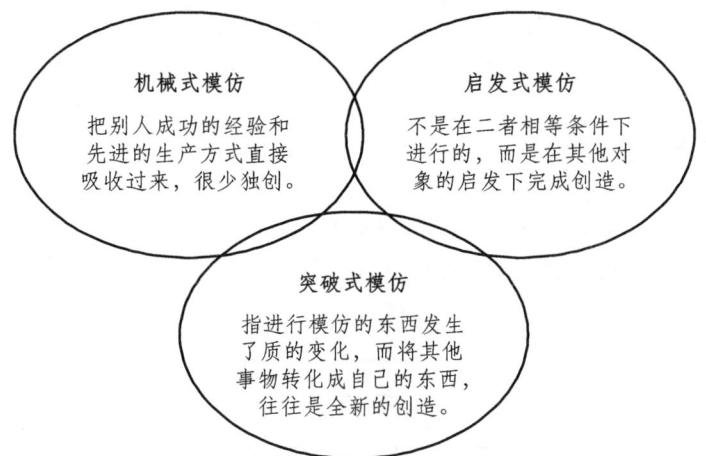

图 22.1 三种模仿创新法之间的关系

机械式模仿是指把别人的成功经验和先进的生产方式直接吸收过来,很少独创。

启发式模仿是指不是在二者相等条件下进行的，而是在其他对象的启发下完成创造。

突破式模仿是指进行模仿的东西发生了质的变化，而将其他事物转化成自己的东西，往往是全新的创造。

22.2.2 创意列举法

创意列举法主要分为属性列举法、希望点列举法、优点列举法和缺点列举法 4 种，如表 22.1 所示。

表 22.1 创意列举法分类

类 型	具体解释	说明
属性列举法	先观察和分析属性特征，再针对每项特征提出创新构想	这种方法是一种创意思维策略，强调人们在创造的过程中，先观察和分析事物或问题的属性特征，然后再针对每项特征提出相应的改良或改变的构想
希望点列举法	不断地提出理想和愿望，针对希望和理想进行创新	这种方法是指人们不断地提出理想和愿望，针对这些理想和愿望，寻找解决问题的对策以及实现这些理想和愿望的方法
优点列举法	逐一列出事物优点，进而探求解决问题的方法和改善的对策	这种方法指的是人们逐一列出事物的优点，从而寻求解决问题、提出改善对策的办法
缺点列举法	列举和检讨缺点和不足之处，找出解决问题的方法和改善的对策	与优点列举法相对应，是人们针对一项事物，不断地列举出其缺点和不足之处，然后分析这些缺点，从而找出解决这些问题和改善对策的方法

22.2.3 类比创新法

类比创新法是根据两个或两类对象之间在某些方面的相同或相似而推出它们在其他方面也可能相同的一种思维形式和逻辑方法。

根据类比的对象、方式等的不同，类比创新法一般可分为以下几种类型：直接类比、拟人类比、因果类比、对称类比、幻想类比、仿生类比和综合类比。

22.2.4 头脑风暴法

头脑风暴法（Brain Storming）或简称 BS 法，又称智力激励法。它是通过小型会议的组织形式，让所有参加者在自由愉快、畅所欲言的气氛中，自由交换想法和点子，并以此激发参会者创意及灵感，使各种设想在相互碰撞中激起脑海的创造性"风暴"。如图 22.2 所示。

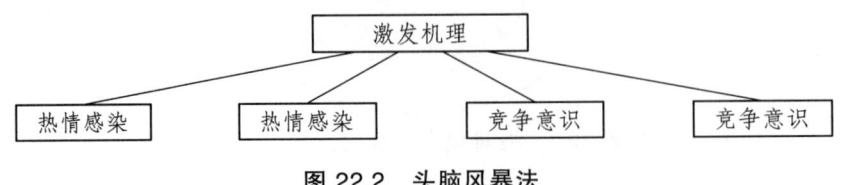

图 22.2 头脑风暴法

为使思维活动真正起到互激效应，运用头脑风暴法必须严格遵守以下四项基本原则：延迟评价；鼓励自由想象；以数量求质量；鼓励巧妙地利用并改善他人的设想。

头脑风暴法会议的组织步骤如下：

① 首先要明确会议的目标，千万不能无的放矢。
② 会议人数以 5~10 人为宜，包括主持人、记录员和参加者。
③ 选择合适的主持人。
④ 确定记录员。
⑤ 会议时间一般为 1 h 内，特殊情况不要超过 2 h。
⑥ 对设想的评价。

22.2.5 六顶思考帽法

以不同颜色的帽子代表不同的情感和思维，承担创新工作的不同任务，如表 22.2 所示。

表 22.2 六顶思考帽法说明

帽子	含义、功能、特点	承担创新工作任务
白色思考帽	白色代表中立与客观。戴上白色帽子，人们只是关注实事和数据	陈述问题实事
红色思考帽	红色代表感性和直觉，使用时不需要给出证明和依据。戴上红色帽子，人们可以表现自己的情绪、直觉、感受和预感等	对方案进行直觉判断
黄色思考帽	黄色代表价值和肯定。戴上黄色帽子，人们从正面考虑问题，表达乐观的、满怀希望的、建设性的观点	评估该方案的优点
黑色思考帽	黑色代表谨慎消极。戴上黑色帽子，人们可以运用否定、怀疑、谨慎、质疑的看法，合乎逻辑地进行批判，尽情发表负面的意见，找出逻辑上的错误，进行逻辑判断和评估	列举该方案的缺点
绿色思考帽	绿色代表跳跃与创造，寓意创造力和想象力，具有创造性思考、头脑风暴、求异思维等功能。戴上绿色帽子，人们不需要以逻辑性为基础，可以帮助人们寻求新方案和被选方案，做出多种假设，并为创造力的尝试提供时间和空间	提出如何解决问题的建议
蓝色思考帽	蓝色代表冷静逻辑，负责控制各种思考帽的使用顺序，规划和管理整个思考过程，并负责做出结论。戴上蓝色帽子，人们可以集中思考或再次集中思考，指出不合适的意见等	总结陈述，做出决策

22.2.6 检核表法

检核表法就是采用一张一览表，对需要解决的问题逐条地进行核计，进而从各个角度诱导出多种创意设想的方法。人们创造出了多种检核表，其中最常用的就是奥斯本检核表。

奥斯本检核表法九大问题如表 22.3 所示。

表 22.3 奥斯本检核法九大问题

序号	检核项目	说明
1	能否他用	能否还有其他用途？保持不变能否扩大用途？稍加改变有无其他用途？
2	能否借用	能否从别处得到启发？能否借用别处的经验和发明？过去有无类似的东西可供模仿？谁的东西可供模仿？现有的发明能否引导人到其他创造设想之中？
3	能否改变	能否做某些改变？改变一下会怎样？可以改变一下颜色、形状、音响和味道吗？能否改变一下型号模具或运动形式？……改变之后，效果如何？
4	能否扩大	能否扩大适用范围？能否增加使用功能？能否添加零部件，延长它的使用寿命？能否增加长度、厚度、强度、频率、价值？
5	能否缩小	能否体积变小、长度变短、重量变轻？能否拆分或省略某些部分（简单化）？能否浓缩化、省力化、方便化？
6	能否替代	能否用其他材料、原件、方法、工艺、功能等来替代？
7	能否调整	能否交换排列顺序、位置、速度、时间、计划、型号？内部元件能否交换？
8	能否颠倒	能否正反颠倒、里外颠倒、目标手段颠倒等？
9	能否组合	能否进行原理组合、材料组合、部件组合、形状组合、功能组合、目的组合？

奥斯本检核表法的"三步走"实施步骤如下：

第一步，根据创新对象明确所需解决的问题。

第二步，参照表中列出的问题，运用丰富的想象力，强制性地逐个核对讨论，写出新设想。

第三步，对新设想进行筛选，将最有价值和创新性的设想筛选出来。

*注意事项：

① 对所列举的事项逐条进行检核，确保不遗漏。

② 尽量多检核几遍，以确保较为准确地选择出所需创新、发明的方面。

③ 进行检索时，可将每一大类问题作为一种单独的创新方法来运用。

④ 检核方式可根据需要进行多种变化。

22.2.7 十二口诀法（见表 22.4）

表 22.4 十二口诀法

口诀	含义
加一加	加多、加厚、加高、组合等
减一减	减轻、减少、省略等
扩一扩	放大、扩大、增强功效等
变一变	改变其形状、颜色、气味、音响、次序等
改一改	改缺点、改不便、改不足之处等
缩一缩	压缩、缩小、微型化等

续表

口诀	含义
联一联	原因和结果有何联系，把某些东西联系起来
学一学	模仿形状、结构、方法，学习先进
代一代	用其他材料代替，用其他方法代替
搬一搬	移做他用
反一反	能否颠倒一下
定一定	定个界限、标准，能提高工作效率

22.2.8 组合创新法

组合创新法是指按照一定的技术原理，通过将两个或多个功能元素合并，从而形成一种具有新功能的新产品、新工艺、新材料的创新方法。

组合创新法具有以下特点：
① 将多个特征组合在一起。
② 组合在一起的特征相互支持、相互补充。
③ 组合后要产生新方法或达到效果，有一定的飞跃。
④ 利用现成的技术成果，不需要建立高深的理论基础和开发高级技术。

组合创新法几乎覆盖了我们日常生活的各个领域。

22.2.9 逆向转换法

通过逆向思考，往往会达到好的效果。通常有如下几种方法：
① 原理逆向，从事物原理的相反方向进行思考。
② 功能逆向，按事物或产品现有功能进行相反的思考。
③ 过程逆向，事物进行过程逆向思考。
④ 因果逆向，原因结果相互反转即由果到因。
⑤ 结构或位置逆向，从已有事物结构或位置出发所进行的反向思考。
⑥ 观念逆向，一般情况下，观念不同，行为不同，收获就可能不同。

22.2.10 移植创新法

移植创新法是指将某一领域中已有的原理、技术、方法、结构、功能等，移植应用到另一领域而产生新事物、新观念和创意的构思方法。

移植创新法应用的必要条件如下：
① 用常规方法难以找到理想的设计方案或解题设想，或者利用本专业领域的技术知识根本就无法找到出路。
② 其他领域存在解决相似或相近问题的方式方法。
③ 对移植结果能否保证系统整体的新颖性、先进性和实用性有一个估计或肯定性判断。

移植创新法分类见表 22.5。

表 22.5 移植创新法分类

类型	内容
原理性移植	把某一领域的原理移植到另一不同的领域,从而产生新设想的方法
方法性移植	把某一领域的技术方法有意识地移植到另一领域,从而形成创造的方法
功能性移植	把某一技术所具有的独特技术功能应用到其他领域,导致功能扩展的方法
结构性移植	把某一领域的独特结构移植到另一领域而形成具有新结构的事物
材料性移植	通过材料的替换达到改变性能、节约材料、降低成本的目的,带来新的功能和使用价值

22.2.11 TRIZ 理论法

TRIZ(Teoriya Resheniya Izobreatatelskikh Zadatch)意译为发明问题的解决理论,它是由苏联发明家、教育家 G.S.Altshuller(根里奇·阿奇舒勒)和他的研究团队,通过分析大量专利和创新案例总结出来的。

TRIZ 理论成功地揭示了创造发明的内在规律和原理,着力于澄清和强调系统中存在的矛盾,其目标是完全解决矛盾,获得最终的理想解。它不是采取折中或者妥协的做法,而且它是基于技术的发展演化规律研究整个设计与开发过程,而不再是随机的行为。实践证明,运用 TRIZ 理论,可大大加快人们创造发明的进程,而且能得到高质量的创新产品。

现代 TRIZ 理论法的核心思想主要体现在以下三个方面:
① 无论是简单的产品还是复杂的技术系统,都具有客观进化规律和模式。
② 各种难题、矛盾和冲突的不断解决,是推动这种进化过程的动力。
③ 技术系统发展,其理想状态是使用尽量少的资源实现尽量多功能。

22.3 常用的创新技巧

22.3.1 颠覆常识

常识一般是指日常知识、众所周知的知识、约定俗成的无须证明的知识,或是本能的学习和判断能力等。

常识对创新的阻碍主要表现在权威误导、经验误导和习惯误导三个方面,在很多情况下需要颠覆常识的阻碍,才能有所创新。但颠覆常识应尽可能避免陷入误区,即要么全盘否定常识,要么反方向寻找都是不利的。

颠覆常识的技巧如表 22.6 所示。

表 22.6 颠覆常识的技巧

序号	技巧	说明
1	不急于认同	不盲从常识,先经过思考再选择是否认同
2	辩证思考	从正反两面来思考某一事物,不片面定性
3	左右脑并用	左右脑结合使用,不仅使用一种思维
4	回到原点	回到事物本身进行思考,不用经验思考
5	不盲从他人	有自己的独立思考意识,不盲信他人

22.3.2 消除偏见

偏见一般是指人们由于一贯的错误认识或受事物表面现象蒙蔽，只看到事物的一面所引起的对事物片面的认识。偏见一般由受个体经验左右，受个体人格和心理的影响，受"首因效应"的影响和受个人利益左右。

消除偏见的方法见表22.7。

表22.7 消除偏见的方法

序号	方法	内容
1	多角度思考	看待事物不能只看事物的一个面，要全面思考
2	换位思考	站在不同的立场思考事物，摒弃自我中心主义
3	反向思考	从事物的反面进行思考，立体化把握事物
4	归零思考	清除对事物的原本认识，重新定位事物

22.3.3 挑战权威

权威一般指人们自愿服从和支持的权力，也指使人信从的力量和威望。挑战权威就是要不盲从信奉权威，不害怕挑战失败。

挑战权威的方法介绍如下。

① 敢于质疑。古人云："小疑则小进，大疑则大进。"质疑是发现问题、挑战权威的第一步。

② 相信创新的力量。相信创新终究能够战胜已经落后的权威，能够改变人们对落后权威的迷信。

③ 相信小人物也能创新。不要被权威人物吓倒，要相信小人物也有能力改变一切。

④ 实践出真知。想要创新，人们就必须在基于事实的基础上，付出努力和汗水，在实践中检验创新的力量。

22.3.4 打破规则

规则给人们提供了一定的依据，能够指导人们的思想和行为，但它在一定程度上束缚了人们的思想和行动。

打破规则的方法见表22.8。

表22.8 打破规则的方法

序号	方法	内容
1	转换视角	从不同的视角出发，往往能得出不同的结论和规则；想要打破规则，就要学会转换视角，从不同的角度来评判规则
2	突破传统	敢于质疑传统规则的适用性和效用性
3	挑战权威	创新要敢于向权威挑战，不能盲信权威，要培养独立思考的意识
4	关注变化	密切关注行业的新动态，学会抓取具有变革意义的信息，并和旧信息、旧规则相比较
5	接受新思想	积极接受新思想，有新思想作为理论武器，才能看清旧规则的局限性
6	寻找新点子	打破权威需要新点子，有了"立"才能"破"，有了新想法才能批判旧规则
7	突破行业限制	站在新高度看待旧规则
8	不排斥外行	很多规则都是被外行人打破的，要学会从外行人身上汲取新想法、新观点

22.3.5 领先时间

牢固树立时间意识及奋勇争先的竞争意识,设定好目标和计划,按照时间节点,借助时间管理工具确保完成当天和阶段计划,乃至实现最终目标。

22.3.6 否定自我

否定自我是指人们勇于承认自己的不足,不满足已有的成绩,并勇于挑战自己的优势,敢于自我突破,最终实现自我超越。

否定自我的特点:否定自我不是自卑,否定的目的是发展,否定的实质是扬弃。

否定自我的方法:自我诊断,对比他人,听取意见。

22.3.7 扩展视角

视角是人们思考问题的角度、立场、方式、路线等。视角不同得到的结论也不同。因此,要想创新,就应该扩展视角,学会多角度思考。

视角的类型见表22.9。

表22.9 视角的类型

序号	类型	解释
1	时间视角	对待时间的不同视角,影响着人们的思维。一般可分为过去思维视角、当下思维视角、未来思维视角
2	立场视角	立场视角可分自我立场、他人立场、群体立场,即看待事物和世界是从自我立场出发、他人立场出发、全局立场出发
3	认知视角	可分为感性角度(看待事物以感知为标准)和理性角度(看待事物以理性判断为标准)
4	评判视角	评判事物的一种态度,包括肯定(从事物的优点出发)、否定(重在批判事物缺点)、存疑(先质疑事物,经过思考和判断后确认对事物的态度)的态度
5	对比视角	看待事物时不但会观察事物本身,还会寻找其他参照物,对比事物之间的异同,即求同或求异视角

22.3.8 解开枷锁

思想枷锁一般是指随着经验的逐渐积累和思维方式的逐渐固定而形成的一种思维习惯。它使得人们倾向按照常规思维去思考和行动。

套上枷锁的思维主要有以下几种表现形式:

① "要最完美的":追求完美,总想着要思考出最完美的方法;
② "不能想太多":当自己往别处想时,告诫自己不能想太多,从而停止继续思考;
③ "大家都这么想":把大家的标准当成自己的标准,随波逐流;
④ "要符合规矩":凡事都想着要符合规矩,不敢越雷池一步;
⑤ "不能让别人笑话":怕别人笑话,不敢多想多做;
⑥ "我不擅长":以自己不擅长、不具备天赋为由拒绝思考等。

思维枷锁的类型和解锁方法见表22.10。

表 22.10 思维枷锁的类型及解锁方法

序号	枷锁类型	具体解释	解锁方法
1	自我中心型	坚持自我立场的正确性，排斥他人的想法	跳出自我主义，从他人和全局角度思考
2	一根筋型	不懂得转弯和迂回，缺乏想象力	不钻牛角尖，学会变通，进行辩证思考
3	随波型	随波逐流，以大众看法为准，没有自己的想法	学会独立思考，不盲从他人
4	权威型	盲从于权威，不敢挑战权威，缺乏质疑精神	培养质疑精神，敢于挑战权威
5	经验型	一味盲从于经验，不肯改变	跳出经验主义，寻找新方法
6	定式型	习惯性地运用一种思维习惯进行思考	打破惯性思维，学会逆向思考
7	本能型	只按照自己本能进行思考，凭感觉进行判断	养成多思考、多动手的习惯，学会理性分析

从上面可以看出，创新方法和创新技巧有很多，在对某一事物开展创新活动时，融合运用这些方式方法，跳出特定思维，沉心研究，就一定能够找到解决问题的办法，闯出一条新路来。

习 题

22.1 什么是头脑风暴法？它的使用步骤有哪些？

22.2 运用检核表法列举出在使用过的机械加工设备中有哪些可以扩大使用范围。

22.3 尝试创新无碳小车或一种生活中日用品的设计方案及制造过程。

附录1 常见工矿企业安全标志

 必须用防护屏
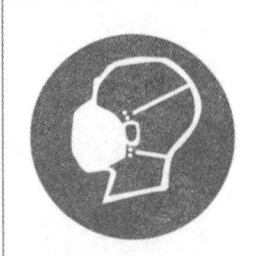 必须戴防尘口罩
 必须戴安全帽
 必须戴防护面罩
 必须穿防护鞋
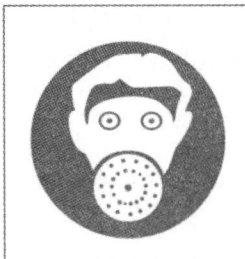 必须戴防护面具
 必须戴防护眼镜
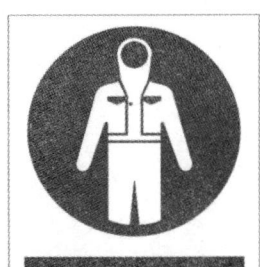 必须穿防护服
 必须用防护装置
 必须戴防护手套
 必须穿工作服
 必须穿戴绝缘保护用品

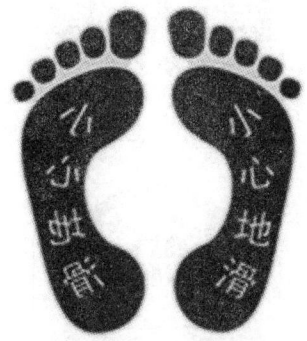
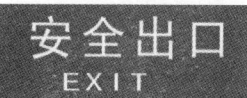

 禁止烟火
 禁止吸烟
 吸烟区
 禁止带火种
 禁止用水灭火
 禁止放易燃物
 禁止启动
 禁止触摸
 禁止跨越
 禁止跳下
 禁止入内
 禁止停留

 当心夹手
 当心有毒气体
 当心机械伤人

 当心伤手
 当心扎脚
 当心吊物

 当心坠落
 当心高温表面
 当心烫伤

 当心中毒
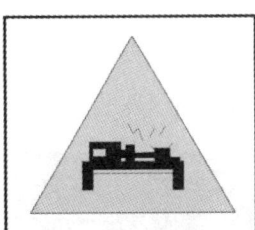 当心铁屑伤人
 当心超压

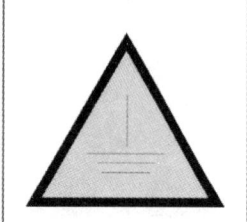  

 仓储重地

附录2 第六届全国大学生工程训练综合能力竞赛命题

一、无碳小车类竞赛项目

1.1 竞赛命题

本届竞赛命题为"以重力势能驱动的具有方向控制功能的自行无碳小车"。

自主设计并制作一种具有方向控制功能的自行无碳小车,要求其行走过程中完成所有动作所需的能量均由给定重力势能转换而得,不可以使用任何其他来源的能量。该给定重力势能由竞赛时统一使用质量为 1 kg、总高度为 99±1 mm 的标准砝码(ϕ50×65 mm,碳钢制作)来获得,要求砝码的可下降高度为 400±2 mm。标准砝码始终由无碳小车承载,不允许从无碳小车上掉落。如附图 2.1 所示为无碳小车示意图。

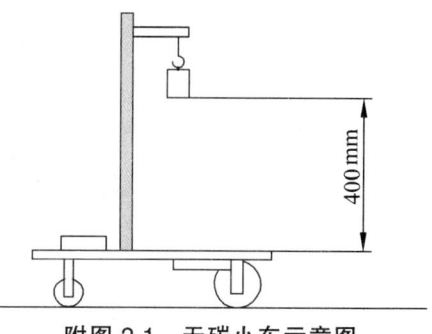

附图 2.1　无碳小车示意图

要求无碳小车具有转向控制机构,且此转向控制机构应具有可调节装置,以适应障碍物间距变化时的竞赛。

要求无碳小车为三轮结构。其中一轮为转向轮,另外两轮为行进轮,允许两行进轮中的一个轮为从动轮。具体设计、选材及加工制作均由参赛学生自主完成。

1.2 无碳小车竞赛赛程组织与评分

竞赛由无碳小车第一轮现场竞赛、三维设计及 3D 打印制作、机械拆装、无碳小车第二轮现场竞赛和工程设计报告评定等 5 个环节组成,具体竞赛评分内容如附表 2.1 所示。

附表 2.1 件 竞赛各环节分数比例

序号	环　节	评分项目	分数
1	第一环节	第一轮现场竞赛	20
2	第二环节	三维设计及 3D 打印制作	15
3	第三环节	机械拆装	15
4	第四环节	第二轮现场竞赛	30
5	第五环节	工程设计报告评定	20
总　分			100

1.3 无碳小车常规竞赛项目

1.3.1 "S"形赛道避障行驶常规赛项第一轮现场竞赛

"S"形赛道如附图 2.2 所示,赛道宽度为 2 m,沿直线方向水平铺设。按"隔桩变距"的规则设置赛道障碍物(桩),障碍物(桩)为直径 20 mm、高 200 mm 的塑料圆棒,无碳小车在前行时能够自动绕过赛道上设置的障碍物。沿赛道中线从距出发线 1 m 处开始按平均间距 1 m 摆放障碍桩,奇数桩位置不变,根据经现场公开抽签的结果,第一偶数桩位置在 ±(200~300)mm 范围内做调整(相对于出发线,正值远离,负值移近),随后的偶数桩依次按照与前一个偶数桩调整的相反方向做相同距离的调整。以无碳小车成功绕障数量和前行的距离来评定成绩。每绕过一个桩得 8 分(以无碳小车整体越过赛道中线为准),一次绕过多个桩或多次绕过同一个桩均算作绕过一个桩,障碍桩被推出定位圆或被推倒均不得分;无碳小车行走的距离每延长 1 m 得 2 分,在中心线上测量。

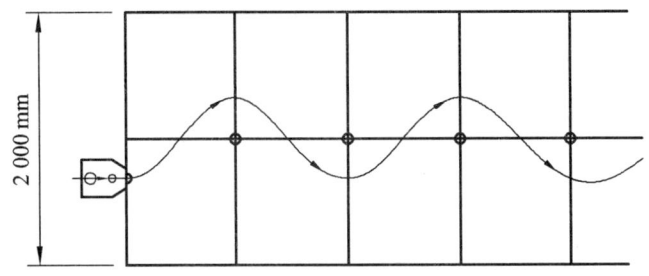

附图 2.2 无碳小车在重力势能作用下自动行走(S 赛道)示意图

各队使用竞赛组委会统一提供的标准砝码给参赛无碳小车加载,并在指定的赛道上进行比赛。无碳小车在出发线前的位置自行决定,不得过出发线。每队无碳小车运行 2 次,取 2 次成绩中的最好成绩。

无碳小车绕障有效的判定为:无碳小车从赛道一侧越过一个障碍后,整体越过赛道中线且障碍物未被撞倒或推出障碍物定位圆;无碳小车连续运行,直至停止。无碳小车有效的运行距离为:停止时无碳小车最远端与出发线之间的垂直距离。

1.3.2 "双 8 字"形赛道避障行驶常规赛项第一轮现场竞赛

如附图 2.3 所示,竞赛场地为半张标准乒乓球台(长 1525 mm、宽 1370 mm),有 3 个障碍桩沿中线放置,障碍桩为直径 20 mm、高 200 mm 的圆柱体,两端的桩至中心桩的距离为 350±50 mm,具体数值由现场公开抽签决定。

无碳小车需绕中线上的三个障碍桩按"双 8 字"形轨迹循环运行,以无碳小车成功完成"双 8 字"绕行圈数的数量来评定成绩。

参赛时,要求无碳小车以"双 8 字"形轨迹交替绕过中线上 3 个障碍桩,保证每个障碍桩在"双 8 字"形的一个封闭圈内。每完成 1 个"双 8 字"且成功绕过 3 个障碍,得 12 分。各队使用组委会

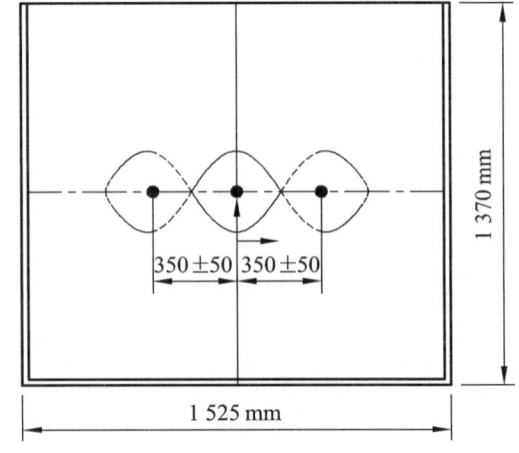

附图 2.3 "双 8 字"形赛道平面示意图

统一提供的标准砝码参赛。每队无碳小车运行 2 次，取 2 次成绩中最好成绩。

一个成功的"双 8 字"绕障轨迹为：3 个封闭圈轨迹和轨迹的 4 次变向交替出现，变向指的是轨迹的曲率中心从轨迹的一侧变化到另一侧。

比赛中，无碳小车需连续运行，直至停止。无碳小车没有绕过障碍、碰倒障碍、将障碍物推出定位圆区域、砝码脱离无碳小车、无碳小车停止或无碳小车掉下球台均视为本次比赛结束。

1.3.3 三维设计及 3D 打印制作

由 1 名参赛队员参与竞赛；经抽签，按照大赛统一规定要求，在计算机上设计 3D 打印图样，绘制出图样的零件图，零件图上需标示出配合尺寸公差，并用 3D 打印制作出来。本项内容应在规定时间内完成，违规或延时完成者减分，不能完成者或延时超限者不得分，不能进入后面环节的竞赛。

1.3.4 无碳小车机械拆装

再次抽签，确定新的"S"和"双 8 字"赛道的障碍物桩距。

每队派出 2 名参赛队员对本队参赛无碳小车进行零件拆卸，裁判人员根据爆炸图进行对照检查。拆卸完成后，按照新产生的抽签数据，装配并调节无碳小车。拆装工具自带，除标准件及轴承外，不允许自带任何备用零件入场，对违反规定的行为按减分法处理。现场将提供钳工台。如需使用机床加工，可提出申请，经裁判批准，可到车间进行普车、普铣、钻孔等常规加工作业，所需刀具和量具自备。本项内容在规定时间内完成得满分，违规或延时完成者减分，不能完成者不得分。

1.3.5 无碳小车避障行驶常规赛第二轮现场竞赛

用装配调试完成的无碳小车，再次进行避障行驶竞赛，规则分别同 1.3.1 和 1.3.2。

1.4 无碳小车挑战赛项目

1.4.1 "S 环形"赛道挑战赛第一轮现场竞赛

"S 环形"赛道如附图 2.4 所示，由直线段和圆弧段组合而成一封闭环形赛道，沿赛道中线放置 12 个障碍物（桩），障碍桩为直径 20 mm、高 200 mm 的塑料红白圆棒。竞赛无碳小车能够在环形赛道上以"S 环形"路线依次绕过赛道上障碍桩，自动前行直至停止。赛道水平铺设，直线段宽度为 1 200 mm，两侧直线段赛道之间设有隔墙；沿赛道中线平均摆放 5 个障碍桩，奇数桩位置不变，偶数桩位置根据现场公开抽签结果，在 ±（200～300）mm 范围内相对于中心桩做相向调整（相对于中心桩，正值远离，负值移近）。

以无碳小车前行的距离和成功绕障数量来评定成绩。每绕过一个桩得 8 分（以无碳小车整体越过赛道中线为准），一次绕过多个桩或多次绕过同一个桩均算作绕过一个桩，障碍桩被推出定位圆或被推倒均不得分；无碳小车行走的距离每延长 1 m 得 2 分，在中心线上测量。

各队使用竞赛组委会统一提供的标准砝码给参赛无碳小车加载，并在指定的赛道上进行比赛。无碳小车在出发线前的位置自行决定，不得越线。每队无碳小车运行 2 次，取 2 次成绩中的最好成绩。

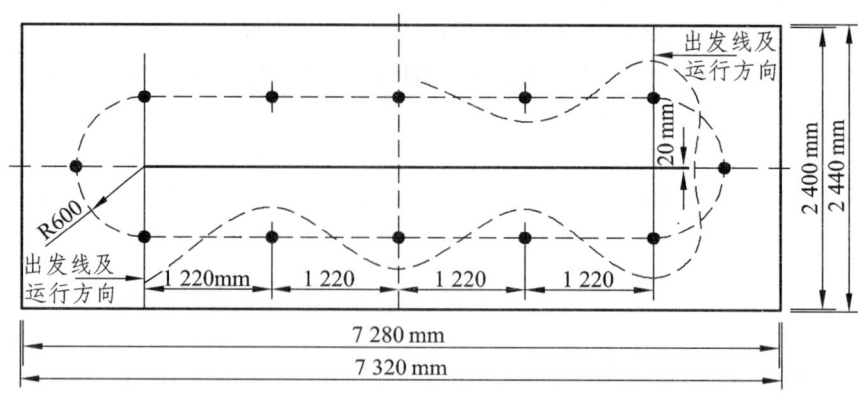

附图 2.4 "S 环形"赛道示意图

1.4.2 三维设计及 3D 打印制作

要求同 1.3.3。

1.4.3 无碳小车机械拆装

要求同 1.3.4。

1.4.4 "S 环形"赛道挑战赛第二轮现场竞赛

用装配调试完成的无碳小车,再次进行避障行驶竞赛,规则同 1.4.1。

1.5 现场问辩

根据参赛队数量,经各队自愿申请或通过抽签产生参加答辩环节的参赛队。答辩问题涉及本队参赛作品的设计、制造工艺、成本及管理等相关知识。参与答辩的参赛队按答辩得分由高到低排序,得分高于答辩平均分的队将得到总分加分,得分低于答辩平均分的队将得到总分减分。

1.6 工程设计报告评审

各参赛队须自主完成并在参赛报到时提交参赛项目的工程文件,分别为:
(1)结构设计报告 6 份;
(2)加工工艺设计报告 6 份;
(3)工程管理及创业分析报告 8 份。

每种文件纸质版一式 2 份,电子版 1 份,格式及装订均须符合技术规范和竞赛要求。具体规定及要求由竞赛秘书处另行发布。

各参赛队在报到时还须提交与设计制作有关的 3 min 视频 1 份和 PPT 文件 1 份,具体规定及要求由竞赛秘书处另行发布。

竞赛评审组对每支参赛队提交的设计方案文件按减分法进行评阅。各队该项得分计入其竞赛总成绩。

二、智能装备类竞赛项目

2.1 竞赛命题

本届竞赛命题为"智能制造场景中的智能物流机器人"。

自主设计并制作一款能执行物料搬运任务的智能物流机器人(以下简称:机器人)。该机器人能够在规定场地内自主行走与避障,通过扫描二维码及 Wi-Fi 网络通信领取物料搬运任务,自主按任务要求将物料搬运至指定地点,并按照要求的位置和方向精准摆放。

基于竞赛项目要求的机器人功能和环境设置,以智能制造的现实和未来发展为主题,设计一套具有一定难度的物料自动搬运任务及任务工业场景(参考任务设计模板),为竞赛决赛阶段的现场任务命题提供参考方案。

本项目参赛所要求的实物和文件均由参赛学生自主完成。

2.2 竞赛项目要求

项目要求包括机器人功能、控制、机械结构与外形尺寸等,同时还包括竞赛场地设置、搬运物料及任务编码等环境设置要求,决赛阶段机器人完成的任务以竞赛项目要求为基础。

2.2.1 机器人功能要求

机器人应具有自主定位、自主移动、自主避障、二维码读取(初赛用)、Wi-Fi 网络通信(决赛用)、物料位置、颜色及形状识别、物料抓取与搬运、路径规划等功能;竞赛过程由机器人自主运行,不允许使用遥控等人机交互手段及除机器人本体之外的任何辅助装置。

2.2.2 机器人电控及驱动要求

机器人所用传感器和电机的种类及数量不限。要求在机器人的醒目位置安装有任务码显示装置,该装置能够持续显示所有任务信息直至比赛结束。机器人采用电池供电,供电电压限制在 12 V 以下(含 12 V),电池随车装载,场内赛程中不能更换。

2.2.3 机器人的机械结构要求

自主设计并制造机器人的机械部分,该部分允许采用标准紧固件、标准结构零件及各类轴承,不允许使用成品套件。机器人的行走方式、机械手臂的结构形式均不限制。机器人腕部与手爪的连接界面结构自行确定。

除 2.3.2.1 节 2)中所设计的手爪及机械臂(选做)需要在竞赛现场设计制作外,其他均在校内完成,所用材料自定。

2.2.4 机器人的外形尺寸要求

机器人(含机械手臂)的铅垂方向的整体投影通过一个外形尺寸与一张 A4 纸相当的门框("A4 门框"横向或竖向放置均可)方可参加比赛。允许机器人结构设计为可折叠形式,但通过"A4 门框"后才可自行展开。

2.2.5 竞赛场地

赛场尺寸为 4 800 mm × 2 400 mm 长方形平面区域，周围设有高度为 100 mm 的白色或其他浅色围挡板。赛道地面为亚光人造板或合成革铺就而成，基色为浅黄色；地面有间隔为 300 mm 的黑色方格线，经线为线宽 20 mm 的单线，纬线线宽为 15+10（间隔）+15 mm 的双线，可用于机器人行走的地面坐标位置判断。

在比赛场地内，结合企业的现场环境，设置原料区、加工区和成品区。原料区尺寸（长×宽×高）为 500×160×80（mm），木质或塑木材料，浅色亚光表面。加工区和成品区的尺寸（长×宽）均为 800×300（mm），均由不同颜色的同心圆和十字线构成，每组同心圆和十字线为同一种颜色，用于测量摆放位置的准确程度。

在初赛时，竞赛场地内给定原料区、加工区和成品区的具体位置，并以高度和宽度均为 20 mm 的挡板将场地一分为二，机器人只能在挡板所围区域内活动，如附图 2.5、附图 2.6 所示。

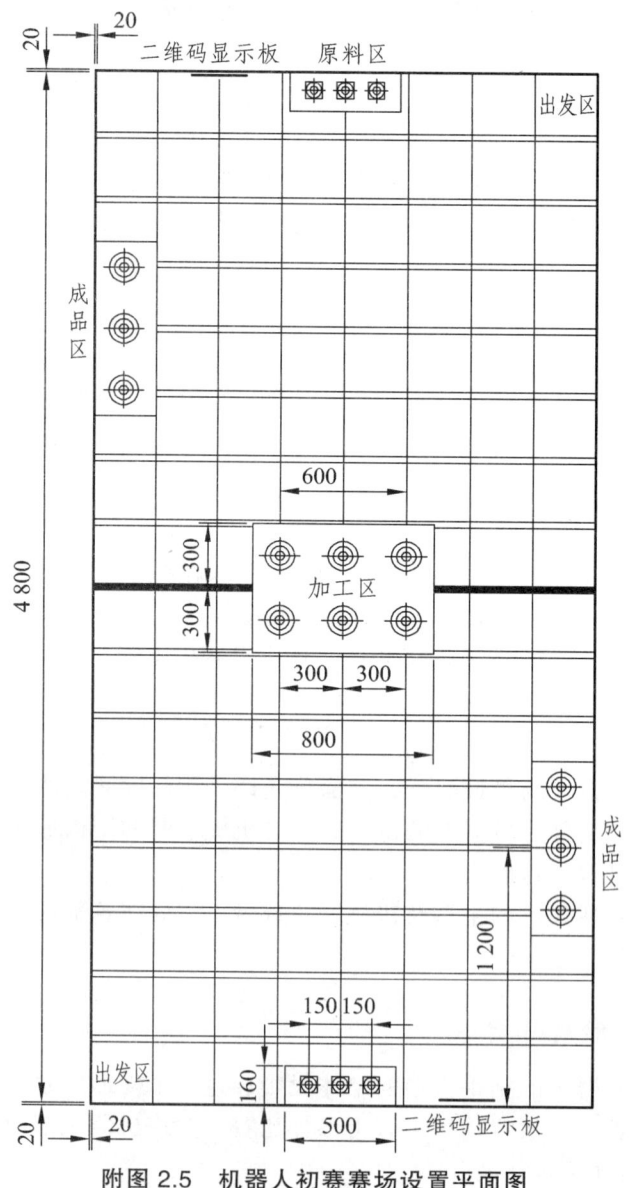

附图 2.5 机器人初赛赛场设置平面图

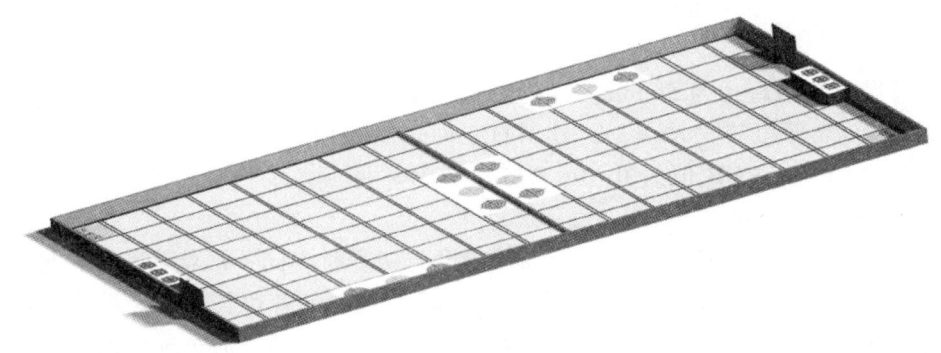

附图 2.6　智能物料机器人初赛赛场三维示意图

决赛时，场地中的挡板去掉，两个参赛机器人可以在比赛场地整个区域内活动，如附图 2.7 所示，原料区、加工区、成品区的位置根据现场发布的任务设置。

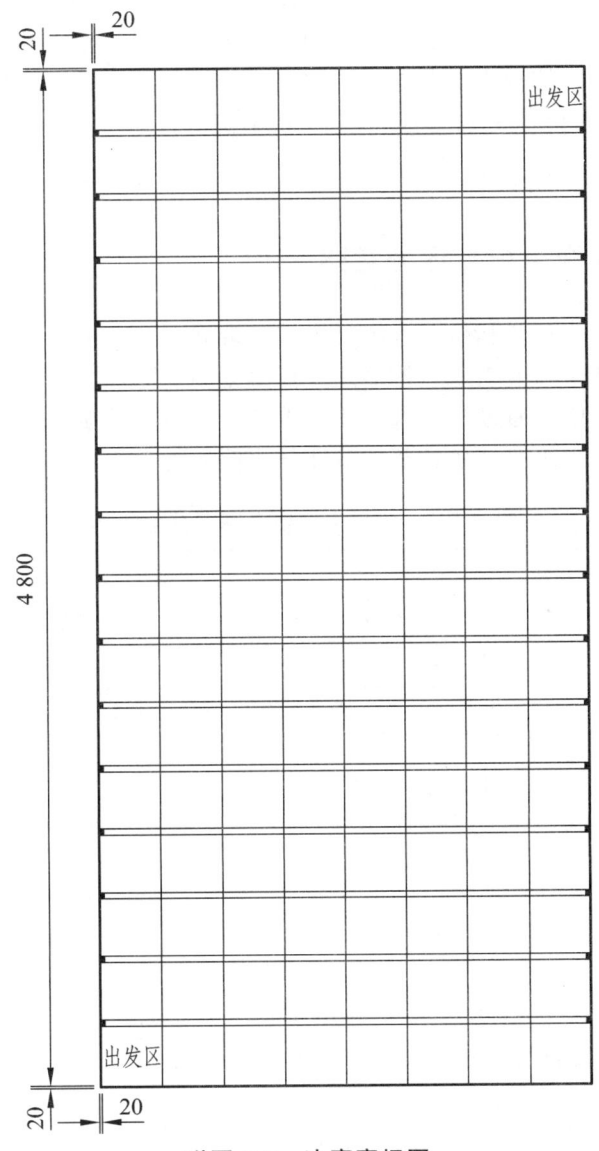

附图 2.7　决赛赛场图

2.2.6 搬运物料

初赛时待搬运物料直径为 50 mm、高度为 80 mm、重量约为 60 g 的圆柱体。物料的材料为塑料或铝合金，表面粗糙度 $Ra \geqslant 3.2$。物料有三种颜色：红（RGB 值为 255，0，0）、绿（RGB 值为 0，255，0）、蓝（RGB 值为 0，0，255）。三种不同颜色的物料随机放置在原料区，物料间距为 150 mm。

决赛时待搬运物料的颜色、材料和表面粗糙度与初赛时相同，形状为简单机械零件的抽象几何体（包括圆柱体、方形体、球体，以及组合体等），物料的各边长或直径尺寸限制在 30～80 mm 范围，重量范围为 40～80g，以上形状和参数的具体选择将通过现场抽签决定。

2.2.7 任务编码

任务编码被设置为"1""2""3"三个数字的组合，如"123""321"等。其中，"1"为红色（RGB 值为 255，0，0），"2"为绿色（RGB 值为 0，255，0），"3"为蓝色（RGB 值为 0，0，255）。数字组合表明了物料搬运过程中不同颜色物料的搬运顺序。

初赛中在赛场围挡内侧垂直安装 2 个二维码显示板，二维码尺寸为 80×80 mm，用于显示给机器人读取任务编码（通过抽签确定）；决赛中机器人通过 Wi-Fi 网络通信获取任务编码（同批次上场的参赛队相同）。

2.3 机器人竞赛赛程组织与评分竞赛

机器人竞赛由机器人初赛和机器人决赛组成。机器人初赛由机器人现场初赛、场景设置与任务命题文档评审两个环节组成。机器人决赛由竞赛社区现场实践与考评、机器人现场决赛等两个环节组成。其中，通过机器人初赛形成参赛队初赛成绩，取排名前 60% 的参赛队进入决赛，初赛成绩不带入决赛。各竞赛环节评分比例如附表 2.2 所示。

附表 2.2　机器人竞赛各环节分数比例

序号	环节	赛程	评分项目/赛程内容	分数
1	第一环节	初赛	机器人现场初赛	90
2	第二环节		场景设置与任务命题评审	10
说明：形成决赛名单并发布任务命题					
3	第三环节	决赛	竞赛社区现场实践与考评	20
4	第四环节		机器人现场决赛	80

2.3.1 机器人初赛

2.3.1.1 机器人现场初赛

1）现场抽签

现场抽签决定各参赛队比赛的场地、赛位号及竞赛任务。

2）现场竞赛

参赛队将其机器人放置在指定出发位置（如附图 2.5 所示蓝色区域）。按统一号令启动，计时开始。在规定的时间内，机器人移动到二维码显示板前读取二维码，获得所需要搬运的三种颜色物料的顺序，再移动到原料区按任务规定的顺序依次将物料准确搬运到加工区对应的颜色区域内（一次只能搬运一个物料到加工区，不允许将物料存放在机器人上），将三种物料搬运至加工区后，再次读取二维码获得下一步的任务信息，按照任务要求的顺序将物料从加工区依次搬运到成品区对应颜色的位置上（一次只能搬运一个物料到成品区，不允许将物料存放在机器人上），完成任务后机器人返回出发区（若在出发区掉头，可以使用其他区域）。若还有剩余时间，机器人可再次出发按照上述流程继续进行比赛以提高比赛成绩，但须同时计算剩余时间，可完成比赛的部分内容，保证机器人在比赛结束前返回出发区。

竞赛时，两台机器人同时进入上述场地并在各自区域内定位和运行。如果出现越界并发生妨碍对方机器人移动或工作的情况，将被人工提起回退至上一工作地点重新运行，所用时间不会从竞赛计时中减除。

在规定的时间内，根据读取二维码的正确性、物料提取顺序和物料放置顺序的正确数量、加工区和成品区物料的放置准确程度、是否按时回到出发区等计算成绩。

每队有两次机会，取两次成绩中的最好成绩。

2.3.1.2 场景设置与任务命题评审

竞赛评审组对每支参赛队提交的场景设置与任务命题方案进行评阅打分，各队该项得分计入其初赛成绩。

2.3.2 机器人决赛

2.3.2.1 竞赛社区现场实践与考评

1）现场抽签

依据各参赛队提交的场景设置与任务命题文档，现场组织专家讨论，优化整合出多套决赛任务命题方案，经现场抽签环节决定机器人决赛现场任务，任务内容关键信息包括：

① 任务完成时间限制；
② 待搬运的物料搬运顺序；
③ 原料区、加工区、成品区的位置；
④ Wi-Fi 网络通信协议（TCP 或 UDP）和参数。

2）现场实践与考评

在决赛场地配备 3D 打印、激光切割等设备与常用工具，设置物料商场、设计调试及休息讨论等区域，结合网络信息化系统建立封闭的机器人竞赛决赛社区。秉持创新、协调、绿色、开放、共享的新发展理念，建立社区运行机制与规则。在社区信息化系统引导下，以完成决赛任务为计划，各参赛队能够在社区内完成设计与制造、竞争与合作、服务与交易、宣传与交流等活动，并实现对各参赛队现场实践过程数据的自动采集，从而形成各参赛队决赛现场实践环节的考评成绩。

要求参赛队依据决赛任务要求，以参赛机器人为基础，充分利用社区资源现场完成机器人手爪及手臂（选做）、控制系统等的设计制造与调试，并在信息系统引导下完成项目设计、项目管理、成本分析等文档资料。

竞赛社区现场实践考评以参赛队学生现场解决突发问题、复杂问题、未知问题的能力作为重点。通过现场实践过程数据的采集、分析与比较，形成对参赛队知识、能力和素质的相对评价结果。

国赛举办 1 周前，竞赛组委会将发布竞赛社区介绍、社区运行规则及信息化系统使用手册。

2.3.2.2　机器人现场决赛

参照机器人竞赛初赛流程，决赛参赛队按照决赛任务要求完成物料运输任务。每队有两次机会，取各队两次成绩中的最好成绩。

三、竞赛安排

无碳小车类竞赛项目每支参赛队由 3 名在校本科大学生和 2 名指导教师组成，智能物流机器人竞赛项目每支参赛队由 4 名在校本科大学生和 2 名指导教师组成，其中 1 名指导教师兼联系人。参赛队按本竞赛命题的要求，在各自所在的学校内，自主设计、独立制作出参赛作品，并携带在本校制作完成的作品参赛。

参考文献

[1] 朱民. 金工实习. 3版. 成都：西南交通大学出版社，2016.
[2] 鞠鲁粤. 机械制造基础. 5版. 上海：上海交通大学出版社，2007.
[3] 李爱菊，王守成，等. 现代工程材料成形与制造工艺基础. 北京：机械工业出版社，2001.
[4] 张天柱，石磊，贾小平. 清洁生产导论. 北京：高等教育出版社，2006.
[5] 余伟. 创新能力培养与应用. 北京：航空工业出版社，2008.
[6] 林汉川，邱红，方巍. 中小企业管理. 北京：高等教育出版社，2006.

郑重声明

西南交通大学出版社依法对本书享有专有出版权。任何未经许可的复制、销售行为均违反《中华人民共和国著作权法》，其行为人应承担相应的民事责任和行政责任；构成犯罪的，将被依法追究刑事责任。为了维护市场秩序，保护读者的合法权益，避免读者使用盗版书造成不良后果，我社将配合行政执法部门和司法机关对违法犯罪的单位和个人进行严厉打击。社会各界人士如发现上述侵权行为，希望及时举报，本社将奖励举报有功人员。

反盗版举报电话：（028）87600561　87600562

反盗版举报传真：（028）87600562

通信地址：四川省成都市金牛区二环路北一段 111 号

　　　　　创新大厦 21 楼　　西南交通大学出版社

邮政编码：610031